KOMPAKTWISSEN
PHYSIK & CHEMIE

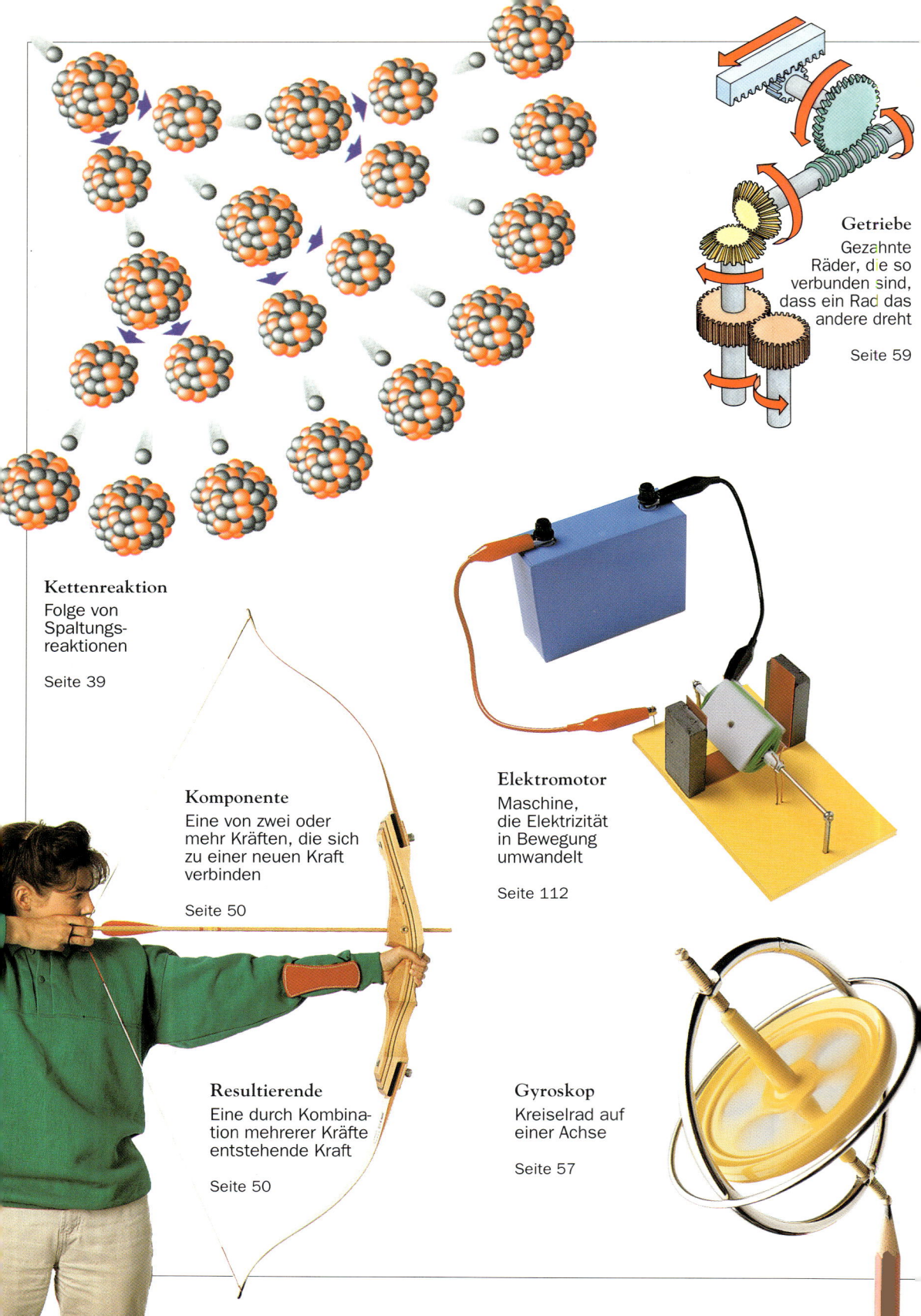

Getriebe
Gezahnte Räder, die so verbunden sind, dass ein Rad das andere dreht

Seite 59

Kettenreaktion
Folge von Spaltungsreaktionen

Seite 39

Komponente
Eine von zwei oder mehr Kräften, die sich zu einer neuen Kraft verbinden

Seite 50

Elektromotor
Maschine, die Elektrizität in Bewegung umwandelt

Seite 112

Resultierende
Eine durch Kombination mehrerer Kräfte entstehende Kraft

Seite 50

Gyroskop
Kreiselrad auf einer Achse

Seite 57

KOMPAKTWISSEN
PHYSIK & CHEMIE

Neil Ardley

London • New York • München • Paris

DORLING KINDERSLEY

Projektbetreuung Stephen Setford
Bildbetreuung Christopher Howson
Yaël Freudmann
Redaktion Bridget Hopkinson
Miranda Smith
Herstellung Susannah Straughan
Cheflektorat Helen Parker
Chefbildlektorat Peter Bailey
Einzelfotos Michael Dunning
Bildrecherche Anne Lyons
Datenbank Mina Patria

Pädagogische Beratung Jackie Hardie, B.Sc., M.Ed.,
The Latymer School, London
Kimi Hosoume, B.A., Lawrence Hall of Science,
University of California at Berkeley

Redaktionelle Beratung Jack Challoner, B.Sc.
Christopher Cooper, B.Sc.
Michael White, B.Sc.

Die Deutsche Bibliothek – CIP-Einheitsaufnahme

Ein Titeldatensatz für diese Publikation ist bei
Der Deutschen Bibliothek erhältlich.

Titel der englischen Originalausgabe:
Concise Encyclopedia Science

© Dorling Kindersley Limited, London, 1994
Text © Neil Ardley, 1994

© der deutschsprachigen Ausgabe by Dorling
Kindersley Verlag GmbH, München, 2001

Alle deutschsprachigen Rechte vorbehalten

Übersetzung Dr. Peter Posse
Redaktion/Lektorat Susanne Kattenbeck
für Verlagsbüro Michael Holtmann, Bayreuth
Satz Susanne Kattenbeck
für Verlagsbüro Michael Holtmann, Bayreuth

ISBN 3-8310-0138-3

Besuchen Sie uns im Internet

www.dk.com

Wichtiger Hinweis

Dieses Lexikon enthält viele Fotos und Illustrationen, die wissenschaftliche Experimente zeigen und wissenschaftliche Vorgehensweisen demonstrieren. Diese Experimente und Demonstrationen wurden unter streng kontrollierten Bedingungen in einem Labor und einem Fotostudio durchgeführt. Es ist gefährlich, sie nachzumachen oder vorzuführen.

Gefahrensymbole

Gefahrensymbole können an Türen, Schränken oder anderen Gefahrenstellen in einem Labor angebracht sein, um vor Gefahren oder gefährlichen Stoffen zu warnen. Jedes Symbol ist von einem Dreieck mit gelbem Hintergrund umgeben. Beispiele sind:

Gefährliche Geräte sowie Behälter mit gefährlichen Materialien können ebenfalls mit Sicherheitshinweisen versehen sein. Jedes Symbol befinde sich in einem Quadrat (bei Fahrzeugen in einer Raute). Beispiele sind:

Weitere Hinweissymbole:

Anmerkung zu Zahlen

Wissenschaftliche und technische Schreibweisen gliedern vierstellige und größere Zahlen in Dreiergruppen, die jeweils durch einen Zwischenraum voneinander getrennt werden, zum Beispiel: 1 000 oder 1 000 000.

Inhalt

ZU DIESEM BUCH 8
Über den Aufbau dieses Buches

WAS IST WISSENSCHAFT? 10
Eine Einführung in die Welt der Wissenschaft

WISSENSCHAFTLICHE FORSCHUNG 12–22
Wie Wissenschaftler experimentieren und Entdeckungen machen

Praxis der Wissenschaft	12
Maße und Einheiten	14
Datensammlung	16
Wissenschaftliche Methoden	18
Physik	20
Chemie	21
Formeln	22

MATERIE 23–33
Alle Stoffe im Universum und ihre Erscheinungsformen

Materie	23
Aggregatzustände	24
Gemische	27
Lösungen und Kolloide	28
Luft und Wasser	30
Merkmale der Materie	32

ATOME 34–45
Die kleinste Einheit jedes Stoffs und die subatomaren Teilchen

Atome	34
Radioaktivität	36
Nuklearphysik	38
Kernkraft	40
Teilchenphysik	42
Quantentheorie	44
Entdeckung der Atome	45

RAUM UND ZEIT 46–47
Wie wir die Zeit messen und was Relativität für die Zeit bedeutet

KRAFT, BEWEGUNG UND MASCHINEN 48–61
Wie Kräfte wirken und wie sie eingesetzt werden können

Kraft	48
Druck	52
Bewegung	54
Maschinen	58
Automatische Maschinen	61

TRANSPORT 62–67
Die Funktionsweise von Luft-, Wasser- und Landfahrzeugen

Fliegen	62
Wassertransport	65
Autos	66

Hammerwerfer (Seite 48–49)
Kraft und Bewegung sind an allem beteiligt, was wir tun. Dieser Hammerwerfer zum Beispiel übt mit seinen Muskeln eine starke Kraft auf den Hammer aus. Wir setzen unser Wissen über Kraft und Bewegung bei der Herstellung von Maschinen ein. Mehr über Kraft, Bewegung und Maschinen auf den Seiten 48–61.

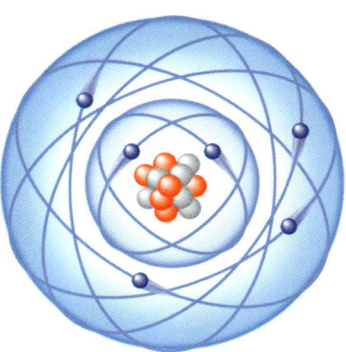

Kohlenstoffatom (Seite 34–35)
Atome sind die Bausteine des Universums. Sie selbst bestehen aus winzigen subatomaren Teilchen. Dieses Kohlenstoffatom zum Beispiel besteht aus Protonen, Neutronen und Elektronen. Wenn im Inneren eines Atoms Veränderungen stattfinden, werden riesige Energiemengen frei. Mehr über Atome auf den Seiten 34–35.

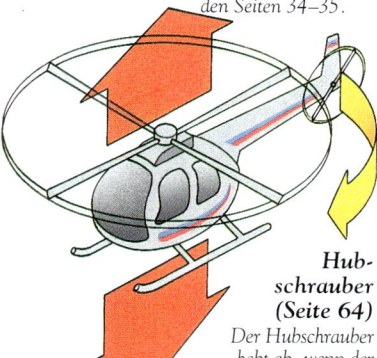

Hubschrauber (Seite 64)
Der Hubschrauber hebt ab, wenn der Auftrieb vom Rotor größer als das Gewicht des Hubschraubers ist. Mehr über Transport auf den Seiten 62–67.

ENERGIE 68–75

Die verschiedenen Formen der Energie, wie Energie sich ausbreitet und wie sie gemessen wird

Energie	68
Wellen	71
Elektromagnetische Strahlung	74

LICHT 76–89

Wie wir Gegenstände, Farben und Bilder optisch wahrnehmen und wie wir Licht erzeugen und nutzen

Licht	76
Farbe	80
Laser	82
Lichtquellen	83
Optik	84
Optische Geräte	86

Lichtstrahlen (Seite 76–77)

Licht ist die einzige Energieform, die wir mit den Augen wahrnehmen können. Mit Spiegeln und Linsen lässt sich Licht bündeln und reflektieren. Lichtstrahlen lassen sich in verschiedene Farben teilen. Mehr über Licht, Farbe und wie wir Licht zum Beispiel in Kameras und Mikroskopen einsetzen, auf den Seiten 76–89.

WÄRME 90–97

Warum etwas brennt, wie wir die Temperatur messen und wie Wärme in Motoren und anderen Maschinen eingesetzt wird

Feuer	90
Wärme	91
Thermodynamik	94
Heiz- und Kühlsysteme	95
Wärmekraftmotoren	96

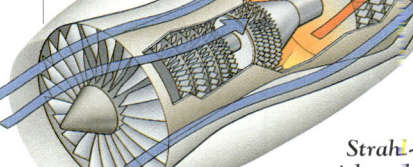

Strahltriebwerk (Seite 97)

Moderne Flugzeuge besitzen Strahltriebwerke, in denen Kerosin verbrannt wird. Dabei entweicht ein Strahl heißer Luft und anderer Gase und schiebt den Motor vorwärts. Jedes Objekt verfügt über Wärmeenergie, die wir kontrollieren und nutzen, um Dinge zu kühlen oder zu wärmen. Mehr über Feuer, Wärme und deren Einsatzgebiete auf den Seiten 90–97.

SCHALL 98–99

Die Eigenschaften des Schalls und wie wir diesen nutzen können, um Dinge wahrzunehmen, die nicht in unserem Sichtfeld sind

MAGNETISMUS UND ELEKTRIZITÄT 100–113

Wie Magnete funktionieren und der Erdmagnetismus wirkt; die Prinzipien der Elektrizität und wie wir die Elektrizität täglich nutzen

Magnetismus	100
Statische Elektrizität	102
Elektrischer Strom	104
Pioniere der Elektrizität	107
Stromerzeugung	108
Elektrische Geräte	112

ELEKTRONIK UND COMPUTER 114–123

Wie elektronische Bauelemente, zum Beispiel Transistoren, funktionieren und alles über Computer

Elektronik	114
Computer	117
Computersoftware	118
Computerhardware	120

KOMMUNIKATION 124–131

Die verschiedenen Arten der Kommunikation und wie wir sie nutzen

Druck und Fotografie	124
Tonaufzeichnung	126
Telekommunikation	128

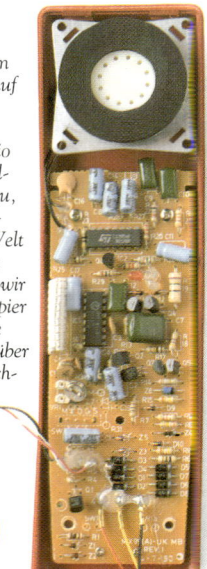

Telefon (Seite 128)

Per Telefon sprechen wir mit Menschen auf der ganzen Welt. Bücher, Zeitungen, Fernsehen und Radio dienen zur Unterhaltung, aber auch dazu, uns über das Tagesgeschehen in aller Welt zu informieren. Mit Faxgeräten können wir Nachrichten auf Papier in Sekundenschnelle übermitteln. Mehr über Kommunikationstechnologien auf den Seiten 124–131.

Inhalt • 7

Elektrolyse (Seite 148)
Bei der Elektrolyse wird elektrischer Strom durch einen Stoff geleitet, sodass dieser sich in einfachere Stoffe teilt. Ein Stoff, der nicht in einfachere Stoffe zerlegt werden kann, ist ein Element. Die meisten Substanzen sind Verbindungen aus zwei oder mehr Elementen. Veränderungen, aus denen neue Stoffe entstehen, bezeichnet man als chemische Reaktionen. Mehr über Elemente und chemische Reaktionen auf den Seiten 132–149.

Papierchromatographie (Seite 156)
Mit der Chromatographie werden Gemische analysiert, indem man die enthaltenen Stoffe trennt. Bei diesem Experiment wird ein Gemisch farbiger Blütenblätter analysiert. Mehr über chemische Stoffe und die chemische Industrie auf den Seiten 150–168.

Albert Einstein (Seite 47)
Der deutsch-amerikanische Physiker Albert Einstein entwickelte die Relativitätstheorien. Sie bilden die Grundlage für die moderne wissenschaftliche Auffassung von der Geschichte und Struktur des Universums. Die Forschungsergebnisse der Wissenschaftler haben das Leben der Menschheit grundlegend verändert. Mehr über die Pioniere der Wissenschaft auf den Seiten 178–181.

ELEMENTE UND MOLEKÜLE 132–143
Die einfachsten Stoffe und wie sie sich zu komplexeren Stoffen verbinden

Elemente	132
Die Entdeckung der Elemente	135
Periodensystem	136
Moleküle	138
Kristalle	142

CHEMISCHE VERÄNDERUNGEN 144–149
Prozesse, bei denen ein Stoff in einen anderen übergeht

Chemische Reaktionen	144
Elektrochemie	148
Säuren und Basen	149

CHEMISCHE VERBINDUNGEN 150–156
Die beiden Hauptzweige der Chemie und die entsprechenden Stoffe, aus denen Verbindungen entstehen

Anorganische Chemie	150
Organische Chemie	152
Chemische Analyse	156

CHEMISCHE INDUSTRIE 157–168
Wie wir mithilfe der Chemie Gebrauchsgegenstände herstellen

Chemische Industrie	157
Natürliche Produkte	158
Textilien	160
Synthetische Produkte	161
Kunststoffe	162
Kohle und Öl	164
Metalle	166
Eisen und Stahl	168

MATHEMATIK 169–176
Zahlen, Winkel und Formen in der Wissenschaft

Mathematik	169
Zahlen	170
Arithmetik und Algebra	171
Trigonometrie	172
Geometrie	173

ABKÜRZUNGEN 177
Wissenschaftliche Abkürzungen von A–Z

PIONIERE DER NATURWISSENSCHAFTEN 178–181
Mehr als 150 berühmte Wissenschaftler

REGISTER 182–192
Mehr als 2000 Schlüsselwörter und wichtige Begriffe der Wissenschaft

DANKSAGUNGEN 192

Zu diesem Buch

Dieses Lexikon erklärt Grundbegriffe und Einsatzgebiete der Physik, der Chemie und der Technologie sowie einen Teil der in der Wissenschaft angewandten Mathematik. Die einzelnen Kapitel sind in Sachgebiete wie »Kraft« unterteilt. Man kann sich umfassend über ein Thema informieren oder nach bestimmten Begriffen suchen. Das Inhaltsverzeichnis auf den Seiten 5–7 vermittelt einen Überblick über die verschiedenen Kapitel mit den entsprechenden Sachgebieten. Im Register am Ende des Buches sind alle wichtigen Begriffe mit den Seitenzahlen zu finden.

Hauptabbildungen
Große Fotos oder Grafiken zeigen unter anderem physikalische, chemische oder technische Vorgänge. Sie veranschaulichen die jeweiligen Erläuterungen anhand eines Beispiels aus der Praxis. Das Foto rechts illustriert Kraft, Zentripetalkraft, Schwerkraft und Schwerpunkt.

Querverweis
Ein kleines graues Quadrat (■) nach einem Wort weist darauf hin, dass dieser Begriff an anderer Stelle näher erläutert wird. Im Kasten »Siehe auch« ist dieser Eintrag mit Seitenzahl zu finden.

Untereintrag
*Untereinträge sind **fett** gedruckt. Sie erklären dann die Bedeutung eines mit dem Haupteintrag verwandten Begriffs. Dieser Untereintrag weist darauf hin, dass der Begriff »Massenzentrum« dasselbe bedeutet wie Schwerpunkt.*

Register
Im Register sind alle wichtigen Begriffe in alphabetischer Reihenfolge mit den entsprechenden Seitenzahlen aufgeführt. Sucht man zum Beispiel nach »Newtons Gravitationsgesetz«, erfährt man, dass der Eintrag auf Seite 49 zu finden ist. Der gesuchte Begriff kann ein Haupt- oder Untereintrag sein oder in einer Tabelle stehen.

Überschrift und Einleitung
Jedes Sachgebiet beginnt mit einer Überschrift und einer Einleitung, die einen Überblick über den Inhalt der Seite vermittelt. Die Einleitung zum Thema »Kraft« erläutert, wie Kräfte wirken.

---

48 • Kraft, Bewegung und Maschinen

Kraft
Kräfte sind unsichtbar, nur ihre Wirkung ist sichtbar und fühlbar. Kräfte starten oder stoppen eine Bewegung, ändern die Geschwindigkeit oder Richtung eines Objekts oder verändern seine Form. Eine stets fühlbare Kraft ist die Erdanziehung. Sie hält uns am Boden und verursacht das Gewicht.

Kraft
Ein Drücken oder Ziehen

Wenn sich ein Objekt frei bewegen kann, wird es durch eine Kraft in eine bestimmte Richtung bewegt. Wenn sich das Objekt nicht frei bewegen kann, kann die Kraft das Objekt verformen. Wenn die wirkenden Kräfte ausgeglichen sind, befindet sich das Objekt im Gleichgewicht ■.

Mechanik
Untersuchung der Kraftwirkungen auf Objekte

Es gibt zwei Hauptzweige der Mechanik: Die Dynamik ■ beschreibt Kräfte an bewegten Objekten, während die Statik ■ Kräfte an ruhenden Objekten beschreibt.

Ein Wurfhammer ist ein schweres Gewicht an einem Draht.

Schwerpunkt
Punkt, an dem sich das Gewicht eines Körpers konzentriert

Ein Tablett mit Gläsern lässt sich mit einer Hand balancieren, wenn es direkt unter seinem Schwerpunkt unterstützt wird. Die Schwerkraft zieht dann gleichmäßig überall am Tablett. Der Schwerpunkt heißt auch **Massenzentrum**.

Zentripetalkraft
Kraft, die ein Objekt auf einer Kreisbahn hält

Beim Wirbeln eines Gewichts an einer Schnur versucht das Gewicht aufgrund seiner Trägheit ■, geradlinig davonzufliegen. Die Schnur muss gezogen werden, um das Gewicht auf seiner Kreisbahn zu halten. Diese Zugkraft heißt Zentripetalkraft.

Bewegungskraft
Dieser Hammerwerfer übt mit seinen Muskeln eine starke Kraft auf den Hammer aus.

Zentripetalkraft
Der Hammerwerfer zieht kräftig am Draht, während er den Hammer herumschleudert. Es wirkt die Zentripetalkraft.

Die Trägheit des Hammers zieht ihn beim Drehen nach außen.

Zentrifuge
Maschine, die ein Gemisch sehr schnell dreht und seine Komponenten trennt

In einer Zentrifuge dreht sich ein Behälter mit einem Gemisch sehr schnell. Dies übt eine starke Kraft auf die Bestandteile des Gemischs aus, die sich schließlich trennen. Die schweren Teilchen bewegen sich wegen ihrer größeren Trägheit nach außen. Diese Kraft nennt man **Zentrifugalkraft**.

Schwerpunkt
Der Hammerwerfer lehnt sich zurück, um seinen Schwerpunkt über den Füßen zu halten.

Neutrino (Lepton) 42
Neutron 35
Newcomen, Thomas 180
Newton 51
Newton, Isaac 55
Newtonmeter (Federwaage) 49
Newtons erstes Bewegungsgesetz 55
Newtons Gravitationsgesetz 22, 49
Newtons zweites Bewegungsgesetz 55
Newtons drittes Bewegungsgesetz 55
n-Halbleiter (Dotierung) 114
Nichrom *Tabelle* 167

Bildunterschriften
Die Bildunterschriften zu den Fotos und Abbildungen erklären, was zu sehen ist, und liefern zusätzliche Informationen zum jeweiligen Thema. Diese Bildunterschrift erläutert, weshalb der Hammerwerfer sich zurücklehnt, wenn er den Hammer schleudert.

Zu diesem Buch

Haupteintrag
Dieser Haupteintrag heißt »Gravitation«.

Definition
Eine Definition beschreibt kurz und präzise den Haupteintrag. Diese Definition erklärt den Begriff »Gravitationsfeld«.

Erläuterung
Eine Erläuterung erklärt den Haupteintrag detailliert und trägt zum Verständnis der Definition bei. Diese Erläuterung beschreibt den Begriff »Gravitationsfeld« ausführlich.

Kolumnentitel
Der Kolumnentitel entspricht der Kapitelüberschrift und dient der schnellen Orientierung. Dieses Beispiel zeigt den Kolumnentitel für das Kapitel »Kraft, Bewegung und Maschinen«.

SI-Einheit
Das Lexikon enthält Einträge zu allen wichtigen SI-Einheiten in Form von Infokästen. Auf Seite 51 findet man zum Beispiel einen solchen Kasten mit Informationen über die SI-Einheit Newton, die Einheit der Kraft. Auf Seite 14 sind die SI-Einheiten tabellarisch aufgeführt. In der Abkürzungsliste auf Seite 177 erfährt man außerdem, dass N auch für das chemische Element Stickstoff steht.

Biografie
Das Lexikon enthält Kurzbiografien berühmter Wissenschaftler. Hier werden ihre wichtigsten Entdeckungen beschrieben. Auf Seite 55 findet man zum Beispiel Wissenswertes über Isaac Newton. Die Seiten 178–181 enthalten ein alphabetisches Verzeichnis bedeutender Pioniere der Wissenschaft.

Diagramme und Illustrationen
Kleine Fotos oder Illustrationen erläutern verschiedene Einträge wie zum Beispiel wissenschaftliche Prinzipien. Diese Illustration veranschaulicht Newtons Gravitationsgesetz.

»Siehe auch«
In jedem Kapitel gibt es Kästen, in denen die Querverweise auf andere Haupt- und Untereinträge zusammengefasst sind. Dieser Kasten führt unter anderem zu Isaac Newton und zur Krafteinheit Newton.

Was ist Wissenschaft?

Warum sind die Buchstaben auf den Seiten dieses Buches lesbar? Woraus besteht das Papier? Warum sind die Bilder bunt? Was hält das Buch an seinem Platz, wenn man es auf den Tisch legt? Warum fällt das Buch nicht durch die Tischplatte? Solche Fragen möchte die Wissenschaft beantworten. Einige Antworten erscheinen offensichtlich: Das Buch fällt nicht durch die Tischplatte, weil diese fest ist. Aber warum ist sie fest? Wissenschaft ist die Suche nach Wissen über das Universum und seine Zusammenhänge. Diese Suche ist endlos, weil die Wissenschaftler nicht mit der ersten Erklärung zufrieden sind, sondern stets nach besseren Erklärungen suchen und die fundamentalen Gründe dafür entdecken möchten, weshalb alles so ist, wie es ist.

Laboruntersuchungen
Wissenschaftler arbeiten in Labors, in denen sie Experimente unter kontrollierten Bedingungen durchführen.

Wissenschaft – die Erforschung der Welt

Es ist eine schier unlösbare Aufgabe, das ganze Universum zu erforschen. Deshalb gibt es viele Wissenschaftszweige. Die Physik untersucht Energie und Materie, die Stoffe, aus denen alles besteht. Die Chemie fragt nach den grundlegenden Stoffen im Universum, den Elementen, und erforscht, wie sich diese zu komplexeren Stoffen vereinigen, den Verbindungen. Die Wissenschaft von den Pflanzen und Tieren heißt Biologie. Sie erforscht, wie Organismen leben und sich im Lauf der Zeit verändern. Form und Struktur der Erde sind Forschungsgegenstand der Geologie, die Meteorologie befasst sich mit dem Wetter und der Erdatmosphäre. In der Mathematik ist das Wissen über Zahlen, Formen und Größen zusammengefasst. Damit können Wissenschaftler Messungen und Berechnungen durchführen, um die Ergebnisse ihrer Forschungen zu verstehen.

Vom Frosch zum Kassettenspieler

Was hat das eine mit dem anderen zu tun? Viel mehr, als man zunächst vermutet. Die nachstehende Bildfolge zeigt eine Kette wissenschaftlicher Entdeckungen, die Grundlage für die Funktionsweise eines Kassettenspielers sind. Alles begann 1789 mit Experimenten an toten Fröschen.

1 Der italienische Wissenschaftler Luigi Galvani beobachtete 1789 ein Zucken in den Beinen eines toten Frosches, wenn er die Muskeln mit zwei verschiedenartigen, miteinander verbundenen Metallstücken berührte. Galvani vermutete, dass der Frosch die Elektrizität erzeugte. Er erkannte nicht, dass eine chemische Reaktion zwischen den Metallen und der Stoffen in den Nerven und Muskeln des Frosches die Ursache war.

2 Der italienische Physiker Alessandro Volta deutete Galvanis Entdeckung richtig und konnte mit diesem Wissen 1800 ein Gerät bauen, das ständig Elektrizität lieferte. Diese »Volta'sche Säule« besteht aus einem Stapel von Kupfer-, Zink- und Pappscheiben. Die Pappe ist mit einer Salzlösung oder schwacher Säure wie Essig getränkt. Eine chemische Reaktion zwischen der Lösung und den beiden Metallen erzeugt einen elektrischen Stromfluss. Volta hatte die erste Batterie der Welt hergestellt.

Pappscheibe

Die Kupferscheibe ist mit der Zinkscheibe verbunden.

Durch den Draht fließt elektrischer Strom.

Die Kompassnadel wird vom Magnetfeld des Stroms abgelenkt.

3 Der dänische Physiker Hans Ørsted brachte 1820 zufällig einen Kompass in die Nähe eines stromdurchflossenen Drahtes. Die magnetische Kompassnadel schwang aus ihrer normalen Nord-Süd-Ausrichtung, weil der elektrische Strom ein Magnetfeld erzeugt hatte. Damit war der Elektromagnetismus entdeckt.

Was ist Wissenschaft? • 11

Begegnung mit der Wissenschaft

Oft verbindet man mit dem Begriff Wissenschaft die Vorstellung von Labors und geheimnisvollen Apparaturen. Tatsächlich jedoch begegnet uns Wissenschaft ständig im Leben. Maschinen funktionieren nach wissenschaftlichen Gesetzen. Wenn eine Maschine plötzlich nicht mehr funktioniert, sind dafür ebenfalls wissenschaftliche Gesetze verantwortlich. Viele dieser Gesetze wurden entdeckt, als Wissenschaftler ihre Umwelt und bestimmte Ereignisse beobachteten, wie etwa das Gefrieren von Wasser zu Eis. Wissenschaftler erklären solche Ereignisse. Danach wird die Erklärung überprüft. Wenn sie sich bei jeder Nachprüfung als richtig erweist, kann sie ein wissenschaftliches Gesetz werden. Das Gesetz, dass Wasser bei einer bestimmten Temperatur zu Eis gefriert, wird am Nord- und Südpol ständig bewiesen, aber auch dann, wenn man im Gefrierschrank Eiswürfel herstellt.

Angewandte Wissenschaft
Dieser Wissenschaftler prüft Sonnenkollektoren, die aus Sonnenlicht Wärmeenergie gewinnen.

Ein metallischer Tragarm leitet den elektrischen Strom.
Rotierender Leiter
Flüssiges Quecksilber
Stabmagnet

4 1821 – ein Jahr, nachdem Ørsted die schon lange vermutete Verbindung zwischen Elektrizität und Magnetismus nachgewiesen hatte –, konstruierte der englische Physiker Michael Faraday einen einfachen Apparat, in dem ein stromdurchflossener Draht um den Pol eines Magneten rotierte. Wenn auch ohne praktischen Nutzen, so ist Faradays Apparat doch der erste Elektromotor.

Äußere Drahtspule
Welle
Elektrische Anschlüsse

5 Der Physiker Nikola Tesla erfand 1888 einen praktisch anwendbaren Elektromotor. Eine Drahtspule auf einer drehbaren Welle ist außen von einer weiteren Spule umgeben. Wenn ein Wechselstrom durch die äußere Spule fließt, erzeugt er in beiden Spulen ein veränderliches Magnetfeld. Die Wechselwirkung der Felder versetzt die Welle in Drehung.

Kassettenspieler
In einem Kassettenspieler ist das bisher Beschriebene vereint. Chemische Reaktionen in den Batterien erzeugen elektrischen Strom. Verschiedene elektromagnetische Effekte bewirken, dass das Kassettenband abgespult und der aufgezeichnete Schall hörbar wird.

Technologie – Wissenschaft in Aktion

Wir leben heute ganz anders als unsere Urväter vor 5000 Jahren. Schon immer haben jedoch die Menschen versucht, die Natur zu verstehen, und dabei viele Erkenntnisse gewonnen. Technologie ist die Lehre von der praktischen Nutzung dieser Erkenntnisse. So verfügen wir heute über ertragreichere Getreidesorten, komfortablere Wohnungen und bessere Werkzeuge. Moderne Transportsysteme bringen Menschen und Waren schnell an jeden Ort – sogar bis in den Weltraum. Der Austausch von Informationen ist über lange Strecken ohne Verzögerung möglich. Durch die Fortschritte in der Medizin haben viele Krankheiten ihre Schrecken verloren und die Lebenserwartung ist gestiegen. Andererseits sind Umweltverschmutzung und tödliche Waffen ebenfalls Produkte der Technologie. Die Wissenschaft steht uns allen zu Diensten. Wir können sie zum Wohl oder Übel der Gesellschaft einsetzen.

Praxis der Wissenschaft

Komplizierte Geräte sind nicht die einzige Grundlage wissenschaftlicher Arbeit. Oft sind Sorgfalt, Ausdauer und geschickte Hände nötig. Wissenschaftler forschen, um neue Erkenntnisse zu gewinnen. Sie untersuchen außerdem Werkstoffe und Maschinen auf ihre Belastbarkeit.

Labor

Arbeitsplatz für Wissenschaftler

Wissenschaftler führen Experimente und Analysen im Labor durch. Es enthält **Apparate** als notwendige Arbeitsgeräte.

Laborexperimente
Alle Faktoren, die das Ergebnis beeinflussen können, werden kontrolliert.

Die Federwaage zeigt 4 Newton an.

Holz wiegen
Acht Holzklötze haben alle dasselbe Volumen. Jeder Klotz wird mit der Federwaage gewogen. Das Gewicht in Newton (N) wird notiert.

Eichenklotz (4,0 N)

Fichte (2,5 N) Balsa (0,5 N) Kiefer (2,5 N) Mahagoni (3,0 N) Esche (3,7 N) Teak (3,8 N) Douglasie (3,3 N)

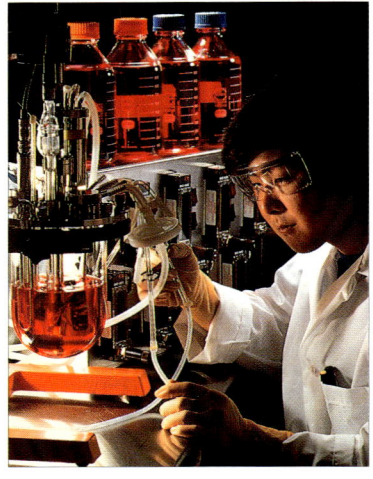

Experiment

Wissenschaftlicher Versuch

Eine Vorhersage oder Hypothese ■ muss im Experiment geprüft werden. Die Gültigkeit der Resultate wird mit einem **Kontrollexperiment** nachgewiesen. Bei der Erprobung eines neuen Medikaments vergleicht man zum Beispiel die Heilerfolge an zwei Personengruppen, denen das Medikament mit Wirkstoff bzw. zur Kontrolle ohne Wirkstoff verabreicht wurde.

Variable

Veränderlicher Faktor im Experiment, der das Ergebnis beeinflusst

Die Schnurlänge eines Pendels ■ bestimmt, wie schnell das Pendel hin- und herschwingt. Diese beiden veränderlichen Größen sind Variablen. Eine **unabhängige Variable** ist ein Faktor, der das Ergebnis des Experiments verändert. Hier ist die Länge der Schnur eine unabhängige Variable. Eine **abhängige Variable** ist das Ergebnis, das sich ändert – in diesem Fall die Zeit für eine ganze Schwingung. Eine **Kontrollvariable** wird konstant gehalten, damit sicher ist, dass das Ergebnis des Experiments durch die Änderung der unabhängigen Variable verursacht wird. Die Masse des Pendelgewichts oder die Dicke der Schnur könnten möglicherweise die Schwingungsdauer beeinflussen. Deshalb sind sie im Pendelexperiment Kontrollvariablen. Eine **Ausschlussprobe** ist ein Experiment, bei dem alle Variablen bis auf eine konstant gehalten werden, damit das Resultat nur eine mögliche Ursache haben kann.

Das verdrängte Wasser fließt aus dem Becher, das Rohr hinunter und in die Waagschale.

Newton-Waage

Die Anzeige der Waage steigt, wenn mehr Wasser in die Schale fließt.

Ideen prüfen
Durch dieses Experiment wird die physikalische Behauptung überprüft, dass ein Körper dann schwimmt, wenn das Gewicht des von ihm verdrängten Wassers gleich dem Gewicht des Körpers ist (siehe Seite 51). Das experimentelle Ergebnis bestätigt das Gesetz. Wenn der Eichenklotz frei schwimmt, zeigt die Waage 4 Newton an.

Empirisch

Aus der Beobachtung bekannt

Empirisches Wissen wird durch Experimente oder Beobachtungen gewonnen, nicht aus der Theorie.

Skala
Maßeinteilung an Messgeräten

Viele Messgeräte haben einen Zeiger, der sich über eine rechteckige oder runde Blende mit einer Einheitenskala bewegt. Ein Thermometer ▪ ist längsseits mit einer Gradskala versehen. Die einzelnen Teilstriche bilden die **Gradeinteilung.**

Skala

Die Anzeige an der Federwaage fällt, wenn der Klotz in das Wasser taucht.

Der Eichenklotz verdrängt Wasser, wenn er in den Becher taucht.

Genauigkeit
Die Exaktheit eines Ergebnisses

Ein Messergebnis ist genau, wenn es dem wahren Wert mit vernachlässigbarer Abweichung entspricht. Ein Instrument, das genaue Ergebnisse liefert, arbeitet mit **Präzision.** Tatsächlich sind alle Messwerte mit einem gewissen **Fehler** behaftet. Ein Ergebnis kann zum Beispiel mit 500 ± 15 angegeben werden. Der tatsächliche Wert liegt also irgendwo im Bereich von 485 bis 515. Ein solches Ergebnis heißt **Näherungswert.**

Einheit
Ein grundlegender Betrag

In Experimenten werden normalerweise bestimmte Merkmale gemessen, etwa die Länge eines Objekts. Die meisten Messwerte werden als Zahl und Einheit ausgedrückt – die Zahl allein ist in der Regel nutzlos. Wenn die Länge eines Objekts nur mit 10 angegeben wird, weiß niemand, ob sie 10 Zentimeter oder 10 Zoll beträgt. Bei den meisten Messungen liest man die Anzahl der Einheiten von der Skala ab. Der tatsächliche Wert einer Einheit heißt **Standard** oder Definition. Die Einstellung der Messgeräteanzeige auf den tatsächlichen Wert nennt man **Kalibrierung.** Die Wissenschaft nutzt das internationale System der SI-Einheiten ▪.

Schwimmendes Holz
Die Holzklötze werden in das Wasser im Glasbecher getaucht, bis sie schwimmen. Das Gewicht des verdrängten Wassers wird auf der Waage gemessen.

Jeder weitere Klotz liefert beim Eintauchen in das Wasser prinzipiell dasselbe Ergebnis wie der Eichenklotz: Das Gewicht des verdrängten Wassers ist immer gleich dem Gewicht des Klotzes.

Analyse
Untersuchung, was Dinge enthalten und warum etwas geschieht

Mit chemischen Analysen ▪ identifiziert man die Elemente, aus denen ein Stoff besteht, und prüft die Reinheit des Stoffs. Analyse bedeutet auch, Probleme zu lösen und ihre Ursachen zu finden. Dies kann durch Überlegung und Diskussion, aber auch durch Berechnung, Beobachtung und Experimente geschehen.

Messschieber mit einem Nonius mit 0,02-Millimeter-Einteilung

Siehe auch
Chemische Analyse 156
Hypothese 18 • Pendel 56
SI-Einheit 14 • Thermometer 92

Analog
Eine Größe stufenlos als direkte Entsprechung einer anderen Größe ausgedrückt

Eine Uhr mit Zeigern und ein Quecksilberthermometer sind **analoge Instrumente.** Beide zeigen die Messwerte kontinuierlich und stufenlos an. Die Uhr stellt die Zeit als zurückgelegten Weg der Zeiger und deren Position auf dem Zifferblatt dar, beim Thermometer entspricht die Temperatur der Länge der Quecksilbersäule. Ein **digitales Instrument** wie zum Beispiel eine Digitaluhr misst stufenweise und zeigt die Messwerte oft direkt als Zahl an.

Nonius
Skala zur Ablesung genauer Werte

Ein Messgerät mit einer Skala liefert oft einen Ablesewert, der zwischen zwei Skalenstrichen liegt. Ein Nonius beseitigt die Unsicherheit bei der Ablesung. Auf einer verschiebbaren Zusatzskala können Teile der Hauptskaleneinheiten abgelesen werden.

Lagerkugel

Die Hauptskala zeigt etwas mehr als 1,2 Zentimeter an.

Der Nonius zeigt 0,076 Zentimeter an.

Nonius
Der Nonius wird dort abgelesen, wo einer seiner Skalenstriche mit einem Strich auf der Hauptskala zusammentrifft. Die Noniusablesung wird zur Ablesung auf der Hauptskala addiert. Die Stahlkugel hat den Durchmesser 1,276 cm.

Maße und Einheiten

Für wissenschaftliche Messungen gelten weltweit die SI-Einheiten. Diese Seiten erklären die Basiseinheiten und wichtige abgeleitete Einheiten. In einigen Ländern wird noch mit dem angloamerikanischen Maßsystem gearbeitet.

SI-FREMDE EINHEITEN

Länge
1 mile = 1760 yards
1 yard = 3 feet
1 foot = 12 inches

Volumen
1 gallon = 8 pints

Masse
1 pound = 16 ounces
1 long ton = 2240 pounds (UK)
1 short ton = 2000 pounds (USA)

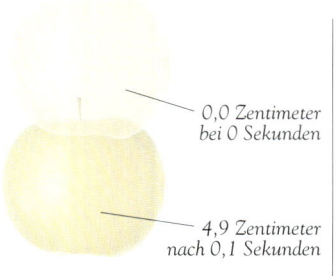

0,0 Zentimeter bei 0 Sekunden

4,9 Zentimeter nach 0,1 Sekunden

Fallender Apfel
Auf diesem Foto ist zu erkennen, dass der fallende Apfel mit 9,8 Meter pro Quadratsekunde beschleunigt wird. Eine genaue Waage bestimmt die Masse zu 102 Gramm (0,102 Kilogramm).

SI-Einheiten

International festgelegte Maßeinheiten für die Wissenschaft

SI steht für Système International d'Unités, was Internationales Einheitensystem bedeutet. Wissenschaftler auf der ganzen Welt können damit ihre experimentellen Ergebnisse und ihre Berechnungen mit denselben Einheiten darstellen. Ein Beispiel für eine SI-Einheit ist das **Meter**. Als Längeneinheit entspricht es der Entfernung, die Licht in $1/299792458$ Sekunde im Vakuum zurücklegt. Die Lichtgeschwindigkeit dient wegen ihrer Konstanz als Richtgröße.

Britische und USCS-Einheiten

Maßeinheiten, die in angloamerikanischen Ländern gebräuchlich sind

Pfund, Meile und Gallone sind angloamerikanische Einheiten. Sie sind nicht wissenschaftlich genormt. Berechnungen damit sind oft komplizierter als mit SI-Einheiten. In den USA gibt es das **United States Customary System** (USCS). Die darin definierten Gallonen und Tonnen sind kleiner als die des britischen Systems.

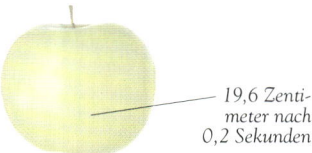

19,6 Zentimeter nach 0,2 Sekunden

Abgeleitete Einheiten und Basiseinheiten
Die Kraft, die den Apfel zum Boden zieht, ergibt sich aus der Multiplikation seiner Masse (0,102 Kilogramm) und seiner Beschleunigung (9,8 Meter pro Quadratsekunde). Die Berechnung ergibt 1 Kilogramm Meter pro Quadratsekunde. Diese Kombination von SI-Basiseinheiten ist schwierig zu benutzen. Deshalb verwendet man die abgeleitete SI-Einheit Newton (N), in der drei Basiseinheiten kombiniert sind: $1\,N = (1\,kg \cdot m) : s^2$. Somit wirkt auf diesen Apfel die Anziehungskraft 1 N.

SI-EINHEITEN

SI-Basiseinheiten

Größe	Einheit	Symbol
Länge	Meter	m
Masse	Kilogramm	kg
Zeit	Sekunde	s
Elektrischer Strom	Ampere	A
Temperatur	Kelvin	K
Lichtstärke	Candela	cd
Stoffmenge	Mol	mol

SI-Basiseinheiten und abgeleitete SI-Einheiten
Für jede der sieben SI-Basiseinheiten gibt es eine eindeutige und exakte physikalische Definition. Unter dem Stichwort »SI-Einheiten« auf dieser Seite ist die Definition für das Meter zu finden. An anderen Stellen dieses Buches sind weitere SI-Einheiten definiert, die zum jeweiligen Sachgebiet gehören.

Abgeleitete SI-Einheiten

Größe	Einheit	Symbol
Fläche	Quadratmeter	m^2
Volumen	Kubikmeter	m^3
Frequenz	Hertz	Hz
Kraft	Newton	N
Druck	Pascal	Pa
Energie	Joule	J
Leistung	Watt	W
Elektrische Spannung	Volt	V
Elektrischer Widerstand	Ohm	Ω
Elektrische Ladung	Coulomb	C
Radioaktivität	Becquerel	Bq

Alle abgeleiteten Einheiten lassen sich auf Basiseinheiten zurückführen.

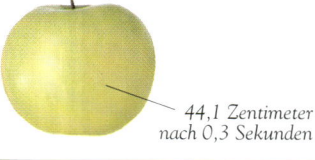

44,1 Zentimeter nach 0,3 Sekunden

SI-VORSÄTZE FÜR DEZIMALE VIELFACHE UND TEILE

Dezimale Vielfache

Vorsatz	Symbol	Bedeutung
Tera	T	· 1 000 000 000 000 (10^{12})
Giga	G	· 1 000 000 000 (10^{9})
Mega	M	· 1 000 000 (10^{6})
Kilo	k	· 1 000 (10^{3})
Hekto	h	· 100 (10^{2})
Deka	da	· 10 (10^{1})

Dezimale Teile

Vorsatz	Symbol	Bedeutung
Dezi	d	: 10 (10^{-1})
Zenti	c	: 100 (10^{-2})
Milli	m	: 1 000 (10^{-3})
Mikro	μ	: 1 000 000 (10^{-6})
Nano	n	: 1 000 000 000 (10^{-9})
Piko	p	: 1 000 000 000 000 (10^{-12})

Vielfache und Bruchteile verwenden

SI-Einheiten sind in der Praxis oft zu groß oder zu klein. Man hat daher Vorsilben vereinbart, die man vor die Einheit setzt und die ein bestimmtes Vielfaches oder einen bestimmten Teil der Einheit bezeichnen. Zum Beispiel ist 1 Kilogramm (1 kg) gleich 1000 Gramm und 1 Milligramm (1 mg) ein tausendstel Gramm.

Großflugzeug, 386 000 000 Gramm oder 386 000 Kilogramm

Ein Liter Wasser, 1 000 Gramm oder 1 Kilogramm

Kolibri, 1,6 Gramm

Haar eines Menschen, 0,01 Gramm oder 10 Milligramm

UMRECHNUNGSFAKTOREN

SI-Einheiten in britische/USCS-Einheiten

Länge
- 1 Kilometer (km) = 0,6214 mile
- 1 Meter (m) = 1,0936 yards
- 1 Meter (m) = 3,2808 feet
- 1 Zentimeter (cm) = 0,3937 inch

Fläche
- 1 Quadratkilometer (km²) = 0,3861 square mile
- 1 Hektar (ha) = 2,4711 acres
- *1 Hektar = 10 000 Quadratmeter*
- 1 Quadratmeter (m²) = 10,7639 square feet
- 1 Quadratzentimeter (cm²) = 0,155 square inch

Volumen
- 1 Kubikmeter (m³) = 35,31 cubic feet
- 1 Liter (l) = 0,22 gallon
- 1 Liter (l) = 1,7598 pints
- *1 Liter = 1 000 Kubikzentimeter*
- 1 Kubikzentimeter (cm³) = 0,0610 cubic inch

Masse
- 1 Tonne (t) = 0,9842 ton
- *1 Tonne = 1 000 Kilogramm*
- 1 Kilogramm (kg) = 2,2046 pounds
- 1 Gramm (g) = 0,0353 ounce

US-Einheiten
- 1 Liter (l) = 0,264 gallon
- 1 Liter (l) = 2,11 pints
- 1 Tonne (t) = 1,1023 tons

Britische/USCS-Einheiten in SI-Einheiten

Länge
- 1 mile (mi) = 1,6093 Kilometer
- 1 yard (yd) = 0,9144 Meter
- 1 foot (ft) = 0,3048 Meter
- 1 inch (in) = 2,54 Zentimeter

Fläche
- 1 square mile (mi²) = 2,5899 Quadratkilometer
- 1 acre = 0,4047 Hektar
- *1 acre = 4 840 square yards*
- 1 square foot (ft²) = 0,0929 Quadratmeter
- 1 square inch (in²) = 6,4516 Quadratzentimeter

Volumen
- 1 cubic foot (ft³) = 0,0283 Kubikmeter
- 1 gallon (gal) = 4,5461 Liter
- 1 pint (pt) = 0,5683 Liter
- *1 pint = 34,68 cubic inches*
- 1 cubic inch (in³) = 16,3870 Kubikzentimeter

Masse
- 1 ton = 1,0160 Tonnen
- *1 ton = 2 240 pounds*
- 1 pound (lb) = 0,4536 Kilogramm
- 1 ounce (oz) = 28,3495 Gramm

US-Einheiten
- 1 gallon (gal) = 3,785 Liter
- 1 pint (28,88 in³) = 0,473 Liter
- 1 ton (2 000 lb) = 0,9072 Tonnen

Beispiel: Um 16,5 Zoll in Millimeter umzurechnen, multipliziert man 16,5 mit 25,4. Man erhält 419,1 mm oder 41,91 cm.

Temperatur

Celsius in Fahrenheit: mit 9 multiplizieren, durch 5 dividieren, dann 32 addieren.
Fahrenheit in Celsius: 32 subtrahieren, mit 5 multiplizieren, durch 9 dividieren.
Celsius in Kelvin: 273,15 addieren.

Datensammlung

Wissenschaftler führen Messungen durch und sammeln die Ergebnisse. Mit Diagrammen und Graphen lassen sich die Beobachtungen darstellen und besser verstehen.

Beobachtung der Tierwelt
Manchmal dienen Hubschrauber zur Erfassung wertvoller Daten über die Tierbestände. Dieser Hubschrauber zählt Strauße in einem bestimmten Gebiet Afrikas.

Daten
Bei einer Untersuchung erhaltene Informationen

Daten können eine Reihe von Zahlen sein, wie etwa die Tageshöchsttemperaturen eines Monats, oder beschreibende Ausdrücke, wie wolkig, sonnig und regnerisch. Graphen und Diagramme veranschaulichen die Daten.

Graph
Darstellung eines Verlaufs oder Bezugs

Die meisten Graphen haben zwei **Achsen.** Dies sind zwei gerade Linien, die einen rechten Winkel bilden und sich in einem Punkt treffen, dem **Ursprung.** Jede Achse besitzt eine Skala, die für den Wert einer Größe wie Temperatur oder Zeit steht. Zunächst zeichnet man die Daten als Menge von Punkten ein. Die Verbindung der Punkte ergibt eine Linie, die zeigt, wie die Größen voneinander abhängen. Ein Graph kann auch drei Achsen haben und die Beziehung von drei Größen darstellen.

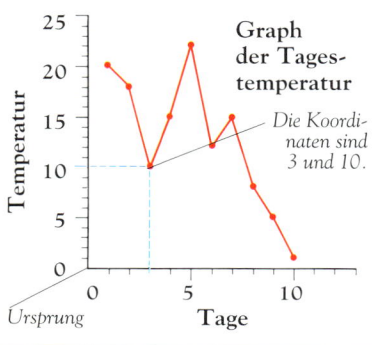

Graph der Tagestemperatur

Die Koordinaten sind 3 und 10.

Koordinaten
Zahlen, die die Lage eines Punktes auf dem Graphen bestimmen

Die Lage eines Punktes auf dem Graphen lässt sich beschreiben, indem man die Abstände vom Ursprungspunkt entlang den einzelnen Achsen als Zahlen angibt. Diese Zahlengruppen sind die Koordinaten. Sind alle Achsen rechtwinklig, spricht man von **kartesischen Koordinaten.**

Daten darstellen
Die Daten der Tabelle lassen sich als Graph zeichnen. Die Koordinaten des Punktes, der die Temperatur am ersten Tag markiert, sind 1 und 20. Durch die Verbindung der Punkte ist erkennbar, wie die Temperatur im Zeitraum der Datenerfassung gestiegen und gefallen ist.

TAGESTEMPERATUR (°C)			
Tag 1	20	Tag 6	12
Tag 2	18	Tag 7	15
Tag 3	10	Tag 8	8
Tag 4	15	Tag 9	5
Tag 5	22	Tag 10	1

Balkendiagramm
Darstellung von Daten als Säule

Ein einfaches Balkendiagramm hat zwei Achsen. An der vertikalen Achse befindet sich eine Skala. Die Höhe der Säule steht für den Wert der Größe. Ein **Histogramm** ist ein Balkendiagramm mit Skalen an beiden Achsen. Der Wert der Größe erscheint nicht als Höhe, sondern als Fläche.

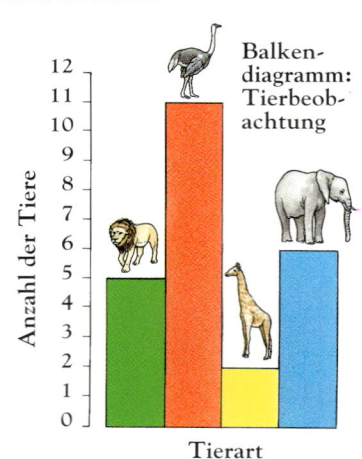

Balkendiagramm: Tierbeobachtung

Permutation

Elementanordnung einer Menge

Die Permutationen der Elemente A und B sind AB und BA. Die Permutationen von zwei Buchstaben aus A, B und C sind: AB, BA, AC, CA, BC und CB. Jede Permutation muss dieselbe Elementanzahl haben.

Piktogramm
Jedes Bild steht für ein gefundenes Tier.

Piktogramm

Bildliche Darstellung von Informationen

Ein Piktogramm ist dem Balkendiagramm ähnlich. Die Werte werden als Gruppen von Bildern oder Symbolen mit verschiedener Anzahl dargestellt.

Durchschnitt

Summe der Werte geteilt durch die Anzahl der Werte

Ein Durchschnitt heißt auch **Mittel.** Um die durchschnittliche Tagestemperatur aus den Daten der Tabelle auf Seite 16 zu bestimmen, addiert man alle Temperaturen und teilt die Summe durch die Anzahl der Tage (126 : 10 = 12,6 °C). Der **Median** ist der zentral gelegene Wert in einer sortierten Wertefolge. Der Median der Temperaturen dieser Tabelle ist 13,5 (zwischen den Werten 12 und 15). Ein **Modus** ist der am häufigsten auftretende Wert. Der Modus der täglichen Temperaturen ist 15.

Häufigkeit

Anzahl des Vorkommens eines Messwerts in einer Messreihe

In einer Gruppe von 20 Personen seien 6 kleiner als 1,5 Meter, 12 zwischen 1,5 Meter und 2 Meter und 2 Personen größer als 2 Meter. Die Häufigkeiten der drei Messwerte sind 6, 12 und 2. Die **Verteilung** ist die Spanne der Häufigkeiten und kann als Balkendiagramm dargestellt werden.

Matrix

Anordnung in Zeilen und Spalten

Eine Matrix beschreibt, welche Zusammenhänge zwischen den einzelnen Elementen bestehen. Ein solches Schema lässt sich gut mit Computern verarbeiten.

Kreisdiagramm

Darstellung von Werten als Flächenanteile von Kreisen

Kreis- oder auch Tortendiagramme stellen das Verhältnis einzelner Teile zu einem Ganzen dar. Die »Tortenstücke« sind Sektoren ■ eines Kreises. Die Größe der Fläche entspricht dem dargestellten Zahlenwert.

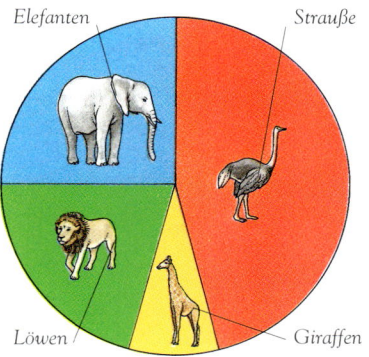

Kreisdiagramm: Tierbeobachtung

Menge

Gruppe ähnlicher Objekte

In der Tierwelt unterscheidet man die Mengen der zweibeinigen und der vierbeinigen Tiere. Sie sind Teil einer **Obermenge,** die alle anderen Mengen enthält. Hier ist dies die Menge aller Tiere. Eine Menge, die vollständig in einer anderen enthalten ist, nennt man **Teilmenge.** Ein **Venn-Diagramm** zeigt, wie die Mengen verknüpft sind. Die Objekte, aus denen eine Menge besteht, sind die **Elemente.**

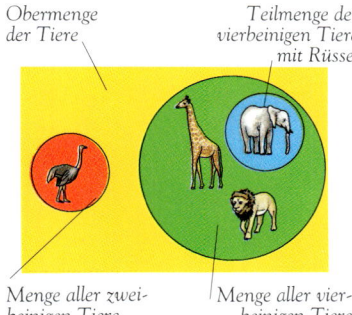

Venn-Diagramm: Tierbeobachtung

Statistik

Datenanalyse

Mit statistischen Methoden lässt sich zum Beispiel die große Datenmenge einer Volkszählung auswerten. Man ermittelt unter anderem, wie sich die Bevölkerungszahl verändert hat und wie sie sich wahrscheinlich verändern wird.

Siehe auch

Sektor 175

Wissenschaftliche Methoden

Aus Beobachtungen von Ereignissen leiten Wissenschaftler Erklärungen ab. Diese werden überprüft und führen zu Gesetzen, die einen Zusammenhang definieren.

Beobachtung

Wissenschaftliche Information, die über alle Sinne gewonnen wird

Wir beobachten, dass ein Stein beim Fallen schneller wird. Aus dieser Beobachtung ziehen wir einen **Schluss,** das heißt, wir machen eine Aussage, die auf der Beobachtung basiert. Der Schluss könnte sein, dass auf den Stein beim Fallen eine Kraft wirkt. Davon ausgehend stellen wir eine Hypothese über diese Kraft auf. Zur Überprüfung der Hypothese sind Experimente und weitere Beobachtungen nötig. **Korrelation** ist eine Wechselwirkung zwischen Beobachtungen und Variablen ■. Zum Beispiel: Je größer die wirkende Kraft ist, desto stärker ist die Beschleunigung.

Hypothese

Eine vorgeschlagene und prüfbare Erklärung

Man führt Experimente durch und prüft, ob die Ergebnisse immer anhand der Hypothese vorausgesagt werden können. Wenn dies zutrifft, wird die Hypothese zur **Theorie,** die die bestmögliche Erklärung gibt. Die kinetische Gastheorie ■ besagt etwa, dass alle Gase winzige bewegte Teilchen enthalten. Diese Teilchen sind zwar unsichtbar, doch erklärt die kinetische Gastheorie zutreffend das Verhalten der Gase. Ein **Satz,** wie der Satz des Pythagoras ■, ist eine mathematische Wahrheit.

Je länger der Schraubendreher ist, desto leichter lässt die Dose sich öffnen.

Beobachtungen und Schlüsse
Eine Farbdose lässt sich mit einem langen Schraubendreher leichter öffnen als mit einem kurzen. Daraus kann man schließen: Je länger das Hilfsmittel ist, desto leichter lässt die Dose sich öffnen.

Wissenschaftliches Gesetz

Eine Aussage oder Erklärung, die stets richtig erscheint

Wenn eine Theorie erfolgreich ist, wird sie zum wissenschaftlichen Gesetz. Es sagt genau vorher, was bei einer bestimmten Aktion passiert. Newtons Gravitationsgesetz ■ und seine Bewegungsgesetze ■ beschreiben, wie ein Stein zu Boden fällt. Sie sagen exakt, wie viel Kraft und Bewegung am Fall des Steins beteiligt sind. Doch auch ein solches Gesetz kann abgelöst werden oder muss verändert werden. Einsteins ■ Relativitätstheorie ■ ist genauer als Newtons Gesetze. Ein solches Gesetz heißt auch **wissenschaftliches Prinzip.**

Formel

Darstellung eines Zusammenhangs mit Buchstaben und Zahlen

Wissenschaftliche Gesetze und Fakten lassen sich in einer Formel ■ darstellen. Newtons zweites Bewegungsgesetz hat die Formel $F = ma$. Es zeigt, dass eine bestimmte Kraft F nötig ist, um ein Objekt der Masse m mit der Beschleunigung a zu bewegen. Die Kraft ist stets gleich dem Produkt aus der Masse des Objekts und seiner Beschleunigung. Eine chemische Formel ■ zeigt, woraus ein Stoff besteht.

Bewegung der Last — Große Last — Geringe Anstrengung — Eisenstange — Drehpunkt

Einfacher Hebel

Der Schraubendreher wirkt beim Öffnen der Dose als Hebel. Ein Hebel vergrößert die nutzbare Kraft. Der Ansatzpunkt der aufgewendeten Kraft ist weiter vom Drehpunkt entfernt als die ausgeübte Kraft.

Konstante

Eine unveränderliche Größe

Eine Formel kann Konstanten wie Pi ■ oder die Lichtgeschwindigkeit ■ enthalten. Die Konstante setzt andere Größen in der Formel in eine Beziehung zueinander. Energie (E) und Masse (m) sind durch die Formel $E = mc^2$ verknüpft, wobei c^2 das Quadrat der Lichtgeschwindigkeit ist. Weil c sehr groß ist, kann eine kleine Masse viel Energie erzeugen. Das Wort konstant bedeutet unveränderlich. Ein **Koeffizient** ist eine materialabhängige Konstante.

Symbol

Ein Buchstabe oder eine Buchstabenfolge, die etwas bezeichnet

Symbole werden in Formeln verwendet, zum Beispiel für Konstanten wie die Lichtgeschwindigkeit c. Die Kreiszahl Pi wird mit dem griechischen Buchstaben π geschrieben. In der Chemie gibt es chemische Symbole ■.

Vektor

Größe mit bestimmter Richtung

Kraft ist eine vektorielle Größe. Sie wird durch Zahlenwert, Einheit und Richtung charakterisiert. Ein **Skalar** ist eine Größe, die nur mit Wert und Einheit charakterisiert werden muss und keine Richtung hat. Temperatur ist ein Skalar.

Zyklus

Vorgang, der zum Ausgangspunkt zurückkehren und von neuem beginnen kann

Eine Karussellfahrt ist ein Bewegungszyklus. Jedes Hin und Her eines Pendels ist ein Zyklus. Die Zeitdauer eines Zyklus heißt **Periode,** seine Wiederholrate ist die **Frequenz.**

4 Scheiben
4 Einheiten vom Drehpunkt
Hebel
1 *Der Hebel ist im Gleichgewicht, wenn auf jeder Seite vier Metallscheiben im gleichen Abstand vom Drehpunkt liegen.*
4 Scheiben
4 Einheiten vom Drehpunkt
Drehpunkt

2 *Wenn die linken Metallscheiben halb zum Drehpunkt verschoben werden, sind doppelt so viele nötig, um den Hebel im Gleichgewicht zu halten.*
8 Scheiben
Hebel
4 Scheiben
2 Einheiten vom Drehpunkt
Drehpunkt
4 Einheiten vom Drehpunkt

Größe

Ein messbares Merkmal

Eine Größe wie die Gradzahl der Temperatur oder ein Wasservolumen lässt sich mit geeigneten Geräten ermitteln. Werte größer als Null sind **positiv.** Eine **negative** Größe ist kleiner als Null. Naturgesetze drücken oft einen Zusammenhang zwischen physikalischen Größen aus.

Gleichförmig

Unverändert

Ein Auto bewegt sich gleichförmig, wenn es weder seine Geschwindigkeit noch seine Richtung ändert.

Erhaltung

Verlustfreiheit

Eine Größe, die sich im Verlauf eines Prozesses nicht ändert, bleibt erhalten. Zum Beispiel bleibt bei chemischen Reaktionen ■ die Masse ■ erhalten.

Von der Beobachtung zum Gesetz
Die Beobachtungen an verschieden langen Schraubendrehern können zum gezeigten Experiment führen, mit dem die Theorie über den Hebel geprüft werden kann. Wenn ein Hebel im Gleichgewicht ist, sind die Produkte aus Kraft und Abstand für jeden Hebelarm gleich. Bei halbem Abstand ist die doppelte Kraft nötig. Dies gilt für alle Hebel und ist deshalb ein wissenschaftliches Gesetz.

Siehe auch
Chemische Formel 139
Chemische Reaktion 144
Chemisches Symbol 132 • Einstein 47
Formeln 22 • Kinetische Gastheorie 94
Lichtgeschwindigkeit 77 • Masse 23
Masseerhaltung 145 • Newtons Bewegungsgesetze 55 • Newtons Gravitationsgesetz 49 • Pi 175 • Relativität 46
Satz des Pythagoras 172 • Variable 12

Chaos

Sehr komplexes System

Die Veränderung des Wetters erscheint unvorhersehbar und zufällig. Wissenschaftler glauben jedoch, dass auch solch komplizierte Ereignisse einem Muster oder einer Ordnung folgen. Die Chaostheorie beschreibt komplexe Systeme und sucht Erklärungen für chaotisches Verhalten. Ein **Fraktal** ist eine geometrische Struktur zur Simulation von Naturerscheinungen und kann auf Computern dargestellt werden.

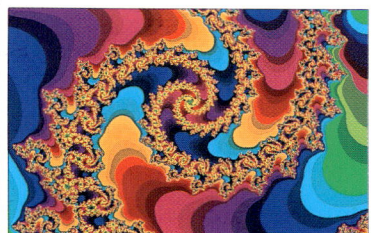

Unendliches Bild
Ganz gleich, wie stark man diese Fraktalspirale vergrößert, das entstehende Muster bleibt unverändert komplex.

Physik

Was hält ein Flugzeug in der Luft oder lässt einen Stein zu Boden fallen? Warum ist Holz fest und warum kann Wasser fließen? Die Physik sucht nach Erklärungen und Begründungen für das Wesen der Welt. Diese Forschung führt zu vielen neuen Erfindungen.

Physik

Wissenschaftszweig, der Materie und Energie untersucht

Physiker erforschen die Natur der Materie ■ und suchen nach den grundlegenden Teilchen, aus denen alles besteht. Sie untersuchen Kraft, Bewegung und Energieformen ■, einschließlich Wärme, Licht und Elektrizität.

Biophysik

Untersuchung der Physik lebender Organismen

Biophysiker erforschen physikalische Veränderungen in Menschen und anderen Lebewesen. Sie entdecken, wie verschiedene Körperteile funktionieren und wie Energie in Form von Wärme und Licht lebende Organismen beeinflusst. Die Biophysik hilft bei der Suche nach Ursachen von Krankheiten. Die **medizinische Physik** untersucht die Wirkung von Nuklearstrahlung ■.

Geophysik

Untersuchung der Prozesse, die auf der Erde ablaufen

Geophysiker untersuchen Phänomene wie das Wetter, den Erdmagnetismus oder die Bewegung von Gebirgen und Wasser. Ihre Arbeit hilft zum Beispiel Erdbeben und Vulkanausbrüche zu verstehen und vorherzusagen. Die Geophysik erkundet auch unterirdische Erdöllagerstätten.

Astrophysik

Untersuchung der Prozesse auf Planeten, Sternen und im Weltall

Astrophysiker arbeiten mit Fernrohren und anderen Instrumenten, um die Vorgänge im Inneren der Sterne zu verstehen. Sie finden heraus, wie Sterne entstehen, warum sie leuchten und wie sie riesige Galaxien bilden.

Physikalische Veränderung

Wandel einer physikalischen Eigenschaft

Schmelzen und Sieden sind Beispiele für physikalische Veränderungen. Im Gegensatz zur chemischen Veränderung ■ bleibt bei der physikalischen Veränderung die Zusammensetzung des Stoffs gleich.

Physiker bei der Arbeit
Dieser Wissenschaftler prüft Geräte, die mit Laserstrahlen Atome zusammenschweißen und so Energie freisetzen sollen.

Physikalische Eigenschaften

Das physikalische Wesen eines Objekts

Temperatur und Größe eines Objekts, sein Vorkommen als fester Körper, Flüssigkeit oder Gas – dies sind physikalische Eigenschaften.

Festkörperphysik

Zweig der Physik, der feste Stoffe untersucht

Ein wichtiger Aspekt der Festkörperphysik ist die Entwicklung von elektronischen Bauelementen wie Transistoren und Schaltkreisen für Computer und Telekommunikation.

Tauchsieder
Thermometer
Becher mit Eis
Joulemeter
Transformator

Eis zu Wasser
Eine physikalische Veränderung findet statt, wenn der Heizer das Eis zu Wasser schmilzt. Ein Joulemeter misst die dafür benötigte Wärmeenergie. Das Thermometer zeigt, dass die Temperatur im Becher während dieser Veränderung gleich bleibt.

Siehe auch

Chemische Eigenschaft 21 • Chemische Veränderung 21 • Energie 68
Materie 23 • Nuklearstrahlung 37

Chemie

Metalle, Holz, Wasser, Kunststoffe, Zucker, Salz – dies sind nur einige von vielen Materialien, die wir im täglichen Leben benutzen. Die Chemie will herausfinden, woraus Materialien bestehen und wie neue nützliche Materialien herzustellen sind.

Chemie
Wissenschaft von den Stoffen und den stofflichen Veränderungen

Jeder Stoff ▪ enthält Elemente ▪. Chemiker stellen fest, welche Elemente in einem Stoff enthalten sind und wie sie sich darin verbinden. Es gibt zwei Hauptzweige der Chemie. In der **Anorganischen Chemie** untersucht man Elemente und Stoffe, die nicht das Element Kohlenstoff enthalten. Die **Organische Chemie** untersucht kohlenstoffhaltige Stoffe.

Physikalische Chemie
Zweig der Chemie, der die Bildung und Veränderung von Stoffen misst

Physikalische Chemiker messen physikalische Eigenschaften ▪, zum Beispiel wie viel Wärme oder Elektrizität ein Stoff erzeugen kann. Diese Arbeit ist wichtig für die Industrie, zum Beispiel zur Herstellung von Maschinen und Batterien.

Biochemie
Untersuchung der Chemie lebender Organismen

Tiere und Pflanzen bestehen aus chemischen Stoffen. Damit das Leben erhalten bleibt, wandeln sich die Stoffe ständig in andere um. Biochemiker untersuchen diese Veränderungen in lebenden Organismen. Ihre Entdeckungen ermöglichen bedeutende Fortschritte in der Medizin.

Chemische Veränderung
Dieses Laborexperiment zeigt eine chemische Veränderung, die ausgelöst wird, wenn Kupfer und konzentrierte Salpetersäure in Berührung kommen. Im Kolben entsteht eine Kupfernitratlösung, während sich gleichzeitig Stickstoffdioxid bildet und den Gasbehälter füllt.

- Konzentrierte Salpetersäure
- Durch den Hahn kontrolliert, gelangt die Säure in den Kolben.
- Stickstoffdioxid wird im Gasbehälter gesammelt.
- Kolben
- Kupferstücke

Chemische Veränderung
Veränderung in der Zusammensetzung

Chemische Veränderungen wie die Verbrennung bewirken, dass ein Stoff zu einem anderen Stoff wird, der andere chemische Eigenschaften hat. Holz oder Kohle verändern sich beim Brennen; sie nehmen Stoffe auf, geben andere ab und bilden Asche.

Suche nach Gold
Dieser Kupferstich zeigt einen Alchimisten im 15. Jahrhundert bei der Arbeit.

Alchimie
Eine frühe Form der Chemie

Im Mittelalter wurde die Alchimie praktiziert. Die Alchimisten wollten unedle Metalle in Gold verwandeln und den Menschen ewiges Leben geben. Dies gelang zwar nicht, aber sie entwickelten einige in der Chemie gebräuchliche Methoden wie die Destillation ▪.

Chemische Eigenschaften
Die Art, in der ein Stoff einen anderen beeinflusst

Zwei Stoffe können miteinander reagieren ▪ und einen neuen Stoff bilden. Ihre chemischen Eigenschaften beeinflussen diese Reaktion. Ein Stoff kann zum Beispiel eine Säure ▪ sein und bestimmte Metalle lösen, wobei er Salze bilden kann.

Geochemie
Untersuchung der Zusammensetzung der Erde

Geochemiker untersuchen, aus welchen Mineralen die Gesteine der Erde bestehen und wie diese Minerale aufgebaut sind.

Siehe auch
Chemische Reaktion 144 • Destillation 27
Element 132 • Physikalische
Eigenschaft 20 • Säure 149 • Stoff 138

Formeln

Eine Formel drückt aus, wie sich Größen unabhängig vom gewählten Einheitensystem zueinander verhalten. Hier folgen einige Formeln der Wissenschaft.

Boyle-Mariotte'sches Gesetz

pV = konstant
- p = Gasdruck
- V = Gasvolumen

Gilt nur bei konstanter Temperatur

1. Gesetz von Gay-Lussac

$\frac{V}{T}$ = konstant
- V = Gasvolumen
- T = absolute Temperatur des Gases

Gilt nur bei konstantem Druck

2. Gesetz von Gay-Lussac

$\frac{p}{T}$ = konstant
- p = Gasdruck
- T = absolute Temperatur des Gases

Gilt nur bei konstantem Volumen

Bewegungsgleichungen

$v = v_0 + at$
$s = v_0 t + \frac{1}{2} at^2$
$v^2 = v_0^2 + 2as$
- v = Endgeschwindigkeit
- v_0 = Anfangsgeschwindigkeit
- a = Beschleunigung
- t = benötigte Zeit
- s = zurückgelegter Weg

Grundgesetz der Dynamik

$F = ma$
- F = Kraft
- m = Masse
- a = Beschleunigung

Energie-Masse-Relation
(Einstein'sche Gleichung)

$E = mc^2$
- E = Energie
- m = Masse
- c = Lichtgeschwindigkeit

Newtons Gravitationsgesetz

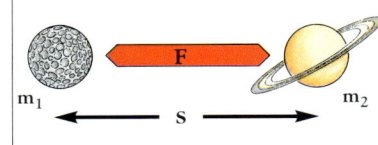

$F = G m_1 m_2 / s^2$
- F = Kraft
- G = Gravitationskonstante
- m = Masse
- s = Abstand

Potenzielle Energie der Lage

$W = mgh$
- W = potenzielle Energie
- m = Masse
- g = Erdbeschleunigung (Fallbeschleunigung)
- h = Höhe

Kinetische Energie

$W = \frac{1}{2} mv^2$
- W = kinetische Energie
- m = Masse
- v = Geschwindigkeit

Arbeit

$W = Fs$
- W = Arbeit
- F = Kraft
- s = zurückgelegter Weg

Linsen und Spiegel

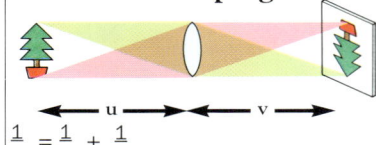

$\frac{1}{f} = \frac{1}{u} + \frac{1}{v}$
- f = Brennweite
- u = Entfernung zum Objekt
- v = Entfernung zum Bild

Statische Elektrizität

$Q = CU$
- Q = Ladung
- C = Kapazität
- U = Spannung

Elektrischer Strom

$I = \frac{U}{R}$
- I = Stromstärke
- U = Spannung
- R = Widerstand

Gesamtwiderstand

Reihenschaltung
$R = R_1 + R_2$
- R = Gesamtwiderstand
- R_1 = Einzelwiderstand
- R_2 = Einzelwiderstand

Parallelschaltung
$\frac{1}{R} = \frac{1}{R_1} + \frac{1}{R_2}$

Elektrische Leistung

$P = UI$
- P = Leistung
- I = Stromstärke
- U = Spannung

Elektrische Ladung

$Q = It$
- Q = Ladung
- I = Stromstärke
- t = Zeit

Siehe auch

Arbeit 70 • Beschleunigung 54
Boyle-Mariotte'sches Gesetz 94
Brennweite 84 • Druck 52
Elektrische Ladung 102 • Elektrischer Strom 104 • Energie 68 • Formeln 18
Gasgleichung 94 • Geschwindigkeit 54
Gesetze von Gay-Lussac 94
Gravitationsfeld 49 • Grundgesetz der Dynamik 55 • Kinetische Energie 68
Kondensator 106 • Kraft 48 • Lichtgeschwindigkeit 77 • Linse 85 • Masse 23
Newtons Gravitationsgesetz 49 • Parallelschaltung 105 • Potenzialdifferenz 105
Potenzielle Energie 68 • Reihenschaltung 104 • Relativität 46 • Spiegel 84
Statische Elektrizität 102 • Temperatur 92
Volumen 174 • Widerstand 105

Materie

Wir sind von Materie umgeben – von Regentropfen und Staubteilchen, von Tieren, Pflanzen, Steinen, Sternen, Planeten und Luft. Alle Objekte und Materialien im Universum, wir selbst eingeschlossen, sind Formen der Materie.

Materie
Alles, was Raum einnimmt

Alle Materie besteht aus winzigen **Teilchen,** den Atomen ■. Sie verbinden sich auf vielfältige Weise und bilden so die verschiedenen Arten der Materie. Materie kann in Energie ■ übergehen und Energie in Materie.

Die linke Schale trägt ein Glasgewicht der Masse 200 g.

Masse
Menge der Materie in einem Objekt

Die Masse eines Objekts hängt von der Anzahl der enthaltenen Atome und von der Masse der einzelnen Atome ab. Masse unterscheidet sich vom Gewicht ■, das die Anziehung der Gravitation ■ auf ein Objekt bezeichnet. Astronauten haben auf dem Mond dieselbe Masse wie auf der Erde, aber sie wiegen dort weniger, weil die Gravitation schwächer ist.

Siehe auch
Atom 34 • Energie 68 • Gewicht 49
Gravitation 49 • Masseerhaltung 145
Stoff 138

Wenn der Zeiger senkrecht steht, sind beide Massen gleich.

Der Balken ist wegen gleicher Gravitationskräfte waagerecht.

Waage
Gerät zur Massebestimmung

Eine einfache Waage besteht aus einem waagerechten Balken mit Schalen an jedem Ende. Auf eine Schale kommt das zu messende Objekt oder die Menge eines Stoffs ■, auf die andere kommen Wägestücke mit bekannter Masse. Der Balken hängt waagerecht, wenn die Massen auf beiden Seiten gleich sind, weil die Gravitation mit gleicher Kraft auf beide Schalen wirkt.

Dichte
Masse eines Objekts dividiert durch sein Volumen

Ein Modellflugzeug aus Metall ist schwerer als das gleiche Modell aus Balsaholz, weil das Metall dichter ist. Beide Modelle haben das gleiche Volumen, aber die Atome des Metalls haben eine größere Masse als die des Holzes. Das Metallflugzeug enthält eng zusammengepackt auch mehr Atome. Die **relative Dichte** oder das **spezifische Gewicht** ist die Dichte eines bestimmten Stoffs im Vergleich zu Wasser. Die relative Dichte von Gold beträgt 19,3. Gold ist also 19,3-mal so dicht wie Wasser.

MASSE MESSEN
Kilogramm (kg)
Die SI-Einheit der Masse entspricht der Masse eines Platinkörpers, der in Sèvres (Frankreich) aufbewahrt wird

Ein Kilogramm entspricht 1000 **Gramm** (g) und ein Gramm 1000 **Milligramm** (mg). Eine **Tonne** (t) sind 1000 Kilogramm.

Einfache Waage
Diese einfache Waage zeigt, dass das Glasgewicht und das Farbpulver dieselbe Masse haben. Das Glasgewicht nimmt weniger Raum ein, weil es eine größere Dichte hat.

In der rechten Schale befinden sich 200 g Farbpulver.

Aräometer
Gerät zur Dichtebestimmung einer Flüssigkeit

Das Aräometer schwimmt je nach Dichte der Flüssigkeit höher oder tiefer. Die Dichte wird dort abgelesen, wo die Skala die Oberfläche der Flüssigkeit berührt.

Die relative Dichte von Wasser ist 1.

Die relative Dichte von Öl ist 0,91.

Öl und Wasser
Das Aräometer schwimmt in Wasser höher als in Öl, weil Wasser dichter ist.

Aggregatzustände

Materie kann fest, flüssig oder gasförmig sein. Dies sind die drei Aggregatzustände. Die meisten Stoffe können je nach ihrer Temperatur alle drei Zustände annehmen. Wenn wir Eiswürfel in ein Getränk geben, wenn wir uns duschen oder Gemüse dämpfen, verwenden wir Wasser in jedem Aggregatzustand. Kaltes Eis ist fest, warmes Wasser flüssig und der heiße Dampf gasförmig.

Aggregatzustand
Physikalische Form eines Stoffs

Ein Stoff kann fest, flüssig oder gasförmig sein. Jeder dieser drei Aggregatzustände wird auch als **Phase** bezeichnet. Ein **Fluid** ist jeder fließende Stoff. Dies kann eine Flüssigkeit oder ein Gas sein. Die Grenze zwischen zwei Aggregatzuständen heißt **Grenzfläche**.

Zustandsänderung

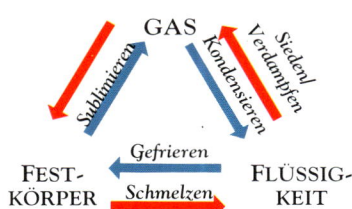

Festkörper
Materie mit definierter Form und definiertem Volumen

Die Teilchen (Moleküle ■, Atome ■, Ionen ■) der Festkörper sind in regelmäßigen Mustern eng aneinander gepackt. Starke Kräfte ■ zwischen den Teilchen halten sie an ihrem Ort fest. Die Teilchen schwingen, können sich aber nicht fortbewegen. Dadurch erhält der Festkörper seine Form und sein Volumen ■.

Festkörperteilchen
In Festkörpern halten starke Kräfte die Teilchen in exakten Mustern fest und verleihen die starre Form.

Gefrieren
Übergang einer Flüssigkeit zum Festkörper

Beim Abkühlen einer Flüssigkeit wachsen die Kräfte zwischen den Teilchen an, bis sie gefriert. Ein reiner Stoff gefriert bei einer bestimmten Temperatur, dem **Gefrierpunkt** oder der **Gefriertemperatur**. Der Gefrierpunkt wird meist für den atmosphärischen ■ Normaldruck ■ angegeben. Er ist gleich dem Schmelzpunkt.

Frostschutzmittel
Stoff, der den Gefrierpunkt von Wasser senkt

Bei sehr kaltem Wetter mischen Autofahrer ein Frostschutzmittel wie Ethylenglykol mit dem Kühlwasser des Autos. Dies verhindert das Gefrieren des Wassers. In der Regel sinkt der Gefrierpunkt einer Flüssigkeit, wenn man einen Stoff darin löst.

Schmelzen
Übergang vom Festkörper zur Flüssigkeit

Wenn ein Festkörper erwärmt ■ wird, schwingen seine Teilchen immer schneller. Teilweise überwinden sie die Kräfte, die sie am Ort halten, und der Festkörper schmilzt. Ein reiner Stoff schmilzt bei einer bestimmten Temperatur, dem **Schmelzpunkt** oder der **Schmelztemperatur**. Der Schmelzpunkt wird meist für den atmosphärischen Normaldruck angegeben. Er ist gleich dem Gefrierpunkt des Stoffs.

Ein Stoff, drei Zustände
Wenn festes Eis erwärmt wird, wird es erst zu flüssigem Wasser und dann zu gasförmigem Dampf.

Beim Schmelzen der Eiswürfel bildet sich Wasser am Boden des Bechers.

Materie • 25

Gas

Materie ohne definierte Form und definiertes Volumen

Gasteilchen befinden sich weit voneinander entfernt. Die Kräfte zwischen ihnen reichen nicht aus, um sie am Ort zu halten, sie bewegen sich frei in alle Richtungen. Form und Volumen eines Gases sind nicht fest definiert. Es dehnt sich aus und füllt jeden Behälter.

*Gasteilchen
Die schnell bewegten Gasteilchen können sich in jede Richtung bewegen.*

Dampf entweicht der Wasseroberfläche und kondensiert in der kalten Luft darüber.

Sieden

Übergang von der Flüssigkeit zum Gas

Wenn eine Flüssigkeit erwärmt wird, schwingen ihre Teilchen immer schneller, bis sie die Kräfte zwischen ihnen überwinden. Die Flüssigkeit siedet. Die Temperatur, bei der ein reiner Stoff siedet, heißt **Siedepunkt** oder **Siedetemperatur.** Sie hängt vom umgebenden Luftdruck ab. Wasser siedet in Meereshöhe bei 100 °C. Im Hochgebirge liegt der Siedepunkt deutlich niedriger, weil der Luftdruck geringer ist. Der Siedepunkt wird meist für den atmosphärischen Normaldruck angegeben.

Flüssigkeit

Materieform mit definiertem Volumen ohne festgelegte Form

Flüssigkeitsteilchen sind weiter voneinander entfernt als Festkörperteilchen. Die Kräfte zwischen ihnen sind schwächer. Die Teilchen schwingen und können sich über kurze Strecken bewegen. Deshalb fließt die Flüssigkeit und kann die Form des Behälters annehmen.

*Flüssigkeitsteilchen
Die Teilchen können sich über kurze Strecken bewegen, die Flüssigkeit kann fließen und die Form jedes Behälters annehmen.*

Wenn das Wasser siedet, bilden sich überall in der Flüssigkeit Dampfblasen.

Siehe auch

Atmosphäre 53 • Atom 34
Dampf 26 • Druck 52 • Ion 144
Kraft 48 • Latente Wärme 26
Molekül 138 • Volumen 174
Wärme 91

Sublimation

Übergang vom Festkörper zum Gas oder umgekehrt

Manche Festkörper sublimieren bei der Erwärmung. Sie verwandeln sich also direkt in ein Gas, ohne zu schmelzen und flüssig zu werden. Ein Beispiel ist festes Kohlendioxid, auch **Trockeneis** genannt. Beim Abkühlen wird das Gas direkt wieder zum Festkörper.

Kondensation

Übergang vom Gas zur Flüssigkeit

Beim Abkühlen eines Gases bewegen sich die Teilchen langsamer und die Kräfte zwischen ihnen werden stärker. Dann kondensiert das Gas zur Flüssigkeit. Kondensation tritt am oder unter dem Siedepunkt auf. Sauerstoff kondensiert bei –183 °C. Unter erhöhtem Druck kondensiert er auch bei höheren Temperaturen.

*Siedendes Meer
Wenn heiße Lava in das Meer fließt, siedet das Wasser. Der Dampf kondensiert zu Wolken aus winzigen Wassertropfen.*

Fortsetzung nächste Seite ▶

Verdunstung

Übergang einer Flüssigkeit in ein Gas unterhalb des Siedepunkts

Eine Regenpfütze verschwindet langsam in der Sonne. Wenn eine Flüssigkeit ■ wärmer wird, schwingen einige Teilchen an der Oberfläche schnell genug, um die Flüssigkeit verlassen zu können und Gas ■ zu bilden, den Dampf. Sein Druck ■ ist der **Dampfdruck**. Die Verdunstung endet, wenn der Dampf keine Teilchen mehr von der Flüssigkeit aufnehmen kann. Der Dampf ist dann **gesättigt**.

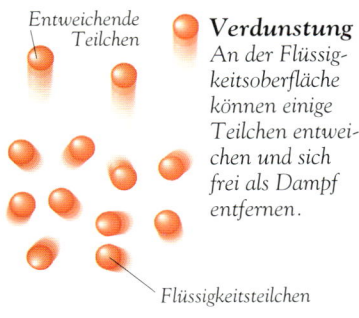

Verdunstung
An der Flüssigkeitsoberfläche können einige Teilchen entweichen und sich frei als Dampf entfernen.

Dampf

Eine Art Gas

Dampf ist ein Gas unterhalb seiner **kritischen Temperatur**. Dies ist die höchste Temperatur, bei der ein Gas allein durch Druck in eine Flüssigkeit übergehen kann. Oberhalb dieser Temperatur muss das Gas erst gekühlt und dann komprimiert werden. **Verflüssigung** ist die Herstellung von Gasen in flüssiger Form wie etwa die Herstellung flüssigen Sauerstoffs aus Luft.

Volatilität

Fähigkeit, leicht zu verdunsten

Eine **flüchtige** Flüssigkeit wie Benzin verdunstet schnell.

Vakuum

Vollständige Abwesenheit von Materie

Es ist unmöglich, ein echtes Vakuum zu erzeugen. Nach dem Abpumpen von Luft aus einem Behälter bleibt immer ein Rest. Der Raum zwischen den Sternen ist fast ein totales Vakuum.

Latente Wärme

Bei Zustandsänderungen aufgenommene oder abgegebene Wärme

Wenn ein Festkörper ■ schmilzt ■, nimmt er Wärmeenergie ■ auf. Dieselbe Wärmemenge wird abgegeben, wenn eine Flüssigkeit gefriert ■. Diese Energie ist die **latente Schmelzwärme.** Die für die Umwandlung einer Flüssigkeit in ein Gas notwendige Wärme ist die **latente Verdampfungswärme.** Während dieser Zustandsänderungen bleibt die Temperatur konstant. Die aufgenommene oder abgegebene Wärme dient zur Abschwächung oder Verstärkung der Kräfte zwischen den Teilchen.

Schmelzen eines Eisbergs
Eisberge treiben manchmal Hunderte von Kilometern aus den Polarregionen in wärmeres Wasser, bevor sie schmelzen. Das liegt an der großen Wärmemenge, die benötigt wird, um diese riesige Eismasse in Wasser umzuwandeln.

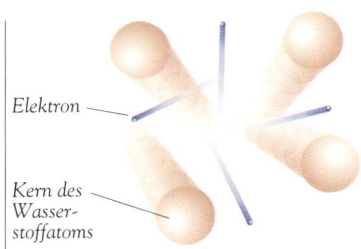

Elektron

Kern des Wasserstoffatoms

Plasma in der Sonne
In der intensiven Hitze im Sonneninneren verlassen Elektronen die Wasserstoffatome und bilden ein Plasma.

Plasma

Materie in Form elektrisch geladener Atome

Ein Plasma entsteht, wenn ein Gas so heiß wird, dass Elektronen ■ aus den Atomen ■ austreten. Plasma bildet sich in der Sonne, in Sternen und in Blitzen. Es entsteht künstlich in Thermonuklearreaktoren ■ und gasgefüllten Leuchtstoffröhren. Plasma ist ein elektrischer Leiter

Absorption

Aufnahme eines Stoffs durch einen anderen

Absorption tritt auf, wenn ein Stoff einen anderen vollständig aufnimmt. Bei der **Adsorption** sammelt sich der zweite Stoff nur auf der Oberfläche des ersten. Eine Gasmaske entfernt zum Beispiel giftige Gase aus der Luft, indem die Luft durch eine Schicht Aktivkohle strömt. Diese adsorbiert die giftigen Gase an ihrer Oberfläche und hinterlässt eine gefahrlos zu atmende Luft. Absorption bedeutet auch die Aufnahme von Energie wie Licht ■.

Siehe auch

Atom 34 • Atomkern 35 • Druck 52
Elektron 34 • Festkörper 24
Flüssigkeit 25 • Gas 25 • Gefrieren 24
Licht 76 • Schmelzen 24 • Thermonuklearreaktor 40 • Wärmeenergie 68

◄ *Fortsetzung von vorheriger Seite*

Gemische

Nur wenige Materialien des täglichen Lebens bestehen aus nur einem Element. Die meisten sind ein Gemisch. Fast alle Lebensmittel sind Mischungen chemischer Verbindungen, die den Lebensmitteln ihr Aroma und ihren Geschmack geben.

Mischbar
Zu einem Gemisch kombinierbar

Mischbare Flüssigkeiten wie Alkohol und Wasser bilden bei der Mischung eine Flüssigkeit. **Unmischbare** Flüssigkeiten wie Essig und Öl bilden getrennte Schichten.

Gemisch
Ein Stoff aus Bestandteilen, die nicht chemisch verbunden sind

Die meisten Stoffe sind entweder Verbindungen ■ oder Gemische. Eine Verbindung enthält fest miteinander verbundene Teilchen von Elementen ■. Ein Gemisch enthält lose vermischte Teilchen von Verbindungen oder Elementen. Die Bestandteile des Gemischs lassen sich leicht trennen.

Wasser im Gemisch siedet bei 100 °C.

Heißer Wasserdampf gelangt in den Kühler.

Der Dampf kondensiert, wenn er die kalten Glaswände des Kühlers berührt.

Dampf bildet sich beim Sieden des Wassers.

Wasser wird aus dem äußeren Rohr abgeleitet.

Trennen eines Gemischs
Reines Wasser lässt sich durch Erwärmung des Gemischs und Abkühlung des Dampfes in einem Liebig-Kühler aus einer Natrium-Dichromat-Lösung destillieren.

Destillation
Trennung einer reinen Flüssigkeit aus einem Gemisch

Beim Erwärmen einer Flüssigkeitsmischung siedet die Flüssigkeit und bildet Dampf ■. In einem Kühler bildet der Dampf eine reine Flüssigkeit. **Fraktionierung** oder **fraktionierte Destillation** ist ein Weg zur Trennung von Flüssigkeiten mit verschiedenen Siedepunkten ■. Jede Flüssigkeit siedet bei anderer Temperatur und ihr Dampf kondensiert gesondert.

Filtration
Trennung eines Gemischs aus festen Teilchen in einer Flüssigkeit

Das Gemisch durchläuft einen **Filter (1)** mit kleinen Löchern. Die Flüssigkeit tropft durch die Löcher, aber die festen Teilchen werden zurückgehalten. Die abgetrennte Flüssigkeit heißt **Filtrat,** die festen Teilchen **Rückstand (2)**.

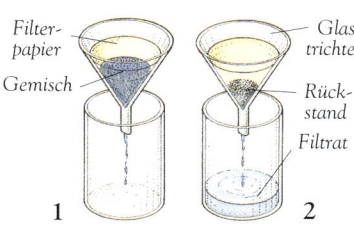

Filterpapier — Glastrichter
Gemisch — Rückstand
Filtrat
1   2

Kondensationskühler
Vorrichtung zur Umwandlung von Dampf in Flüssigkeit

Ein Kühler ■ kühlt Dampf, damit er in eine Flüssigkeit übergeht. In einem **Liebig-Kühler,** benannt nach dem Chemiker Justus von Liebig ■, fließt kaltes Wasser durch ein äußeres Rohr und kühlt den Dampf im inneren Rohr.

Kaltes Wasser wird in das äußere Rohr eingelassen.

Reines Wasser läuft das Rohr hinunter und sammelt sich im Kolben.

Siehe auch
Dampf 26 • Element 132
Kondensation 25 • Liebig 180
Siedepunkt 25 • Verbindung 138

Lösungen und Kolloide

Wenn man Zucker in ein heißes Getränk rührt, lässt sich eine Lösung herstellen. Der Zucker verschwindet, existiert aber noch – er hat sich im Wasser aufgelöst. Ein Kolloid ist eine andere Art der Mischung zweier Stoffe. Meerwasser ist eine Lösung von Salz in Wasser, während Milch ein Kolloid von Fett in Wasser ist.

Auflösen
Wenn Kaliumpermanganatkristalle sich in Wasser auflösen, hinterlassen sie purpurrote Spuren.

Kaliumpermanganat diffundiert in das Wasser und bildet eine Lösung.

Lösung
Gleichmäßige Mischung eines Stoffs gelöst in einem anderen

Der sich auflösende Stoff ist der **gelöste Stoff**. Der Stoff, der die Auflösung bewirkt, heißt **Lösungsmittel**. Der gelöste Stoff zerfällt in winzige Teilchen (Ionen ■ oder Moleküle ■), die sich vollständig mit den Teilchen des Lösungsmittels vermischen. Lösungen können in Flüssigkeiten, Festkörpern oder Gasen entstehen. Eine **feste Lösung** ist die Lösung eines Festkörpers in einem anderen, wie in manchen Legierungen ■.

Konzentration
Stärke einer Lösung

Eine starke oder **konzentrierte Lösung** enthält relativ zum Volumen des Lösungsmittels viel gelösten Stoff. Eine schwache oder **verdünnte Lösung** enthält wenig gelösten Stoff. Die Maximalmenge eines Stoffs, die in 1 Liter Lösungsmittel bei einer bestimmten Temperatur löslich ist, heißt **Löslichkeit**. Eine Lösung, die diese maximale Menge enthält, heißt **gesättigte Lösung**.

Diffusion
Natürliche Gemischbildung von Stoffen

Zwei Gase diffundieren beim Zusammentreffen, weil sich ihre Moleküle schnell vermischen. Lösen sich Festkörper oder Flüssigkeiten, entstehen die Lösungen durch Diffusion. Die Ionen oder Moleküle des gelösten Stoffs vermischen sich allmählich mit denen des Lösungsmittels und ergeben eine Lösung mit gleichmäßiger Konzentration.

1 Destilliertes Wasser und Pigment werden gründlich gemischt.

2 Wasser und Pigment sind vermahlen.

Die Mischung von Pigment und Wasser ist eine Suspension.

Mahlwerkzeug

Löslich
Fähig, sich zu lösen und eine Lösung zu bilden

Salz zum Beispiel ist in Wasser löslich. Wenn sich ein Stoff nicht in einem anderen löst, bezeichnet man ihn als **unlöslich** in diesem Stoff. Salz ist unlöslich in Speiseöl.

Suspension
Flüssigkeit, die feste Teilchen enthält, die sich abtrennen lassen

Die Teilchen in einer Suspension wie schlammigem Wasser sind größer als die in einer Lösung oder einem Kolloid. Die Erdgravitation ■ lässt sie sich absetzen und aus der Flüssigkeit ausfällen.

Ein Kolloid erzeugen
Eine Emulsion ist ein Kolloid zweier Flüssigkeiten. Emulsionsfarbe entsteht durch die Mischung von flüssigem Eigelb mit Wasser und Farbpigmenten.

Aufschlämmung
Suspension mit viel festem Material

Zement und Wasser ergeben eine Art Aufschlämmung.

Materie • 29

KOLLOIDTYPEN

Name des Kolloids	Teilchen	Hauptstoff	Beispiel
Festes Sol	Fest	Fest	Buntglas (Metall in Glas)
Gel	Flüssig	Fest	Gelee (Wasser in Gelatine)
Hartschaum	Gas	Fest	Bimsstein (Luft in Stein)
Sol	Fest	Flüssig	Blut (Zellen in Blutplasma)
Emulsion	Flüssig	Flüssig	Milch (Fett in Wasser)
Schaum	Gas	Flüssig	Schlagsahne (Luft in Sahne)
Aerosol	Fest	Gas	Rauch (Asche in Luft)
Aerosol	Flüssig	Gas	Nebel und Dunst (Wasser in Luft)

Hintergrund: Rauchwolken

Kolloid

Gemisch, das winzige Teilchen eines Stoffs gleichmäßig verteilt in einem anderen enthält

Ein Kolloid nennt man auch **Dispersion**. Kolloidteilchen können Gasblasen, Flüssigkeitströpfchen oder feste Teilchen sein. Sie werden im Hauptstoff gehalten, weil sie so klein sind, dass die Erdanziehung kein Ausfällen bewirkt.

Eigelb
Trocknet die Farbe, verbindet sich das Pigment mit dem Untergrund.

Suspension von Pigment in Wasser

3 Eigelb und Wasser werden zu einer Emulsion gemischt.

Elektrophorese

Trennung fester Teilchen aus einer Flüssigkeit in einem Kolloid

Das Einbringen von stromdurchflossenen Elektroden in ein Kolloid bewirkt, dass sich die festen Teilchen zu einer Elektrode ■ bewegen. **Genetische Fingerabdrücke** basieren auf der Elektrophorese. Dabei werden Fragmente der DNS abgetrennt, die in allen lebenden Organismen vorkommen. Diese Fragmente erscheinen als streifenförmige Muster. Die DNS jedes Menschen erzeugt ein individuelles Muster. Der genetische Fingerabdruck dient zur Identifikation von Menschen anhand von Proben aus Haut, Haar oder Blut.

Dialyse

Trennung fester Teilchen von einer Flüssigkeit in einem Kolloid durch eine poröse Membran

Eine halbdurchlässige Membran lässt die winzigen Flüssigkeitsteilchen durch, nicht jedoch die größeren festen Teilchen. In Krankenhäusern nutzt man Dialyseapparate zur Blutreinigung von Menschen mit Nierenproblemen.

Siehe auch
Druck 52 • Elektrode 148
Gravitation 49 • Ion 144
Legierung 166 • Molekül 138

Osmose

Fließen einer Flüssigkeit von einer Lösung in eine andere durch eine poröse Membran

Osmose tritt auf, wenn zwei Lösungen unterschiedlicher Konzentration durch eine halbdurchlässige Membran **(1)** getrennt sind. Lösungsmittel fließt durch Löcher in der Membran. Der Nettofluss geht von der schwächeren Lösung zur stärkeren. Das Volumen jeder Lösung verändert sich dabei **(2)**. Der Druck ■ dieses Lösungsmittelflusses heißt **osmotischer Druck.** Der Fluss des Lösungsmittels kommt zum Stillstand, wenn die Konzentration beider Lösungen gleich ist.

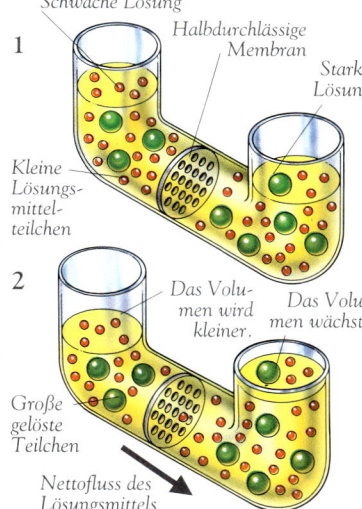

Schwache Lösung
Halbdurchlässige Membran
Starke Lösung
1
Kleine Lösungsmittelteilchen
2
Das Volumen wird kleiner.
Das Volumen wächst.
Große gelöste Teilchen
Nettofluss des Lösungsmittels

Osmotischer Fluss
Die halbdurchlässige Membran lässt Lösungsmittelteilchen (rot) durch, aber keine größeren Teilchen des gelösten Stoffs (grün).

Halbdurchlässige Membran

Eine poröse Barriere mit sehr kleinen Löchern

Eine halbdurchlässige Membran wirkt ähnlich wie ein Sieb. Die winzigen Löcher in der Membran halten größere Teilchen des gelösten Stoffs zurück. Kleinere Teilchen des Lösungsmittels können leicht hindurchgelangen.

Luft und Wasser

Ohne Luft und Wasser können wir nicht leben. Unser Körper besteht größtenteils aus Wasser. Jeden Tag atmen wir Tausende Liter Luft ein und aus. Luft und Wasser sind die am häufigsten vorkommenden Stoffe auf der Erde.

Luft
Gasgemisch, das die Erde umgibt

Luft enthält hauptsächlich Stickstoff und Sauerstoff, kleine Mengen Argon und andere Edelgase ■ sowie Kohlendioxid. Die Anteile dieser Gase in der Luft sind auf der ganzen Welt gleich. Luft enthält außerdem Wasserdampf, Staub und schädliche Gase, die örtlich in ihrer Menge variieren. Wenn Luft auf −200 °C abgekühlt wird, kondensieren die meisten Gase und bilden eine blaue Flüssigkeit, die **Flüssigluft**.

Stickstoff (weiß): 78 % der Luft

Sauerstoff (orange): 21 % der Luft

Argon (rot): 0,93 % der Luft

Kohlendioxid (schwarz): 0,03 % der Luft

Bestandteile der Luft
Diese farbigen Kugeln sind in demselben Verhältnis gemischt wie die Gase in der Luft.

Wasser
Die Flüssigkeit in Gewässern und im Regen

Wasser ist eine Verbindung ■ der Elemente Wasserstoff und Sauerstoff. Jedes Molekül ■ Wasser enthält zwei Atome Wasserstoff und ein Atom Sauerstoff; die chemische Formel ist H_2O. Meerwasser ist eine Lösung ■ verschiedener Salze ■, vor allem Kochsalz, in Wasser. Süßwasser kann gelöste Stoffe aus Gesteinen und Böden enthalten, über die es geflossen ist. **Destilliertes Wasser** ist durch Destillation ■ gereinigtes Wasser.

Schweres Wasser
Wasser, das schweren Wasserstoff enthält

Schweres Wasser enthält den schweren Wasserstoff Deuterium. Deuterium ist ein schwereres Isotop ■ des Wasserstoffs mit einer größeren atomaren Masse ■. Es ist in kleinen Mengen auch im normalen Wasser enthalten. Bei einigen Kernreaktionen ■ dient schweres Wasser als Moderator ■.

Eis
Feste Form des Wassers

Reines Wasser gefriert bei 0 °C. Löst man eine Verbindung wie Salz in Wasser auf, sinkt der Gefrierpunkt ■. Eis dehnt sich während seiner Entstehung aus. Deshalb platzen Wasserleitungen bei Frost. Eiswürfel schwimmen in einem Getränk, weil sie eine geringere Dichte als Wasser haben.

Wasserdampf
Normalerweise in Luft vorkommende Form des Wassers

Wenn Wasser mit Luft in Berührung kommt, verdunstet ■ es. Einige Wassermoleküle gelangen als Dampf ■ in die Luft. Der von diesen Molekülen ausgeübte Druck ■ heißt **Dampfdruck.** Wenn Dampfdruck und Luftdruck gleich groß werden, siedet das Wasser. Wasserdampf kondensiert in Regen und Nebel zu Wassertröpfchen. An sehr trockenen Orten und in sehr kalter Luft fehlt Wasserdampf.

Dampf
Gasförmiger Zustand des Wassers

Dampf ist ein unsichtbares Gas. Die sichtbaren Wolken über siedendem Wasser sind Wassertröpfchen, die durch Kondensation des Dampfes in kühlerer Luft entstehen. Reines Wasser siedet bei 100 °C und bildet Dampf. Das Auflösen eines Stoffs in Wasser erhöht den Siedepunkt ■.

Wolken von »Dampf«
Geysire sind Strahlen von siedendem Wasser und Dampf, die austreten, wenn Wasser unter der Erdoberfläche mit hohem Druck erhitzt wird.

Dicht schließender Glasdeckel
Zu trocknender Stoff
Trocknungsmittel

Entfeuchter
Apparat zum Entfernen von Wasser aus einem Stoff

Ein Entfeuchter ist luftdicht verschlossen und enthält ein **Trocknungs-** oder **Dehydriermittel.** Das Trocknungsmittel absorbiert Feuchtigkeit leicht. **Silicatgel** (eine poröse Form der Kieselerde) und konzentrierte Schwefelsäure dienen oft als Trocknungsmittel.

Hydrat
Eine wasserhaltige Verbindung

In Hydraten verbindet sich Wasser mit anderen Elementen. Viele Kristalle ■ sind Hydrate, die **Kristallwasser** enthalten, das mit den Atomen im Kristall verbunden ist. Kupfer-II-sulfat-Kristalle sind Hydrate, aus denen das Wasser bei Erwärmung entweicht.

1 Bei Erwärmung der blauen Lösung verdunstet das Wasser. Es entstehen blaue Kristalle.

Umwandlung von Kupfer-II-sulfat
Die Erwärmung einer blauen Kupfer-II-sulfat-Lösung lässt das Wasser verdunsten und ergibt ein Hydrat blauer Kristalle (1). Nach weiterer Erwärmung verschwindet das Kristallwasser und es bleibt weißes anhydriertes Kupfer-II-sulfat (2). Wasserzugabe (3) ergibt wieder blaues Hydrat (4).

Wasser enthärten
Gelöste Metallverbindungen aus Leitungswasser entfernen

Hartes Wasser enthält Ionen ■ von Kalzium und anderen Metallen. Diese Ionen gelangen in die Wasserleitung und erzeugen harte Ablagerungen in Kesseln und Rohren. **Weiches Wasser** enthält diese Ionen nicht. Wasser kann man mit einem **Ionenaustausch-Harz** weicher machen. Die Kalzium-Ionen in der Lösung werden durch Natrium-Ionen ersetzt.

Auswittern
Natürlicher Wasserverlust eines Stoffs

Wenn einige Kristalle der Luft ausgesetzt sind, verlieren sie durch Verdunstung ihr Kristallwasser und werden pulverig. Bleichsoda (Natriumcarbonat) ist ein Beispiel.

Anhydrisch
Kein Wasser enthaltend

Festkörper, die ihr Kristallwasser verloren haben, sind anhydrisch. Auch Flüssigkeiten wie Ethanol können anhydrisch sein. Anhydrisches Kupfer-II-sulfat kann zum Nachweis von Wasser dienen.

2 Schließlich werden die blauen Kristalle zu weißem Pulver.

Siehe auch
Atomare Masse 34 • Dampf 26
Destillation 27 • Druck 52 • Edelgase 137 • Gefrierpunkt 24 • Ion 144
Isotop 35 • Kernreaktionen 38
Kristall 142 • Lösung 28
Moderator 41 • Molekül 138 • Salz 149
Siedepunkt 25 • Verbindung 138
Verdunstung 26

Zerfließen
Natürliche Wasserabsorption durch einen festen Stoff

Ein **zerfließender Stoff** wie Kalziumchlorid nimmt Wasserdampf aus der Luft auf. Er wird zuerst feucht und wandelt sich dann zu einer Flüssigkeit, die eine sehr konzentrierte Lösung bildet. Ein **hygroskopischer Stoff** nimmt ebenfalls Wasser auf, wird aber nicht flüssig. Tafelsalz enthält hygroskopische Stoffe, damit es nicht verklumpt.

Tropfer

3 Dem weißen Pulver wird Wasser zugegeben.
4 Das weiße Pulver wird blau.

Dehydration
Prozess der Wasserentfernung aus einem Stoff

Dehydration ist durch sanftes Erwärmen eines Stoffs oder durch Trocknung in einem Entfeuchter möglich.

Merkmale der Materie

Keine zwei Stoffe sind genau gleich, weil sich ihre Teilchen unterschiedlich verbinden. Ein Festkörper kann hart oder weich sein, eine Flüssigkeit kann zäh oder dünnflüssig sein. Manche Materialien sind leichter dehnbar als andere. Solche Merkmale sind Eigenschaften der Materie. Viele Stoffe sind wegen ihrer besonderen Eigenschaften nützlich.

Elastizität

Ein Körper nimmt nach seiner Verformung seine ursprüngliche Form wieder an

Lässt man ein gedehntes Gummiband los, nimmt es schnell wieder seine ursprüngliche Form an. Wenn die auf einen elastischen Stoff ausgeübte Kraft  eine bestimmte Stärke erreicht, verliert der Stoff seine Elastizität und kann brechen oder reißen. Die Größe dieser Kraft heißt **Elastizitätsgrenze.**

Springender Ball
Der Gummiball ist elastisch. Wenn er auf den Boden trifft, wird er verformt. Er nimmt seine ursprüngliche Form jedoch schnell wieder an und springt hoch.

Der Ball gewinnt seine Form zurück.

Der Ball wird verformt.

Zerbrechendes Glas
Dieses Weinglas hat wenig Zugfestigkeit und zerbricht leicht, wenn es auf den Boden fällt.

Das Glas zerbricht in winzige Stücke.

Hooke'sches Gesetz

Die Änderung der Länge oder Form eines elastischen Stoffs hängt von der verursachenden Kraft ab

Wirkt auf einen elastischen Stoff eine Zugkraft, wird er um eine bestimmte Länge gedehnt. Die doppelte Kraft bewirkt die doppelte Dehnung. Das Gesetz von Hooke ■ gilt nur im elastischen Bereich. Man sagt auch: »Die Dehnung ist proportional der Zugspannung.« Die **Dehnung** ist die Längenänderung geteilt durch die Originallänge. Die **Zugspannung** ist die pro Flächeneinheit angewendete Kraft.

Elastizitätsmodul

Maß für die Elastizität eines Festkörpers

Der Elastizitätsmodul nach Young ■ ist die Zugspannung geteilt durch die Dehnung eines elastischen Körpers.

Siehe auch
Elektrischer Strom 104
Hooke 180 • Kraft 48
Molekül 138 • Piezoelektrizität 109
Widerstand 105 • Young 181

Zugfestigkeit

Fähigkeit eines Feststoffs, Zugkräften zu widerstehen

Die Zugfestigkeit eines Festkörpers ist seine Festigkeit unter **Spannung,** einer Kraft, die eine Dehnung bewirkt. Zugfestigkeit ist die Kraft, die man benötigt, um einen Stoff auseinander zu ziehen. Stahldraht hat eine hohe Zugfestigkeit. Beton hingegen hat eine geringe Zugfestigkeit, aber eine sehr hohe **Druckfestigkeit.**

Materie • 33

Dehnungsmessstreifen

Sensor, der die Kraft auf einen Körper misst

Ein Dehnungsmessstreifen wandelt Kräfte in elektrische Signale um. Er besteht entweder aus einem Draht, der sich dehnt und dabei seinen elektrischen Widerstand ändert, oder aus einem piezoelektrischen Kristall, der bei seiner Formänderung elektrischen Strom erzeugt. Gemessen werden damit Kräfte an Fahrzeugen und Bauwerken.

Duktilität

Fähigkeit eines Körpers, sich zerstörungsfrei verformen zu lassen

Die meisten Metalle sind **duktil**. Gold lässt sich zum Beispiel zu sehr dünnen Drähten ziehen.

Formbarkeit

Fähigkeit eines Körpers, sich zerstörungsfrei in eine bestimmte Form bringen zu lassen

Metalle sind gut **formbare** Stoffe. Aluminium lässt sich hauchdünn zu Haushaltsfolie auswalzen. Manche Metalle sind nur nach Erwärmung formbar.

Knetmasse
Wenn Knetmasse auf den Boden fällt, ändert sie ihre Form, ohne zu zerfallen.

MOHS'SCHE SKALA

Mineral	Härte
Talk	1 (weich)
Gips	2
Kalkspat	3
Flussspat	4
Apatit	5
Feldspat	6
Quarz	7
Topas	8
Korund	9
Diamant	10 (hart)

Hintergrund: Diamantoberfläche

Adhäsion

Anziehungskraft zwischen Molekülen verschiedener Stoffe

Adhäsion hält zwei Stoffe aneinander. Ein Regentropfen bleibt wegen der Adhäsion an einer Fensterscheibe hängen.

Kohäsion

Anziehungskraft zwischen Molekülen desselben Stoffs

Kohäsion zieht die Moleküle eines Stoffs zueinander. Sie hält einen Festkörper oder eine Flüssigkeit zusammen und erzeugt die Oberflächenspannung.

Viskosität

Fähigkeit einer Flüssigkeit, dem Fließen zu widerstehen

Eine viskose Flüssigkeit wie Sirup hat eine hohe Viskosität und fließt langsam. Eine Flüssigkeit mit geringer Viskosität wie Wasser fließt leicht. Eine **thixotrope** Flüssigkeit wie tropffreie Farbe wird weniger viskos und fließt besser, wenn sie geschüttelt oder umgerührt wird.

Fließendes Wasser
Wasser hat eine geringe Viskosität und breitet sich deshalb als Pfütze aus, wenn es auf den Boden gegossen wird.

Härte

Widerstandsfähigkeit gegen das Ritzen

Die Härte eines Stoffs wird oft auf der **Mohs'schen Skala** (links) gemessen. Diese Skala ordnet die Härte von zehn gängigen Mineralen von 1 bis 10. Auf der Mohs'schen Skala hat ein Fingernagel die Härte 2,5 und eine Taschenmesserklinge 6,5.

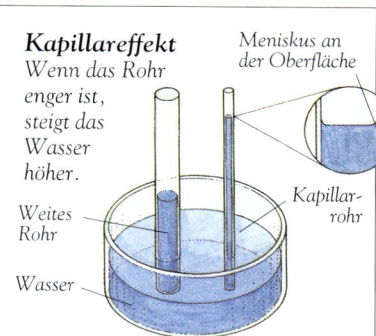

Kapillareffekt
Wenn das Rohr enger ist, steigt das Wasser höher.
Weites Rohr
Wasser
Meniskus an der Oberfläche
Kapillarrohr

Kapillarität

Ansteigen oder Absinken einer Flüssigkeit in einem engen offenen Rohr

Wenn ein enges offenes **Kapillarrohr** in Wasser getaucht wird, steigt das Wasser im Rohr hoch. Die Oberfläche bildet eine nach unten gekrümmte Kurve, den **Meniskus.** Kapillarität oder **Kapillarkräfte** entstehen durch Adhäsion zwischen Wasser und Glas zusammen mit der Oberflächenspannung am Ende der Wassersäule. Wenn das Rohr in Quecksilber getaucht wird, sinkt das Quecksilber im Rohr und bildet einen Meniskus mit aufwärts gekrümmter Form. Die Kohäsion im Quecksilber ist stärker als die Adhäsion zwischen Quecksilber und Glas.

Die Oberflächenspannung zieht kleine Wasserspritzer zu runden Tropfen zusammen.

Oberflächenspannung

Kraft in einer Flüssigkeitsoberfläche

Die Moleküle an der Flüssigkeitsoberfläche werden durch die Kohäsion zusammengehalten. Dies erzeugt eine Kraft oder Spannung entlang der Oberfläche, sodass sie sich wie eine gespannte elastische Haut verhält. So können winzige Insekten über einen Teich krabbeln, ohne einzutauchen. Die Oberflächenspannung formt einen Flüssigkeitstropfen zu einer Kugel und macht eine Blase rund.

Atome

Viele der jetzt in unserem Körper enthaltenen Atome waren einmal Bestandteil eines fernen Sterns, der vor langer Zeit explodierte. Atome sind die Bausteine des Universums. Sie sind so winzig, dass ein Stecknadelkopf Milliarden Atome enthält. Atome selbst bestehen wiederum aus noch kleineren subatomaren Teilchen.

Atom
Baustein der Elemente

Ein Atom enthält einen Atomkern aus winzigen Teilchen, den Protonen und Neutronen. Sie sind von viel Raum umgeben, der die noch kleineren Elektronen enthält. Die Elektronen bewegen sich sehr schnell um den Kern. Ein Atom kann in diese Teilchen gespalten werden, aber es ist der kleinste Teil eines Elements ■, der selbstständig existieren kann.

Atome
Die Atome von Gold (rot/gelb) und Kohlenstoff (grün) unter einem Spezialmikroskop. Die Atome sind einen fünfzigmillionstel Zentimeter groß.

Elektron
Negativ geladenes Teilchen

Ein Elektron ist ein winziges Teilchen, das sich auf einer Bahn, dem **Orbit,** um den Atomkern bewegt. Die Elektronen eines Atoms sind in **Schalen** mit gleichem Abstand vom Kern angeordnet. Elektronen tragen eine negative elektrische Ladung ■ und gleichen dieselbe Anzahl positiv geladener Protonen aus. Deshalb ist das gesamte Atom elektrisch neutral. Wenn ein Atom ein Elektron gewinnt oder verliert, sind die Ladungen nicht mehr ausgeglichen. Es wird zum geladenen Teilchen, einem Ion ■.

Proton
Positiv geladenes Teilchen im Atomkern

Die Anzahl der Protonen im Atomkern ist die Kernladungszahl. Sie bestimmt das Element, zu dem das Atom gehört. Wenn sich die Kernladungszahl ändert, wird das Atom ein neues Element. Protonen sind positiv geladen. Die Anziehung zwischen Protonen und Elektronen hält das Atom zusammen.

Nukleus mit Protonen und Neutronen

Inneres eines Kohlenstoffatoms
Dies ist ein Atom von Kohlenstoff-12. Es hat sechs Elektronen (blau) auf zwei Schalen, eine mit zwei Elektronen und die andere mit vier. Der Atomkern enthält sechs Protonen (rot) – sie bestimmen die Kernladungszahl 6 – und sechs Neutronen (grau). Die Massenzahl eines Isotops ist die Summe der Protonen und Neutronen. Somit heißt dieses Isotop Kohlenstoff-12.

MASSZAHLEN DER ATOME

Kernladungszahl
Anzahl der Protonen im Atomkern eines Elements

Jedes Element hat eine andere Kernladungszahl. Wenn sich die Anzahl der Protonen im Nukleus eines Atoms ändert, wird das Atom zu einem anderen Element. Dies geschieht durch Radioaktivität ■ und bei Kernreaktionen ■.

Atomare Masse
Masse eines Atoms relativ zur Masse des Atoms Kohlenstoff-12

Die atomare Masse heißt auch **relative Atommasse** oder **Atomgewicht.** Sie wird im Verhältnis zur Masse eines Atoms des häufigen Kohlenstoff-Isotops Kohlenstoff-12 gemessen, das die atomare Masse 12 besitzt.

Neutron
Ungeladenes Teilchen im Atomkern

Ein Neutron trägt keine elektrische Ladung. Die Neutronenzahl in den Atomkernen eines Elements kann variieren, ohne die Identität des Elements zu beeinflussen. Ein Element kann in verschiedenen Formen mit jeweils anderer Neutronenzahl in den Atomkernen vorkommen. Verschiedene Formen desselben Elements mit abweichender Neutronenzahl heißen Isotope.

Jedes Elektron in der Schale umkreist den Nukleus im gleichen Abstand.

Äußere Elektronenschale

Innere Elektronenschale

Atomkern (Nukleus)
Der zentrale Kern eines Atoms mit Protonen und Neutronen

Der Nukleus eines Atoms besteht aus Protonen und Neutronen. Jedes dieser Teilchen ist etwa 2 000-mal schwerer als ein Elektron. Deshalb ist fast die gesamte Masse ■ des Atoms im Nukleus konzentriert. Die Protonen im Nukleus bewirken seine positive Ladung.

Isotop
Form eines Elements mit bestimmter Neutronenzahl im Atomkern

Isotope sind verschiedene Versionen desselben Elements. Alle Isotope eines Elements haben dieselbe Kernladungszahl und deshalb die gleichen chemischen Eigenschaften ■. Isotope haben aber verschiedene physikalische Eigenschaften wie etwa Dichte ■. Ein Isotop wird durch seine **Massenzahl** identifiziert. Dies ist die Gesamtzahl der Protonen und Neutronen oder **Nukleonen** im Nukleus des Atoms. Das häufigste Isotop von Kohlenstoff hat 12 Nukleonen und heißt deshalb Kohlenstoff-12.

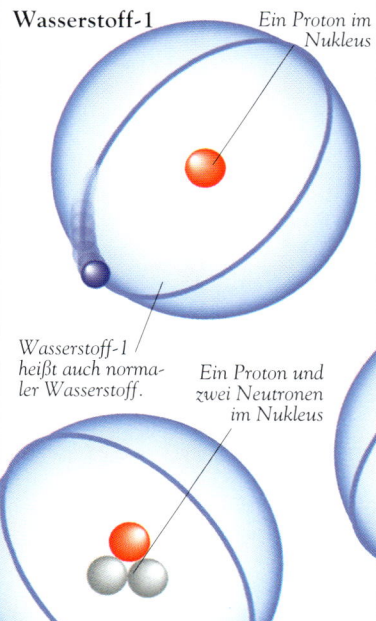

Wasserstoff-1
Ein Proton im Nukleus
Wasserstoff-1 heißt auch normaler Wasserstoff.

Ein Proton und zwei Neutronen im Nukleus

Wasserstoff-3
Wasserstoff-3 oder Tritium ist die radioaktive Form des Wasserstoffs

Die Isotope des Wasserstoffs
Der Nukleus jedes Wasserstoff-Isotops enthält ein Proton plus 0, 1 oder 2 Neutronen. Ein einziges Elektron umkreist den Nukleus jedes Isotops.

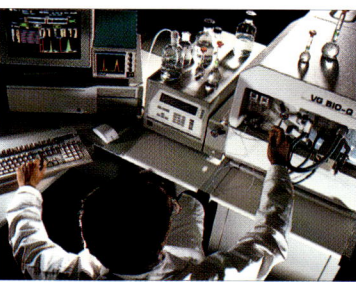

Massenspektrometer
Eine Eiweißprobe wird zur Analyse in ein Massenspektrometer gebracht.

Massenspektroskopie
Methode zum Nachweis der verschiedenen Atome in einem Stoff

Ein **Massenspektrometer** beschießt einen Stoff mit Elektronen und erzeugt dadurch geladene Atome, die Ionen. Sie bewegen sich in einem Magnetfeld ■ und werden je nach Masse unterschiedlich stark abgelenkt. Das Feld trennt die Ionen. Es entsteht ein charakteristisches Muster, das **Massenspektrum.** Masse und Ladung der Ionen lassen sich anhand ihrer Position im Spektrum bestimmen. Daran erkennt man die Elemente und Isotope in der Probe.

Wasserstoff-2

Ein Proton und ein Neutron im Nukleus

Wasserstoff-2 oder Deuterium heißt auch schwerer Wasserstoff.

Siehe auch
Chemische Eigenschaft 21 • Dichte 23
Elektrische Ladung 102 • Element 132
Ion 144 • Kernreaktionen 38
Magnetfeld 100 • Masse 23
Materie 23 • Radioaktivität 36

Radioaktivität

Radioaktive Stoffe senden energiereiche Teilchen und Strahlen aus, die für Lebewesen schädlich sein können. Radioaktivität kann aber auch nützlich sein. Sichere Strahlungsniveaus dienen zur Diagnose und Behandlung von Krankheiten und zur Konservierung von Nahrungsmitteln.

Radioaktivität

Emission energiereicher Strahlen und Teilchen

Die Kerne ■ von Atomen ■ radioaktiver Elemente ■ sind instabil. Sie zerfallen und setzen dabei Nuklearstrahlung (meist nur Strahlung genannt) frei. Dieses Phänomen heißt Radioaktivität. Die Strahlung besteht aus Alpha-, Beta- und Gammastrahlen. Alphastrahlen sind die schwächsten, Gammastrahlen die stärksten, wenngleich alle drei Arten gefährlich sein können. Wenn der Nukleus eines Atoms Alpha- oder Betastrahlen aussendet, verändert er sich, und das Atom wird ein Atom eines anderen Elements. Diese Veränderung heißt **Zerfall**. Eine **Zerfallsreihe** ist eine Gruppe von Elementen, die durch aufeinander folgenden Zerfall der Elemente entsteht.

Zerfallender Nukleus

Alphateilchen werden durch Papier blockiert.

Alphateilchen

Teilchen aus zwei Protonen und zwei Neutronen

Ein Alphateilchen kann beim Zerfall des Nukleus eines radioaktiven Atoms abgegeben werden. Es besteht aus zwei Protonen ■ und zwei Neutronen ■, was genau dem Kern eines Heliumatoms entspricht. Der ursprüngliche Kern verliert zwei Protonen und verringert deshalb seine Kernladungszahl ■ um zwei. **Alphastrahlen** sind Ströme von Alphateilchen.

Betateilchen

Ein Positron, das von einem radioaktiven Element emittiert wird

Beim Zerfall eines Atoms kann sich ein Neutron im Nukleus in ein Proton umwandeln und dabei ein Elektron freisetzen sowie die Kernladungszahl um 1 erhöhen. Ein Proton kann sich auch in ein Neutron umwandeln und dabei ein positiv geladenes Elektron freisetzen, ein Positron ■. **Betastrahlen** sind Ströme von Betateilchen.

Betateilchen werden durch Aluminium blockiert.

Ein Blatt Papier

2 Millimeter dickes Aluminiumblech

RADIOAKTIVITÄT MESSEN

Becquerel (Bq)

SI-Einheit der Radioaktivität

Die Radioaktivität eines Stoffs in Becquerel ■ ist gleich der Anzahl der Atome, die in einer Sekunde zerfallen.

Sievert (Sv)

SI-Einheit der Strahlungsdosis

Die Strahlungsdosis in Sievert ist gleich der absorbierten Energie in J/kg, multipliziert mit einem Faktor, der von der Strahlungsart abhängt.

Gammastrahlen

Von einem radioaktiven Element emittierte energiereiche Strahlen

Gammastrahlen sind eine Form der elektromagnetischen Strahlung ■. Sie sind den Röntgenstrahlen ■ ähnlich, haben aber eine kürzere Wellenlänge ■. Deshalb können sie die meisten Materialien durchdringen. Gammastrahlen können die Emission von Alpha- oder Betateilchen begleiten. Nur selten werden sie allein ausgesendet.

Radioaktiver Zerfall

Zerfällt der Nukleus eines radioaktiven Atoms, emittiert er Alpha- oder Betastrahlen und manchmal Gammastrahlen. Alphastrahlen sind am schwächsten und mit Papier zu blockieren. Betastrahlen durchdringen Papier, aber kein Aluminiumblech. Gammastrahlen sind durch dickes Blei aufzuhalten.

Gammastrahlen werden durch dickes Blei blockiert.

10 Zentimeter dicker Bleiblock

Atome • 37

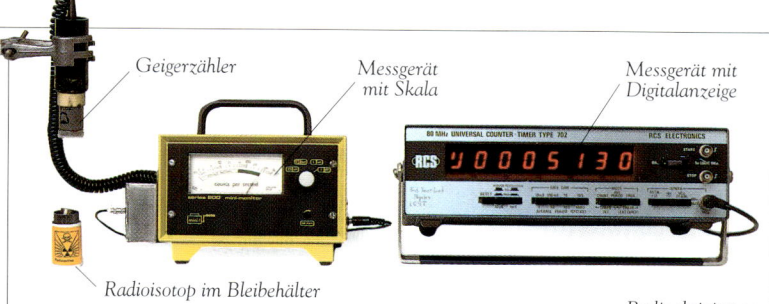

Geigerzähler — *Messgerät mit Skala* — *Messgerät mit Digitalanzeige*

Radioisotop im Bleibehälter

Messung der Radioaktivität
Der Geigerzähler misst die Radioaktivität in einem offenen Behälter. Die Anzeige ergibt einen Anfangswert von 5130.

Geigerzähler
Messgerät für Radioaktivität

Ein Geigerzähler ist ein gasgefülltes Rohr mit einer Elektrode ■. Zwischen der Elektrode und der Innenwand des Rohrs liegt eine hohe Spannung an. Wenn Strahlung in das Rohr gelangt, bildet das Gas Ionen ■. Diese lassen elektrische Stromimpulse zwischen der Elektrode und der Rohrwand fließen. Die Impulse erzeugen Knackgeräusche in einem Lautsprecher oder bewirken eine Anzeige auf einer Skala. Jedes Teilchen der Strahlung erzeugt einen Impuls, sodass die Anzahl der Impulse der Stärke der Strahlung entspricht. Der Geigerzähler wurde von dem Physiker Hans Geiger ■ erfunden.

Nuklearstrahlung
Strahlen radioaktiver Elemente

In der Natur kommen viele radioaktive Elemente vor. Sie erzeugen ein geringes Niveau an ungefährlicher Radioaktivität, die **natürliche Strahlenexposition**. **Ionisierende Strahlung** bildet beim Durchgang durch einen Stoff Ionen. Die Teilchen treffen auf die Atome des Stoffs, schlagen dort Elektronen aus und bilden Ionen. Diese Strahlung ist gefährlich, weil sie lebendes Gewebe beschädigen kann. In der Medizin wird sie kontrolliert eingesetzt.

Radioaktivität zu Beginn des Experiments

Nach drei Stunden ist die Radioaktivität auf die Hälfte gefallen.

Nach sechs Stunden ist die Radioaktivität auf ein Viertel des Anfangswerts gefallen.

Halbwertszeit
Die Radioaktivität des Radioisotops im Experiment oben halbiert sich alle drei Stunden. Das Radioisotop hat also eine Halbwertszeit von drei Stunden.

Radioisotop
Radioaktive Form eines Elements

Ein Radioisotop ist ein Isotop ■, das Radioaktivität aussendet. Wissenschaftler stellen Radioisotope künstlich her, indem sie ein Element mit Neutronen oder anderen Teilchen beschießen. In der Medizin und Industrie dienen sie als Quelle für Radioaktivität.

Bestrahlung
Stoffe der Radioaktivität aussetzen

Niedrige Strahlungsniveaus dienen zur Konservierung von Nahrungsmitteln. Nahrungsmittel werden bestrahlt, indem sie den Strahlen eines Radioisotops ausgesetzt werden. Ohne die Nahrungsmittel nachweisbar zu schädigen, zerstört die Strahlung Mikroorganismen, die Nahrungsmittel verderben.

Halbwertszeit

Zeit, in der ein radioaktiver Stoff die Hälfte seiner Radioaktivität verliert

Während der Halbwertszeit zerfällt die Hälfte der Atome eines radioaktiven Stoffs. In aufeinander folgenden Halbwertszeiten fällt die Radioaktivität zuerst auf die Hälfte, dann auf ein Viertel usw. Jedes Radioisotop hat eine bestimmte Halbwertszeit, die von Sekundenbruchteilen bis zu Millionen Jahren variiert.

Kohlenstoff-Datierung

Methode zur Altersbestimmung durch Messung der Radioaktivität

Lebewesen nehmen aus der Luft geringe Mengen des Radioisotops Kohlenstoff-14 auf. Wenn ein Organismus stirbt, zerfällt der darin enthaltene Kohlenstoff-14 mit konstanter Geschwindigkeit. Die bekannte Halbwertszeit von Kohlenstoff-14 ermöglicht die Altersbestimmung archäologischer Funde durch eine Messung der aktuellen Radioaktivität.

Kohlenstoff-Datierung
Ägyptische Mumien sind Jahrtausende alt. Wissenschaftler können deren Alter mit der Kohlenstoff-Datierung genau bestimmen.

Siehe auch

Atom 34 • Atomkern 35
Becquerel 45 • Elektrode 148
Elektromagnetische Strahlung 74
Element 132 • Geiger 179 • Ion 144
Isotop 35 • Kernladungszahl 34
Neutron 35 • Positron 42 • Proton 34
Röntgenstrahlen 75 • Wellenlänge 72

Nuklearphysik

An den Veränderungen in den winzigen Atomkernen sind ungeheure Energien beteiligt. Die Energie für das Leben auf der Erde stammt von der Sonne. Dort wird Energie ständig in Form von Kernenergie freigesetzt. Auf der Erde nutzt man Kernenergie zur Stromerzeugung, aber auch mit verheerenden Folgen in Nuklearwaffen.

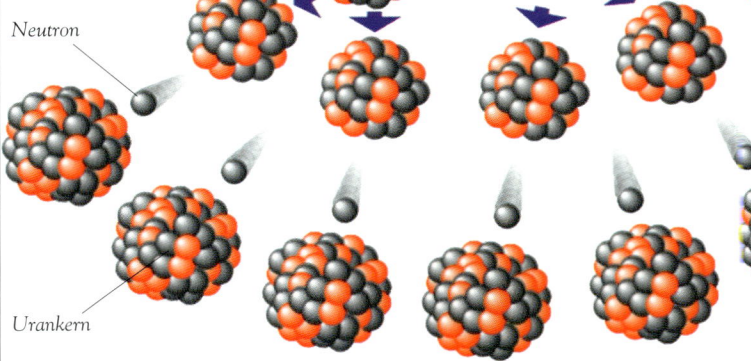

1 Ein Neutron trifft auf den Kern eines Uranatoms.

2 Der Kern teilt sich in zwei Kerne und setzt Neutronen frei.

Neutron

Urankern

Nuklearphysik
Untersuchung der Veränderungen in den Atomkernen

Veränderungen in den Atomkernen ■ entstehen durch **Kernreaktionen.** Die drei Typen der Kernreaktion sind Kernspaltung, Kernfusion und radioaktiver Zerfall ■. Bei Kernreaktionen verändern sich die Kerne der Atome ■, oftmals nach dem Beschuss durch andere Kerne oder Teilchen wie Neutronen ■. Kernreaktionen setzen viel Energie ■ frei, weil die Teilchen im Atomkern durch starke Kräfte zusammengehalten werden. In Kernkraftwerken wird die Energie kontrolliert in einem Nuklearreaktor ■ freigesetzt.

Umwandlung
Veränderung eines Elements in ein anderes

Kernreaktionen verändern die Anzahl der Protonen ■ in den Kernen der Atome eines Elements ■. Dies verändert den Elementtyp; es entsteht ein anderes Element mit anderer Kernladungszahl ■. Künstliche Elemente entstehen durch Umwandlung. Plutonium entsteht durch den Beschuss natürlichen Urans mit Neutronen in einem Nuklearreaktor.

Energie von der Sonne
Die Energie der Sonne entsteht durch Kernfusion. Die Temperatur im Inneren der Sonne beträgt etwa 14 Millionen °C. Bei diesen Temperaturen stoßen die Kerne der Wasserstoffatome aneinander und wandeln sich in Heliumkerne um.

Kernspaltung
Zerteilung von Atomkernen zur Energiefreisetzung

Kernspaltung findet in einigen Isotopen ■ schwerer Elemente wie Uran oder Plutonium statt. Das Uran-Isotop **Uran-235** oder **U-235** enthält 235 Protonen und Neutronen im Kern jedes Atoms. Kleine Mengen dieses Isotops sind in natürlichem Uran zu finden. Wenn ein Kern des Isotops U-235 von einem Neutron getroffen wird, absorbiert er das Neutron kurzzeitig und wird dann so instabil, dass er in zwei kleinere Kerne zerbricht. Dabei setzt er weitere Neutronen und Energie in Form von Wärme ■ frei. Die Masse ■ der beiden Kerne ist kleiner als die Masse des Ursprungskerns. Diese verlorene Masse wird zu Energie. Kernspaltung findet in Nuklearreaktoren und in Nuklearwaffen statt.

Atome • 39

Kettenreaktion

Stößt ein Neutron mit einem Kern des Isotops Uran-235 zusammen, kommt es zu Spaltungsreaktionen. Die Kettenreaktion verläuft sehr schnell und erzeugt hohe Temperaturen.

3 Jedes Neutron kann einen anderen Kern treffen, ihn teilen und weitere Neutronen freisetzen.

4 Bald teilen sich viele Kerne gleichzeitig und erzeugen eine enorme Wärmeenergie.

Kettenreaktion
Folge von Spaltungsreaktionen

Bei der Kernspaltung zerteilt sich ein Atomkern in zwei andere und setzt dabei Neutronen frei. Diese Neutronen bewirken die Spaltung weiterer Kerne, sodass weitere Neutronen freigesetzt werden. Eine solche Kernspaltung heißt Kettenreaktion. Sie kann nur mit einer **kritischen Masse** von Uran oder Plutonium stattfinden. Dies ist die geringste erforderliche Menge für eine Kettenreaktion. Die Spaltung kommt in Gang, wenn Neutronen beginnen, Kerne zu spalten. Wenn die Masse des Urans oder Plutoniums zu klein ist, entkommen die freigesetzten Neutronen und die Kettenreaktion bricht ab.

Nuklearwaffen

Sehr starke Waffen, die durch Veränderungen der Atomkerne funktionieren

Nuklearwaffen heißen auch **Atombomben.** Sie funktionieren durch Kernspaltung oder Kernfusion. In einer Spaltungswaffe läuft eine unkontrollierte Kettenreaktion ab. Sehr viele Kerne werden im Bruchteil einer Sekunde gespalten und erzeugen eine riesige Wärmemenge mit einer starken Explosion. Eine Fusionswaffe wirkt noch zerstörerischer. Die Fusionsreaktion wird durch eine Kernspaltung ausgelöst. Fusionswaffen heißen auch **Wasserstoffbomben** oder **thermonukleare Waffen.**

Kernfusion
Verbindung von Atomkernen

Kernfusion findet nur mit leichten Elementen wie den Isotopen des Wasserstoffs statt. Bei sehr hohen Temperaturen stoßen die Wasserstoffkerne mit solcher Kraft aufeinander, dass sie sich verbinden und zu Heliumkernen werden. Diese Fusion setzt Wärmeenergie frei. Kernfusion findet in der Sonne, in thermonuklearen Waffen und in Thermonuklearreaktoren ▪ statt.

Fusionsreaktion

Wenn zwei kleine Wasserstoffkerne zusammenstoßen, bilden sie einen größeren Heliumkern und setzen ein Neutron sowie Wärmeenergie frei.

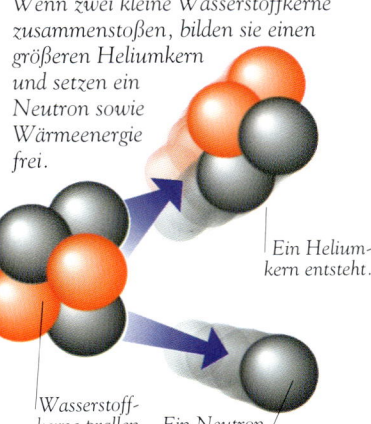

Wasserstoffkern mit einem Neutron

Wasserstoffkern mit zwei Neutronen

Wasserstoffkerne prallen zusammen.

Ein Heliumkern entsteht.

Ein Neutron wird freigesetzt.

Nuklearexplosion
Die gewaltige Wolke einer Nuklearwaffe besteht aus Rauch und Flammen. Wegen ihrer Form heißt sie auch Atompilz. Nuklearwaffen können ganze Städte zerstören. Außerdem erzeugen sie tödlichen radioaktiven Niederschlag.

Radioaktiver Niederschlag

Radioaktive Stoffe aus Nuklearwaffen oder Kernkraftwerken sinken aus der Atmosphäre auf die Erde

Bei der Explosion einer Nuklearwaffe oder bei Störfällen in Kernkraftwerken wird eine große Menge radioaktiver Stoffe freigesetzt. Ein Teil davon fällt schnell nahe des Explosionsorts nieder, aber ein großer Teil steigt in die Luft und wird vom Wind weit transportiert. Dann sinken die Stoffe mit Regen, Schnee oder Nebel auf die Erdoberfläche ab. Die Radioaktivität dieses Niederschlags ist für alle Organismen schädlich.

Siehe auch

Atom 34 • Atomkern 35 • Element 132
Energie 68 • Isotop 35
Kernladungszahl 34 • Masse 23
Neutron 35 • Nuklearreaktor 40
Proton 34 • Thermonuklearreaktor 40
Wärme 91 • Zerfall 36

Kernkraft

In vielen Ländern werden Haushalte mit Elektrizität aus Kernkraftwerken versorgt. Man nutzt die bei der Atomspaltung entstehende Energie und wandelt sie in Elektrizität um.

Kernenergie
Energie aus der Umwandlung von Atomkernen

Kernenergie heißt auch **Atomenergie.** Sie entsteht durch Kernspaltung ■ im Reaktor eines Kernkraftwerks. Die Energie erhitzt Wasser und wandelt es in Dampf um. Der Dampf treibt Turbinen an, die wiederum elektrische Generatoren antreiben. Die Elektrizität gelangt durch ein Leitungsnetz zu den Verbrauchern.

Thermonuklearreaktor
Anlage zur Wärmegewinnung durch kontrollierte Kernfusion

Thermonuklearreaktoren sind noch im Erprobungsstadium. Im **Tokamak-Reaktor** befindet sich ein großes Rohr mit Wasserstoff. Elektrischer Strom erwärmt das Gas, während starke Magnetfelder das heiße Gas von den Rohrwänden fern halten. Eine Kernfusion ■ hat zwar stattgefunden, aber die Energie reicht noch nicht für die praktische Nutzung.

Fusionsreaktor
Wissenschaftler prüfen das Innere eines Tokamak-Reaktors in Princeton (USA).

Nuklearreaktor
Anlage zur Energiegewinnung durch kontrollierte Kernspaltung

Ein Nuklearreaktor ist ein großer Behälter, in dem Kernbrennstoff gespalten wird und Wärmeenergie freisetzt. Die Atome ■ des Brennstoffs spalten sich in gewissen Zeitabständen von selbst und geben Neutronen ■ ab, die wiederum die Spaltung weiterer Atome in einer Kettenreaktion ■ auslösen können. Im Reaktorkern sorgen Steuerstäbe und ein Moderator für einen gleichmäßigen Ablauf der Reaktion. Das **Kühlmittel** zirkuliert im Reaktor und erwärmt sich. Ein Wärmetauscher ■ entzieht dem Kühlmittel die Wärme und bringt Wasser zum Sieden. Der Wasserdampf treibt Turbinen an. Ein Nuklearreaktor erzeugt intensive Strahlung ■ und kann Radioisotope ■ erzeugen. Er ist mit einer strahlendichten **Abschirmung** umgeben.

Brüter-Reaktoren
Nuklearreaktor, der neuen Brennstoff erzeugt

Ein Brüter-Reaktor nutzt plutoniumhaltigen Brennstoff. Eine Schicht Uran umgibt den Kern des Reaktors. Neutronen entweichen aus dem Kern und wandeln dabei einen Teil des Urans in Plutonium um, das dann extrahiert werden kann und als neuer Brennstoff dient. Ein Brüter-Reaktor hat keinen Moderator und arbeitet mit schnellen Neutronen. Deshalb heißt er auch **schneller Brüter.**

Kernbrennstoff
Für Kernspaltung oder Kernfusion geeignetes Material

Der Brennstoff in den meisten Nuklearreaktoren besteht aus Uran, oft als Uranoxid. Er enthält eine bestimmte Menge des spaltbaren Isotops ■ Uran-235. Eventuell muss natürliches Uran angereichert werden, das heißt, der Anteil an Uran-235 muss erhöht werden. Im Reaktorkern sind winzige Brennstofftabletten in Metallstäbe eingeschlossen.

Atommüll
Radioaktiver Abfall

Atommüll stammt aus Nuklearreaktoren, Labors, Fabriken und Krankenhäusern. Er enthält gebrauchten Kernbrennstoff, der aufbereitet werden kann. Mancher Müll bleibt jahrelang radioaktiv.

Atommüll
Bei der Arbeit mit radioaktivem Müll muss Schutzkleidung getragen werden. Der meiste Müll wird unterirdisch in verschlossenen Behältern gelagert.

Kernschmelze
Schwerer Störfall, bei dem der Kern eines Nuklearreaktors schmilzt

Wenn die Kettenreaktion in einem Nuklearreaktor außer Kontrolle gerät, schmilzt der Kern in der Hitze. Schließlich kann er explodieren oder durch die Abschirmung des Reaktors brennen. Teilweise Kernschmelzen sind bereits in mehreren Kernkraftwerken vorgekommen.

Atome • 41

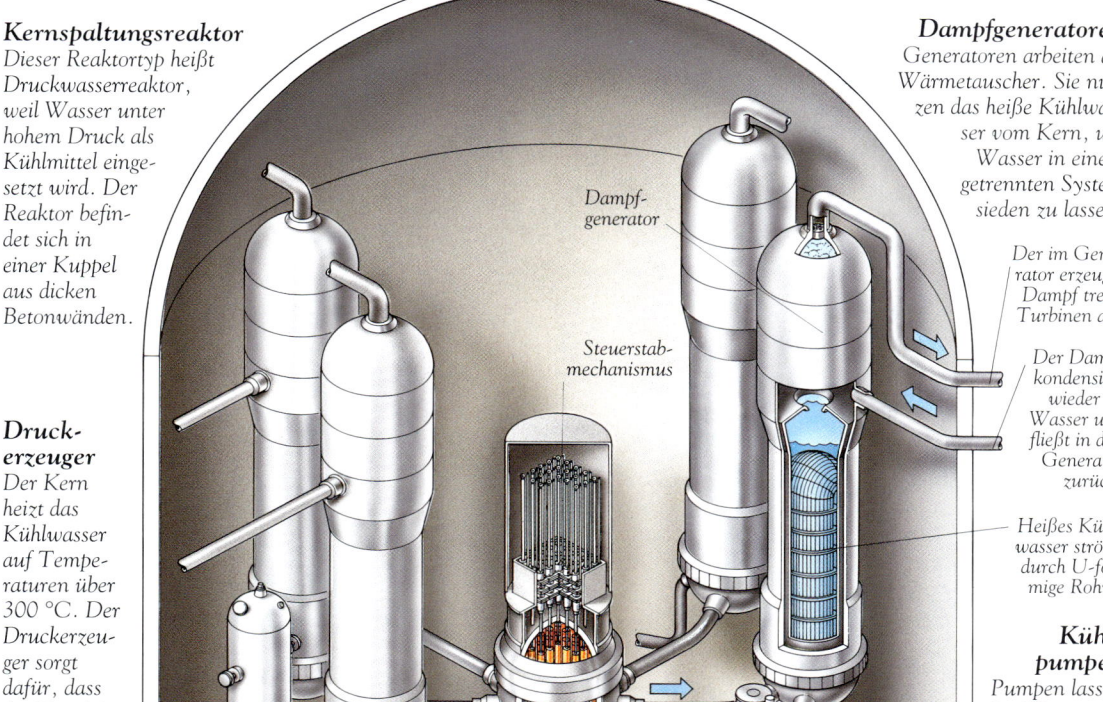

Kernspaltungsreaktor
Dieser Reaktortyp heißt Druckwasserreaktor, weil Wasser unter hohem Druck als Kühlmittel eingesetzt wird. Der Reaktor befindet sich in einer Kuppel aus dicken Betonwänden.

Druckerzeuger
Der Kern heizt das Kühlwasser auf Temperaturen über 300 °C. Der Druckerzeuger sorgt dafür, dass der Druck im Kühlsystem so hoch ist, dass das Wasser nicht sieden kann.

Dampfgenerator
Steuerstabmechanismus

Dampfgeneratoren
Generatoren arbeiten als Wärmetauscher. Sie nutzen das heiße Kühlwasser vom Kern, um Wasser in einem getrennten System sieden zu lassen.

Der im Generator erzeugte Dampf treibt Turbinen an.

Der Dampf kondensiert wieder zu Wasser und fließt in den Generator zurück.

Heißes Kühlwasser strömt durch U-förmige Rohre.

Kühlpumpen
Pumpen lassen das Wasser um den Kern und die Dampfgeneratoren zirkulieren.

Druckerzeuger — *Kern* — *Kühlpumpe*

Steuerstab

Metallstab zur Steuerung der Vorgänge in einem Nuklearreaktor

Die Steuerstäbe werden in den Kern des Reaktors eingeschoben. Je nach Einschubtiefe wird die Kettenreaktion langsamer oder schneller. Die Stäbe enthalten Elemente wie Bor oder Cadmium, die Neutronen absorbieren. Das Absenken der Stäbe in den Kern absorbiert einige der entstandenen Neutronen. Dadurch wird der gleichmäßige Ablauf der Kettenreaktion gesichert. Die Steuerstäbe können die Kettenreaktion im Notfall auch vollständig anhalten.

Moderator

Material, das die Kernspaltung in einem Nuklearreaktor fördert

Ein langsames Neutron löst eher eine Spaltungsreaktion aus als ein schnelles. Ein zu schnelles Neutron kann vom Kern des Brennstoffatoms abprallen, anstatt ihn zu spalten und die nächste Spaltungsreaktion auszulösen. In den meisten Reaktoren wird die Kettenreaktion mit einem Moderator in Gang gehalten. Dieser befindet sich im Kern des Reaktors und bremst die entstandenen Neutronen. Als Moderatoren eignen sich normales Wasser, schweres Wasser ▪ und Graphit.

Reaktorkern

Steuerstäbe bewegen sich in Gruppen von Uranbrennstäben (rot) auf und ab.

Kern

Zentraler Teil eines Reaktors für die Kernspaltung

Der Kern enthält den Kernbrennstoff, ein Kühlmittel, Steuerstäbe und oft einen Moderator.

Siehe auch

Atom 34 • Isotop 35 • Kernfusion 39
Kernspaltung 38 • Kettenreaktion 39
Neutron 35 • Nuklearstrahlung 37
Radioisotop 37 • Schweres Wasser 30
Wärmetauscher 95

Teilchenphysik

Ein Ziel der Wissenschaft ist herauszufinden, woraus das Universum besteht. Wissenschaftler suchen nach immer kleineren Teilchen, nach den grundlegenden Teilchen. Ihre Entdeckungen tragen zum Verständnis des Ursprungs des Universums und seiner Zukunft bei.

Teilchenphysik
Untersuchung der Teilchen, aus denen das Universum besteht

Die gesamte Materie ■ besteht aus Atomen ■, die Teile eines Elements ■ sind. Atome enthalten kleinere **subatomare Teilchen.** Der Atomkern ■ enthält Neutronen ■ und Protonen ■. Wissenschaftler entdecken jetzt noch kleinere Teilchen in diesen subatomaren Teilchen. Dies geschieht bei Zusammenstößen von Teilchen mit hoher Geschwindigkeit, sodass neue Teilchen entstehen. Die Energieniveaus der Zusammenstöße sind denen ähnlich, die zur Entstehung des Universums geführt haben. Die Teilchenphysik heißt auch **Hochenergiephysik.**

Elementarteilchen
Teilchen, das nicht aus kleineren Teilchen besteht

Elementarteilchen sind die kleinsten Teilchen im Universum. Die zwei Haupttypen der Elementarteilchen heißen Leptonen und Quarks.

Kosmische Strahlung
Teilchen aus dem Weltraum

Kosmische Strahlung ist keine wirkliche Strahlung. Es sind schnelle Protonen, Elektronen und Atomkerne. Sie entsteht in der Sonne und den Sternen und breitet sich im Weltraum aus. Ein Teil dringt in die Erdatmosphäre ein und erreicht die Erdoberfläche.

Lepton
Eine Art Elementarteilchen

Zu den Leptonen gehören das Elektron ■ und sein Antiteilchen mit einer positiven elektrischen Ladung, das **Positron.** Radioaktivität ■ erzeugt Positronen. Ein weiteres Lepton ist das **Neutrino,** ein Teilchen ohne Ladung und vermutlich ohne Masse ■. Neutrinos durchdringen die Erde.

Quark
Eine Art Elementarteilchen

Quarks sind die Bausteine größerer Teilchen, der **Hadronen.** Protonen und Neutronen sind Hadronen. Jedes besteht aus drei Quarks. Ein Quark trägt entweder ein Drittel einer negativen Elementarladung (ein Down-Quark) oder zwei Drittel einer positiven Elementarladung (ein Up-Quark). Quarks konnten noch nicht einzeln nachgewiesen werden.

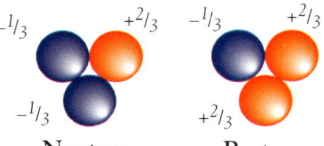

Neutron   Proton

Quarks in Hadronen
Ein Neutron besitzt zwei Down-Quark (blau) und ein Up-Quark (rot). Beim Proton ist es genau umgekehrt, wodurch es positiv wird.

Antiteilchen
Zwei Teilchen mit entgegengesetzten Eigenschaften

Zu jedem Teilchen existiert ein Antiteilchen mit gleicher Masse und entgegengesetzter elektrischer Ladung oder einer anderen entgegengesetzten Eigenschaft. Das Elektron trägt eine negative Ladung, sein Antiteilchen, das Positron, eine positive. **Antimaterie** besteht aus Antiteilchen. Antiteilchen lassen sich in Teilchenbeschleunigern erzeugen.

Teilchenzusammenstoß
Das Computerbild zeigt einen Zusammenstoß von Elektron und Positron im CERN, dem Europäischen Labor für Teilchenphysik nahe Genf (Schweiz). Die Linien entsprechen den Spuren der beim Zusammenstoß entstandenen neuen Teilchen.

Atome • 43

Superteilchen
Fadenförmiges Teilchen

Einige Wissenschaftler vermuten, dass die Elementarteilchen aus sehr winzigen Superteilchen bestehen. Diese Superteilchen entsprechen eher Linien oder Schleifen als Punkten. Falls sie existieren, sind sie viele milliarden Mal kleiner als die Elementarteilchen selbst.

Elektron und Positron
Auf halbem Weg werden einige Elektronen auf ein Target abgelenkt, dort treffen sie auf und erzeugen Positronen. Die Positronen werden weiter zur Kollisionskammer geleitet.

Beugemagnete krümmen den Teilchenstrahl.

Bündelungsmagnete konzentrieren den Strahl.

Target (Positronenquelle)

Die Teilchen stoßen in dieser Kammer zusammen. Detektoren erkennen neue Teilchen.

Der gerade Teil der Bahn ist 3,2 km lang.

Elektromagnete leiten die Teilchen.

Elektronenstrahl

Positronenstrahl

Die Elektronenquelle sendet den Elektronenstrahl die Bahn entlang.

Teilchenbeschleuniger
Anlage, die Teilchen auf sehr hohe Geschwindigkeiten bringt

In einem Teilchenbeschleuniger werden Bündel geladener Teilchen wie Elektronen und Protonen entlang einer Bahn von elektrischen und magnetischen Feldern beschleunigt. Sie treffen dann auf andere Teilchen, die Targets. In einem **Kollisionsbeschleuniger** bewegen sich zwei Teilchenstrahlen entgegengesetzt und stoßen zusammen. Diese Zusammenstöße erzeugen neue Teilchen. Die Wege dieser Teilchen werden von Detektoren und Computern erfasst.

CERN-Kollisionsbeschleuniger
Der Elektron-Positron-Beschleuniger des CERN befindet sich unterirdisch in einem Ringtunnel mit 8 km Durchmesser.

Fundamentalkraft
Grundlegende Kraft im Universum

Vier fundamentale Kräfte ■ oder **Wechselwirkungen** halten alles zusammen. Die erste Kraft ist die Gravitation ■. Die zweite ist die **elektromagnetische Kraft,** die Kraft zwischen Elektronen, Atomen und Molekülen. Die dritte ist die für die Radioaktivität verantwortliche **schwache Kernkraft.** Schließlich hält die **starke Kernkraft** die Quarks in den Protonen und Neutronen sowie Protonen und Neutronen selbst im Atomkern zusammen. Wissenschaftler vermuten, dass die elektromagnetische Kraft und die schwache Kernkraft Varianten derselben Kraft sind, der **elektroschwachen Kraft.** Die Kräfte treten zwischen Teilchen auf, wenn sie andere Teilchen austauschen, die **Bosonen.** Zu den Bosonen gehören **Gluonen,** die sich zwischen den Quarks bewegen und starke Kernkraft tragen.

So funktioniert ein Teilchenbeschleuniger
Dies ist ein Modell des Stanford-Linearbeschleunigers in den USA. Bündel von Elektronen und Positronen werden entlang einer langen, geraden Bahn beschleunigt. Elektromagnete führen sie dann so, dass sie zusammenstoßen und neue Teilchen erzeugen.

Supraleitender Superbeschleuniger (SSC)
Der weltweit größte Teilchenbeschleuniger

Der SSC ist als 87 Kilometer langer Ringbeschleuniger in Texas (USA) geplant. Er soll mithilfe von supraleitenden Elektromagneten das **Higgs'sche Boson** durch die Kollision von zwei Protonenstrahlen nachweisen. Der Bau des SSC wurde 1993 jedoch gestoppt. Jetzt hofft man auf den in Europa im Bau befindlichen Großen Hadronenbeschleuniger.

Siehe auch
Atom 34 • Atomkern 35
Elektrische Ladung 102 • Elektron 34
Element 132 • Gravitation 49
Kraft 48 • Masse 23 • Materie 23
Neutron 35 • Proton 34
Radioaktivität 36

Quantentheorie

Die Quantentheorie erklärt das fremdartige und unvorhersehbare Verhalten subatomarer Teilchen und kleinster Energiemengen. Dank der Quantentheorie können wir Geräte wie Laser und solarbetriebene Taschenrechner bauen.

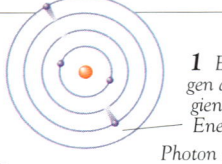

1 Elektronen springen auf höhere Energieniveaus, wenn sie Energie aufnehmen. Photon von blauem Licht

2 Elektronen geben Energie ab, wenn sie auf ein tieferes Energieniveau fallen.

Photon von rotem Licht

Atomkern

*Heißes Metall
Die verschiedenen Farben entsprechen verschiedenen Temperaturen.*

*Emission von Photonen
Wenn Atome Energie gewinnen, können die Elektronen auf höhere Energieniveaus springen (1). Beim Zurückfallen emittieren sie Photonen (2).*

Quantentheorie
Theorie der mikrophysikalischen Erscheinungen und Objekte

Das mikrophysikalische Geschehen verläuft nicht stetig, sondern sprunghaft in Energiestufen, den **Quanten.** Eine einzelne Stufe heißt **Quantum.** Ein Energiebetrag entspricht immer einer ganzen Zahl von Quanten, Bruchteile sind nicht möglich. Bei elektromagnetischer Strahlung ■ wie Licht hängt der Energiebetrag in jedem Quantum von der Frequenz ■ der Strahlung ab. Deshalb glüht ein erhitzter Metallstab zuerst rot, dann gelb und schließlich weiß. Mit steigender Temperatur erhalten die Quanten in den Lichtstrahlen mehr Energie. Dies erhöht die Frequenz, sodass sich die Farbe ändert.

Welle-Teilchen-Dualismus
Gleichzeitige Wirkung von Licht und anderer elektromagnetischer Strahlung als Welle und Teilchen

Elektromagnetische Strahlung wie Licht erzeugt Effekte, die nur von Wellen stammen können. Dazu gehört die Interferenz ■. Licht verhält sich aber auch wie ein Strom von Teilchen, die Photonen genannt werden. Photonen bewirken das Entstehen von Elektrizität in Solarzellen. Umgekehrt zeigt ein Strom von Teilchen die Wirkung von Wellen.

Unbestimmtheitsrelation
Das Verhalten von Teilchen lässt sich nicht exakt vorhersagen

Es ist unmöglich, Impuls ■ und Ort eines Teilchens gleichzeitig zu bestimmen. Man kann nie sicher, sondern nur ungefähr angeben, wie sich ein Teilchen verhält. Dieses Prinzip heißt auch **Unbestimmtheitsprinzip.**

Quantenmechanik
Erklärung für das Verhalten von Elektronen im Atom

Jedes Elektron ■ kann den Atomkern ■ eines Atoms ■ auf verschiedenen Energieniveaus ■ umkreisen. Elektronen können von einem Niveau zum anderen springen, wenn das Atom Energie durch Elektrizität, Licht oder Wärme gewinnt. Wenn die Elektronen auf ihr Ausgangsniveau zurückfallen, geben sie die Energie wieder ab. Wenn ein Elektron springt und zurückfällt, gewinnt und verliert das Atom ein Energiequantum. Der Energiebetrag in diesem Quantum hängt von der Differenz der beiden Energieniveaus ab.

Photon
Ein Teilchen der elektromagnetischen Strahlung

Ein Photon ist ein Quantum elektromagnetischer Strahlung wie Radiowellen und Lichtstrahlen. Jede Welle und jeder Strahl besteht aus einem Photonenstrom.

*Energieübertragung
Wenn diese Kinder Spielmünzen austauschen, ähnelt das dem Vorgang, durch den Atome Energiequanten gewinnen oder verlieren. Wie die Spielmarken können auch Quanten nicht in kleinere Einheiten unterteilt werden.*

Siehe auch
Atom 34 • Atomkern 35 • Elektromagnetische Strahlung 74 • Elektron 34
Energieniveau 82 • Frequenz 71
Impuls 55 • Interferenz 79

Entdeckung der Atome

Die Menschen vermuteten bereits vor über 2 400 Jahren, dass die Materie aus winzigen Teilchen besteht, den Atomen. Mittlerweile haben Wissenschaftler über 200 subatomare Teilchen in den Atomen entdeckt.

Demokrit
Griechischer Philosoph (um 460 – um 380 v. Chr.)

Demokrit glaubte, dass alle Stoffe unterschiedlich sind, weil sie aus unterschiedlichen winzigen Teilchen bestehen. Er nannte diese Teilchen Atome ■.

John Dalton
Englischer Physiker (1766 – 1844)

1803 präsentierte Dalton seine Atomtheorie, wonach jedes Element ■ eigene Atome hat. Verbindungen entstehen, wenn sich verschiedene Atome verbinden.

Antoine Henri Becquerel
Französischer Physiker (1852 – 1908)

Becquerel entdeckte 1896 die Kernstrahlung. Er brachte eine Uranverbindung, in dunklem Papier eingewickelt, auf eine Fotoplatte. Nach dem Entwickeln der Platte zeigte sich, dass Strahlen aus der Verbindung das Papier durchdrungen hatten. Die französische Chemikerin Marie Curie ■ nannte dies Radioaktivität ■.

Siehe auch
Atom 34 • Atomkern 35 • Curie 135
Elektron 34 • Element 132
Kernspaltung 38 • Neutron 35
Proton 34 • Quantentheorie 44
Quark 42 • Radioaktivität 36

Die beheizte Kathode sendet Elektronen aus.

Thomsons Kathodenstrahlröhre
Thomson nutzte elektrische und magnetische Felder, um Kathodenstrahlen in dieser gasgefüllten Röhre abzulenken. Er konnte daraus das Verhältnis von Ladung und Masse der Teilchen in den Strahlen ableiten.

Joseph John Thomson
Britischer Physiker (1856 – 1940)

1897 untersuchte Thomson die Strahlen eines erhitzten, elektrisch negativen Anschlusses, einer Kathode. Er bewies, dass es sich um Bündel negativ geladener Teilchen handelt, die viel kleiner als Atome sind. Er nannte diese Teilchen Elektronen ■.

Ernest Rutherford
Britischer Physiker (1871 – 1937)

Rutherford entdeckte 1911, dass ein Atom kein festes Teilchen ist. Er erkannte, dass ein Atom ein schweres Zentrum hat, den Atomkern ■, der von Elektronen umgeben ist. 1914 entdeckte er das positiv geladene Proton ■ im Atomkern. Rutherford erzeugte 1917 die erste Nuklearreaktion, indem er Stickstoffkerne in Sauerstoffkerne umwandelte. Außerdem benannte er die drei Arten radioaktiver Strahlung als Alpha-, Beta- und Gammastrahlen.

Niels Bohr
Dänischer Physiker (1885 – 1962)

Bohr wandte die bereits 1900 von dem deutschen Physiker **Max Planck** (1858 – 1947) entwickelte Quantentheorie ■ auf das Atom an. Er verband sie mit Rutherfords Ideen zur Struktur des Atoms und zeigte 1913, dass sich Elektronen auf verschiedenen Bahnen um den Atomkern bewegen.

James Chadwick
Englischer Physiker (1891 – 1974)

1932 entdeckte Chadwick das Neutron ■, ein ungeladenes Teilchen im Atomkern. Die Theorie, dass Neutron und Proton aus Quarks ■ bestehen, stammt aus dem Jahr 1964 von dem amerikanischen Physiker **Murray Gell-Mann.**

Chadwicks Apparat
Mit diesem Apparat erkannte Chadwick, dass Kerne des Metalls Beryllium beim Beschuss mit Alphateilchen Neutronen freisetzen.

Enrico Fermi
Italienischer Physiker (1901 – 1954)

Fermi gelang 1934 die erste Kernspaltung, indem er Uran mit Neutronen beschoss. Er erkannte zwar die Kernspaltung nicht, sie wurde jedoch 1938 von der österreichisch-schwedischen Physikerin **Lise Meitner** (1878 – 1968) und dem deutschen Chemiker **Otto Hahn** (1879 – 1968) bewiesen. 1942 baute Fermi in den USA den ersten Kernreaktor.

Raum und Zeit

Menschen, Tiere und Objekte bewegen sich im Raum von einem Ort zum anderen. Alles bewegt sich in der Zeit von einem Moment zum nächsten. Bei sehr hohen Geschwindigkeiten vergeht die Zeit jedoch tatsächlich langsamer.

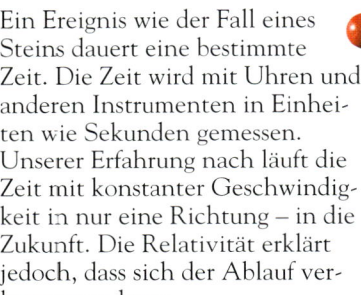

Ball in Raum und Zeit
Wenn ein Ball in einem Winkel springt, bewegt er sich in drei räumlichen Dimensionen – vorwärts, nach links oder rechts, auf oder ab – und in der Dimension Zeit. Hier sieht man die Position des Balls im Raum zu verschiedenen Zeitpunkten.

Zeit
Präzises Maß für den Fortschritt von der Vergangenheit zur Zukunft

Ein Ereignis wie der Fall eines Steins dauert eine bestimmte Zeit. Die Zeit wird mit Uhren und anderen Instrumenten in Einheiten wie Sekunden gemessen. Unserer Erfahrung nach läuft die Zeit mit konstanter Geschwindigkeit in nur eine Richtung – in die Zukunft. Die Relativität erklärt jedoch, dass sich der Ablauf verlangsamen kann.

Atomuhr
Die genaueste Uhr

Eine Atomuhr misst die Zeit so genau, dass sie erst nach einer Million Jahren um eine Sekunde falsch geht. Sie erkennt Änderungen der Energie ■ in Atomen von Cäsium oder anderen Elementen. Diese Änderungen finden extrem regelmäßig statt und sind daher ein Maß für die Zeit. Atomuhren dienen als Referenz für andere Uhren und für die wissenschaftliche Forschung.

Siehe auch
Atom 34 • Brown'sche Bewegung 139
Energie 68 • Fotoelektrischer
Effekt 109 • Kernreaktionen 38
Lichtgeschwindigkeit 77 • Masse 23
Strahl 76 • Wellenlänge 72

Raum
Abstand in alle Richtungen

Oft bezeichnen die Worte »Raum« oder »Weltraum« leere Gebiete zwischen Planeten und Sternen. In der Physik vermittelt Raum eine Vorstellung von Entfernung. Raum hat drei **Dimensionen,** dargestellt durch drei jeweils senkrecht zueinander stehende Richtungen. Ein Objekt hat eine bestimmte Länge, Breite und Höhe im Raum. Es kann sich in drei Dimensionen bewegen – vorwärts oder rückwärts, nach links oder rechts, auf oder ab. Man nennt die Zeit die vierte Dimension, weil sich alles sowohl im Raum als auch in der Zeit bewegt. Alle vier Dimensionen bilden eine Einheit, die **Raumzeit.** Alles hat eine Position in der Raumzeit, die durch den Standort und den Zeitpunkt beschrieben ist.

Relativität
Zwei Theorien, die Materie, Raum und Zeit verknüpfen

Die Spezielle Relativitätstheorie erklärt ungewöhnliche Veränderungen an einem sehr schnell bewegten Objekt. Seine Masse ■ nimmt zu, die Länge verringert sich und die Zeit wird gedehnt. Dies wird jedoch nur deutlich, wenn sich das Objekt nahezu mit Lichtgeschwindigkeit ■ bewegt, der höchstmöglichen Geschwindigkeit. Laut Theorie sind Masse (m) und Energie (E) durch die Gleichung $E = mc^2$ verknüpft, wobei c die Lichtgeschwindigkeit ist. Folglich kann eine geringe Masse in einen riesigen Energiebetrag umgewandelt werden, wie es bei Kernreaktionen ■ passiert. Die Allgemeine Relativitätstheorie erklärt, dass die Materie eine Krümmung des Raums verursacht. Riesige Objekte wie Sterne verbiegen Lichtstrahlen ■ und ändern deren Wellenlänge ■. Experimente haben die Gültigkeit beider Theorien bewiesen.

Erklärung der Relativität
Wenn man die Lichtgeschwindigkeit misst, ist sie stets gleich, egal wie schnell wir uns bewegen. Deshalb ist bei sehr hohen Geschwindigkeiten eine Zeitdehnung zu beobachten. Dies lässt sich am Beispiel eines Laserlichtimpulses erklären, der zwischen zwei schnellen Raketen ausgesendet wird. Diese Anordnung wird auch als »Lichtuhr« bezeichnet.

Rakete

Für die Astronauten bewegt sich das Licht auf direkter Linie.

Rakete

Raum und Zeit • 47

Albert Einstein

Deutsch-amerikanischer Physiker (1879–1955)

1905 erklärte Einstein den fotoelektrischen Effekt ■ und die Brown'sche Bewegung ■. Im selben Jahr veröffentlichte er die Spezielle Relativitätstheorie und 1915 die Allgemeine Relativitätstheorie. Seine Annahmen: Die Lichtgeschwindigkeit ändert sich nicht, wenn sich die Lichtquelle oder der Beobachter bewegt, und Bewegung ist nicht absolut. Es lässt sich zum Beispiel nicht sagen, dass sich ein Objekt »wirklich« in Ruhe befindet oder sich »wirklich« bewegt, lediglich, dass sich alle Dinge relativ zueinander bewegen. Deshalb heißen die Theorien auch Relativitätstheorien.

Uhr

Instrument zur Zeitmessung

Es gibt viele Arten von Uhren, von solchen mit riesigen Anzeigen an öffentlichen Plätzen bis zu kleinen Armbanduhren. Sie alle enthalten eine Steuerung, die mit konstantem Takt arbeitet. In einer mechanischen Uhr ist dies ein Pendel oder eine Feder mit einer regelmäßigen Bewegung. In einer elektronischen Uhr erzeugt ein schwingender Quarzkristall ein regelmäßiges elektrisches Signal, während eine elektrische Uhr ein regelmäßiges elektrisches Signal über die Netzstromversorgung erhält. Bewegung oder Signal steuern die Zeiger oder die Anzeige der Uhr. Ein **Chronometer** ist eine Uhr, die bei allen Temperaturen sehr genau geht und für die Navigation eingesetzt wird.

ZEIT MESSEN

Sekunde (s)
SI-Einheit der Zeit

Eine Sekunde entspricht 9 192 631 770 Energieübergängen eines Cäsiumatoms. Eine **Minute** entspricht 60 Sekunden, eine **Stunde** 60 Minuten, ein **Tag** 24 Stunden. Ein **Jahr** dauert 365 Tage, 5 Stunden, 48 Minuten und 46 Sekunden; dies entspricht einer Sonnenumkreisung der Erde.

Die Raketen bewegen sich mit 99 % der Lichtgeschwindigkeit vorwärts.

Die Raketen sind in regelmäßigen Zeitabständen dargestellt. Die Länge dieser Zeitintervalle ist für die Beobachter auf der Erde siebenmal länger als für die Astronauten.

Licht bewegt sich mit etwa 300 000 km pro Sekunde.

Laserlichtimpuls

Auf der Erde
Für die Beobachter auf der Erde bewegt sich die Rakete so, dass der Lichtimpuls der langen gestrichelten Linie folgt und von einer Rakete zur anderen sieben Sekunden benötigt. Die Lichtuhr »tickt« einmal alle sieben Sekunden. Für die Beobachter auf der Erde vergeht die Zeit auf der Rakete siebenmal langsamer, sodass die Astronauten nur ein Siebtel so schnell altern wie die Beobachter.

Die Rakete
Astronauten auf zwei Raketen senden einen regelmäßigen Laserlichtimpuls direkt von einer Rakete zur anderen. Die Raketen bewegen sich nahezu mit Lichtgeschwindigkeit im konstanten Abstand von etwa 300 000 km. Aus Sicht der Astronauten benötigt der Lichtimpuls von einer Rakete zur anderen eine Sekunde. Die Lichtuhr »tickt« einmal pro Sekunde, die Zeit ist normal.

Der Beobachter
Das Weltraumteleskop beobachtet die weit entfernten, schnell fliegenden Raketen. Ein Lichtimpuls bewegt sich zwischen ihnen hin und her, regelmäßig wie das Ticken einer Uhr. Das Teleskop überträgt die Bilder zur Erde.

Kraft

Kräfte sind unsichtbar, nur ihre Wirkung ist sichtbar und fühlbar. Kräfte starten oder stoppen eine Bewegung, ändern die Geschwindigkeit oder Richtung eines Objekts oder verändern seine Form. Eine stets fühlbare Kraft ist die Erdanziehung. Sie hält uns am Boden und verursacht das Gewicht.

Kraft
Ein Drücken oder Ziehen

Wenn sich ein Objekt frei bewegen kann, wird es durch eine Kraft in eine bestimmte Richtung bewegt. Wenn sich das Objekt nicht frei bewegen kann, kann die Kraft das Objekt verformen. Wenn die wirkenden Kräfte ausgeglichen sind, befindet sich das Objekt im Gleichgewicht ■.

Mechanik
Untersuchung der Kraftwirkungen auf Objekte

Es gibt zwei Hauptzweige der Mechanik: Die Dynamik ■ beschreibt Kräfte an bewegten Objekten, während die Statik ■ Kräfte an ruhenden Objekten beschreibt.

Ein Wurfhammer ist ein schweres Gewicht an einem Draht.

Schwerpunkt
Punkt, an dem sich das Gewicht eines Körpers konzentriert

Ein Tablett mit Gläsern lässt sich mit einer Hand balancieren, wenn es direkt unter seinem Schwerpunkt unterstützt wird. Die Schwerkraft zieht dann gleichmäßig überall am Tablett. Der Schwerpunkt heißt auch **Massenzentrum**.

Zentripetalkraft
Kraft, die ein Objekt auf einer Kreisbahn hält

Beim Wirbeln eines Gewichts an einer Schnur versucht das Gewicht aufgrund seiner Trägheit ■, geradlinig davonzufliegen. Die Schnur muss gezogen werden, um das Gewicht auf seiner Kreisbahn zu halten. Diese Zugkraft heißt Zentripetalkraft.

Bewegungskraft
Dieser Hammerwerfer übt mit seinen Muskeln eine starke Kraft auf den Hammer aus.

Zentripetalkraft
Der Hammerwerfer zieht kräftig am Draht, während er den Hammer herumschleudert. Es wirkt die Zentripetalkraft.

Die Trägheit des Hammers zieht ihn beim Drehen nach außen.

Zentrifuge
Maschine, die ein Gemisch sehr schnell dreht und seine Komponenten trennt

In einer Zentrifuge dreht sich ein Behälter mit einem Gemisch sehr schnell. Dies übt eine starke Kraft auf die Bestandteile des Gemischs aus, die sich schließlich trennen. Die schwereren Teilchen bewegen sich wegen ihrer größeren Trägheit nach außen. Diese Kraft nennt man **Zentrifugalkraft**.

Schwerpunkt
Der Hammerwerfer lehnt sich zurück um seinen Schwerpunkt über den Füßen zu halten.

Kraft, Bewegung und Maschinen • 49

Gravitation

Anziehungskraft zwischen Massekörpern

Zwischen unserem Körper und der Erde wirkt eine Gravitationskraft. Die Schwerkraft der Erde verursacht das Gewicht und hält uns auf dem Boden. Gleichzeitig zieht unser Körper die Erde an. Jede Materie ■ übt Gravitation aus. Diese ist jedoch nur bei sehr großen Massen ■ von Bedeutung, etwa bei Planeten. Die Gravitation nimmt mit zunehmender Entfernung ab.

Gravitationsfeld

Bereich, in dem ein Massekörper seine Gravitationskraft ausübt

Das Gravitationsfeld der Sonne reicht weit in den Weltraum. Es hält die Planeten des Sonnensystems auf ihren Bahnen um die Sonne. Weiter entfernt von der Sonne wird das Feld schwächer. Das Gravitationsfeld der Erde hält den Mond und die Satelliten auf ihren Bahnen um die Erde.

Nach dem Loslassen fliegt der Hammer fort, weil ihn die Zentripetalkraft nicht mehr hält.

Newtons Gravitationsgesetz

Die Gravitationskraft zwischen zwei Körpern hängt von ihrer Masse und dem Quadrat ihrer Entfernung ab

Wenn der Mond die doppelte Masse hätte, wäre die Gravitation zwischen ihm und der Erde doppelt so groß. Wenn sich der Mond jedoch bei gleicher Masse in der halben Entfernung zur Erde bewegen würde, wäre die Gravitation zwischen beiden Körpern viermal (zwei quadriert) so groß. Der Physiker Isaac Newton ■ entdeckte dieses Gesetz, das für alle Körper gilt.

Erde   **Mond**

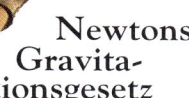
Gravitationskraft = 1
Masse = 1

Gravitationskraft = 2
Masse = 2

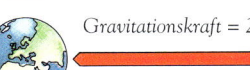
Gravitationskraft = 4
Masse = 1
Mond halb so weit entfernt

Gewicht

Gravitationskraft, die auf einen Körper wirkt

Das Gewicht ist die auf ein Objekt wirkende Gravitationskraft der Erde. Mit zunehmender Entfernung von der Erde nimmt das Gewicht ab. Auf dem Mond wiegen Astronauten nur ein Sechstel, weil die Gravitation des Monds nur ein Sechstel derjenigen der Erde beträgt.

Die Gravitation zieht den Hammer zur Erde.

Federwaage

Instrument zur Kraftmessung

Ein **Kraftmesser** misst die Kraft mit einer Feder. Wenn eine Kraft darauf wirkt, dehnt sich die Feder aus und bewegt einen Zeiger an einer Skala. 1 Kilogramm zieht zum Beispiel mit einer Kraft von 9,8 Newton ■. Federwaagen werden auch als **Newtonmeter** bezeichnet.

1 Kilogramm zieht mit einer Kraft von etwa 10 Newton.

2 Kilogramm ziehen mit einer Kraft von etwa 20 Newton.

Siehe auch

Dynamik 55 • Fundamentalkraft 43
Gemisch 27 • Gleichgewicht 50
Masse 23 • Materie 23 • Newton 51
Newton, Isaac 55
Newtons Bewegungsgesetze 55
Statik 51 • Trägheit 54

Fortsetzung nächste Seite ➤

Komponente

Eine von zwei oder mehr Kräften, die sich zu einer neuen Kraft verbinden

Kraftkomponenten ■ verbinden sich zu einer einzigen Kraft, der Resultierenden. Sie wirkt in einer anderen Richtung als die Komponenten. Wenn ein Bogenschütze einen Pfeil abschießt, verbinden sich zwei Kräfte in der Bogensehne zu einer Kraft, die den Pfeil vorwärts bewegt. Kräfte können auch **zerlegt** werden.

Die erste Kraftkomponente wirkt entlang der oberen Hälfte der Bogensehne.

Resultierende

Eine durch Kombination mehrerer Kräfte entstehende Kraft

Wenn mehrere Kräfte in verschiedenen Richtungen auf einen Körper wirken, kann er sich nicht in alle Richtungen gleichzeitig bewegen. Die Kräfte kombinieren sich zu einer einzigen resultierenden Kraft oder **Nettokraft,** die nur in einer Richtung wirkt.

Gleiche und entgegengesetzte Kräfte
Die resultierende Kraft wirkt vorwärts entlang des Pfeils. Sie ist gleich groß und entgegengesetzt zur Armkraft des Schützen, der die Sehne spannt.

Gleichgewicht

Zustand, in dem die Kräfte an einem Körper ausgeglichen sind

Wenn sich die Kräfte an einem Körper ausgleichen, gibt es keine Kraft, die die Geschwindigkeit ■ oder Richtung des Körpers ändern kann. Der Körper ist im Gleichgewicht. Ein Gewicht ■ an einem Faden ist im Gleichgewicht, weil der aufwärts ziehende Faden die abwärts ziehende Gravitation ausgleicht.

Die zweite Kraftkomponente wirkt entlang der unteren Hälfte der Sehne.

◀ *Fortsetzung von vorheriger Seite*

Kräftepaar

Gleich große entgegengesetzte Kräfte

Beim Drehen einer Münze wenden Finger und Daumen ein Kräftepaar auf die Münze an. Beide Kräfte wirken an entgegengesetzten Seiten auf den Körper. Sie ziehen oder drücken entgegengesetzt und bewirken eine Drehung.

Resultierende Kraft
Die zwei Kraftkomponenten erzeugen eine resultierende Kraft, die den Pfeil vorwärts bewegt, wenn der Bogenschütze die Sehne lossläßt.

Im Gleichgewicht
Bevor der Bogenschütze den Pfeil freigibt, sind alle wirkenden Kräfte ausgeglichen. Bogenschütze, Bogen und Pfeil sind im Gleichgewicht.

Siehe auch

Beobachtung 18 • Beschleunigung 54
Dichte 23 • Druck 52 • Geschwindigkeit 54 • Gewicht 49 • Hebel 58
Hydraulik 53 • Kraft 48 • Mechanik 48

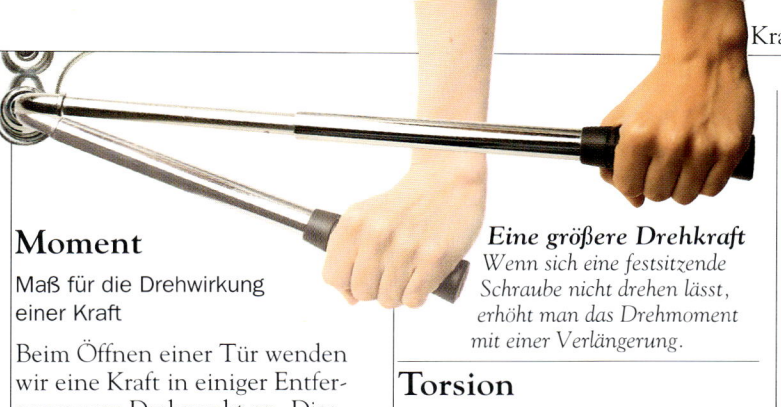

Eine größere Drehkraft
Wenn sich eine festsitzende Schraube nicht drehen lässt, erhöht man das Drehmoment mit einer Verlängerung.

Moment

Maß für die Drehwirkung einer Kraft

Beim Öffnen einer Tür wenden wir eine Kraft in einiger Entfernung vom Drehpunkt an. Dies erzeugt eine Drehwirkung und die Tür wird geöffnet. Die Wirkung ist umso stärker, je weiter entfernt die Kraft vom Drehpunkt angreift. Ein **Drehmoment** ist das Maß für diese Drehwirkung: Kraftbetrag mal Abstand vom Drehpunkt.

Archimedisches Prinzip

Taucht man einen Körper in eine Flüssigkeit oder ein Gas ein, wirkt eine aufwärts gerichtete Kraft, die dem Gewicht des verdrängten Volumens entspricht

Taucht man einen Körper in eine Flüssigkeit, wird ein Teil der Flüssigkeit verdrängt. Die Flüssigkeit übt auf den Körper eine aufwärts gerichtete Kraft aus, den **Auftrieb**. Der Körper schwimmt, wenn sein Gewicht genauso groß ist wie das Gewicht der verdrängten Flüssigkeit. In Gasen führt dieser Effekt zum **Schweben**.

Schwimmen
Das Gewicht des Wassers, das durch das Schiff verdrängt wird (hellblau), entspricht dem Gewicht des Schiffs.

Verdrängtes Wasser

Torsion

Verdrehung eines Körpers durch Kräfte an den Enden

Torsion tritt in einem Stab auf, wenn ein Ende festgehalten und eines gedreht wird oder wenn beide Enden entgegengesetzt gedreht werden. Autos besitzen in der Federung oft einen **Torsionsstab**, der Kräfte aufnimmt und Unebenheiten der Straße ausgleicht.

Auftrieb

Fähigkeit eines Objekts, in einem fließenden Medium (Flüssigkeit oder Gas) zu schwimmen

Wasser drückt mit einer aufwärts gerichteten Kraft, dem Schweredruck, auf ein Boot. Dieser entsteht, weil der Druck ■ des Wassers am Boden des Bootes größer ist als an der Oberfläche. Das Boot schwimmt, wenn der Aufwärtsdruck gleich seinem Gewicht ist. Feste Körper schwimmen besser, wenn sie eine geringere Dichte ■ haben.

Auftrieb
Das Schiff schwimmt, weil der Aufwärtsdruck des Wassers gleich seinem Gewicht ist.

KRAFTEINHEITEN

Newton (N)

SI-Einheit der Kraft

Die Kraft 1 Newton bewegt die Masse 1 kg mit einer Beschleunigung ■ von 1 m pro Quadratsekunde. Auf der Erde hat die Masse 1 kg das Gewicht 9,8 Newton.

Statik

Untersuchung der Kräfte an unbewegten Körpern

Die Statik ermöglicht die Konstruktion feststehender Bauten wie Gebäude und Brücken. Die Kräfte im Bauwerk müssen sich ausgleichen, sodass sich das Bauwerk nicht bewegen kann. Die **Hydrostatik** untersucht fließende Medien in Ruhestellung sowie darin schwimmende Körper. Sie dient zur Konstruktion hydraulischer ■ Maschinen und Schiffe.

Archimedes

Griechischer Physiker und Mathematiker (um 287–212 v.Chr.)

Archimedes soll das Prinzip während eines Bades entdeckt haben. Er war so aufgeregt, dass er nackt die Straße entlang lief und »Heureka!« rief (»Ich habe es gefunden«). Neben der Pionierarbeit für die Hydrostatik leistete er auch Grundlegendes für die Mechanik ■. Er entdeckte das Wirken der Momente und Kräfte sowie das Prinzip des Hebels ■. Archimedes hat vielleicht als Erster aus Beobachtungen ■ wissenschaftliche Schlussfolgerungen gezogen.

Druck

Die Umgebungsluft drückt mit starker Kraft auf unseren Körper, auch wenn dies nicht fühlbar ist. Gleichzeitig drückt das Gewicht des Körpers auf den Boden. Gase, Flüssigkeiten und feste Körper üben Kräfte auf Oberflächen aus. Druck ist die Kraft, die auf eine bestimmte Fläche wirkt.

Blaise Pascal
Französischer Physiker und Mathematiker (1623–1662)

Pascal verstand als erster Wissenschaftler, dass der Druck gleichmäßig in einem Medium wirkt. Er zeigte die Abnahme des Luftdrucks mit der Höhe, indem er ein Quecksilberbarometer auf einen Berggipfel brachte. Als junger Mann erfand Pascal ein mechanisches Rechengerät, einen frühen Vorläufer des Computers.

Druck
Kraft pro Fläche

Bei der Anwendung einer Kraft wird Druck ausgeübt. Die Größe des Drucks hängt von der Stärke der Kraft und der Fläche ab, auf die die Kraft wirkt. Je kleiner die Fläche ist, desto größer ist der Druck, der mit einer bestimmten Kraft erreicht wird. Flüssigkeiten und Gase üben Druck auf einen Behälter und darin eingetauchte Körper aus. Unter Wasser steigt der Druck mit der Tiefe an, weil das Gewicht des darüber liegenden Wassers zunimmt.

Heber
Rohr, das Flüssigkeit von einem höheren Pegel zu einem niedrigeren befördert

Das Ansaugen von Flüssigkeit in das Rohr bringt einen Heber in Gang. Die Flüssigkeit fließt, bis der Wasserdruck auf beiden Seiten gleich groß ist.

Einfacher Heber
Wenn der Junge seinen Daumen vom Rohr nimmt, fließt Wasser in die untere Flasche.

Pascal'sches Druckgesetz
Der Druck in einem fließenden Medium ist überall gleich groß

Wenn der Druck in einem Medium steigt, steigt er an allen Orten des Behälters gleichermaßen an. Beim Aufblasen eines Ballons breitet sich die Luft darin gleichmäßig nach allen Richtungen aus. Blaise Pascal entdeckte dieses Gesetz.

Fußpumpe
Das Drücken der Pumpe mit dem Fuß bewegt einen Kolben im Zylinder. Dieser drückt mehr Luft in den Reifen, sodass der Reifen fest wird.

Zylinder

Kompressor
Maschine, die den Druck in einem Gas erhöht

Ein Kompressor enthält Kolben, die ein Gas zusammendrücken. Der Druck kann zum Antrieb mechanischer Werkzeuge wie Bohrmaschinen dienen. Eine Fahrradpumpe komprimiert Luft und drückt sie in den Reifen.

Bourdon-Manometer
Messinstrument für den Druck eines fließenden Mediums

Das Manometer hat ein gebogenes Rohr, das mit einem Zylinder verbunden ist. Der Druck im Medium streckt das Rohr etwas und bewegt dabei einen Zeiger.

Druckmesser

Manometer
Messinstrument für den Druck eines fließenden Mediums

Ein Manometer ist ein U-förmiges Rohr mit einer Flüssigkeit. Es dient zur Messung des Gasdrucks. Gas wird auf einer Seite in das Rohr geführt und drückt von dort die Flüssigkeit durch das U-Rohr. Die Höhe der Flüssigkeitssäule auf der anderen Seite des Rohrs zeigt den Druck des Gases an.

Kraft, Bewegung und Maschinen • 53

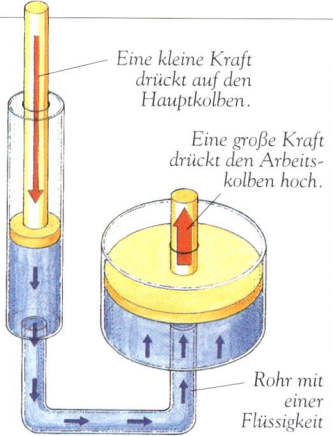

Eine kleine Kraft drückt auf den Hauptkolben.
Eine große Kraft drückt den Arbeitskolben hoch.
Rohr mit einer Flüssigkeit

Ein hydraulisches System
Wenn der Hauptkolben heruntergedrückt wird, steigt der Druck in der Flüssigkeit, der wiederum auf den Arbeitskolben drückt.

Hydraulisch

Durch Druck oder Bewegung einer Flüssigkeit betrieben

Maschinen wie Bagger heben mit hydraulischen Systemen schwere Lasten. Solche Systeme bestehen gewöhnlich aus zwei Kolben in Zylindern, die über ein flüssigkeitsgefülltes Rohr verbunden sind. Wenn eine Kraft auf den kleinen Kolben wirkt, drückt er auf die Flüssigkeit und erhöht den Druck im gesamten System. Die Flüssigkeit drückt mit einer stärkeren Kraft auf den großen Arbeitskolben, weil der Arbeitskolben eine größere Oberfläche hat. Diese starke Kraft betreibt die Maschine.

Der Luftdruck steigt im Schlauch gleichmäßig.

Siehe auch
Computer 117 • Höhenmesser 64
Kraft 48 • Oberfläche 174

Barometer

Messinstrument für den Druck in der Atmosphäre

Es gibt zwei Haupttypen von Barometern. Ein **Aneroidbarometer** ist eine Metalldose, die sehr wenig Luft enthält und dadurch auf den Außendruck reagiert. Sie dehnt sich aus oder zieht sich zusammen, wenn der Druck in der Atmosphäre fällt oder steigt. Die Dose ist mit einem Zeiger und einer Skala verbunden. Ein **Quecksilberbarometer** besteht aus einer Quecksilbersäule in einer am oberen Ende verschlossenen Glasröhre. Die Säule steigt und fällt mit dem Luftdruck.

Pneumatisch

Durch die Kraft komprimierter Luft betrieben

Eine pneumatische Maschine enthält einen Kompressor, der Luft unter hohen Druck setzt. Die komprimierte Luft übt eine starke Kraft auf Kolben aus. Man nutzt dieses Prinzip bei Pressluftbohrern, um hartes Material aufzubrechen.

Ventil

Gerät, das ein fließendes Medium nur in einer Richtung durchlässt

Ein einfaches Ventil ist eine schwenkbare Klappe in einem Rohr. Das Ventil öffnet nur, wenn das Medium in eine bestimmte Richtung fließt.

Der Luftdruck füllt den Reifen.

Reifenventil
Das Ventil am Fahrradreifen lässt Luft in den Reifen und verhindert, dass die Luft wieder ausströmt.

Ventil

DRUCKEINHEITEN

Pascal (Pa)
SI-Einheit des Drucks

1 Pascal entspricht der Kraft 1 Newton, die auf einer Fläche von 1 Quadratmeter wirkt.

Atmosphäre (atm)
Einheit, die etwa dem Luftdruck auf Meereshöhe entspricht

1 Atmosphäre entspricht 101 325 Pascal oder 760 mm Quecksilbersäule.

Millimeter Quecksilbersäule (mm HgS)
Allgemeine Druckeinheit

Der Druck 1 mm HgS ist der Druck, den eine 1 mm hohe Quecksilbersäule ausübt.

Millibar (mbar)
Einheit für den atmosphärischen Druck bei Wettervorhersagen

1 Millibar entspricht 100 Pascal. 1 **bar** (1000 Millibar) ist näherungsweise der Druck der Atmosphäre.

Bewegung

Bewegung gibt es im gesamten Universum, von großen Planeten bis zu den winzigen bewegten Teilchen, aus denen die Materie besteht. Veränderungen einer Bewegung finden nicht ohne Kraft statt. Es erfordert Kraft, die Geschwindigkeit oder die Richtung eines Objekts zu ändern.

Trägheit überwinden
Der Junge muss kräftig treten, um seine Trägheit zu überwinden und das Fahrrad zu bewegen. Anschließend hilft ihm die Trägheit weiter vorwärts.

Die Bremsen reduzieren die Geschwindigkeit durch Reibung.

Trägheit
Widerstand eines Objekts gegen die Änderung seiner Bewegung

Jedes Objekt besitzt Trägheit, durch die es einer Änderung seines Bewegungszustands widersteht. Deshalb versucht ein bewegtes Objekt, sich geradlinig zu bewegen, und ein ruhendes Objekt versucht, in Ruhe zu bleiben. Wird ein fahrendes Auto plötzlich abgebremst, werden die Insassen aufgrund der Trägheit nach vorne gedrückt. Je größer die Masse ■ des Objekts ist, desto größer ist seine Trägheit.

Bahngeschwindigkeit
Geschwindigkeit unter Berücksichtigung des Wegverlaufs

Bei der Bewegung von Objekten überlagern sich oft verschiedene Richtungen. So bewegt sich ein geworfener Ball gleichzeitig vom Werfer weg und nach unten zur Erde. Es ergibt sich eine momentane Bahngeschwindigkeit, die abhängig von der Zeit ihre Größe und Richtung ändert.

Reibung
Kraft, die eine Bewegung hemmt

Reibung tritt dort auf, wo bewegte Objekte oder Oberflächen aneinander reiben. Sie wirkt entgegengesetzt zur Bewegungsrichtung und bremst die Objekte. Die Größe der Reibung hängt von der Struktur der Oberflächen und von der Kraft ■ ab, die diese aufeinander drückt. Reibung gibt Rädern **Traktion,** mit der sie Haftung auf der Straße erreichen.

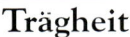

Beschleunigung
Das Queue schiebt die weiße Billardkugel an und beschleunigt sie.

Verlangsamung
Die Reibung mit dem Billardtisch bremst die Kugel allmählich.

Geschwindigkeit
Weg pro Zeit

Der Weg, den ein Objekt innerhalb einer bestimmten Zeitspanne zurücklegt, ist seine Geschwindigkeit. Ein Spaziergänger erreicht zum Beispiel eine Geschwindigkeit von etwa 5 Kilometer pro Stunde oder 5 km/h. Eine Schnecke erreicht 0,05 km/h, ein Gepard kurzzeitig sogar 120 km/h.

Beschleunigung
Geschwindigkeitsänderung pro Zeit

Wenn ein Objekt schneller wird, wird es beschleunigt. Beschleunigung ist Geschwindigkeitsänderung pro Zeit. Eine Billardkugel wird beschleunigt, solange sie vom Queue angeschoben wird. Dann rollt sie mit abnehmender Geschwindigkeit. Eine negative Beschleunigung nennt man **Verzögerung.**

Galileo Galilei
Italienischer Physiker und Astronom (1564–1642)

Galilei entdeckte, wie Kraft Beschleunigung hervorruft. Hierzu ließ er Kugeln eine schiefe Ebene hinunterrollen. Er entdeckte auch das Pendel ■ und beobachtete als Erster die Planeten mit einem Fernrohr ■. Im Gegensatz zur herrschenden Meinung erkannte er, dass die Erde sich um die Sonne bewegt.

Kraft, Bewegung und Maschinen • 55

Newtons erstes Bewegungsgesetz

Ohne äußere Kraft bleibt ein Objekt in Ruhe oder in gleichförmiger Bewegung

Nur wenn eine Kraft auf ein ruhendes Objekt wirkt und es beschleunigt, bewegt sich das Objekt. Es bewegt sich so lange weiter vorwärts, bis es von einer anderen Kraft gebremst wird. Ein Ball, der über den Boden gerollt wird, erhält von der Hand eine Beschleunigungskraft. Der Ball rollt vorwärts, bis ihn die Reibung bremst und anhält.

Newtons zweites Bewegungsgesetz

Die beschleunigende Kraft auf ein Objekt ist gleich seiner Masse multipliziert mit der Beschleunigung

Die Beschleunigung eines Objekts hängt von seiner Masse und der wirkenden Kraft ab. Wenn ein kleiner Ball mit großer Kraft gestoßen wird, beschleunigt er schnell. Dieselbe Kraft bewirkt bei einem schwereren Ball eine geringere Beschleunigung.

Die weiße Billardkugel stößt mit der roten zusammen.

Newtons drittes Bewegungsgesetz

Für jede Kraft gibt es eine Gegenkraft, die in entgegengesetzter Richtung wirkt

Kräfte wirken stets paarweise, als **Aktion** und **Reaktion** bezeichnet. Beim Laufen drücken die Füße gegen den Boden (Aktion). Der Boden drückt mit gleicher Kraft und entgegengesetzter Richtung zurück auf die Füße (Reaktion). Das ermöglicht die Vorwärtsbewegung.

Isaac Newton

Englischer Physiker und Mathematiker (1643–1727)

Newton führte Galileis Beobachtungen weiter und entwickelte drei Bewegungsgesetze. Er entdeckte auch das Gesetz der Gravitation ■. Der Anblick eines vom Baum fallenden Apfels soll ihn dazu inspiriert haben. Newton machte weitere wichtige Entdeckungen zum Licht ■ und entwickelte die Infinitesimalrechnung ■ in der Mathematik.

Impulserhaltung

Wenn die Billardkugeln kollidieren, überträgt die weiße Kugel den Großteil ihres Impulses auf die rote. Beide bewegen sich vorwärts, aber die rote Kugel ist schneller.

Dynamik

Untersuchung der Kräfte, die Bewegungsänderungen verursachen

Es gibt zwei Hauptzweige der Dynamik. Die **Hydrodynamik** untersucht die Bewegung fließender Medien wie Wasser und die Bewegung von Objekten wie Booten in Wasser. Die **Aerodynamik** untersucht die Bewegung von Gasen, speziell Luft, sowie die Bewegung von Objekten wie Flugzeugen in Luft.

Ewige Bewegung

Immer währende Bewegung ohne hemmende Kraft

Ein Satellit kann für immer durch den Weltraum fliegen, denn es gibt dort keine Luft und somit keine bremsende Reibung. Es ist unmöglich, dies für ein Objekt auf der Erde zu erreichen. Ohne erhaltende Kraft wird die Reibung mit Luft oder anderer Materie ein Objekt immer bremsen und schließlich anhalten.

Reibungskraft
Reibung zwischen der Kugel und dem Tisch bremst und stoppt die Kugel.

Ohne bremsende Reibung würde die Kugel ewig weiterrollen.

Impuls

Masse eines Objekts multipliziert mit seiner Geschwindigkeit

Der Impuls eines Objekts hängt von seiner Masse und seiner Geschwindigkeit ab. Der Impuls ändert sich also bei Beschleunigung. Impulse können zwischen Objekten übertragen werden. Wenn eine bewegte Kugel mit einer ruhenden zusammenstößt, überträgt die erste Kugel einen Teil ihres Impulses auf die zweite. Der resultierende Gesamtimpuls beider Kugeln ist gleich dem Impuls der ersten Kugel vor der Kollision. Dies ist das **Prinzip der Impulserhaltung.**

Siehe auch

Fernrohr 89 • Infinitesimalrechnung 171 • Kraft 48 • Licht 76
Masse 23 • Newtons Gravitationsgesetz 49 • Pendel 56

Fortsetzung nächste Seite ▶

Schwingung

Periodisch hin- und hergehende Bewegung oder Zustandsänderung

Ein Pendel schwingt oder **oszilliert**, wenn man es anstößt. Es bewegt sich wiederholt über denselben zentralen Punkt vor und zurück. Eine Schwingung kann auch ein regelmäßiger Wechsel zwischen einem maximalen und einem minimalen Wert sein, wie etwa bei der Spannung eines Wechselstroms ■. Eine **Vibration** ist eine mechanische Schwingung, meist eine schnelle Schwingung über kurze Entfernungen. Die Anzahl der Schwingungen pro Zeit ist die **Frequenz**.

Pendel

Ein Gewicht, das an einem befestigten Faden, Draht oder Stab hin- und herschwingt

Ein Pendel kann zur Zeitmessung dienen, weil die Zeit für einen vollständigen Bewegungszyklus gleich bleibt. Die Dauer eines Schwingungsumlaufs ist die **Periode**. Die Gravitation ■ bewirkt, dass ein angestoßenes Pendel in Bewegung bleibt. Sie beschleunigt und bremst das Pendelgewicht, je nachdem, ob es steigt oder fällt. Ein reales Pendel wird allerdings durch Reibung ■ gebremst. Ein Uhrenpendel wird deshalb mechanisch angetrieben.

Resonanz

Steigerung der Schwingungsweite infolge einer Kraft, die mit der natürlichen Frequenz des Objekts einwirkt

Jeder Gegenstand, der in Schwingung versetzt wird und frei schwingen kann, schwingt mit seiner natürlichen Frequenz, der Eigenfrequenz ■. Wirkt auf das Objekt eine Kraft ■ exakt im Rhythmus dieser Frequenz, ergibt sich eine viel größere Schwingungsweite als beim arrhythmischen Anregen. Dieser Zuwachs in der Schwingungsweite, der Amplitude ■, wird als Resonanz bezeichnet. In einigen technischen Systemen ist dieser Effekt sehr nützlich, in anderen sehr schädlich.

Einfache harmonische Bewegung

Art der Schwingung

Je weiter ein Pendel anfangs ausgelenkt wird, desto größer ist seine Beschleunigung ■ zum zentralen Punkt der Schwingung hin. Bei einer einfachen harmonischen Bewegung hängt die Kraft, die ein schwingendes Objekt zum Zentrum zieht, von der Entfernung des Objekts von diesem Zentrum ab.

Ballistik

Untersuchung der Flugbahn von Projektilen

Die Ballistik untersucht die Bewegung von **Projektilen**. Dies sind Objekte wie Geschosse oder Golfbälle, die mit einer Anfangskraft vorwärts gestoßen werden und dann ohne Antrieb sind. Eine abgeschossene Gewehrkugel bewegt sich auf einer gekrümmten Bahn, der **Flugbahn**. Deren Form hängt von Größe, Form und Gewicht des Projektils sowie den darauf wirkenden Kräften ab. Die Anfangskraft, der Abschusswinkel, der Wind und die Gravitation beeinflussen diese Flugbahn.

Pendelschwingung
Die Periode eines Pendels ist die Zeit, in der es einmal hin- und herschwingt. Eine weite Schwingung dauert genauso lang wie eine kurze. Das Gewicht des Pendelkopfs beeinflusst die Periode nicht, die Länge der Schnur dagegen schon. Je länger die Schnur, desto länger die Periode.

Kraft, Bewegung und Maschinen • 57

Der Fallschirmspringer streckt seine Arme aus, um seinen Luftwiderstand zu erhöhen.

Fallschirmspringer
Die Endgeschwindigkeit dieses Fallschirmspringers beträgt etwa 200 km/h.

Endgeschwindigkeit

Gleichmäßige Geschwindigkeit, die ein fallendes Objekt in einem fließenden Medium erreicht

Ein Fallschirmspringer wird von der Gravitation nach unten gezogen. Dabei erhöht sich sein Luftwiderstand. Wenn dieser die Größe der Gravitation erreicht, endet die Beschleunigung. Der Springer fällt dann mit konstanter Geschwindigkeit ■.

Turbulente Strömung

Strömung mit Wirbeln

Ein Fluss ist **turbulent,** wenn sich starke Wellen und Wirbel bilden. Turbulenz kann durch die Reibung des Wassers am Flussufer oder an Steinen im Flussbett entstehen, wenn die Fließgeschwindigkeit entsprechend groß ist. Dann kreuzen sich die Strömungsbahnen der einzelnen Teilchen und es entstehen Wirbel. Turbulenzen in der Luft stören den Auftrieb ■ eines Flugzeugs.

Siehe auch

Amplitude 71 • Auftrieb 62
Beschleunigung 54 • Durchmesser 175
Frequenz 71 • Geschwindigkeit 54
Gravitation 49 • Kraft 48 • Reibung 54
Wechselstrom 104

Laminare Strömung

Strömung mit ausgeglichener Geschwindigkeitsverteilung

Ein Medium fließt laminar, wenn es wenig Reibung in sich selbst und mit den berührten Flächen verursacht. Ein Objekt mit **Stromlinienform** kann sich sehr leicht durch ein fließendes Medium bewegen, ohne Wirbel zu verursachen. Deshalb haben Fische einen tropfenförmigen Körper.

Gyroskop

Kreiselrad auf einer Achse

Wenn das Kreiselrad in Drehung versetzt wird, kann das Gyroskop Kräften widerstehen, die auf seine Achse wirken. Das Gyroskop behält seine Lage. Dieser Effekt wird in einem **Kreiselkompass** genutzt. Er zeigt immer nach Norden, wenn er sich einmal in diese Richtung eingestellt hat.

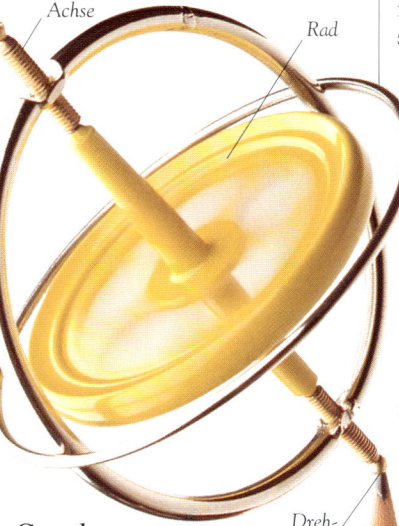

Gyroskop
Dieses Gyroskop widersteht der Gravitation und balanciert auf einem Drehpunkt, wenn es sich schnell dreht.

Pirouetten
Der Drehimpuls ermöglicht es dem Eisläufer, sich sehr schnell zu drehen.

Drehimpuls

Impuls eines rotierenden Objekts

Der wirbelnde Eisläufer kann sich beschleunigen, indem er die Arme anzieht. Ursache ist der Drehimpuls, der vom Durchmesser ■ und der Geschwindigkeit eines drehenden Objekts abhängt. Wenn sich der Eisläufer dreht, bleibt seine Bewegungsenergie gleich. Wenn er nun seinen Durchmesser verringert, muss seine Geschwindigkeit steigen.

Präzession

Seitwärtsbewegung der Achse eines rotierenden Objekts

Die Achse eines rotierenden Gyroskops, das auf einem Drehpunkt gelagert ist, beschreibt eine Kreisbewegung. Diese Bewegung heißt Präzession. Sie entsteht, weil die Gravitation versucht, die Achse des Kreisels zu kippen. Die Präzession bewegt die Achse des rotierenden Objekts rechtwinklig zu der kippenden Kraft. Wenn ein Ende der Achse fest ist, bewegt sich das andere Ende auf einer Kreisbahn. Die Präzession ermöglicht zum Beispiel das freihändige Fahrradfahren.

Maschinen

Mit Maschinen können wir viele Arbeiten verrichten, die mit reiner Menschenkraft nicht zu bewältigen sind. Maschinen können unsere Muskelkraft verstärken oder die Geschwindigkeit erhöhen, mit der eine Aufgabe erledigt wird.

Der drehbare Griff ist ein Rad mit Welle.

Die Schneidklinge ist eine schiefe Ebene.

Die langen Handgriffe sind Hebel.

Dosenöffner
Die langen Griffe sind Hebel. Durch die Anstrengung der linken Hand erzeugen sie eine hohe Kraft, mit der die Klinge in die Dose schneidet. Der andere Griff ist ein Rad mit einer Welle. Er wandelt die Anstrengung der rechten Hand in eine Drehbewegung der Dose um.

Einfache Maschine
Gerät, das eine angewendete Kraft umwandelt

Der **Aufwand** ist eine Kraft ■, die an einem Teil einer einfachen Maschine wirkt. Ein anderer Teil der Maschine bewegt sich dann und überwindet die widerstehende Kraft, die **Last**. Häufig vergrößert eine einfache Maschine die aufgewendete Kraft, sodass ein geringer Aufwand eine große Last bewegen kann. Beispiele für einfache Maschinen sind Hebel, schiefe Ebene und Flaschenzug ■.

Kräfteverhältnis
Erzeugte Kraft einer einfachen Maschine geteilt durch die aufgewendete Kraft

Eine Maschine mit dem Kräfteverhältnis 5 vergrößert die angewendete Kraft fünffach. Sie kann eine Last von 50 Newton ■ mit einem Aufwand von 10 Newton bewegen. Das Kräfteverhältnis heißt auch **mechanischer Gewinn**. Das **Entfernungs-** oder **Geschwindigkeitsverhältnis** ist der auf der Aufwandseite zurückgelegte Weg geteilt durch den zurückgelegten Weg der Last.

Hebel
Drehbar gelagerter Balken, der eine Kraft ausübt

Auf der einen Seite, die von einem **Drehpunkt** unterstützt wird, setzt die Aufwandskraft an. (Foto S. 18, einfacher Hebel) Die andere Seite des Hebels bewegt sich dann und hebt eine Last. Beim **zweiseitigen Hebel** wie einem Brecheisen liegt der Drehpunkt zwischen Aufwand und Last. Die Schubkarre ist ein **einseitiger Hebel**. Die getragene Last liegt hier zwischen Aufwand und Drehpunkt (dem Rad). Ein Hammer ist beim Einschlagen von Nägeln in Holz ein **einarmiger Hebel**. Der Aufwand liegt zwischen dem Drehpunkt (dem Handgelenk) und der Last (dem Widerstand des Holzes). Eine Schere ist ein Paar zweiseitiger Hebel, die im Drehpunkt verbunden sind.

Schiefe Ebene
Eine Neigung, die den Bewegungsaufwand verringert

Eine Rampe ist ein Beispiel für eine schiefe Ebene. Es ist leichter, einen Karren eine Rampe hinaufzuschieben, als ihn senkrecht anzuheben. Der Karren legt auf der Rampe eine größere Strecke zurück, dafür ist aber weniger Kraft erforderlich. Ein **Keil** ist eine bewegte schiefe Ebene, die auf einen Körper eine größere Kraft ausübt, als für die Bewegung des Keils nötig ist. Auch Schneidklingen sind Keile. Die keilförmige Klinge eines Beils ermöglicht das Spalten von Holz mit geringem Aufwand.

Schraube
Ein Schaft mit spiralförmiger Rille

Die spiralförmige Rille ist das **Schraubengewinde.** Dies ist eine schiefe Ebene, die um einen zentralen Körper läuft. Beim Drehen der Schraube verstärkt das Gewinde die Drehkraft. Ein **Schneckenbohrer** ist eine große Schraube in einem Rohr. Die rotierende Gewindefläche bohrt ein Loch und transportiert gleichzeitig das abgetragene Material nach oben.

Griff und Schaft bilden ein Rad und eine Welle.

Die beiden Hebearme sind Hebel

Korkenzieher
Der Griff ist ein Rad mit Welle. Griff und Schraube erhöhen die Kraft, mit der die Schraube in den Korken eindringt. Die Hebearme sind Hebel, die die Schraube mit dem Korken hochziehen.

Schraube

Kraft, Bewegung und Maschinen • 59

Der Griff dreht ein großes Kronenrad.

Das Kronenrad dreht zwei kleine Ritzel.

Die Ritzel ändern die Bewegungsrichtung und erhöhen die Geschwindigkeit.

Die Ritzel drehen die Quirle in entgegengesetzter Richtung.

Schneebesen
Der Griff dreht ein Kegelgetriebe aus einem doppelseitigen Kronenrad, das zwei Ritzel antreibt. Sie ändern Bewegungsrichtung und -geschwindigkeit.

Rad und Welle

Rotierendes Gerät, das eine Kraft auf sein Zentrum ausübt, wenn der äußere Teil gedreht wird, und umgekehrt

Ein Rad, das auf einer Welle befestigt ist, bildet eine Maschine zur Übertragung und Vergrößerung von Kräften. Das Lenkrad eines Autos ist ein Beispiel dafür. Der Fahrer dreht das Lenkrad und bewegt damit die Welle mit größerer Kraft, um die Lenkung zu verstellen. Beim Fahrrad wirken Rad und Welle anders. Die Fahrradkette dreht die Nabe des Hinterrads, sodass sich die Felge des Rads bewegt. Die Kraft an der Felge ist zwar geringer, dafür ist der zurückgelegte Weg größer. Andere Beispiele für Rad und Welle sind Winde ■ und Turbine.

Turbine

Motor mit rotierenden Schaufeln, die durch eine Flüssigkeits- oder Gasströmung angetrieben werden

Eine Turbine ist eine Form von Rad und Welle. Das bewegte Medium, das meist Wasser, Dampf oder Luft ist, übt eine Drehkraft auf die Schaufeln aus. Die Welle der Turbine dreht sich mit größerer Kraft, als auf die Schaufeln ausgeübt wird. Turbinen dienen oft zum Antrieb elektrischer Generatoren ■.

Getriebe

Gezahnte Räder, die so verbunden sind, dass ein Rad das andere dreht

Getriebe übertragen Kraft und Bewegung. Die Räder sind meist unterschiedlich groß und greifen ineinander oder sind mit einer Kette verbunden. Ein großes Rad bewegt ein kleines mit weniger Kraft, aber größerer Geschwindigkeit. Ein kleines Rad bewegt ein großes mit mehr Kraft, aber weniger Geschwindigkeit. Getriebe können bei der Übertragung die Bewegungsrichtung ändern. Jedes Rad ist ein **Getriebe-** oder **Zahnrad**. Ein **Ritzel** ist ein kleines Zahnrad, das mit einem großen gekoppelt ist.

Kegelgetriebe

Räderpaar mit geneigten Zähnen, die winklig ineinander greifen

Ein Kegelgetriebe wechselt die Drehrichtung. Das Räderpaar heißt auch **Krone und Ritzel.**

Schneckengetriebe

Ein Zahnrad, das in eine Welle mit Gewinde greift

Ein Schneckengetriebe wechselt die Bewegungsrichtung und ändert Kraft und Geschwindigkeit erheblich.

Siehe auch
Elektrischer Generator 110 • Kraft 48
Newton 51 • Flaschenzug 60
Winde 60

Stirngetriebe

Zahnradpaar, das ineinander greift und sich in derselben Ebene dreht

Ein Stirngetriebe verändert Kraft und Geschwindigkeit einer Bewegung und kehrt ihre Richtung um.

Zahnstange und Ritzel

Ein Zahnrad (das Ritzel) greift in eine gerade gezahnte Stange (die Zahnstange)

Zahnstange und Ritzel setzen eine kreisförmige Bewegung (Rotation) in geradlinige (lineare) Bewegung um und umgekehrt. Das Ritzel rotiert, die Zahnstange bewegt sich geradlinig. Die Scharfeinstellung eines Mikroskops funktioniert nach diesem Prinzip.

Zahnstange
Ritzel
Schneckengetriebe
Bewegungsrichtung
Kegelgetriebe
Stirngetriebe

Getriebetypen
Dieses Getriebemodell zeigt das Zusammenwirken verschiedener Elemente. Die Größe der Zahnräder beeinflusst die Geschwindigkeit und die Kraft der Bewegung.

Fortsetzung nächste Seite ▶

Das freie Ende des Seils wird gezogen, um die Last zu heben.

Einfache Rolle

10 Newton Last

Doppelrollensystem

Flaschenzug

Eine Rolle an jedem Ende

20 Newton Last

Zwei Rollen an jedem Ende

40 Newton Last

Rollen in Aktion
Mit einer Rolle lässt sich eine Last von 10 Newton um eine bestimmte Strecke heben. Mit zwei Rollen und demselben Aufwand lassen sich 20 Newton halb so weit heben. Derselbe Aufwand an einem Flaschenzug mit vier Rollen hebt 40 Newton ein Viertel der Strecke.

Winde
Gerät zur Bewegung schwerer Lasten mit einem Seil

Ein Seil wird auf eine Trommel gewickelt, die mit einem langen Griff gedreht wird. Damit wird die Last ■ bewegt. Trommel und Griff entsprechen Rad und Welle ■ und erleichtern die Bewegung der Last. Der Aufwand kann durch Getriebe ■ weiter reduziert werden.

Rolle
Gerilltes Rad, über das ein Seil läuft, um eine Last zu bewegen

In einem Rollensystem ist ein Ende des Seils an der Last befestigt. Das freie Ende wird gezogen, um die Last zu bewegen. Ein Rollensystem reduziert den für das Bewegen einer Last nötigen Aufwand ■ um einen Betrag, der von der Anzahl der eingesetzten Rollen abhängt. Ein **Flaschenzug** enthält zwei Rollensysteme, die jeweils eine gemeinsame Achse haben. Kräne heben mit Rollen schwere Lasten.

Schmierung
Einsatz von Öl oder Fett, um Maschinenteile leicht beweglich zu machen

Öl und Fett sind **Schmiermittel**. Sie breiten sich in einer dünnen Schicht über die Oberfläche aus, sodass die Teile nicht aneinander reiben und sich die Reibungskraft zwischen ihnen verringert.

Lager
Eine Halterung für drehende Teile

Ein Lager liegt zwischen dem rotierenden und dem tragenden Teil. Es kann zum Beispiel zwischen dem Rad und der Achse eines Rollschuhs liegen und ermöglicht dem Rad eine Drehung mit wenig Reibung ■. Ein **Kugellager** enthält Stahlkugeln zwischen zwei Metallringen.

Kugellager
Die Stahlkugeln können im Gehäuse rollen und halten so die Reibung minimal.

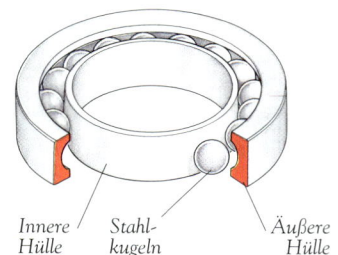

Innere Hülle *Stahlkugeln* *Äußere Hülle*

Kurbel
Gerät zur Umwandlung geradliniger Bewegung in eine Kreisbewegung

Eine Kurbel besteht aus einem Antriebsstab, der mit einem drehenden Arm oder Rad durch einen an beiden Enden schwenkbaren Stab verbunden ist. Wenn sich der Antriebsstab bewegt, bewegt der Verbindungsstab den Arm oder das Rad im Kreis. Ein Kolbenmotor erzeugt mit einer Kurbel die Drehbewegung. Umgekehrt können der drehende Arm oder das Rad den Stab bewegen.

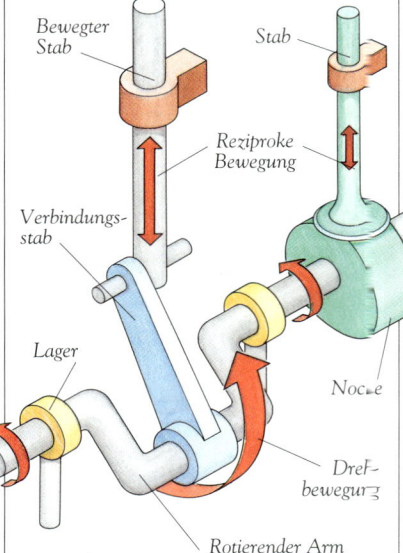

Bewegter Stab *Stab* *Reziproke Bewegung* *Verbindungsstab* *Lager* *Nocke* *Drehbewegung* *Rotierender Arm*

Nocke
Gerät zur Umwandlung einer Kreisbewegung in eine geradlinige Bewegung

Eine Nocke ist ein Rad von unregelmäßiger Form. Mit jeder Drehung der Welle stößt die Nocke gegen einen Stab und bewegt diesen auf und ab. Nocken betätigen die Treibstoffventile im Benzinmotor ■.

Siehe auch
Aufwand 58 • Benzinmotor 67
Getriebe 59 • Last 58 • Newton 51
Rad und Welle 59 • Reibung 54

Automatische Maschinen

Viele Maschinen arbeiten selbstständig, zum Beispiel automatische Türen oder Flugzeuge, die sich selbst steuern. Diese Maschinen führen anspruchsvolle Aufgaben aus.

Hier werden Werkzeuge für vielfältige Aufgaben montiert.

Automatisierung

Einsatz automatischer Maschinen für bestimmte Aufgaben

Die Automatisierung verändert unser alltägliches Leben sehr stark, weil automatische Maschinen viele Routineaufgaben und Produktionsarbeiten erledigen.

Servomechanismus

Gerät zur Steigerung der Kraft für den Betrieb einer Maschine

Das Steuersystem einer Maschine ist selbst nicht stark genug, um die Maschine zu bewegen. Stattdessen weist das Steuersystem einen leistungsfähigen Servomechanismus an, der die Maschine bewegt. Das Bremssystem eines Autos kann einen Servomechanismus enthalten. Er vervielfacht die Kraft, mit der der Fahrer auf das Bremspedal tritt, um das Auto anzuhalten.

Regler

Rückmeldegerät zur Steuerung der Geschwindigkeit einer Maschine

Ein Regler hält einen Motor auf konstanter Geschwindigkeit. Sobald der Motor schneller wird, reduziert der Regler die Treibstoffzufuhr für den Motor und seine Drehzahl fällt. Wenn der Motor langsamer wird, erhöht der Regler die Treibstoffzufuhr wieder, um den Motor zu beschleunigen.

Roboterarm
Solche Roboter können in Fabriken schwierige und gefährliche Aufgaben ausführen.

Roboter

Maschine, die komplexe Aufgaben automatisch ausführt

Industrieroboter haben einen mechanischen Arm, der sich in viele Richtungen bewegen kann. Am Ende ist ein Gerät montiert, das Aufgaben wie Schweißen ■ oder Lackieren ausführt. Ein Computer ■ steuert den Roboter in Abhängigkeit von den Signalen, die die Sensoren des Roboters übermitteln. Sensoren erkennen viele Dinge wie die Lage der Objekte, an denen der Roboter arbeitet.

Siehe auch

Computer 117 • Schweißen 166

Rückkopplung

Prozess, der einer automatischen Maschine die Arbeit unter ihrer eigenen Steuerung ermöglicht

Sensoren in der Maschine messen das Arbeitsergebnis. Die Ergebnisse werden dem Steuersystem der Maschine gemeldet und dienen zur Einstellung der Betriebsfunktionen. Das Autopilot-Führungssystem eines Flugzeugs arbeitet mit Rückkopplung. Sensoren messen die Position des Flugzeugs. Bei einer Kursabweichung verstellt die Steuerung die Ruder, um das Flugzeug wieder auf den richtigen Kurs zu bringen.

Sensor

Gerät, das physikalische Bedingungen erkennt

Sensoren erkennen und messen Dinge wie Wärme, Druck, Magnetfelder, Bewegung, Schwingung und Rauch. Die meisten Sensoren übermitteln ein elektrisches Signal an ein Kontrollsystem.

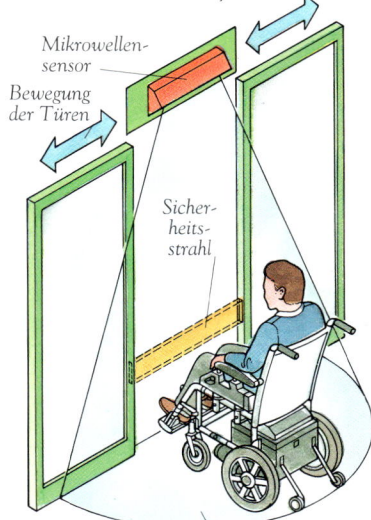

Automatische Türen
Der Sensor über der Tür sendet einen Mikrowellenstrahl auf den Boden. Wenn sich eine Person im Strahl bewegt, entsteht ein elektrisches Signal zum Öffnen der Tür. Die Türen schließen sich, wenn die Person den Sicherheitsstrahl passiert hat.

Fliegen

Luftfahrzeuge werden von der umgebenden Luft getragen. Flugzeuge und Hubschrauber erzeugen diese Tragkraft mit Flügeln und Propellern. Ballone und Luftschiffe sind leichter als Luft.

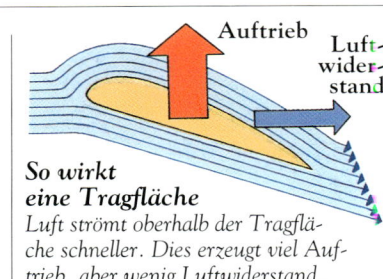

So wirkt eine Tragfläche
Luft strömt oberhalb der Tragfläche schneller. Dies erzeugt viel Auftrieb, aber wenig Luftwiderstand.

Auftrieb

Nach oben gerichtete Kraft an einem Flugzeug

Flugzeugflügel und Hubschrauberrotoren ■ erzeugen Auftrieb. Ballone und Luftschiffe erhalten Auftrieb, weil sie mit Gasen gefüllt sind, die eine geringere Dichte ■ als Luft haben. Ein Luftfahrzeug steigt, wenn die Auftriebskraft größer als die Kraft seines Gewichts ■ ist. Es sinkt, wenn der Auftrieb kleiner als sein Gewicht wird.

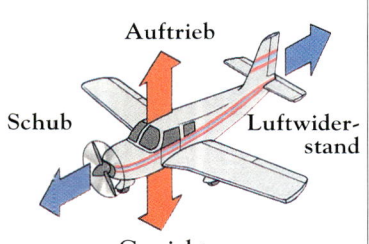

Kräfte im Flug
Bei ausgeglichenen Kräften fliegt das Flugzeug stabil.

Schub

Vorwärts gerichtete Kraft an einem Flugzeug

Die Düsentriebwerke oder Propeller eines Flugzeugs erzeugen Schub, um das Flugzeug vorwärts zu bringen. Im Hubschrauber erzeugt der Hauptrotor den Schub.

Luftwiderstand

Rückwärts gerichtete Kraft an einem Flugzeug

Luftwiderstand entsteht durch die Reibung ■ mit der Luft, wenn das Flugzeug vorwärts fliegt. Er steigt mit der Geschwindigkeit des Flugzeugs. Zu seiner Überwindung braucht das Flugzeug Schub vom Motor. Eine Stromlinienform reduziert den Luftwiderstand.

Höhenruder

Horizontal schwenkbarer Teil am Leitwerk eines Flugzeugs

Die Höhenruder lassen das Flugzeug sinken oder steigen. Beim Steigen des Flugzeugs bewegen sie sich nach oben, um das Heck abzusenken und die Nase anzuheben. Beim Sinken bewegen sie sich nach unten, um das Heck zu heben und die Nase zu senken.

Steigflug
Der Pilot hebt das Höhenruder, um das Heck zu senken und die Nase zu heben.

Aufgestelltes Höhenruder

Propeller

Startklar
Der Propeller zieht das Flugzeug die Startbahn entlang. Die Flügel erzeugen bei ihrer Bewegung durch die Luft den Auftrieb. Das Flugzeug hebt ab, wenn der Auftrieb das Gewicht überwindet.

Tragfläche

Flügelkonstruktion, die durch ihre Form Auftrieb erzeugt

Eine Tragfläche ist gewöhnlich an der Oberseite gewölbt und an der Unterseite eben. Die Form bewirkt, dass sich die darüber streichende Luft an der Oberseite schneller bewegt als an der Unterseite. Je schneller die Luft strömt, desto geringer ist der Druck. Dies ist der **Bernoulli-Effekt.** Die Luft über der Tragfläche hat folglich einen geringeren Druck als die Luft darunter. Die Tragfläche wird nach oben gezogen. Die bewegte Luft erzeugt auch etwas Luftwiderstand.

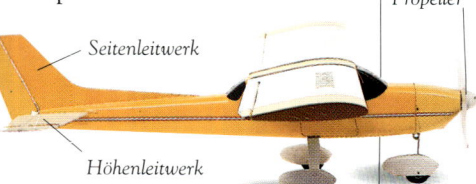

Seitenruder

Einsatz des Ruders
Das Flugzeug kann durch Luftturbulenzen oder starke Winde beim Aufstieg schaukeln. Der Pilot verwendet die Ruder, um das Flugzeug in normaler Lage zu halten.

Seitenruder

Vertikal schwenkbarer Teil am Leitwerk eines Flugzeugs

Wenn der Pilot eine Kurve fliegt, schwenkt er das Seitenruder nach links oder rechts. Der Ausschlag des Ruders erzeugt eine Seitenkraft ■, die das Heck des Flugzeugs dreht, sodass die Nase in eine andere Richtung zeigt. Ein Boot wird ebenfalls durch ein Ruder am Heck gesteuert.

Seitenleitwerk

Höhenleitwerk

Transport • 63

Klappen

Bewegliche Flächen vorne und hinten an der Tragfläche

Die Klappen werden bei Start und Landung eines Flugzeugs ausgefahren. Sie erhöhen den Auftrieb bei niedrigen Geschwindigkeiten. Während des Flugs werden die Klappen eingefahren, um den Luftwiderstand zu reduzieren. Eine **Störklappe** wird bei der Landung oben aus der Tragfläche ausgefahren.

Schräglage nach rechts
Die linke Flächenseite wird nach oben gezogen. Das Flugzeug erhält eine Schräglage nach rechts.

Linkes Querruder unten, Fläche steigt.

Rechtes Querruder hoch, Fläche sinkt.

Nicken

Bewegung eines Flugzeugs um die Querachse

Der Pilot schwenkt das Höhenruder am Höhenleitwerk des Flugzeugs, um die Steigung zu steuern. Die Einstellung der Steigung des Flugzeugs erhöht oder senkt den Auftrieb.

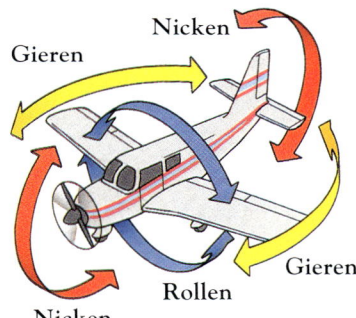

Bewegungen eines Flugzeugs
Während des Flugs sind drei Bewegungen möglich: Nicken, Gieren und Rollen.

Sinkflug
Der Pilot senkt die Höhenruder und das Flugzeug beginnt zu sinken.

Höhenruder unten, Heck steigt.

Rechtes Querruder unten, Fläche steigt.

Linkes Querruder oben, Fläche sinkt.

Schräglage nach links
Der Auftrieb an der rechten Flächenseite zieht diese hoch. Das Flugzeug erhält eine Schräglage nach links.

Querruder

Schwenkbarer Abschnitt hinten an einer Tragfläche

Ein Flugzeug kann nur dann eine saubere Kurve fliegen, wenn es dabei in die Kurve gelegt wird. Die Querruder an den hinteren Tragflächenkanten werden in entgegengesetzte Richtungen geklappt. Die Tragflächenseite, an der das Querruder nach unten zeigt, erhält mehr Auftrieb und hebt sich. Das Flugzeug wird um seine Längsachse gekippt.

Gieren

Drehung um die Hochachse

Der Pilot nutzt die Ruder, um das Gieren zu steuern und nach links oder rechts zu lenken.

Rollen

Drehung um die Längsachse

Der Pilot hebt oder senkt die Querruder an den Tragflächen, um das Rollen des Flugzeugs zu steuern.

Strömungsabriss

Plötzlicher Auftriebsverlust, der einen Flugzeugabsturz verursachen kann

Ein Flugzeug gerät in den Sackflug, wenn es zu langsam wird oder zu steil steigt. An den Tragflächen fehlt der Auftrieb und das Flugzeug kippt ab. Der Pilot muss dann die Flugzeugnase senken, um Fahrt aufzunehmen und wieder Auftrieb zu gewinnen. Der Pilot kann den Sackflug auch durch erhöhten Motorschub beenden.

Deltaflügel

Eine dreieckige Tragfläche

Einige Überschallflugzeuge haben Deltaflügel. Die dreieckige Form schneidet glatter durch die Luft als gestreckte Flügel. Deltaflügel erzeugen viel Auftrieb und wenig Luftwiderstand, wodurch das Flugzeug sehr schnell fliegen kann.

Raumfähre mit Deltaflügeln
Die Deltaflügel am Space Shuttle halten den Luftwiderstand minimal, wenn es mit sehr hoher Geschwindigkeit wieder in die Erdatmosphäre eintaucht.

Siehe auch

Dichte 23 • Gewicht 49 • Hülle 64
Kraft 48 • Reibung 54 • Rotor 64
Überschall 64

Fortsetzung nächste Seite ▶

Heißluftballon
Der Brenner erhitzt die Luft in der Hülle und gibt dem Ballon Auftrieb.

Hülle
Ummantelung für ein Gasvolumen, das Ballone und Luftschiffe trägt

Die Hülle eines Heißluftballons ist unten offen. Die enthaltene Luft wird durch einen Brenner erwärmt. Die Hülle eines Luftschiffs ist geschlossen und enthält Helium. Heiße Luft und Helium haben eine geringere Dichte als kalte Luft. Dadurch erhält die Hülle Auftrieb ■, und Ballon oder Luftschiff steigen.

Flugschreiber
Aufzeichnungsgerät für Flugdaten

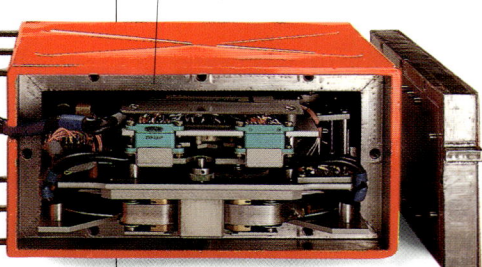

Frontalansicht   *Innenansicht*

Dieses Gerät zeichnet die Funktionen wichtiger Systeme des Flugzeugs und die Stimmen der Besatzung auf. Nach einem Absturz wird der Flugschreiber geborgen, um die Unfallursache zu ermitteln. Ein Flugschreiber heißt auch **Black Box**.

Überschall
Schneller als Schall

Die Schallgeschwindigkeit in der Luft beträgt auf Meereshöhe etwa 1220 km/h. In größeren Höhen ist die Luft kälter, sodass sich die Schallgeschwindigkeit in einer Höhe von 11 000 m auf etwa 1070 km/h verringert. Die Geschwindigkeit von Überschallflugzeugen wird mit der **Machzahl** angegeben, weil sich die Schallgeschwindigkeit mit der Höhe ändert. Die Machzahl ist die Geschwindigkeit des Flugzeugs geteilt durch die Schallgeschwindigkeit in Flughöhe. Die Geschwindigkeit Mach 1 bedeutet Schallgeschwindigkeit, Mach 2 ist das Doppelte davon.

Überschallknall
Lauter Knall, wenn ein Flugzeug die Schallgeschwindigkeit überschreitet

Vor einem Überschallflugzeug baut sich beim Fliegen eine Welle ■ mit sehr hohem Luftdruck auf, eine **Druckwelle**. Sie breitet sich vom Flugzeug weg kugelförmig aus und ist am Boden als lauter Donner zu hören.

Rote »Black Box«
Das stabil gebaute Gerät ist auffällig gefärbt, damit es nach einem Absturz schnell gefunden wird.

Siehe auch
Auftrieb 62 • Barometer 53 • Radar 74
Schub 62 • Tragfläche 62 • Welle 71

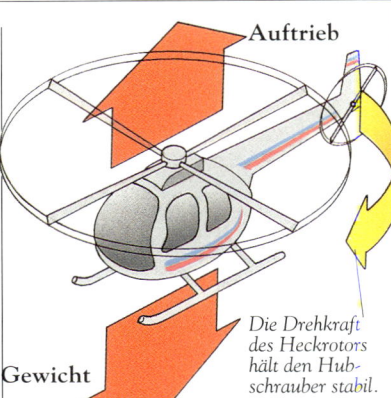

Die Drehkraft des Heckrotors hält den Hubschrauber stabil.

Kräfte an einem Hubschrauber
Der Hubschrauber hebt ab, wenn der Auftrieb vom Hauptrotor größer als das Gewicht des Hubschraubers ist. Der Heckrotor kann das Heck nach links oder rechts schwenken.

Rotor
Ein Satz rotierender Tragflächen

Die meisten Hubschrauber haben einen großen Hauptrotor über der Kabine und einen kleinen Heckrotor. Die Blätter des Hauptrotors haben Tragflächenform ■ und erzeugen bei ihrer Drehung den Auftrieb, der den Hubschrauber in der Luft hält. Der Pilot neigt den Rotor, um Schub ■ in eine bestimmte Richtung zu bekommen. So können Hubschrauber vorwärts, rückwärts oder seitwärts fliegen. Der Heckrotor stabilisiert den Hubschrauber, der sich sonst entgegengesetzt zum Hauptrotor drehen würde, und ermöglicht die Steuerung der Flugrichtung.

Höhenmesser
Instrument zur Messung der Flughöhe eines Flugzeugs

Die **Flughöhe** eines Flugzeugs ist seine Höhe über dem Untergrund. Ein Höhenmesser, der mit Radar ■ arbeitet, misst die Reflexion von Radiowellen am Untergrund. Ein Aneroidhöhenmesser funktioniert genau wie ein Aneroidbarometer ■. Er misst den umgebenden Luftdruck, der mit steigender Flughöhe abnimmt.

Wassertransport

Boote und Schiffe gehören zu den ältesten und wichtigsten Transportmitteln. Moderne Boote und Schiffe können sich sicher und schnell im, unter oder sogar über dem Wasser bewegen.

Siehe auch
Auftrieb 62 • Auftriebskraft 51
Dichte 23 • Druck 52 • Höhenruder 62
Kraft 48 • Schub 62 • Tragfläche 62

Propeller
Ein Satz rotierender Schaufelblätter, die ein Boot, Schiff oder U-Boot antreiben

Die Blätter eines Propellers sind gewölbt, sodass sie beim Drehen Wasser nach hinten drücken. Der Propeller schneidet in das Wasser wie eine Schraube in Holz. Er schiebt den Bootsrumpf durch das Wasser. Die Blätter haben eine Tragflächenform ■, wodurch das Wasser den Propeller zusätzlich vorwärts zieht. Flugzeugpropeller arbeiten auf ähnliche Weise, aber ihre Tragflächenform erzeugt den meisten Schub ■ für das Flugzeug.

Wassertragfläche
Ein Flügel unter dem Bootsrumpf

Die Wassertragflächen eines Tragflächenboots erzeugen bei ihrer Bewegung im Wasser einen Auftrieb ■, genauso wie Flugzeugtragflächen Auftrieb in der Luft erzeugen. Der Bootsrumpf wird angehoben, sodass weniger Wasserwiderstand zu überwinden ist.

Tiefenruder
Horizontale Flosse an der Seite eines U-Boots

Ein U-Boot hat Tiefenruder an der linken und rechten Außenseite. Sie funktionieren ähnlich wie die Höhenruder ■ eines Flugzeugs, indem sie die Wasserströmung ablenken. Dadurch wird der Bug des U-Boots gehoben oder gesenkt.

Stabilisator
Vorrichtung, die das Schaukeln verhindert

Ein Stabilisator besteht aus großen Tanks im Rumpf, die Öl oder Wasser enthalten. Wenn sich das Schiff auf eine Seite neigt, fließt Wasser oder Öl zur anderen Seite und wirkt der Bewegung entgegen. Ein Stabilisator kann auch ein großes horizontales Flossenpaar sein, das unterhalb der Wasseroberfläche vom Schiffsrumpf ausgeht. Die Schaukelbewegung des Schiffs verursacht an den Flossen eine dämpfende Kraft ■.

Lademarke
Skala am Rumpf von Schiffen zur Anzeige der maximalen Beladung

Die Dichte ■ von Wasser variiert. Salzwasser ist dichter als Süßwasser und kaltes Wasser ist dichter als warmes. Je dichter das Wasser, desto höher ragt das Schiff auf. Die Lademarke, auch **Freibordmarke** genannt, besteht aus sechs Strichen, die in einer bestimmten Höhe angebracht sind. Sie gibt vor, wie weit das beladene Schiff im jeweiligen Gewässer und zur jeweiligen Jahreszeit absinken darf.

Luftkissen
Luftschicht mit hohem Druck

Ein Luftkissenfahrzeug wird von einem Luftkissen getragen. Große Ventilatoren blasen dafür Luft unter das Fahrzeug. Das Luftkissen wird von einer flexiblen **Schürze** umgrenzt. Der Druck ■ des Luftkissens bestimmt die Schwebehöhe. Propeller bewegen das Fahrzeug vorwärts.

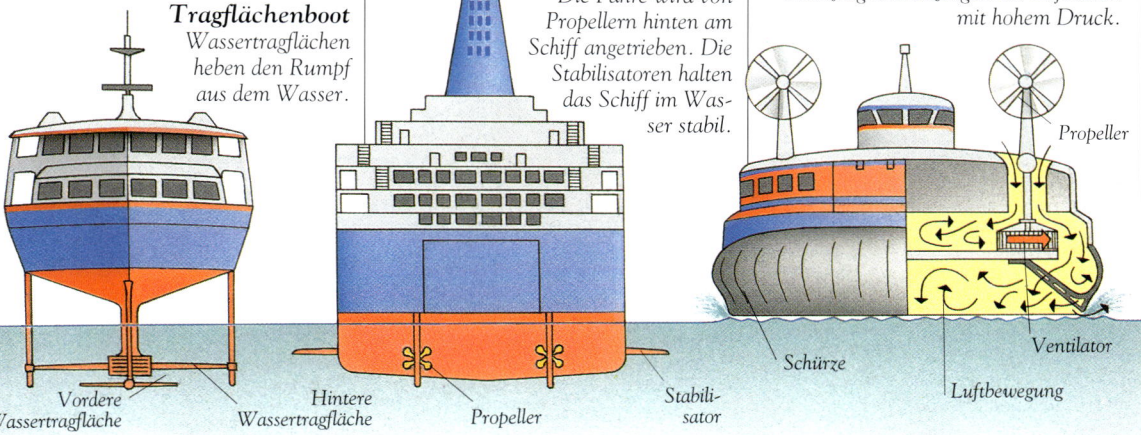

Tragflächenboot
Wassertragflächen heben den Rumpf aus dem Wasser.

Autofähre
Die Fähre wird von Propellern hinten am Schiff angetrieben. Die Stabilisatoren halten das Schiff im Wasser stabil.

Luftkissenfahrzeug
Ventilatoren pumpen Luft unter das Fahrzeug und erzeugen ein Luftkissen mit hohem Druck.

Vordere Wassertragfläche — Hintere Wassertragfläche — Propeller — Stabilisator — Schürze — Luftbewegung — Ventilator — Propeller

Autos

Die meisten modernen Autos funktionieren genau wie die ersten Autos, die vor über einem Jahrhundert erfunden wurden. Explodierender Treibstoff bewegt Kolben im Verbrennungsmotor hin und her. Über Getriebe und andere Teile bewegen die Kolben die Räder.

Treibstoffeinspritzung

System, das Treibstoff in die Zylinder eines Motors einspritzt

Treibstoff verbrennt effizienter, wenn er genau dosiert in die Brennräume der Zylinder eingespritzt wird.

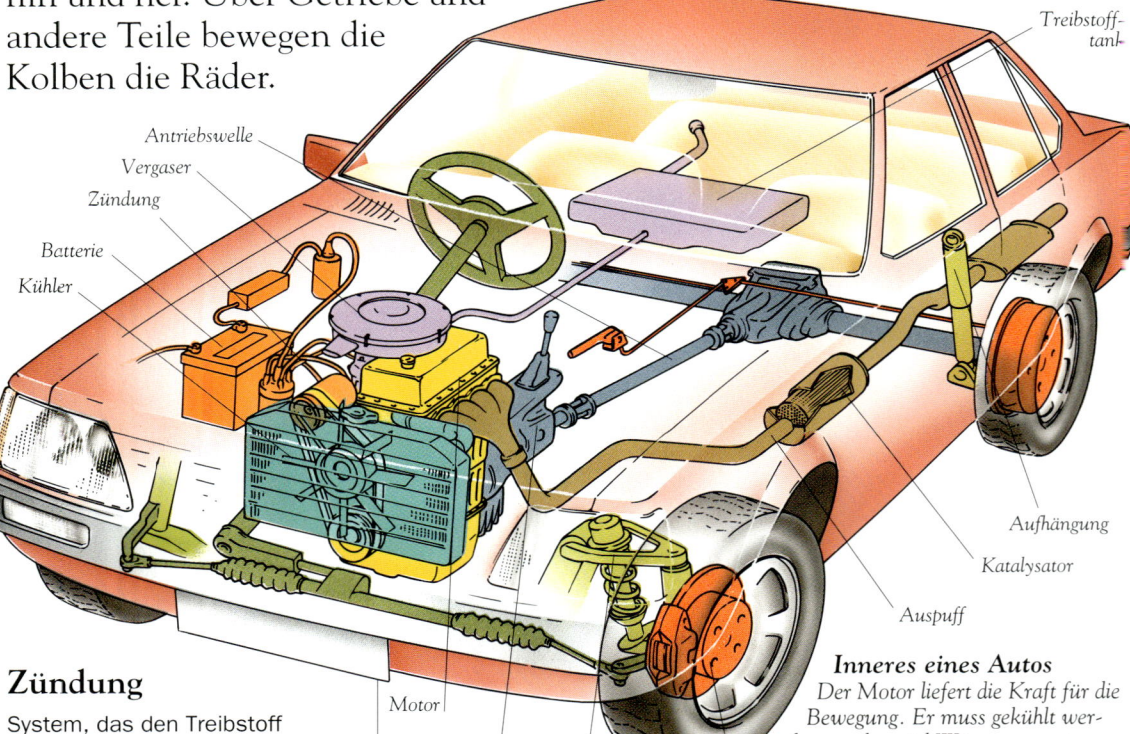

Inneres eines Autos
Der Motor liefert die Kraft für die Bewegung. Er muss gekühlt werden, weil er viel Wärme erzeugt. Außerdem entstehen Abgase, die über den Auspuff abgeführt werden. Das Auto kann ohne Elektrizität nicht arbeiten. Sie stammt von der Autobatterie.

Zündung

System, das den Treibstoff eines Benzinmotors zündet

Eine Autobatterie liefert elektrischen Strom mit geringer Spannung. Der Strom fließt durch die **Zündspule,** die als Transformator ◼ wirkt und die Spannung auf einige tausend Volt erhöht. Der **Zündverteiler** leitet dann die Hochspannung zu jedem Zylinder. Dort entsteht ein Funke in der **Zündkerze,** der das Benzin im Zylinder zur Explosion bringt.

Kühler

Teil des Kühlsystems eines Automotors

In den meisten Automotoren drückt eine Pumpe Kühlwasser durch Rohre, um die erzeugte Wärme abzuführen. Das Wasser nimmt Wärme auf und fließt zum Kühler, wo es seine Wärme an die Luft abgibt, die durch den Kühlergrill strömt. Das kalte Wasser wird dann zurück zum Motor gepumpt. Manche Autos haben Ventilatoren, die zur Kühlung Luft über den Motor blasen.

Vergaser

Gerät zur Bildung eines Gemischs aus Benzin und Luft

Ein Gemisch aus Benzintröpfchen und Luft gelangt vom Vergaser in die Zylinder. Das **Gaspedal** des Autos ist mit dem Vergaser verbunden und steuert die Benzinmenge im Gemisch. Die Erhöhung dieser Menge lässt den Motor schneller laufen. Der **Choke** lässt zum Starten des Motors mehr Benzin durch.

Siehe auch

Getriebe 59 • Katalysator 145 • Kompressor 52 • Kurbel 60 • Transformator 110 • Turbine 59 • Viertaktmotor 96

Transport • 67

Benzinmotor
Motor, in dem Benzin als Treibstoff verbrannt wird

Ein Benzinmotor enthält mehrere **Zylinder.** Das sind an einem Ende geschlossene Rohre. In jedem Zylinder bewegt sich ein **Kolben** auf und ab. Ein Ventil am Kopf jedes Zylinders lässt Benzin und Luft in den Raum über dem Kolben. Dort befindet sich eine Zündkerze, die einen Funken erzeugt, der das Benzin entzündet. Es explodiert und drückt den Kolben im Zylinder nach unten. Ein **Dieselmotor** arbeitet ohne Zündkerze. Der Treibstoff wird in den Zylinder gesprüht; dort entzündet er sich selbst durch die heiße Luft und den Druck.

Verteiler   Ventil   Zylinder

Schwungrad und Kupplungsgehäuse   Kolben   Kurbelwelle

Vierzylindermotor
Viele Motoren enthalten vier Zylinder, die sich paarweise gegenläufig bewegen.

Turbolader
Gerät, das die Motorleistung erhöht

Ein Turbolader erhöht den Druck der in die Zylinder eingebrachten Luft und bewirkt eine Treibstoffverbrennung mit höherer Ausbeute. Er enthält einen Kompressor ■, der von einer Turbine ■ im Auspuffsystem angetrieben wird.

Bremse
Vorrichtung zum Verlangsamen des Autos

Bremsen arbeiten mit Reibung. **Scheibenbremsen** enthalten ein Paar Blöcke, die gegen eine am Rad befestigte Scheibe drücken. **Trommelbremsen** enthalten gebogene Bremsschuhe, die auf die Innenseite einer am Rad angebrachten Trommel drücken.

Aufhängung
System, das die Karosserie von den Bewegungen der Räder entkoppelt

Auträder springen während der Fahrt. Die Aufhängung sorgt dafür, dass diese Bewegung möglichst wenig auf die Karosserie übertragen wird. **Stoßdämpfer** bremsen die Bewegung der Federn. Bei **getrennter Aufhängung** kann eine Seite des Autos über eine Unebenheit fahren, ohne die andere Seite zu beeinflussen.

Kupplung
Vorrichtung zur Kraftübertragung auf die Räder

Das Kupplungspedal trennt den Motor von den Rädern. Beim Loslassen des Pedals werden Motor und Räder wieder verbunden. Die Kupplung wird beim Schalten des Getriebes ■ und beim Anhalten benötigt.

Kurbelwelle
Welle, die von den Kolben eines Motors bewegt wird

Die Kurbelwelle besteht aus mehreren Kurbeln ■, die jeweils über eine Verbindungsstange durch einen Kolben angetrieben werden. Wenn sich die Kolben in den Zylindern bewegen, rotieren die Kurbeln und drehen die Kurbelwelle. Das **Schwungrad** ist eine schwere Scheibe an der Kurbelwelle. Es glättet die abrupten Bewegungen der Kolben.

Auspuff
Rohrsystem, das Abgase ableitet

Die Explosion des Treibstoffs im Zylinder erzeugt Abgase und einen lauten Knall. Die Gase strömen durch einen **Schalldämpfer,** der eine Reihe von Blechen mit Löchern enthält. Wenn die Gase durch die Löcher dringen, verlieren sie Druck und der Knall wird gedämpft. Die Abgase können auch durch einen **Katalysator** geleitet werden, der sie in weniger schädliche Gase umwandelt.

Getriebe
Vorrichtung, die den Kraftbetrag an den Rädern des Autos steuert

Die Kurbelwelle dreht Zahnräder im Getriebe, das dann eine **Antriebswelle** für den Antrieb der Auträder dreht. Das Wechseln eines Gangs verbindet Zahnräder unterschiedlicher Größen. Niedrige Gänge übertragen mehr Kraft zum Anfahren oder für Steigungen, hohe Gänge ermöglichen ein schnelleres Fahren. Das **Differenzial** bilden Zahnräder im Antriebsstrang. Es ermöglicht eine unterschiedliche Drehgeschwindigkeit der Räder einer Achse, wenn das Auto um Kurven fährt.

Zahnräder für hohen Gang   Zahnräder für Rückwärtsgang

Zähnräder für niedrigen Gang

Schaltgetriebe
Das Getriebe enthält vier oder fünf Gänge und den Rückwärtsgang. In hohen Gängen fährt das Auto schneller.

Energie

Es gibt keinen Vorgang im Universum, der ohne Zufuhr oder Umwandlung von Energie abläuft. Energie hat die verschiedensten Formen. Fast die gesamte Energie auf der Erde stammt aus dem heißen Inneren der Sonne.

Energie
Fähigkeit, Arbeit zu verrichten

Es gibt viele Formen der Energie. An jedem Vorgang ist eine Energieform beteiligt, die sich in eine andere umwandelt. Beim Lesen dieses Buches wird beispielsweise Lichtenergie in den Augen in elektrische Energie umgewandelt.

Potenzielle Energie
Gespeicherte Energie

Ein Objekt gewinnt potenzielle Energie, wenn es gehoben, gedrückt oder gedehnt wird. Es speichert die Energie, bis es losgelassen wird. Das Zurückziehen einer Bogensehne gibt der Sehne potenzielle Energie. Beim Loslassen wird die Energie auf den Pfeil übertragen. Bei der Bewegung des Pfeils wandelt sich die potenzielle Energie in kinetische Energie um.

Kinetische Energie
Energie eines bewegten Objekts

Ein Pfeil erhält beim Abschießen kinetische Energie. Auch ein schwingender Körper hat kinetische Energie. Je schwächer die Bewegung wird, desto geringer wird die kinetische Energie.

Sonnenenergie
Wärme und Licht von der Sonne

Sonnenkollektoren nehmen Sonnenwärme auf und erhitzen damit Wasser. Solarzellen wandeln Sonnenenergie in elektrischen Strom um.

Energieerhaltungssatz
Der Gesamtbetrag der Energie in einem System bleibt konstant

Ein System ist alles, was Energie enthält oder umsetzt. Licht und Wärmeenergie aus einer Taschenlampe sind gleich der elektrischen Energie der Batterie ■. Innerhalb eines geschlossenen Systems kann Energie nicht erzeugt oder vernichtet, sondern nur umgewandelt werden. Dieses Gesetz gilt nicht bei der Erzeugung von Kernenergie. Dort wird Masse in Energie gewandelt.

Kernenergie
Energie aus der Aktivität in einem Atomkern

Der Kern ■ eines Atoms ■ setzt Energie frei, wenn er bei einer Kernspaltung ■ zerbricht oder sich bei der Kernfusion ■ mit anderen Atomkernen verbindet. Der Nukleus verliert Masse, die sich in Energie umwandelt. Die Sonne und Kernkraftwerke ■ erzeugen Kernenergie, auch **Atomenergie** genannt.

Strahlungsenergie
Energie, die sich von ihrer Quelle ausbreitet

Strahlungsenergie ist elektromagnetische Strahlung ■ wie Licht und Wärmestrahlung. Sie strahlt von der Quelle in alle Richtungen und kann sich durch den leeren Raum und durch einige Stoffe ausbreiten. Licht durchdringt zum Beispiel klares Glas.

Chemische Energie
In chemischen Verbindungen gespeicherte Energie

Getreide braucht Licht ■ und Wärme ■ zum Wachsen. Bei diesem Prozess treten chemische Reaktionen ■ auf und es entstehen chemische Verbindungen ■, wobei sich die Energie in chemische Energie umwandelt. Die Verbindungen ■ speichern die Energie bis zu den nächsten chemischen Reaktionen. Dann wandelt sich die chemische Energie um. Unser Körper wandelt die chemische Energie aus der Nahrung in Wärme- und Bewegungsenergie um.

Bäume bilden mit Lichtenergie chemische Verbindungen und speichern darin chemische Energie.

Chemische Energie aus Holz wird beim Verbrennen als Wärmeenergie freigesetzt.

Wärmeenergie
Energie in einem Körper oder einem Stoff

Jedes Objekt, ob kalt oder heiß, besitzt Wärmeenergie. Ein heißes Objekt besitzt mehr Wärmeenergie als ein kaltes. Wärme ist die Bewegungsenergie der Moleküle ■, aus denen die Materie besteht. Wärme kann durch Wärmestrahlung von einem Objekt auf ein anderes übergehen.

Energie • 69

Lichtenergie
Optisch wirkende Energie

Lampen und Kerzen wandeln Elektrizität ▪ bzw. Wärme in Lichtenergie um. Lichtstrahlen sind eine elektromagnetische Strahlung. Sie gelangen in die Augen und treffen auf die Netzhaut. Dort erzeugen sie elektrische Signale, die über Nerven in das Gehirn gelangen.

Elektrische Energie
Energie der Elektrizität

Elektrische Energie ist die Energie bewegter Elektronen ▪, die als elektrischer Strom durch einen Leiter fließen. Beim Einsatz der Elektrizität wird elektrische Energie in andere Energieformen wie Licht in einer Glühlampe oder kinetische Energie in einem Elektromotor umgewandelt.

Schallenergie
Akustisch wirkende Energie

Schall gelangt in Form von Schallwellen ▪ zu den Ohren. Dies sind Schwingungen in der Luft. Im Innenohr wandelt sich Schallenergie in elektrische Signale um, die über Nerven zum Gehirn gelangen, sodass der Schall zu hören ist. Schall breitet sich zum Beispiel auch in Wasser und Metall aus.

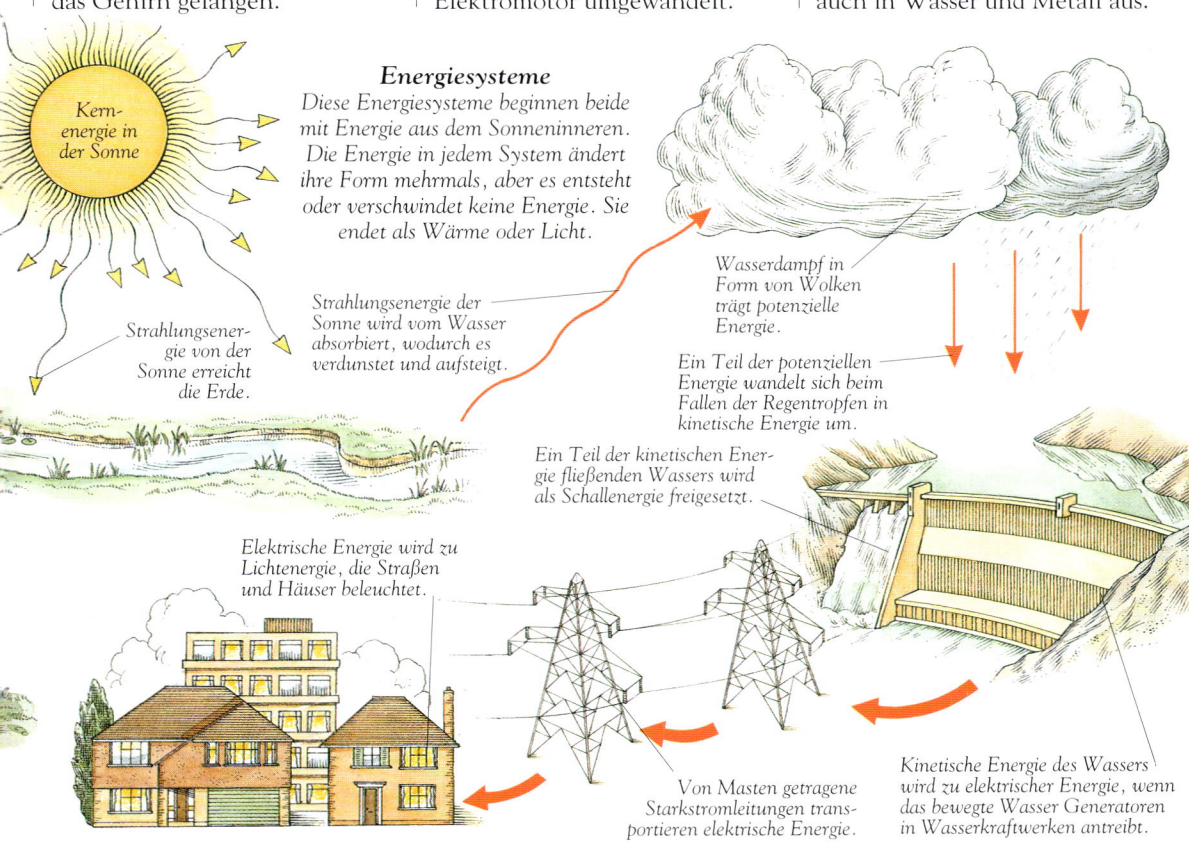

Energiesysteme
Diese Energiesysteme beginnen beide mit Energie aus dem Sonneninneren. Die Energie in jedem System ändert ihre Form mehrmals, aber es entsteht oder verschwindet keine Energie. Sie endet als Wärme oder Licht.

Kernenergie in der Sonne

Strahlungsenergie von der Sonne erreicht die Erde.

Strahlungsenergie der Sonne wird vom Wasser absorbiert, wodurch es verdunstet und aufsteigt.

Wasserdampf in Form von Wolken trägt potenzielle Energie.

Ein Teil der potenziellen Energie wandelt sich beim Fallen der Regentropfen in kinetische Energie um.

Ein Teil der kinetischen Energie fließenden Wassers wird als Schallenergie freigesetzt.

Kinetische Energie des Wassers wird zu elektrischer Energie, wenn das bewegte Wasser Generatoren in Wasserkraftwerken antreibt.

Von Masten getragene Starkstromleitungen transportieren elektrische Energie.

Elektrische Energie wird zu Lichtenergie, die Straßen und Häuser beleuchtet.

ENERGIE MESSEN

Joule (J)
SI-Einheit der Energie

Ein Joule entsteht, wenn ein Körper mit der Kraft 1 N um 1 m bewegt wird oder wenn für 1 Sekunde ein Strom von 1 A bei einer Potenzialdifferenz ▪ von 1 V fließt. Ein **Kilojoule** (kJ) sind 1000 Joule.

Kalorie (cal/kcal)
Energieeinheit für Lebensmittel

Energie wurde früher in Kalorien gemessen. Eine Kalorie entspricht 4,187 Joule. Heute gibt man damit den Energiegehalt von Lebensmitteln an. Diese Messwerte werden oft auch in kJ angegeben.

Siehe auch

Atom 34 • Atomkern 35 • Batterie 108
Chemische Reaktion 144
Elektrizität 102 • Elektromagnetische Strahlung 74 • Elektron 34
Kernfusion 39 • Kernkraft 40
Kernspaltung 38 • Licht 76
Molekül 138 • Potenzialdifferenz 105
Schallwelle 98 • Verbindung 138
Wärme 91

Fortsetzung nächste Seite ▶

70 • Energie

LEISTUNG MESSEN

Watt (W)
SI-Einheit der Leistung

Ein Watt ist die Umwandlung von 1 Joule Energie in eine andere Energieform in einer Sekunde. Ein **Kilowatt** (kW) sind 1000 Watt.

Kilowattstunde (kWh)
Die praktische Einheit der Arbeit

Eine Kilowattstunde ist die Energie, die von der Leistung 1 Kilowatt in einer Stunde übertragen wird. Eine Kilowattstunde sind 3 600 000 Joule.

Harte Arbeit und viel Leistung
Eine Frau mit der Masse 49 Kilogramm und dem Gewicht 480 Newton kann in 10 Sekunden zehnmal auf dieses Podest springen. Sie legt dabei 2 Meter zurück. Die geleistete Arbeit beträgt 480 · 2 = 960 Joule. Die Leistung ist 960 Joule : 10 Sekunden = 96 Watt. Das entspricht etwa der Leistung einer 100-Watt-Glühlampe.

Die Frau wiegt 480 Newton.

Das Podest ist 0,2 m hoch.

◀ *Fortsetzung von vorheriger Seite*

Arbeit
Anwendung einer Kraft entlang eines Weges

Menschen und Maschinen ▪ verrichten Arbeit, wenn sie einen Körper bewegen. Die Menge der Arbeit ist die vom Objekt gewonnene Energie ▪. Die Arbeit (in Joule ▪) ist gleich dem Produkt aus der aufgewendeten Kraft ▪ (in Newton) und dem zurückgelegten Weg (in Meter).

Leistung
Arbeit pro Zeit

Die Leistung einer Maschine ist die von ihr geleistete Arbeit dividiert durch die dafür benötigte Zeit. Eine leistungsstarke Maschine erbringt viel Arbeit in kurzer Zeit. Die Einheit der Leistung ist das Watt. Eine ältere Leistungseinheit ist die **Pferdestärke** (PS), die 745,7 Watt entspricht.

Wandler
Gerät, das Energie von einer Form in eine andere umwandelt

Ein Wandler formt häufig ein nichtelektrisches Signal in ein elektrisches um und umgekehrt. Ein Lautsprecher ▪ ist ein Wandler, der elektrische Energie in Schall umsetzt. Viele Messgeräte sind ebenfalls Wandler. Eine digitale Waage wandelt zum Beispiel die Bewegung der Platte in ein elektrisches Signal um, das sich dann in der Anzeige in Licht umwandelt.

James Prescott Joule
Englischer Physiker (1818–1889)

Joule entdeckte den Zusammenhang zwischen elektrischem Strom, dem Widerstand eines Drahtes und der durch den Strom erzeugten Wärme. Diese wird als Joule'sche Wärme bezeichnet. Er baute eine Maschine mit Paddeln, die sich in einer Wassertrommel drehten und dabei das Wasser erwärmten. Damit wies er nach, dass sich die verschiedenen Energieformen ineinander umwandeln lassen. Dies führte zum Energieerhaltungssatz ▪. Die SI-Einheit der Energie, Joule (J), ist nach James Prescott Joule benannt.

Energieeinsparung
Reduktion des Energieverbrauchs

Zum Heizen von Wohnungen und für den Betrieb von Maschinen ist Energie notwendig. Sie stammt überwiegend aus der Verbrennung der Energieträger Erdgas, Öl und Kohle. Wir müssen Energie sparen, weil die Vorräte dieser Energieträger begrenzt sind und möglichst lange erhalten bleiben sollen. Dies kann durch einen höheren Wirkungsgrad der Maschinen und durch wärmegedämmte Wohnungen erreicht werden. Energieeinsparung bedeutet eine geringere Verbrennung fossiler Brennstoffe ▪ und somit weniger Umweltverschmutzung.

Siehe auch
Einfache Maschine 58 • Energie 68
Energieerhaltungssatz 68
Fossiler Brennstoff 164 • Joule 69
Kraft 48 • Lautsprecher 127

Wellen

Wasserwellen sind besonders leicht zu beobachten, aber es gibt noch viel mehr Wellenarten um uns herum. Lichtwellen und Schallwellen nutzen wir bei der Kommunikation. Alle Wellen transportieren Energie von einem Ort zum anderen.

Siehe auch
Elektrische Energie 69 • Hertz 72
Kinetische Energie 68 • Potenzielle Energie 68 • Radiowellen 74
Schallwellen 98 • Wellenlänge 72

Eine Welle erzeugen
Durch eine schnelle Drehung des Handgelenks wird eine Welle über das Seil geschickt. Je stärker die Bewegung ist, desto größer ist die Amplitude der Welle.

Berg — *Der Abstand zwischen den Bergen ist exakt gleich.* — *Berge folgen in regelmäßigen Abständen.* — *Amplitude* — *Amplitude* — *Tal*

Welle
Art der Energieübertragung durch Materie oder leeren Raum

Eine Welle bewegt sich an der Meeresoberfläche entlang und hebt schwimmende Objekte an, die von ihr erfasst werden. Eine Welle überträgt kinetische ■ und potenzielle ■ Energie. Materie wird auf und ab oder hin- und herbewegt. Wenn sich eine Schallwelle in Luft ausbreitet, werden die Luftmoleküle hin- und herbewegt. Eine **Wellenbewegung** überträgt Energie in regelmäßigen Schwingungen. An den Punkten der stärksten Auslenkung bilden sich **Wellenberge** und **Wellentäler.** Die Energie in Wellen kann auch elektrische Energie ■ mit regelmäßigen Stromänderungen sein.

Amplitude
Maximaler Betrag, um den sich Materie beim Durchgang einer Welle bewegt

Starke Winde erzeugen hohe Wellen. Die Amplitude einer Wasserwelle ist die Höhe ihrer Berge oder die Tiefe ihrer Täler über oder unter dem normalen Wasserstand. Eine Welle mit größerer Amplitude überträgt mehr Energie. Eine Schallwelle mit großer Amplitude ist lauter als eine mit kleiner Amplitude. Die **Auslenkung** ist der Betrag, um den sich Materie an einer Stelle der Welle bewegt hat. Ihr größter Wert ist die Amplitude.

Frequenz
Geschwindigkeit aufeinander folgender Wellenkämme

Frequenz ist die Anzahl der vollständigen Schwingungsumläufe einer Welle in einer Sekunde. Sie wird in Hertz (Hz) ■ gemessen. Eine Welle breitet sich mit einer bestimmten Geschwindigkeit aus, die gleich dem Produkt aus Frequenz und Wellenlänge ■ ist. Hörbare Schallwellen ■ liegen im Frequenzbereich von 20 Hz bis etwa 20 000 Hz. UKW-Radiowellen ■ haben eine Frequenz von etwa 100 Millionen Hertz.

Die Frequenz ändern
Berg — Wird das Seil langsamer auf und ab bewegt, verringert sich die Frequenz, weil Berge und Täler mit geringerer Geschwindigkeit aufeinander folgen.

Amplitude — Amplitude — Tal

Wellenkraft
Die Kraft von Wellen kann zur Stromerzeugung genutzt werden. Wenn sich die Wellen an der Oberfläche entlang bewegen, bewegt das Wasser sich auf und ab. Diese Bewegung dient zum Antrieb elektrischer Generatoren.

Fortsetzung nächste Seite ▶

Longitudinalwelle

Welle, bei der Schwingung und Wellenausbreitung in gleicher Richtung verlaufen

Eine Schallwelle ■ ist eine Longitudinalwelle. Beim Durchlaufen der Schallwelle bewegen sich die Moleküle ■ der Luft in derselben Ebene wie die Welle vor und zurück. Sie bewegen sich aufeinander zu und voneinander weg und erzeugen dabei Bereiche hohen und niedrigen Luftdrucks.

Wellenlänge

Abstand zwischen zwei gleichen Schwingungszuständen

Wenn sich eine Welle mit einer bestimmten Frequenz ausbreitet, haben Berge und Täler immer den gleichen Abstand. Dieser zeitlich und räumlich konstante Abstand zwischen zwei benachbarten gleichen Schwingungszuständen heißt Wellenlänge. Wellen mit hoher Frequenz haben eine kurze Wellenlänge und umgekehrt.

WELLEN MESSEN

Hertz (Hz)

SI-Einheit der Frequenz

Ein Hertz ist eine vollständige Schwingung pro Sekunde. Ein **Kilohertz** (kHz) sind 1 000 Hertz und ein **Megahertz** (MHz) sind 1 000 000 Hertz. Die Einheit ist nach dem deutschen Physiker Heinrich Hertz ■ benannt.

Wellen in Bewegung
An einer auseinander gezogenen Feder kann man beide Arten der Wellenausbreitung veranschaulichen, die longitudinale (oben) und die transversale (unten).

Schwingung läuft die Spule entlang.

← Wellenlänge →

Beim Hin- und Herschwingen einer gedehnten Feder bewegen sich die Schwingungen longitudinal entlang der Spule.

Beim Schwingen der Spule quer zur Länge bewegt sich die Welle im rechten Winkel oder transversal.

← Wellenlänge →

Schwingung läuft die Spule entlang.

Transversalwelle

Welle, bei der die Schwingung rechtwinklig zur Ausbreitungsrichtung der Welle verläuft

Die Wellen auf einem Seil oder im Wasser laufen transversal. Wenn sich die Welle vorwärts bewegt, bewegen sich Seil oder Wasser im rechten Winkel dazu auf und ab.

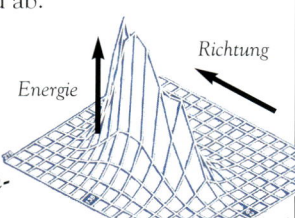

Wellenform
Dieses Computerbild zeigt, wie sich das Energieniveau einer Wasserwelle bei der Ausbreitung verändert.

Wellenform

Verlauf der Wellenkurve

Die Kurvenform einer Wasserwelle bestimmt, wie ein Boot angehoben und abgesenkt wird. Die Wellenform zeigt also den Verlauf der Energieänderung. Mit einem Oszilloskop ■ kann man die Form einer Schallwelle sichtbar machen, die den Klang ■ des Tons bestimmt. Wenn die Wellenform eine harmonische, regelmäßige Kurve ist, heißt die Welle **Sinuswelle**. Der reine Ton einer Stimmgabel ist eine Sinuswelle. Bei einer **Rechteckwelle** ändert sich die Energie plötzlich. Der Ton einer Klarinette ist eine Rechteckwelle.

Die Schwingungen sind im Schwingungsbauch am größten.

In der Mitte der Luftsäule befindet sich ein Punkt ohne Schwingung, der Schwingungsknoten.

Stehwelle

Welle, bei der die Bewegung an jedem Punkt konstant ist

Eine gespannte Gitarrensaite kann sich an den Enden nicht bewegen, nur im Bereich dazwischen. Wenn die Saite gezupft wird, breiten sich Wellen in beide Richtungen aus. Sie werden an den Enden reflektiert, laufen zurück und überlagern sich. Dabei entsteht eine **stehende Welle**. In **Schwingungsbäuchen** liegen die überlagerten Wellen in Phase und die Amplitude ■ der Stehwelle ist am größten. In den **Schwingungsknoten** liegen die überlagerten Wellen gegenphasig und die Amplitude wird Null.

Musik machen
Das Blasen in das Mundstück bringt die Luftsäule in der Flöte zum Schwingen. Es bildet sich eine stehende Welle (blau).

Flötenkopf Mundstück

Phase

Von einer Welle erzeugter Schwingungszustand

Ein Teilchen, das von einer Welle erfasst wird, wechselt ständig seinen Bewegungszustand, die so genannte Phase. Die Phasenlage bestimmt, was geschieht, wenn sich zwei Wellen treffen. Die Berge zweier Wellen gleicher Frequenz, die in Phase sind, erzeugen eine gemeinsame Welle mit größerer Amplitude. Dies ist das **Prinzip der Überlagerung.** Wenn die Berge einer Welle immer mit den Tälern einer anderen zusammentreffen, sind die beiden Wellen »gegenphasig« und können sich auslöschen. Überlagerte Lichtstrahlen ■ sind heller, wenn sie in Phase sind und dunkler, wenn sie gegenphasig sind. Dies ist der Effekt der Interferenz ■. Schallwellen, die in Phase laufen, sind lauter. Sie sind leiser, wenn sie phasenverkehrt laufen.

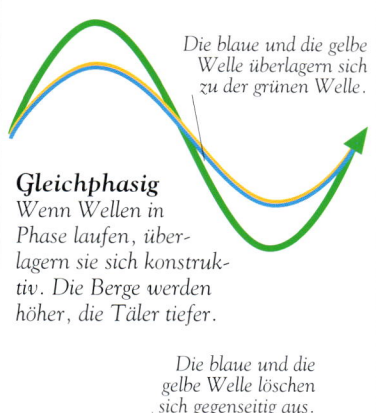

Die blaue und die gelbe Welle überlagern sich zu der grünen Welle.

Gleichphasig
Wenn Wellen in Phase laufen, überlagern sie sich konstruktiv. Die Berge werden höher, die Täler tiefer.

Die blaue und die gelbe Welle löschen sich gegenseitig aus.

Gegenphasig
Wenn Wellen gleicher Amplitude gegenphasig laufen, löschen sie sich aus; sie überlagern sich destruktiv.

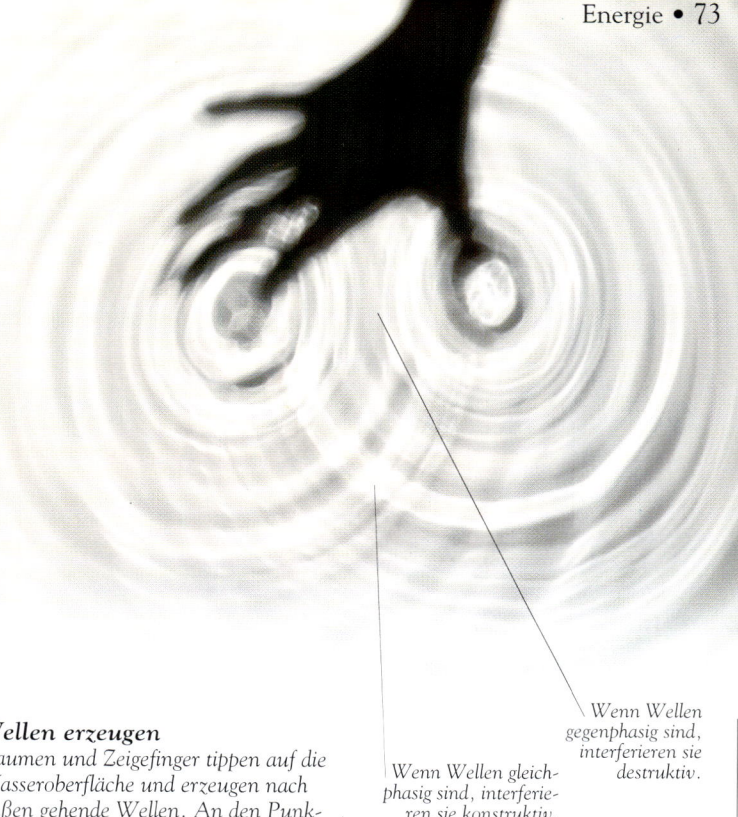

Wellen erzeugen
Daumen und Zeigefinger tippen auf die Wasseroberfläche und erzeugen nach außen gehende Wellen. An den Punkten, an denen sie sich treffen, findet Interferenz statt.

Elektromagnetische Welle

Elektrische und magnetische Welle

Licht und andere Formen elektromagnetischer Strahlung ■ sind Wellen. Die Welle entsteht, wenn ein Elektron ■ in einem Atom Energie verliert und auf eine tiefere Bahn bzw. ein tieferes Energieniveau ■ um den Atomkern fällt. Dies setzt eine Schwingung elektrischer Energie frei, die sich in Form elektrischer und magnetischer Felder durch den Raum ausbreitet. Diese Felder sind rechtwinklig zueinander und zur Ausbreitungsrichtung der Welle. Wenn die elektromagnetische Welle auf ein anderes Atom trifft, kann dort ein Elektron springen und Energie gewinnen. Auf diese Weise transportiert eine elektromagnetische Welle Energie.

Wenn Wellen gleichphasig sind, interferieren sie konstruktiv.

Wenn Wellen gegenphasig sind, interferieren sie destruktiv.

Ausbreitung
Verschiedene Wellenarten verhalten sich ähnlich. Diese Wasserwellen werden an einem Spalt gebeugt. Lichtwellen werden an einem Spalt ebenfalls gebeugt.

Siehe auch

Amplitude 71
Elektromagnetische Strahlung 74
Elektron 34 • Energieniveau 82
Hertz 75 • Interferenz 79 • Klang 98
Molekül 138 • Oszilloskop 116
Quantenmechanik 44
Schallwelle 98 • Strahl 76

Elektromagnetische Strahlung

Wir werden ständig mit Energiestrahlen bombardiert. Die Augen können einige davon erkennen, aber die meiste Strahlung ist unsichtbar. Obwohl manche Strahlen schädlich sind, können alle auch nützlich sein.

Elektromagnetische Strahlung
Energiewellen, die sich durch Raum und Materie bewegen

Elektromagnetische Strahlung stammt in natürlicher Form aus dem Weltraum und lässt sich auch künstlich erzeugen. Sie besteht aus elektromagnetischen Wellen ▪ mit einem breiten Spektrum an Frequenzen ▪ und Wellenlängen ▪. Nach aufsteigender Frequenz geordnet gehören dazu: Radiowellen, Mikrowellen, Infrarotstrahlen, Licht ▪, ultraviolette Strahlen, Röntgenstrahlen und Gammastrahlen ▪. Elektromagnetische Strahlung breitet sich mit Lichtgeschwindigkeit aus und kann Stoffe durchdringen. Der komplette Frequenzbereich elektromagnetischer Strahlung ist das **elektromagnetische Spektrum.**

Radiowellen
Elektromagnetische Wellen zur Übertragung von Informationen

Die Einspeisung eines elektrischen Signals mit bestimmter Frequenz in einen Radiosender erzeugt Radiowellen mit derselben Frequenz wie das elektrische Signal. Rundfunksender nutzen den unteren Bereich der Radiofrequenzen, Sender für das Fernsehen ▪ arbeiten in höheren Frequenzbereichen.

Elektromagnetisches Spektrum
Die Wellen im elektromagnetischen Spektrum haben verschiedene Frequenzen und Wellenlängen. Jeder Bereich des Spektrums wird für andere Zwecke genutzt. Die Abbildung zeigt Beispiele für typische Wellenlängenbereiche und deren Anwendung.

Mikrowellen
Elektromagnetische Wellen mit kurzer Wellenlänge

Mikrowellen entstehen ähnlich wie Radiowellen, haben aber höhere Frequenzen. Sie dienen für Telefon- und Fernsehverbindungen. In einem **Mikrowellenherd** nutzt man Frequenzen von etwa 2 500 Megahertz (MHz) zum schnellen Erwärmen von Speisen. Ein Mikrowellenstrahl durchdringt die Speise. Das Wasser darin absorbiert die Wellen, heizt sich auf und erwärmt die Speise.

Radar
Methode zur Erkennung und Ortung entfernter Objekte

Radar dient zur Ortung von Flugzeugen und Schiffen. Radar steht für »radio detection and ranging«. Das Radarsystem sendet Mikrowellenimpulse aus. Die Impulse werden vom Flugzeug oder Schiff reflektiert und gelangen zurück zum Radarsystem, das die Laufzeit der Impulse misst. Die Zeit hängt von der zurückgelegten Strecke ab, sodass das System die Position des Flugzeugs oder Schiffs berechnen und auf einem Bildschirm anzeigen kann. Der Radar auf Schiffen wird zur Navigation eingesetzt.

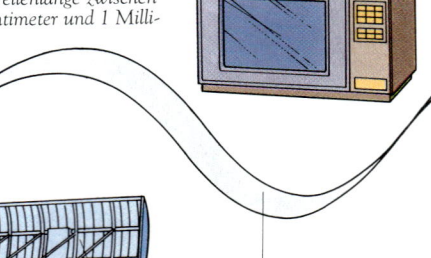

Die Mikrowellen in einem Mikrowellenherd haben eine Wellenlänge zwischen 10 Zentimeter und 1 Millimeter.

Das Fernsehen nutzt Radiowellen mit einer Wellenlänge von etwa 0,5 Meter.

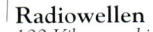

Radiowellen
100 Kilometer bis 1 Millimeter

Rundfunksendungen werden in einem Wellenlängenbereich von etwa 3 Meter für Ultrakurzwellenprogramme und bis zu 1 500 Meter für Langwellenprogramme übertragen.

Mikrowellen
0,3 Meter bis 0,001 Meter

Radarsender erzeugen Mikrowellen mit einer Wellenlänge von etwa 1 Zentimeter.

Energie • 75

Siehe auch
Elektromagnetische Welle 73 • Elektron 34 • Fernsehen 130 • Frequenz 71
Gammastrahlen 36 • Leuchtstofflampe 83
Licht 76 • Marconi 129 • Maxwell 180
Wärmestrahlung 91 • Wellenlänge 72

Röntgenstrahlen
Elektromagnetische Strahlung mit sehr hoher Frequenz

In einer **Röntgenröhre** trifft ein Elektronenstrahl ■ auf ein Metallziel und verursacht die Aussendung von Röntgenstrahlen. Mediziner erzeugen damit Aufnahmen von Zähnen und Knochen. Die Strahlen durchdringen den Körper und hinterlassen ein Bild auf einem Film oder Bildschirm, weil die Zähne oder Knochen die Röntgenstrahlen blockieren. Röntgenstrahlen dienen auch zur Behandlung von Krebs.

Fenster
Frequenzbereich, der von einem Material durchgelassen wird

Die Erdatmosphäre lässt Radiowellen und Lichtstrahlen durch, die meisten anderen Strahlen werden abgeschirmt.

Infrarotstrahlen
Elektromagnetische Strahlen, die von heißen Objekten ausgehen

Die Wärme eines Heizkörpers ist fühlbar. Wenn warme Objekte Wärme durch Strahlung ■ abgeben, erzeugen sie Infrarotstrahlen. Fernbedienungen für Videorecorder und Fernseher senden Steuersignale in Form eines schwachen Infrarotstrahls aus. Die **Thermographie** erzeugt Bilder aus Infrarotstrahlen. Temperaturunterschiede werden als Farbunterschiede dargestellt.

Ultraviolette Strahlen
Elektromagnetische Strahlung mit höherer Frequenz als sichtbares Licht

Ultraviolette Strahlen stammen von der Sonne oder entstehen in Leuchtstofflampen ■. Die Strahlen fördern im Körper den Aufbau von Vitaminen. Eine hohe Dosis ultravioletter Strahlen kann Haut und Augen schädigen. Die Ozonschicht in der oberen Atmosphäre absorbiert die meisten ultravioletten Strahlen. Durch die Umweltverschmutzung wird diese Schicht allerdings zunehmend zerstört.

Wilhelm Röntgen
Deutscher Physiker
(1845–1923)

Wilhelm Röntgen entdeckte 1895 die Röntgenstrahlen. Er beobachtete, dass eine Kathodenstrahlröhre ein mit einer Bariumverbindung beschichtetes Papier in einiger Entfernung zum Leuchten bringt. Die Röhre emittiert Röntgenstrahlen, die diesen Effekt auslösen. Röntgen nannte diese Strahlen X-Strahlen, weil »X« unbekannt bedeutet.

Heinrich Hertz
Deutscher Physiker
(1857–1894)

Hertz wies 1888 die Radiowellen nach, die bereits James Clerk Maxwell ■ beschrieben hatte. Er erzeugte einen großen Funken, der in einiger Entfernung an einer Drahtspule einen kleinen Funken auslöste. Die Entdeckung von Hertz führte zur Entwicklung der Rundfunktechnik durch Marconi ■. Das Hertz als Einheit der Frequenz ist nach Heinrich Hertz benannt.

Sichtbares Licht enthält alle Farben des Spektrums.

Röntgenbild einer Hand

Infrarotstrahlen 0,000 05 Meter

Sichtbares Licht 0,000 000 5 Meter

Ultraviolette Strahlen 0,000 000 01 Meter

Röntgenstrahlen 0,000 000 000 01 Meter

Gammastrahlen 0,000 000 000 000 1 Meter

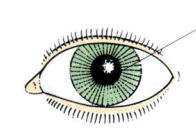
Ein heißes Bügeleisen emittiert Infrarotstrahlen.

Ultraviolette Strahlen von der Sonne erreichen die Erde.

Eine Kernexplosion erzeugt Gammastrahlen.

Licht

Ohne Licht gäbe es kein Leben. Licht ist eine Energieform, die sich in Wellen mit der schnellsten überhaupt bekannten Geschwindigkeit ausbreitet. Die wichtigste Lichtquelle ist die Sonne. Licht wird durch Elektrizität künstlich erzeugt.

Einen Schatten werfen
Der Holzwürfel (unten) lässt das Licht nicht durch. Links vom Würfel gibt es einen Bereich, den die Lichtstrahlen aus der Quelle nicht erreichen können, weil sich Lichtstrahlen nur geradlinig ausbreiten. Dies ist der Schatten des Würfels.

Licht
Vom Auge wahrnehmbare Form der elektromagnetischen Strahlung

Sichtbares Licht ist ein Teil der elektromagnetischen Strahlung ■. Es enthält für das Auge wahrnehmbare Wellenlängen ■, die als Farben ■ über das Spektrum reichen. Obwohl sich Licht wie eine Welle ■ verhält, ist es ein Strom winziger Energiepakete oder Photonen ■, die sich wie Wellen und Teilchen verhalten.

Schatten des Holzwürfels

Der Holzwürfel blockiert einen Teil des Lichts und erzeugt so einen Schatten.

Schatten
Dunkles Gebiet, in dem ein Objekt das Licht blockiert

Die meisten Schatten haben zwei Bereiche – den **Kernschatten** und den **Halbschatten.** Der Kernschatten ist der dunkle zentrale Teil, in dem das Schatten werfende Objekt alle von der Lichtquelle eintreffenden Lichtstrahlen blockiert. Der Halbschatten entsteht, wenn einige Strahlen von der Lichtquelle hinter das Objekt gelangen.

Zerlegung von Licht in Farben
Ein Prisma lenkt die Wellenlängen des weißen Lichts verschieden stark ab und zerlegt sie zu einem Spektrum.

Spektrum
Farbanteile des Lichts

Das Spektrum wird sichtbar, wenn weißes Licht durch ein Prisma oder Beugungsgitter ■ strahlt. Dabei werden die verschiedenen Wellenlängen des weißen Lichts getrennt: von Rot, über Orange, Gelb, Grün und Blau zu Violett. Rot hat die größte Wellenlänge, Violett die kleinste. Das Spektrum entsteht, weil die verschiedenen Wellenlängen im Prisma in unterschiedlichen Winkeln abgelenkt werden. Die Trennung von Licht in seine Farbkomponenten heißt **Dispersion.**

Strahl
Direkter Weg der Lichtausbreitung

Lichtstrahlen breiten sich immer geradlinig von einer Lichtquelle aus. Ein glänzender oder durchsichtiger Stoff wie Glas oder Wasser kann die Richtung der Lichtstrahlen durch Reflexion oder Brechung ändern.

Prisma
Durchsichtiger dreieckiger Block, der Licht in sein Spektrum zerlegt

Ein Prisma zerlegt einen weißen Lichtstrahl durch die Trennung der Wellenlängen in ein Spektrum. Das Glasprisma lenkt jede Wellenlänge beim Übergang von Luft in Glas oder von Glas in Luft um einen anderen Winkel ab. Violette Strahlen werden stärker abgelenkt als rote. Diese Ablenkung heißt Brechung.

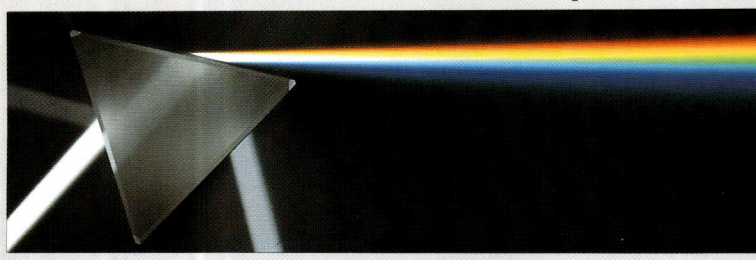

Licht • 77

Gute und schlechte Reflektoren
Ein Spiegel reflektiert Licht scharf, weil die Strahlen an der glatten Oberfläche im gleichen Winkel reflektiert werden. Eine weiße Oberfläche verteilt die Strahlen. Eine dunkle Oberfläche absorbiert das meiste Licht.

Fata Morgana
Durch Luftspiegelung verursachte Täuschung

Eine Fata Morgana entsteht durch eine Schicht warmer Luft direkt über dem Boden. Lichtstrahlen von einem Objekt gelangen direkt zum Auge und zum Boden. Von dort werden sie von der warmen Luft wieder nach oben zum Auge reflektiert. Unter dem Objekt ist ein umgekehrtes Bild zu sehen.

Reflexion
Das Abprallen von Lichtstrahlen an Oberflächen

Ein Objekt ist sichtbar, weil es Lichtstrahlen reflektiert. Helle Objekte reflektieren mehr Licht als dunkle. Wenn parallele Lichtstrahlen auf eine glatte Oberfläche wie einen Spiegel ■ treffen, werden alle Strahlen im gleichen Winkel reflektiert. Diese Reflexion erzeugt ein klares Bild. Bei einer unebenen Oberfläche werden die Strahlen gestreut. Lichtstrahlen können in einem dichten Stoff wie einem Glasblock von der inneren Oberfläche in den Stoff zurück reflektiert werden. Dies ist die **innere Totalreflexion**.

Wasser in der Wüste
An heißen Orten entsteht manchmal die Illusion einer schimmernden Wasserfläche. Tatsächlich handelt es sich um Licht, das von einer heißen Luftschicht am Boden nach oben abgelenkt wird.

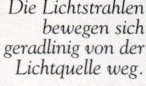

Die Lichtstrahlen bewegen sich geradlinig von der Lichtquelle weg.

Strahlenbox mit einer Glühlampe

Plastikblock

Brechungsblock
Licht wird beim Übergang von Luft in einen durchsichtigen Stoff wie diesen Plastikblock abgelenkt oder gebrochen.

Brechung
Ablenkung von Lichtstrahlen beim Durchtritt durch einen Stoff

Brechung tritt auf, wenn Lichtstrahlen beim Übergang von einem Stoff zu einem anderen ihre Geschwindigkeit ändern. Bei Eintritt von Luft in Glas werden Lichtstrahlen langsamer und von der Grenzfläche der beiden Stoffe weggelenkt. Wenn sie das Glas verlassen, werden sie schneller und zur Grenzfläche hingelenkt. Eine Linse ■ kann Lichtstrahlen auf einen Brennpunkt ■ bündeln, sodass ein scharfes Bild entsteht.

LICHT MESSEN
Lichtgeschwindigkeit
Lichtausbreitung im Vakuum mit 299 792,5 km pro Sekunde

Beim Durchgang durch einen transparenten Stoff wird Licht langsamer. In Wasser hat es drei Viertel seiner normalen Geschwindigkeit und in Glas zwei Drittel. Alle Arten elektromagnetischer Strahlung haben dieselbe Geschwindigkeit.

Regenbogen
Farbeffekt von durchleuchtetem Regenschauer

Ein Regenbogen ist zu sehen, wenn man die Sonne im Rücken hat. Das Sonnenlicht wird von den Regentropfen reflektiert und gebrochen, wenn es in die Tropfen eintritt oder sie verlässt. Jede Wellenlänge des Lichts wird in einem anderen Winkel gebrochen, sodass die Einzelfarben des Spektrums sichtbar werden.

Siehe auch
Beugungsgitter 79 • Brennpunkt 85
Elektromagnetische Strahlung 74
Farbe 80 • Linse 85 • Photon 44
Spiegel 84 • Wellen 71
Wellenlänge 72

Fortsetzung nächste Seite ▶

Fluoreszenz

Die Teströhre rechts enthält eine Natrium-Fluorescein-Lösung. Im normalen Licht ist die Lösung rötlich, aber wenn ein starker Lichtstrahl aus geringer Entfernung durch die Lösung scheint, leuchtet das Fluorescein in der Lösung hellgrün.

Beleuchtungsstärke

Lichtstrom pro Flächeneinheit

Ein Objekt, das viel Licht ■ empfängt, ist stark beleuchtet. Licht durchdringt ein **transparentes** Material wie klares Glas. Ein **transluzentes** Material wie Mattglas lässt einen Teil des Lichts durch, ein **opakes** Material blockiert sämtliches Licht.

Glühemission

Lichtaussendung heißer Stoffe

Sehr heiße Stoffe werden **glühend** und geben Licht ab. Die Farbe des Lichts hängt von der Temperatur des Stoffs ab. Ein Körper glüht mit zunehmender Erwärmung zuerst rot, dann gelb und schließlich weiß. Eine Kerze brennt weiß, weil winzige Rußteilchen in der Flamme erhitzt werden. Die meisten Haushaltsglühlampen ■ enthalten einen dünnen Wolframdraht. Wenn Strom durch ihn fließt, wird der Faden weißglühend.

Lumineszenz

Lichtaussendung ohne Einsatz von Wärme

Lumineszenz tritt auf, wenn Objekte eine andere Energie als Wärme aufnehmen und diese in Lichtenergie umwandeln. Leuchtorganismen wie Glühwürmchen leuchten, weil ihre Körper chemische Energie ■ in Lichtenergie umwandeln. Ein Fernsehbildschirm ■ enthält lumineszentes Material, das aufleuchtet, wenn ein Strahl von Elektronen ■ auftrifft. Es gibt verschiedene Arten der Lumineszenz. Bei der **Phosphoreszenz** absorbiert ein Stoff Energie und emittiert sie später als Licht. Leuchtfarbe speichert die Energie des Tageslichts und gibt sie im Dunkeln wieder ab. Bei der **Fluoreszenz** wird das Licht sofort emittiert. Helle fluoreszierende Farben nehmen Licht verschiedener Farben oder ultraviolette Strahlen auf und senden dann Licht einer Farbe aus. Dieses Licht ist meist viel heller als normal reflektiertes Licht.

Lumineszente Pilze

Diese lumineszenten Pilze aus Indonesien leuchten nachts grün. Ebenso wie Leuchtkäfer und Glühwürmchen können sie Licht aussenden, ohne Wärme zu erzeugen. Dies heißt Biolumineszenz.

LICHT MESSEN

Candela (cd)

SI-Einheit der Lichtstärke

Eine Lichtquelle von 1 Candela ist so hell wie ein schwarzer Körper der Fläche $1/60$ cm^2 bei der Temperatur erstarrenden Platins. Ein schwarzer Körper ist ein idealer Absorber und Strahlungsemittent.

Lumen (lm)

SI-Einheit des Lichtstroms

Eine Lichtquelle von 1 cd erzeugt einen Strahlungsfluss von 4 Pi (12,568) Lumen.

Lux (lx)

SI-Einheit der Beleuchtungsstärke

1 Lux entspricht der Helligkeit einer Fläche, die sich 1 m entfernt von einer Lichtquelle mit 1 cd befindet.

Streuung

Ausbreitung von Licht beim Auftreffen auf kleine Teilchen

Wenn die Sonnenstrahlen ■ die Erdatmosphäre erreichen, treffen sie auf winzige Teilchen in der Luft, die einige Strahlen in alle Richtungen streuen. Staubteilchen und Wassertröpfchen in der Luft streuen das Licht, weil sie es reflektieren ■. An einem warmen Sommertag ist es deshalb oft dunstig. Nebel oder Dunst behindern die Sicht. Blaues Licht wird durch Beugung und Streuung an Luftmolekülen ■ stärker abgelenkt als andere Farben, deshalb sieht der Himmel blau aus. Wenn man einen starken Lichtstrahl durch ein Glas mit milchigem Wasser schickt, werden die blauen Strahlen von den winzigen Fettteilchen in der Milch gestreut.

◄ *Fortsetzung von vorheriger Seite*

Beugung

Ablenkung von Lichtstrahlen an Objektkanten

Lichtstrahlen, die durch einen schmalen Spalt dringen, werden an den Kanten nach außen abgelenkt, sodass die Strahlen sich aufweiten. Dieser Effekt heißt Beugung und tritt bei allen Wellen ■ auf. Der Spalt muss etwa die Größe der Wellenlänge ■ haben. Ein **Beugungsgitter** enthält Reihen sehr enger Spalte. Weißes Licht, das an einem Gitter gebeugt wird, breitet sich aus und wird in ein Spektrum ■ zerlegt. Die Interferenz zwischen den abgelenkten Strahlen erzeugt Farbbänder in umgekehrter Reihenfolge zu den Spektren eines Prismas ■. Die auf einer CD sichtbaren Farben sind Beugungsspektren, die durch Reflexion an winzigen Vertiefungen auf der Plattenoberfläche entstehen.

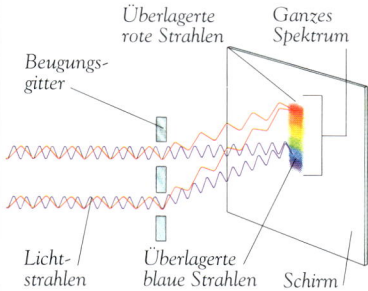

Beugungsgitter
Weißes Licht ist eine Mischung aller Farben. Jede Farbe wird beim Durchgang durch ein Beugungsgitter um einen anderen Betrag abgelenkt. Das Bild oben zeigt, wie sich Rot und Blau zu bunten Streifen an verschiedenen Stellen auf dem Schirm überlagern. Aus weißem Licht entsteht ein ganzes Spektrum.

Siehe auch
Chemische Energie 68 • Elektron 34
Energie 68 • Fernsehgerät 131
Glühlampe 83 • Licht 76 • Molekül 138
Phase 73 • Prisma 76 • Reflexion 77
Spektrum 76 • Strahl 76 • Welle 71
Wellenlänge 72

Die Interferenz erzeugt bunte Farben.

Polarisiertes Licht

Lichtwellen, die nur in einer Ebene schwingen

Eine Lichtquelle wie die Sonne oder eine Glühlampe sendet viele Lichtstrahlen aus. Jeder Strahl besteht aus schwingenden elektrischen und magnetischen Feldern. Gewöhnliche Lichtstrahlen schwingen in vielen verschiedenen Richtungen oder Ebenen. Im polarisierten Licht schwingen alle Strahlen in derselben Ebene. Licht kann künstlich polarisiert werden. Ein spezielles Material lässt nur Lichtstrahlen durch, die in einer bestimmten Ebene schwingen. Nach der Reflexion an einer glatten Oberfläche ist Licht teilweise polarisiert. Polarisierende Sonnenfilter nutzen polarisierendes Material, um polarisiertes Licht herauszufiltern und damit Blendeffekte zu unterdrücken.

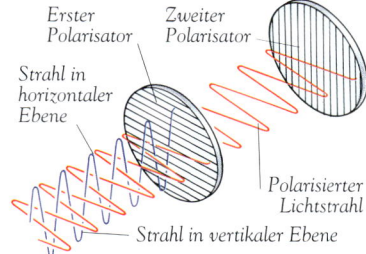

Lichtstrahlen polarisieren
Unpolarisierte Lichtstrahlen schwingen in verschiedenen Ebenen. Ein Polarisator lässt Licht nur in einer bestimmten Ebene durch. Mit einem zweiten Polarisator kann auch dieses Licht herausgefiltert werden.

Farben einer Seifenblase
Die Farben einer Seifenblase entstehen durch die Interferenz der Lichtstrahlen, die innen und außen an der Blasenhaut reflektiert werden.

Interferenz

Überlagerung zweier Lichtstrahlen

Die Energie ■ eines Lichtstrahls steigt und fällt bei seiner Ausbreitung, genau wie bei einer Welle. Zwei Wellen, die zur selben Zeit dieselben Energiezustände haben, sind gleichphasig ■. Lichtstrahlen, die sich auf diese Weise überlagern, haben mehr Energie und Helligkeit. Es entsteht **konstruktive Interferenz.** Wenn jedoch bei einem Strahl die Energie fällt, während sie beim anderen steigt, sind die Strahlen gegenphasig. Die überlagerten Strahlen haben keine Energie mehr und sind dunkel. Diese Art der Interferenz heißt **destruktive Interferenz.** Interferenz tritt bei allen Wellenarten auf. Bei Licht entsteht ein Muster heller und dunkler Bereiche mit verschiedenen Farben. An Seifenblasen wird dies gut sichtbar. Weißes Licht wird von den inneren und äußeren Begrenzungsflächen der Blasenhaut reflektiert. Die Strahlen überlagern sich, wobei konstruktive und destruktive Interferenz auftritt. Einige Farben des Lichts werden dadurch heller, andere dunkler.

Farbe

Wir sehen eine vielfarbige Welt. Unsere Augen nehmen das Licht wahr, das von den Objekten in unserer Umgebung reflektiert oder erzeugt wird. Eine rote Rose zum Beispiel erscheint rot, weil sie rotes Licht reflektiert.

Farbe
Wirkung verschiedener Lichtwellenlängen auf das Auge

Das menschliche Auge erkennt viele Farben – von Rot, Orange und Gelb über Grün und Blau bis Violett. Verschiedene Farben sind sichtbar, weil das Licht ■ jeder Farbe eine andere Wellenlänge ■ hat. Rot hat die größte Wellenlänge, Violett die kleinste. Manche Objekte, wie etwa eine Verkehrsampel, senden Licht einer bestimmten Farbe aus. Andere Objekte sind farbig, weil sie einige Farben des Lichts absorbieren und den Rest reflektieren. Grünes Gras reflektiert nur grünes Licht.

Additive Farbmischung
Farbbildung durch Mischung farbigen Lichts

Licht in den Grundfarben Rot, Grün und Blau kann zu anderen Farben gemischt werden, wie das Bild rechts zeigt. Dies ist die additive Farbmischung. Rot und Grün ergeben Gelb. Alle drei Farben zusammen ergeben Weiß. Zwischentöne wie Rosa oder Braun enthalten unterschiedliche Anteile der drei Grundfarben. Auf einem Farbfernsehbildschirm befinden sich Tausende winziger Punkte oder Streifen, die rot, grün und blau leuchten. Unsere Augen mischen diese Farben zum Vollfarbbild.

Weißes Licht
Wenn weißes Licht auf dieses mehrfarbige Objekt fällt, reflektiert es alle fünf verschiedenen Farben.

Blaues Licht
In blauem Licht sehen Rot und Grün schwarz aus, die anderen Farben blau.

Rotes Licht
In rotem Licht sehen Grün und Blau schwarz aus, die anderen Farben rot.

Grünes Licht
In grünem Licht sehen Blau und Rot schwarz aus, die anderen Farben grün.

Licht • 81

Filter
Farbige Folie, die nur Licht einer Farbe durchlässt

Ein Farbfilter wird vor eine Lampe oder ein Kameraobjektiv gesetzt, um die Farbe des durchscheinenden Lichts zu ändern. Das Filter lässt nur Licht einer Farbe durch, denn es absorbiert alle anderen Wellenlängen des weißen Lichts.

Grundfarben
Reine Farben, die nicht durch Mischung entstehen können

Aus den Grundfarben lassen sich alle anderen Farben mischen. Die Grundfarben für die additive Farbmischung sind Rot, Grün und Blau. Die Grundfarbpigmente für die subtraktive Farbmischung sind Gelb, Cyan und Magenta. Grundfarben werden auch als Primärfarben bezeichnet.

Sekundärfarben
Farben aus der Mischung zweier Grundfarben

Bei der additiven Farbmischung sind Gelb, Cyan und Magenta die Sekundärfarben. Bei der subtraktiven Farbmischung sind es Rot, Grün und Blau.

Subtraktive Farbmischung
Farbbildung durch Mischung farbiger Pigmente

Ein farbiges Bild entfernt oder subtrahiert Farben des auftreffenden weißen Lichts. Malfarben, Tinten oder Farbstoffe mit einer bestimmten Farbe absorbieren andersfarbige Wellenlängen im weißen Licht und reflektieren nur ihre eigenen Farben. Die Grundfarben der subtraktiven Farbmischung sind Gelb, Cyan und Magenta. Durch Kombination von Farbpigmenten dieser drei Grundfarben entstehen alle anderen Farben.

Spektroskopie
Methode zur Analyse von Stoffen durch Untersuchung des abgestrahlten Lichts

Wenn ein Stoff stark genug erhitzt wird, leuchtet er. Die Elemente ■ des Stoffs senden Licht einer bestimmten Wellenlänge aus. Salz leuchtet gelb, weil es das Element Natrium enthält. Ein **Spektroskop** enthält ein Prisma ■ oder ein Beugungsgitter ■, mit dem das Licht in ein Spektrum farbiger Streifen zerlegt wird. Ein **Spektrometer** misst die für jedes Element charakteristischen Positionen dieser Streifen.

Komplementärfarben
Farbpaar, das sich additiv zu Weiß mischt und subtraktiv Schwarz ergibt

Zu jeder Grundfarbe gehört eine sekundäre Komplementärfarbe. Blau ist komplementär zu Gelb. Blaues und gelbes Licht mischen sich zu Weiß, aber blaue und gelbe Farbpigmente ergeben Schwarz.

Magenta   Blau   Schwarz   Cyan

Rot   Gelb   Grün

Subtraktive Farbmischung
Gelb, Cyan und Magenta ergeben bei subtraktiver Farbmischung alle anderen Farben.

Emissionsspektrum
Farbbanden, die entstehen, wenn das von einem Stoff abgestrahlte Licht durch ein Spektroskop geht

Wenn das Licht eines Stoffs durch ein Spektroskop strahlt, wird es in eine Reihe farbiger Streifen oder Linien zerlegt, in das Spektrum ■. Sonnenlicht enthält viele Farben und ergibt ein Spektrum wie ein Regenbogen. Ein einzelnes Element erzeugt ein Emissionsspektrum mit nur wenigen farbigen Linien.

Das Emissionsspektrum eines Stoffs besteht aus einer Reihe farbiger Linien.

Das Absorptionsspektrum desselben Stoffs zeigt dunkle Linien auf einem Spektrum weißen Lichts. Die Linien sind an derselben Stelle wie im Emissionsspektrum des Stoffs.

Absorptionsspektrum
Spektrum, das entsteht, wenn das von einem Stoff abgestrahlte Licht durch ein Spektroskop geht

Wenn weißes Licht durch einen gasförmigen Stoff strahlt, absorbiert der Stoff dieselben Farben, die in seinem Emissionsspektrum sichtbar sind. So entstehen im Spektrum des weißen Lichts dunkle Linien. Die Positionen der Linien geben Auskunft über die Elemente im Stoff.

Siehe auch
Beugungsgitter 79 • Element 132
Licht 76 • Prisma 76
Qualitative Analyse 156
Quantitative Analyse 156
Spektrum 76 • Wellenlänge 72

Laser

Der dünne Lichtstrahl eines Lasers kann so stark sein, dass er Metall schneidet. Laser werden vielfach in der Industrie und in der Kommunikation angewendet. In der Medizin dienen sie zur Durchführung präziser chirurgischer Eingriffe.

Laser
Gerät zur Erzeugung eines energiereichen Lichtstrahls

Laser steht für »light amplification by stimulated emission of radiation.« (Lichtverstärkung durch stimulierte Strahlungsemission). In einem Laser befindet sich ein **Lasermedium**. Wenn Strom durch das Medium fließt oder Licht hindurchstrahlt, erhalten die Atome ■ des Mediums Energie. Sie geben die gewonnene Energie als Licht ab. Ein Atom emittiert Licht und veranlasst andere Atome, ebenfalls Licht zu emittieren, sodass eine schnelle Folge von Emissionen entsteht. Alle Strahlen sind gleichphasig ■ und machen das Licht dadurch sehr intensiv. Dieses Licht heißt **kohärente Strahlung.** Spiegel reflektieren die Strahlen, sodass sich eine Kaskade aufbaut. Das Licht tritt durch einen halbdurchlässigen Spiegel aus. Laser können auch unsichtbare Infrarotstrahlen ■ aussenden. Ein **Maser** emittiert analog zum Laser Mikrowellen ■.

Laserstrahl

Der Strahl tritt durch einen halbdurchlässigen Spiegel aus.

Energieniveau
Energiestufe in einem Atom

Wenn ein Atom durch Wärme, Elektrizität oder Licht Energie erhält, springen die Elektronen ■, die den Atomkern ■ umkreisen, auf höhere Bahnen. Elektronen können sich nur auf bestimmten Bahnen bewegen, sodass ein Atom nur bestimmte Energieniveaus besitzt. Das niedrigste Energieniveau heißt **Grundzustand,** das Elektron befindet sich am nächsten zum Kern. Bei der Rückkehr auf tiefere Bahnen senden Elektronen elektromagnetische Strahlung ■ wie Licht aus. Die Energie des Lichtstrahls hängt vom Unterschied der beiden Energieniveaus ab. Je größer die Energie, desto kürzer ist die Wellenlänge ■ der Strahlung.

Das Lasermedium ist ein Gasgemisch von Neon und Helium.

Elektroden leiten elektrischen Strom durch das Gas.

Der Spiegel reflektiert das Licht.

Inneres eines Lasers
Wenn Elektrizität die Atome im Lasermedium anregt, emittieren sie Licht. Das Licht wird zwischen Spiegeln an den Enden des Rohrs reflektiert und wird dabei immer intensiver. Ein Teil davon tritt als Laserstrahl durch einen der Spiegel aus.

Hologramm
Mit Laserlicht erzeugtes dreidimensionales Bild

Ein Hologramm entsteht durch die Beleuchtung eines Objekts mit einem Laser. Der Laserstrahl wird in zwei Strahlen aufgeteilt. Ein Referenzstrahl gelangt direkt auf eine Fotoplatte, während der Objektstrahl auf das Objekt trifft. Die Platte wird vom Laserlicht und vom reflektierten Licht des Objekts getroffen. Durch die Interferenz ■ beider Strahlen entsteht ein Muster auf der Platte. Das Hologramm ist erst auf der entwickelten Platte sichtbar. **Reflexionshologramme** werden in normalem Licht betrachtet, **Transmissionshologramme** benötigen Laserlicht. Die Herstellung von Hologrammen heißt **Holographie.**

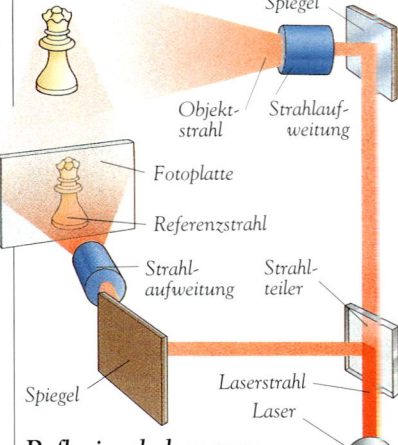

Spiegel
Objektstrahl
Strahlaufweitung
Fotoplatte
Referenzstrahl
Strahlaufweitung
Strahlteiler
Spiegel
Laserstrahl
Laser

Reflexionshologramm
Die Strahlen erreichen die Platte aus verschiedenen Richtungen. Dies ergibt bei der Betrachtung in normalem Licht ein dreidimensionales Bild.

Siehe auch

Atom 34 • Atomkern 35
Elektromagnetische Strahlung 74
Elektron 34 • Infrarotstrahlen 75
Interferenz 79 • Mikrowellen 74
Phase 73 • Wellenlänge 72

Lichtquellen

Früher hatten die Menschen nur Sonne, Mond und Sterne als Lichtquellen. Später wurden Kerzen und Öllampen benutzt. Heute wird Beleuchtung vor allem elektrisch erzeugt.

Fliegende Taube
Dieses Foto entstand bei Beleuchtung mit einem Stroboskop. So wurde die Bewegung der Flügel »eingefroren«.

Entladungsröhre

Gasgefüllte Röhre, die bei elektrischem Stromfluss leuchtet

Eine **Neonlampe** besteht aus einer neongefüllten Entladungsröhre mit zwei Elektroden. Wenn elektrischer Strom über die Elektroden fließt, leuchtet das Gas hellrot. In einer **Leuchtstofflampe** ist die Entladungsröhre mit Quecksilberdampf gefüllt. Wenn Strom durch den Dampf fließt, sendet er ultraviolette Strahlung aus. Sie trifft an der Innenseite der Röhre auf eine Phosphorbeschichtung, die durch Fluoreszenz ■ weiß leuchtet. **Quecksilberdampflampen** funktionieren genauso und werden als Straßenlampen eingesetzt. Lampen mit Entladungsröhren sind stromsparend.

Stroboskop

Helle Lampe, die regelmäßig aufblitzt

Ein Stroboskop dient zur Untersuchung schnell rotierender oder bewegter Objekte. Das Stroboskop kann so eingestellt werden, dass es jedes Mal blitzt, wenn beispielsweise ein bewegtes Maschinenteil eine bestimmte Position erreicht. Damit erscheint das Teil in Ruhe. Mit einem blitzenden Stroboskop kann man eine schnelle Bewegungsfolge in Einzelbilder zerlegen.

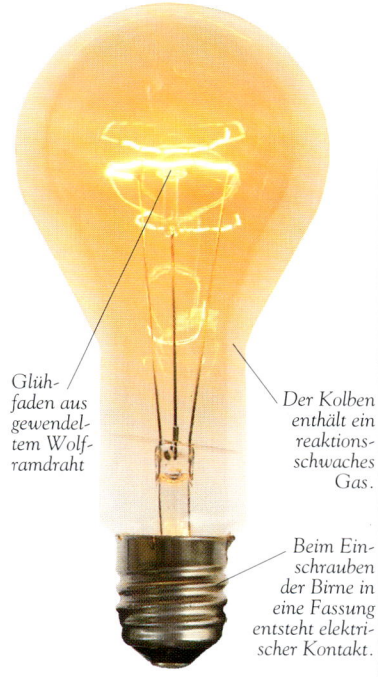

Glühfaden aus gewendeltem Wolframdraht

Der Kolben enthält ein reaktionsschwaches Gas.

Beim Einschrauben der Birne in eine Fassung entsteht elektrischer Kontakt.

Glühlampe

Ein hohler Glaskolben mit einem Draht, der bei Erhitzung leuchtet

Eine Glühlampe gibt Licht durch Glühemission ■ ab. Der Kolben enthält einen dünnen gewendelten Wolframdraht, den **Glühfaden.** Er wird durch elektrischen Strom erhitzt, bis er weiß glüht und Licht abgibt. Der Kolben enthält ein nicht reagierendes Gas wie Stickstoff oder Argon, um das Verbrennen des Glühfadens zu verhindern. In einer **Halogenlampe** enthält das Gas ein Halogen ■ wie Iod. Dies ermöglicht ein helleres Licht, weil der Glühfaden auf eine höhere Temperatur erhitzt werden kann.

Neon-Cowboy
Die Innenstädte sind voll mit bunten Lichtern. Die meisten davon entstehen in Entladungsröhren. Die Farbe des Lichts hängt vom Gas in der Röhre ab.

Natriumdampflampe

Lampe, die hellgelb leuchtet

Eine Natriumdampflampe enthält zwei Elektroden in einer Entladungsröhre mit Natriumdampf. Wenn elektrischer Strom zwischen den Elektroden fließt, leuchtet das Gas gelb. Natriumdampflampen dienen oft als Straßenlampen, weil sich gelbes Licht im Nebel besser ausbreitet als weißes.

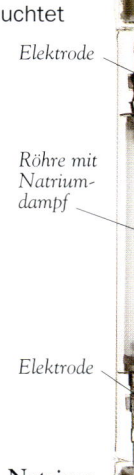

Elektrode

Röhre mit Natriumdampf

Elektrode

Natriumdampflampe

Siehe auch

Energieniveau 82 • Fluoreszenz 78
Glühemission 78 • Halogene 137

Optik

Die Eigenschaften des Lichts machen die Welt sichtbar. Wir sehen, weil das Auge mit einer Linse ein Abbild der Umgebung erzeugt. Mit der Optik, der Untersuchung des Lichts, können wir die Sehschärfe verbessern, uns selbst im Spiegel betrachten und sogar in unseren Körper sehen.

Optik
Untersuchung des Lichts

Die Optik beschäftigt sich vor allem damit, wie Lichtstrahlen Bilder erzeugen. Bilder entstehen, wenn vom Objekt ausgehende Lichtstrahlen an Spiegeln reflektiert ▪ oder von Linsen gebrochen ▪ werden.

Virtuelles Bild
Scheinbares Bild, das hinter einem Spiegel oder in einer Linse zu sehen ist

Ein Spiegel reflektiert Lichtstrahlen von einem Objekt in unsere Augen. Die Lichtstrahlen scheinen geradlinig von einem Punkt hinter dem Spiegel auszugehen. Die Augen sehen an dieser Stelle ein Bild des Objekts. Beim Betrachten eines Objekts durch eine Linse werden die Lichtstrahlen gebrochen, bevor sie die Augen erreichen. Die Augen sehen ein virtuelles Bild, das wegen der gebrochenen Strahlen größer oder kleiner als das Objekt wirkt. Ein virtuelles Bild scheint sich an einer Stelle zu befinden, an der nicht wirklich Lichtstrahlen sind.

Virtuelles Bild
Ein Spiegelbild erweckt den Eindruck, das Objekt befände sich hinter dem Spiegel. Das liegt daran, dass die vom Objekt ausgehenden Lichtstrahlen zum Auge reflektiert werden.

Spiegel
Oberfläche, die durch Reflexion der Lichtstrahlen ein Bild erzeugt

Ein **Planspiegel** ist ein ebener Spiegel. Er reflektiert das Licht eines Objekts so, dass ein virtuelles Bild gleicher Größe entsteht. Ein **konvexer**  **Spiegel** wie der Rückspiegel vieler Autos ist nach außen gewölbt und erzeugt ein kleineres virtuelles Bild, weil er ein **divergierender Spiegel** ist, der die Lichtstrahlen bei der Reflexion aufweitet. Ein **konkaver** ▪ **Spiegel** oder **Hohlspiegel** ist nach innen gewölbt und kann ein reelles Bild erzeugen, weil er ein **konvergierender Spiegel** ist, der die Lichtstrahlen bei der Reflexion enger zueinander bringt. Ein Rasierspiegel ist ein konkaver Spiegel.

Objekt
Zwei Bündel Lichtstrahlen vom Baum
Virtuelles Bild des Baumes
Auge
Reflektierte Strahlen
Ebener Spiegel
Für das Auge breiten sich die Lichtstrahlen geradlinig aus.
Taschenlampe

Brennweite
Entfernung zwischen Linse oder gekrümmtem Spiegel und Bild

Lichtstrahlen, die von einem entfernten Objekt ausgehen, sind parallel. Linsen und Spiegel bündeln oder reflektieren parallele Strahlen so, dass sie sich im Abstand der Brennweite treffen. Ein Kameraobjektiv hat eine Brennweite von einigen Millimetern. Sie bestimmt die Größe des erzeugten Bildes. Eine größere Brennweite ergibt ein größeres Bild.

Spiegel und Linsen
Wenn eine Taschenlampe durch diesen Baum leuchtet, fokussiert die Linse die Lichtstrahlen und erzeugt ein reelles Bild. Der Spiegel erzeugt ein virtuelles Bild.

Der Umriss des Baumes ist mit Farbfolie bedeckt.

Das virtuelle Bild ist im Spiegel sichtbar.

Licht • 85

Linse

Gekrümmtes Stück Glas oder Kunststoff, das durch Brechung von Lichtstrahlen ein Bild erzeugt

Eine **konvexe Linse** ist nach außen gewölbt. Sie ist eine **Sammellinse**, bei der die Lichtstrahlen nach dem Durchgang gebündelt werden, sie konvergieren. Deshalb erzeugt eine konvexe Linse ein reelles Bild auf einer Fläche – so wie die Linse eines Diaprojektors ein Bild auf einer Leinwand erzeugt. Eine konvexe Linse wie eine Lupe kann ebenfalls ein großes virtuelles Bild erzeugen. Eine **konkave Linse** ist nach innen gewölbt. Sie ist eine **Zerstreuungslinse**, bei der die Lichtstrahlen nach dem Durchgang auseinander laufen oder divergieren. Konkave Linsen erzeugen nur virtuelle Bilder.

Brennpunkt

Ort, an dem sich die Lichtstrahlen treffen

Ein reelles Bild ist scharf, wenn sich die Fläche, auf der das Bild entsteht, im Brennpunkt der Linse befindet. Tatsächlich ist das Bild über einen gewissen Entfernungsbereich scharf, die **Schärfentiefe**. Das Bündeln der Lichtstrahlen zur Scharfeinstellung nennt man Fokussieren.

Glasfaserbündel
Aus dem Bündel optischer Fasern treten winzige Lichtstrahlen aus.

Glasfaseroptik

Einsatz von Glasfasern zur Lichtübertragung

Lichtstrahlen können sich in dünnen Glasfasern, **optischen Fasern**, ausbreiten. Eine äußere Beschichtung mit einer anderen Glassorte reflektiert das Licht und hält es im Inneren. Glasfasern transportieren Laserlichtimpulse in Telefonkabeln. Ein **Endoskop** erzeugt in der Medizin Bilder vom Inneren des Körpers. Ein flexibles Rohr mit Glasfasern wird in den Körper eingeführt.

Brille

Linsen, die eine Sehschwäche korrigieren

Die meisten Menschen mit Sehschwächen haben eine Augenlinse, die kein scharfes Bild auf der Netzhaut im Augeninneren erzeugt. Sie tragen Brillen, deren Linsen die von Objekten zum Auge gehenden Lichtstrahlen brechen. Eine **Kontaktlinse** liegt direkt auf dem Auge. Beide Varianten unterstützen die Augenlinse bei der Fokussierung der Lichtstrahlen auf der Netzhaut.

Aberration

Verzerrung eines durch Linsen oder Spiegel erzeugten Bildes

Schlechte Linsen oder Spiegel ergeben ein leicht unscharfes Bild, weil sich die Lichtstrahlen nicht alle in einem Punkt treffen.

Auf dem Schirm entsteht ein reelles Bild.

Reelles Bild

Bild, das entsteht, wenn sich Lichtstrahlen auf einer Fläche treffen

Konvexe Linsen und konkave Spiegel erzeugen reelle Bilder eines Objekts. Lichtstrahlen gehen von jedem Punkt des Objekts aus. Wenn einige der Strahlen auf eine Linse treffen, lenkt die Brechung diese Strahlen ab. Die Strahlen von jedem Punkt treffen sich dann in einem Punkt auf einer Oberfläche und erzeugen dort ein auf dem Kopf stehendes reelles Bild des Objekts. Ein konkaver Spiegel reflektiert die Lichtstrahlen so, dass ein reelles Bild entsteht. Wenn keine Fläche vorhanden ist, gehen die Lichtstrahlen durch den Punkt der Bildentstehung hindurch.

Die konvexe Linse lässt die Lichtstrahlen konvergieren.

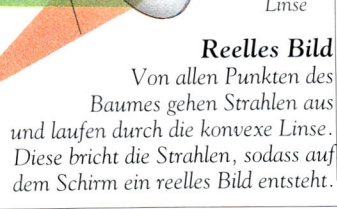

Zwei Bündel Lichtstrahlen vom Baum
Lichtstrahlen
Reelles Bild
Objekt
Konvexe Linse

Reelles Bild
Von allen Punkten des Baumes gehen Strahlen aus und laufen durch die konvexe Linse. Diese bricht die Strahlen, sodass auf dem Schirm ein reelles Bild entsteht.

Siehe auch

Brechung 77 • Konkav 173
Konvex 173 • Reflexion 77 • Strahl 76

Optische Geräte

Optische Geräte zeigen uns eine Welt, die wir sonst nicht sehen können. Kameras und Projektoren liefern Fotos und Filme zur Unterhaltung. Mikroskope und Fernrohre erzeugen vergrößerte Ansichten winziger Organismen und entfernter Objekte.

Bildzähler Auslöser Verschlusszeitwähler Rückspulknopf und Gehäuseentriegelung

Linse Objektivgehäuse

Kamera
Gerät zur Aufnahme von Bildern

Das Kameraobjektiv erzeugt ein reelles Bild ▪ eines Motivs, das auf lichtempfindlichem Material gespeichert wird. In einer Fotokamera ist dies der fotografische Film ▪. Eine **Film-** oder **Schmalfilmkamera** enthält einen bewegten Filmstreifen, der viele Bilder nacheinander aufnimmt. In einer Fernsehkamera ▪ oder Videokamera ▪ entsteht das Bild auf einem lichtempfindlichen Bauelement, welches das Bild in elektrische Signale umwandelt.

Blendenöffnung
Öffnung zur Veränderung der in eine Kamera einfallenden Lichtmenge

Hinter dem Kameraobjektiv befindet sich eine **Blende** oder **Iris** mit einem Loch, dessen Durchmesser veränderbar ist. Die Änderung der Größe ändert die Helligkeit des Bildes. Wenn die Szene dunkel ist, muss die Öffnung für ein gutes Foto erweitert werden. Wenn die Szene zu hell ist, muss die Blende verengt werden. Eine **Blendenzahl** gibt dem Fotografen die Größe der Blendenöffnung an. Zum Beispiel ist f22 eine kleine Blendenöffnung und f2 eine große. Die Blendenzahl ist die Brennweite ▪ der Linse dividiert durch den Durchmesser der Blendenöffnung.

Verschluss
Mechanismus, der Licht in die Kamera lässt

Wenn man den Auslöser der Kamera drückt, öffnet sich der Verschluss, damit das Licht von der Linse ein Bild auf dem Film erzeugen kann. Der Verschluss öffnet sich meist nur für den Bruchteil einer Sekunde, sodass bewegte Objekte in Ruhe erscheinen.

Prisma
Sucher
Schwenkbarer Spiegel
Verschluss
Linsen für Autofokus und Belichtung

Inneres einer Kamera
In der Spiegelreflexkamera reflektiert der Spiegel die Szene nach oben durch das Prisma zum Sucher. Der Auslöser hebt den Spiegel an und lässt Licht durch den Verschluss.

Blitz
Aufblitzendes Licht für Fotos im Dunkeln

Der Blitz liefert das gesamte Licht oder das zusätzlich benötigte Licht für Fotos an einem dunklen Ort. Die meisten Kameras haben einen eingebauten elektronischen Blitz. Er enthält eine kleine gasgefüllte Röhre, durch die ein starker elektrischer Stromimpuls fließt, der das Gas kurz zum Leuchten bringt.

Spiegelreflexkamera
Die Einstellung der Verschlussgeschwindigkeit ändert die Belichtungszeit des Films. An den Ringen um das Objektivgehäuse stellt man Blende und Fokus ein.

Belichtungsmesser
Gerät zur Messung des verfügbaren Lichts für ein Foto

In viele Kameras ist ein Belichtungsmesser eingebaut. Er misst die Helligkeit des Lichts, das vom Motiv zur Kamera gelangt. Eine Fotozelle ▪ wandelt das Licht in ein elektrisches Signal um. Das Signal gelangt auf eine Anzeige und informiert darüber, ob die eingestellte Blende eine Über- oder Unterbelichtung ergibt. Der Fotograf kann nun die Blende entsprechend einstellen. In einer automatischen Kamera steuert das Signal die Blende und den Verschluss, sodass die richtige Lichtmenge auf den Film fällt und ein gutes Foto entsteht.

Siehe auch
Brennweite 84 • Fernsehkamera 130
Fotografischer Film 125 • Fotozelle 109
Infrarotstrahlen 75 • Reelles Bild 85
Videokamera 131

Licht • 87

Weitwinkelobjektiv
Linse, die Bilder mit großem Blickwinkel erzeugt

Ein Weitwinkelobjektiv hat eine kurze Brennweite. Dadurch bietet es ein großes Blickfeld und bildet einen großen Ausschnitt der Szene auf dem Film ab.

Bild mit Weitwinkelobjektiv

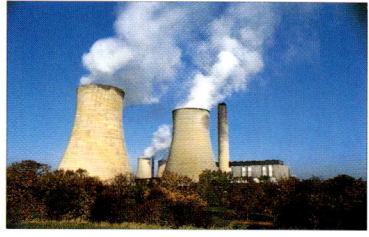

Zoomobjektiv
Linse mit veränderlichem Blickfeld

Ein Zoomobjektiv kann vom Weitwinkelobjektiv zum Teleobjektiv verändert werden. Das Blickfeld variiert in einem bestimmten Bereich. Es kann ein Motiv scheinbar näher bringen.

Bild mit Normalobjektiv

Teleobjektiv
Linsenkombination, die entfernte Objekte nah erscheinen lässt

Ein Teleobjektiv hat eine lange Brennweite. Dadurch ist das Blickfeld eng und es wird nur ein kleiner Ausschnitt des Motivs auf dem Film abgebildet.

Bild mit Teleobjektiv

Autofokus
Vorrichtung zur automatischen Scharfeinstellung

Das vom Motiv ausgehende Licht muss fokussiert werden. Je nach Entfernung wird dazu das Kameraobjektiv ein- oder ausgefahren. Ein Autofokusmechanismus prüft die Bildschärfe selbsttätig und bewegt das Objektiv entsprechend. Manche Kameras messen die Entfernung zum Motiv mit Infrarotstrahlen ■. Die Strahlen werden reflektiert und kehren zu einem Empfänger zurück, der das Objektiv in die richtige Position bringt.

Sucher
Kamerateil, das dem Fotografen zeigt, was auf dem Bild erscheinen wird

Der Sucher kann eine separate Linse enthalten, mit der eine Kopie des Bildes vom Hauptobjektiv erzeugt wird. In einer **Spiegelreflexkamera** dient das Hauptobjektiv als Sucher. Ein schwenkbarer Spiegel vor dem Film lenkt das Bild zum Auge anstatt zum Film. Der Auslöser klappt den Spiegel hoch, sodass der Film belichtet wird.

Filmprojektor
Gerät, das bewegte Bilder auf einen Schirm projiziert

Das Licht einer Lampe wird zu einem starken Strahl gebündelt, der durch einen rotierenden Verschluss auf einen bewegten Filmstreifen scheint. Der Verschluss lässt nur Licht durch, wenn die Bilder des Films an der richtigen Position sind. Eine Linse projiziert und fokussiert reelle Einzelbilder auf einen Schirm, jedes für einen Sekundenbruchteil.

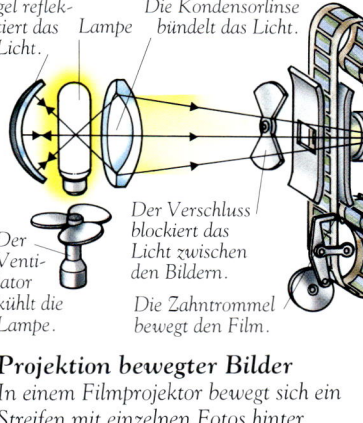

Der Spiegel reflektiert das Licht.
Lampe
Die Kondensorlinse bündelt das Licht.
Der Ventilator kühlt die Lampe.
Der Verschluss blockiert das Licht zwischen den Bildern.
Die Zahntrommel bewegt den Film.

Projektion bewegter Bilder
In einem Filmprojektor bewegt sich ein Streifen mit einzelnen Fotos hinter einem Verschluss, der rotiert. Das Licht wirft die Bilder in so schneller Folge auf den Schirm, dass der Eindruck einer fortlaufenden Bewegung entsteht.

Diaprojektor
Gerät, das ein stehendes Bild auf einen Schirm projiziert

Ein **Diaprojektor** projiziert farbige Dias oder Folien. Licht scheint durch das Dia, eine Linse erzeugt auf dem Schirm ein reelles Bild.

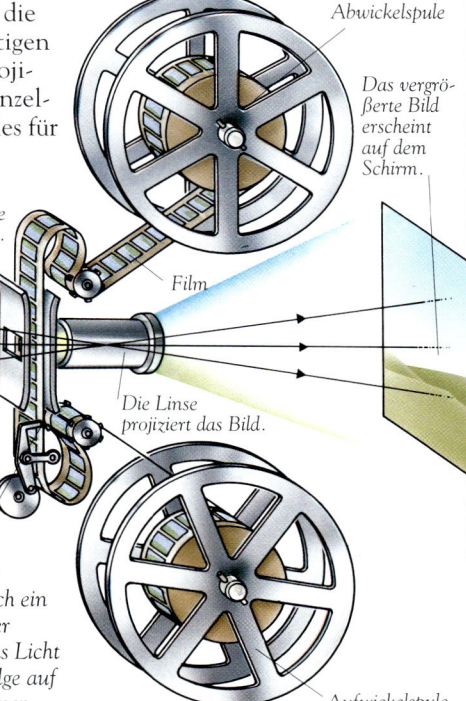

Abwickelspule
Das vergrößerte Bild erscheint auf dem Schirm.
Film
Die Linse projiziert das Bild.
Aufwickelspule

Fortsetzung nächste Seite ▶

Mikroskop

Gerät zur vergrößerten Darstellung kleiner Objekte

Die einfachste Form des Mikroskops ist die **Lupe**, eine stark konvexe Linse ■. Ein Mikroskop mit mehreren Linsen heißt **Verbundmikroskop**. Es besteht aus einem geschlossenen Rohr, das am unteren Ende eine Objektivlinse und am oberen Ende eine Okularlinse enthält. Das zu betrachtende Objekt, die »Probe«, wird auf einem Glasplättchen befestigt und dann sehr nahe an das Objektiv herangebracht. Es entsteht ein großes reelles Bild ■ des Objekts. Dieses Bild wird dann durch das Okular betrachtet, das dieses Bild weiter vergrößert und ein sehr großes virtuelles Bild ■ des Objekts erzeugt. Optische Mikroskope können bis zu 2500-mal vergrößern.

Verbundmikroskop
Dieses Mikroskop besitzt einen Revolver mit verschiedenen Objektivlinsen für verschiedene Vergrößerungen. Der Spiegel unter dem Probentisch reflektiert Licht zur Beleuchtung der Probe.

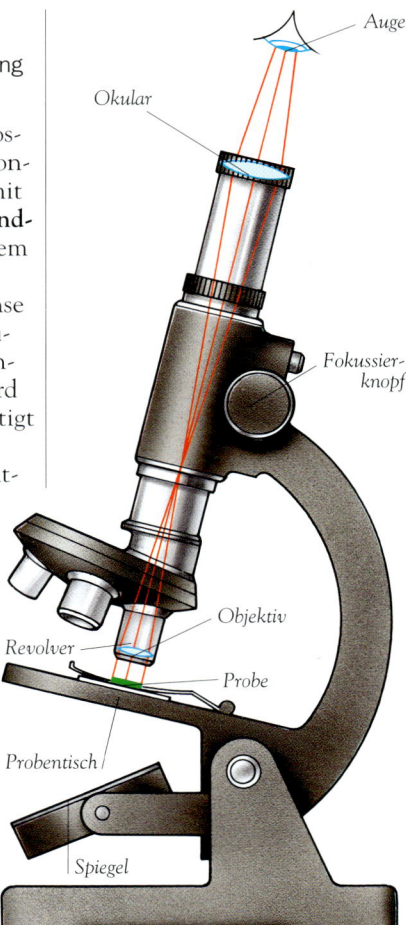

Vergrößerung

Größenverhältnis des Bildes zum Objekt

Die Vergrößerung wird meistens als Zahl mit dem Symbol x geschrieben, das »mal« bedeutet. Ein Fernrohr mit der Vergrößerung 50x liefert ein Bild, das 50-mal größer ist als das Objekt selbst.

Objektiv

Die am nächsten zum betrachteten Objekt liegende Linse

Das Objektiv sammelt das Licht und erzeugt ein vergrößertes reelles Bild des Objekts.

Okular

Die dem Auge zugewandte Linse

Die Lupe als einfachstes Mikroskop ist tatsächlich nur ein Okular. Das Okular bündelt die Lichtstrahlen, die vom Objekt ausgehen, sodass sie in einem größeren Winkel auf das Auge treffen, als wenn sie das Auge direkt erreichen würden. Dadurch wirkt das Bild viel größer als das Objekt. In einem Fernrohr oder Mikroskop bündelt das Okular das Licht eines vom Objektiv erzeugten reellen Bildes und vergrößert dieses Bild. Bei manchen Mikroskopen kann am Okular eine Fotokamera montiert werden.

Rastertunnelmikroskop

Mikroskop zur Beobachtung von Atomen

Ein Rastertunnelmikroskop besitzt eine feine elektrisierte Nadel, die ganz nah an der zu untersuchenden Oberfläche entlanggeführt wird. Elektronen ■ fließen oder »tunneln« von der Nadelspitze zu den Atomen ■ der Oberfläche. Die Spitze wird auf und ab bewegt, um die Anzahl der durchtunnelnden Elektronen konstant zu halten. So folgt sie den Konturen der Atome in der Oberfläche. Ein Computer erzeugt dann ein Bild der Atome.

Elektronenmikroskop

Mikroskop, das ein Bild mit Elektronen anstatt mit Licht erzeugt

Ein **Durchstrahlungs-Elektronenmikroskop** schießt einen Elektronenstrahl durch eine dünne Probe. Dann fokussieren elektrische Felder den Strahl auf einen fluoreszierenden Bildschirm und erzeugen dadurch ein Bild. In einem **Rasterelektronenmikroskop** überstreicht ein Elektronenstrahl die Probe.

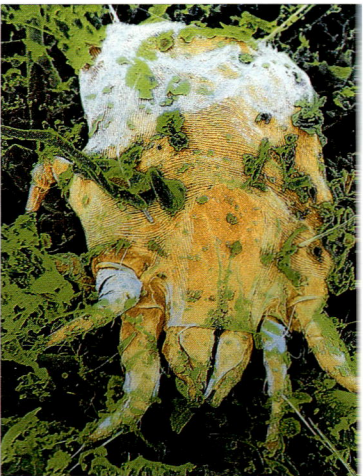

Mikroskopische Organismen
Dieses Bild zeigt eine winzige Staubmilbe unter dem Mikroskop. Elektronenmikroskope können Objekte bis zu eine Million Mal vergrößern.

◄ *Fortsetzung von vorheriger Seite*

Licht • 89

Kondensor
Linsen, die Licht bündeln

Projektoren ■ und Mikroskope können Kondensorlinsen enthalten, die das Licht auf dem Dia, Film oder zu betrachtenden Objekt konzentrieren. Das Licht von der Lampe geht durch den aus zwei Konvexlinsen bestehenden Kondensor und wird gebündelt.

Fernrohr
Gerät, das ein vergrößertes Bild eines entfernten Objekts erzeugt

Es gibt zwei Typen von Fernrohren. Ein **Refraktor** oder Linsenteleskop ist ein geschlossenes Rohr mit einem Objektiv an einem Ende und einem Okular am anderen Ende. Ein **Spiegelteleskop** ist ein offenes Rohr mit einem Hohlspiegel ■ darin und einem außen angebrachten Okular. Bei beiden Typen gelangen Lichtstrahlen von einem entfernten Objekt in das Rohr. Sie werden vom Objektiv gebrochen oder vom Spiegel reflektiert, sodass ein reelles Bild des Objekts entsteht. Bei der Betrachtung des reellen Zwischenbildes erzeugt das Okular ein vergrößertes virtuelles Bild des Objekts. Ein Refraktor kann eine dritte Linse enthalten und damit ein seitenrichtiges Bild erzeugen. Ein zweiter Spiegel im Spiegelteleskop sendet die Lichtstrahlen zum Okular.

Beim Drehen des Scharfeinstellknopfes bewegt sich das Okular und fokussiert das Bild.

Kaleidoskop
Gerät, das mit Spiegeln Bildmuster erzeugt

Ein Kaleidoskop erzeugt ein farbiges symmetrisches Muster aus dreieckigen Bildern, die im Kreis angeordnet sind. An einem Ende des Rohrs befinden sich kleine bunte Objekte. Längs im Rohr liegen mehrere Spiegel in einer v-förmigen Anordnung zueinander. Jeder Spiegel erzeugt ein virtuelles Bild der Objekte sowie des Bildes in einem anderen Spiegel. So entsteht ein Kreis von Bildern, die durch ein Loch am anderen Ende des Rohrs betrachtet werden können.

Fernglas
Ein Paar kleiner Refraktoren

In zwei verbundenen Fernrohren befinden sich je zwei Prismen ■. Sie reflektieren die Lichtstrahlen eines Objekts und erzeugen so ein aufrechtes, seitenrichtiges Bild. Das Licht wird mehrfach umgelenkt, sodass Ferngläser kompakter sind als normale Fernrohre.

Fernglas
In einem Fernglas wird das Licht auf seinem Weg vom Objektiv zum Okular durch zwei Prismen viermal reflektiert. Die Prismen verlängern den Lichtweg und erhöhen die in dem kurzen Rohr mögliche Vergrößerung.

Okular

Prisma

Prisma

Objektiv

Kaleidoskopmuster
Abgewinkelte Spiegel im Kaleidoskop erzeugen mehrfach reflektierte Bilder der farbigen Objekte aus Papier, Plastik oder Glas am Boden des Rohrs. Durch Schütteln des Kaleidoskops lässt sich das Muster verändern.

Periskop
Gerät zur Betrachtung von Objekten außerhalb des Sichtfelds

Mit einem Periskop kann man über die Köpfe einer Menschenmenge oder um die Ecke sehen. Ein einfaches Periskop ist ein Rohr mit schrägen Spiegeln an beiden Enden. Vom betrachteten Objekt gelangen die Lichtstrahlen ■ oben in das Periskop. Der obere Spiegel reflektiert die Strahlen im Periskop zum unteren Spiegel, der sie dann zum Auge reflektiert. Der untere Spiegel erzeugt ein virtuelles Bild. Ein U-Boot-Periskop enthält anstelle der Spiegel zwei Prismen mit Linsen dazwischen. So wird ein vergrößertes Bild oder ein großes Blickfeld erreicht.

Siehe auch
Atom 34 • Elektron 34 • Hohlspiegel 84
Konvexlinse 85 • Prisma 76
Projektor 87 • Reelles Bild 85
Strahl 76 • Virtuelles Bild 84

Feuer

Feuer wird für viele Zwecke eingesetzt, wenn dabei auch nicht immer Flammen zu sehen sind. Autos, Flugzeuge, viele Heizsysteme und die meisten Kraftwerke verbrennen Brennstoffe.

Kampf gegen Flammen
Es gibt verschiedene Feuerlöscher für das Löschen verschiedener Brandarten. Bei elektrischen Bränden werden chemische Feuerlöscher oder Schaumfeuerlöscher eingesetzt, aber niemals Wasser.

Verbrennung
Chemische Reaktion unter Aufnahme von Sauerstoff

Stoffe, die Feuer fangen können, sind **brennbar**. Sie müssen auf eine bestimmte Temperatur ■ erwärmt ■ werden, die **Entzündungstemperatur.** Es beginnt eine chemische Reaktion ■ zwischen dem Stoff und dem Luftsauerstoff. Diese Oxidation setzt Wärme frei, die das Material für die weitere Verbrennung heiß genug hält.

Sauerstoffverbrauch
Wenn eine Kerze in einem Glasgefäß brennt, verbraucht sie den Sauerstoff der umgebenden Luft.

Spontane Entzündung
Verbrennung, die ohne äußere Wärmezufuhr beginnt

Manche Stoffe wie nasses Heu können von selbst so heiß werden, dass sie zu brennen beginnen, ohne durch eine Flamme entzündet zu werden.

Glasgefäß

Anfangs brennt die Flamme hell.

Feuerlöscher
Gerät zum Ersticken eines Feuers

Feuerlöscher verhindern, dass weiterhin Luftsauerstoff an das brennende Material gelangt und die Verbrennung in Gang hält. Sie enthalten Wasser, andere Flüssigkeiten, Schaum, Pulver oder Kohlendioxidgas.

Der Wasserpegel steigt, weil die Flamme den Sauerstoff verbraucht. Die Kerze erlischt.

Behälter mit gefärbtem Wasser

Flamme
Beim Brennen entstehendes glühendes Gas

Flammen bestehen aus einem Verbrennungsgas. Dieses Gas brennt bei Berührung mit Luft und wird dabei so heiß, dass es glüht und Licht ■ aussendet. Die hellgelbe Flamme einer Kerze enthält glühende Kohlenstoffteilchen. Über einem flüssigen Brennstoff kommt es zum Aufflammen, wenn er über eine bestimmte Temperatur, den **Flammpunkt,** erwärmt wird. Ein Gemisch aus Luft ■ und heißem Dampf ■ fängt plötzlich Feuer und brennt heftig.

Explosion
Plötzliche Druckwelle

Eine Explosion setzt intensive Wärme frei, sodass sich die Luft sehr schnell ausbreitet. Ein Gemisch aus Luft und Benzindampf explodiert, weil es sehr schnell verbrennt und sich die Luft durch die erzeugte Wärme plötzlich ausdehnt. Sprengstoffe ■ enthalten chemische Verbindungen, die sofort reagieren und Wärme sowie große Gasmengen abgeben, ohne dass dafür Sauerstoff aus der Luft benötigt wird. Der Grund für die Stärke von Kernwaffen ist die immense freigesetzte Wärmemenge.

Brennstoff
Zur Wärmegewinnung eingesetzter Stoff

Brennstoffe wie Holz, Kohle ■, Erdgas ■ und Benzin ■ liefern beim Verbrennen Wärme, die zum Heizen und Kochen oder zur Stromerzeugung genutzt wird.

Siehe auch
Benzin 165 • Chemische Reaktion 144
Dampf 26 • Erdgas 164 • Kohle 164
Licht 76 • Luft 30 • Oxidation 147
Sprengstoff 161 • Temperatur 92
Wärme 91

Wärme • 91

Wärme

Alle Dinge enthalten Wärme als eine Form der Energie. Zum Leben benötigt ein Körper Wärme, damit der Stoffwechsel möglich ist. Viele Maschinen, vom Küchenherd bis zur Rakete, arbeiten mit Wärme.

Aufheizen
Dieses elektrische Gerät erhitzt das umgebende Wasser durch Wärmeleitung. Konvektionsströme tragen das heiße Wasser nach oben, kühles Wasser strömt nach. Das Wasser an der Oberfläche verdunstet und kühlt sich ab.

Wärme

Bewegung der Moleküle eines Stoffs

Heiße Objekte besitzen mehr Wärmeenergie ■ als kalte. Wärme ist die Bewegung oder kinetische Energie ■ der Moleküle ■ in der Materie. Wenn sich die Teilchen schneller bewegen, gewinnt ein Objekt Wärme und wird heißer. Wenn die Teilchen langsamer werden, verliert es Wärme und kühlt sich ab. Wärmeenergie bewegt sich immer vom wärmeren zum kälteren Objekt. Wärme lässt sich zum Beispiel durch Reibung ■, Verbrennung ■ und elektrischen Strom erzeugen.

Wärmestrahlung

Wärmefluss durch Infrarotstrahlen, der Wärme ohne Medium überträgt

Alle Objekte gewinnen und verlieren Wärme durch Strahlung. Die bewegten Teilchen eines Objekts senden Infrarotstrahlen ■ aus. Dabei verlieren sie einen Teil ihrer Wärmeenergie und werden langsamer. Ein anderes Objekt kann die Infrarotstrahlen absorbieren und dadurch Wärmeenergie gewinnen. Die Strahlen breiten sich in Luft, in manchen Festkörpern und Flüssigkeiten und sogar im Vakuum ■ aus. Sie heißen auch **Strahlungswärme**. Die **Solarkonstante** bezeichnet die auf die Erde auftreffende Wärmemenge von der Sonne. Sie beträgt 1400 Joule ■ pro Sekunde und Quadratmeter der Erdoberfläche. Dies ist etwa die Leistung eines elektrischen Stabheizkörpers.

Wärmeleitung

Wärmefluss durch einen Festkörper

Eine Wärmequelle beschleunigt die Teilchen in einem Teil des Festkörpers. Diese Teilchen treffen auf andere und beschleunigen sie, wodurch sich die Wärme im Material und nach außen in eine angrenzende Flüssigkeit oder ein Gas ausbreitet. Ein **Wärmeleiter** ist ein Material, das so Wärme transportiert. Seine **Wärmeleitfähigkeit** ist ein Maß für die Geschwindigkeit des Wärmeflusses.

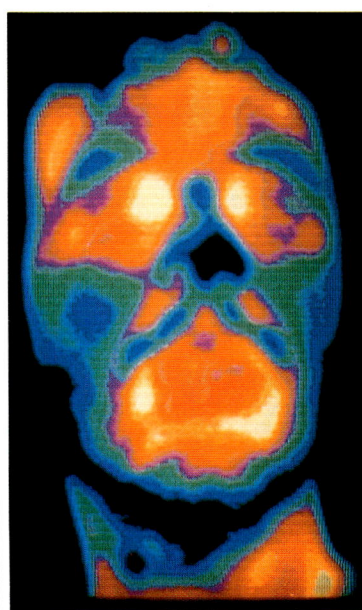

Heiß und kalt
Dieses thermographische Bild eines Kopfes stammt von einer Infrarotkamera. Die roten und orangefarbenen Bereiche zeigen die wärmsten Stellen.

Konvektion

Wärmefluss durch ein flüssiges Medium

Wenn Flüssigkeiten oder Gase erwärmt werden, dehnen sie sich aus und ihre Dichte nimmt ab. Die heißen Teilchen steigen auf und mischen sich mit kälteren.

Expansion

Größenzunahme durch Erwärmung

Expansion oder Ausdehnung tritt bei der Erwärmung von Festkörpern, Flüssigkeiten und Gasen auf. Die Teilchen werden schneller und entfernen sich weiter voneinander, sodass das Volumen zunimmt.

Kontraktion

Größenabnahme durch Abkühlung

Wenn die meisten Festkörper, Flüssigkeiten und Gase Wärme abgeben, werden ihre Teilchen langsamer, sodass das Volumen abnimmt.

Wärmeisolator

Material, das den Wärmefluss hemmt

Isolatoren wie Kunststoffe, Holz, Kork und Luft sind schlechte Wärmeleiter.

Siehe auch

Energie 68 • Infrarotstrahlen 75
Joule 69 • Kinetische Energie 68
Molekül 138 • Reibung 54 •
Vakuum 26 • Verbrennung 90

Fortsetzung nächste Seite ▶

TEMPERATUR MESSEN

Grad Celsius (°C)
Die gebräuchlichste Einheit der Temperatur

Zwischen dem normalen Gefrierpunkt ■ von Wasser (0 °C) und dem normalen Siedepunkt ■ von Wasser (100 °C) liegen 100 Grad Celsius.

Grad Fahrenheit (°F)
Eine Temperatureinheit

Zwischen dem Gefrier- (32 °F) und dem Siedepunkt (212 °F) von Wasser liegen 180 Grad Fahrenheit. Zur Umrechnung von °F in °C subtrahiert man 32, multipliziert mit 5 und dividiert durch 9.

Kelvin (K)
SI-Einheit der Temperatur

Der absolute Nullpunkt hat die Temperatur Null Kelvin (0 K). 1 Kelvin entspricht dem Temperaturunterschied 1 °C. Die Kelvinskala hat keine negativen Werte.

Temperatur
Die Dimension für warm und kalt

Die Temperatur eines Objekts steigt, wenn es wärmer wird. Sie fällt, wenn es kälter wird. Auf einer **Temperaturskala** wird sie in Kelvin, Grad Celsius oder Grad Fahrenheit gemessen. Die **absolute Temperatur** bezeichnet die Temperatur in Kelvin. Eine Temperaturskala erhält man durch die Auswahl von zwei Bezugstemperaturen wie Gefrier- und Siedepunkt als **Festpunkte** sowie die Unterteilung des dazwischen liegenden Intervalls in eine bestimmte Anzahl Grade.

Absoluter Nullpunkt
Die tiefste mögliche Temperatur

Nichts kann eine Temperatur unter dem absoluten Nullpunkt von –273,15 °C oder 0 K haben. Dann würde die Bewegung der Teilchen in allen Stoffen aufhören. Diese Temperatur kann nie vollständig erreicht werden.

Thermometer
Instrument zur Messung von Temperaturen

Ein gewöhnliches Thermometer ist ein dünnes verschlossenes Rohr, das eine Säule von gefärbtem Alkohol oder Quecksilber enthält und mit einer Temperaturskala versehen ist. Bei einer Temperaturänderung ändert die Flüssigkeit entsprechend ihr Volumen. Der veränderte Stand der Flüssigkeitssäule zeigt dann die Temperatur an. Ein **Maximum-Minimum-Thermometer** funktioniert genauso. Zusätzlich enthält es Markierungen, die die höchste und niedrigste in einem Zeitraum erreichte Temperatur anzeigen. Elektrische Thermometer beruhen auf elektrischen Bauteilen, die ihren Widerstand ■ oder eine Spannung ■ mit der Temperatur ändern. Ein digitales Thermometer arbeitet elektronisch und zeigt die Temperatur direkt als Zahlen an.

Thermostat
Gerät zur Temperaturregelung

Ein Thermostat misst Temperaturen und kann eine Maschine ein- und ausschalten. Heizgeräte können Thermostate enthalten, die das Gerät automatisch ausschalten, wenn die geforderte Temperatur erreicht ist. Der Thermostat schaltet das Heizgerät wieder ein, wenn die Temperatur zu tief fällt.

Bimetallstreifen
Metallstreifen, der sich bei Erwärmung verbiegt

Ein Bimetallstreifen besteht aus zwei unterschiedlichen Metallen wie Messing und Eisen. Beim Erwärmen dehnt sich ein Metall stärker aus als das andere, sodass sich der Streifen verbiegt. Beim Abkühlen biegt er sich wieder zurück. In manchen Thermostaten betätigt ein Bimetallstreifen einen Schalter.

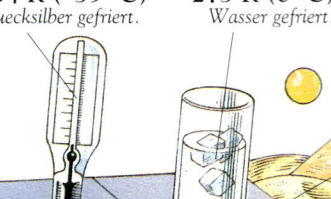

0 K (–273,15 °C) *Absoluter Nullpunkt*

73 K (–200 °C) *Luft wird flüssig.*

234 K (–39 °C) *Quecksilber gefriert.*

273 K (0 °C) *Wasser gefriert.*

373 K (100 °C) *Wasser kocht.*

457 K (184 °C) *Papier brennt.*

184 K (–89 °C) *Tiefste Temperatur auf der Erde*

331 K (58 °C) *Höchste Temperatur auf der Erde*

◄ *Fortsetzung von vorheriger Seite*

Wärme

Lord Kelvin
Britischer Physiker (1824–1907)

Kelvin wurde als William Thomson geboren. 1866 wurde er zum *Lord Kelvin of Largs* geadelt, und zwar für seine Entwicklung von Untersee-Telefonkabeln, die eine Signalübertragung über den Atlantik ermöglichten. Kelvin erkannte, dass es eine tiefste Temperatur gibt, den absoluten Nullpunkt. Darauf basierend erfand er die absolute Temperaturskala. Das Grad in dieser Temperaturskala heißt nach ihm Kelvin.

Kryogenik
Untersuchung der Materie bei sehr tiefen Temperaturen

Die Kryogenik erforscht verflüssigte Gase und Effekte wie die Supraleitung ■, die in sehr kalten Materialien auftreten.

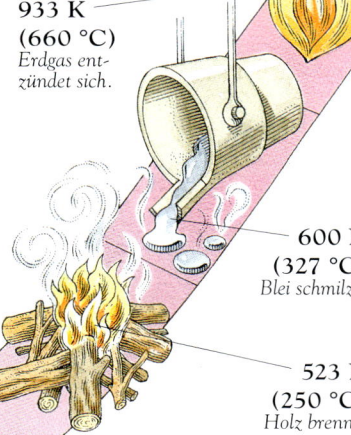

Temperaturskala
Diese Skala veranschaulicht den ungeheuren Temperaturbereich zwischen dem absoluten Nullpunkt und den unvorstellbaren 14 Millionen °C im Sonnenzentrum.

- 14 Millionen K (14 Millionen °C) *Oberfläche der Sonne*
- 30 000 K (29 727 °C) *Blitzstrahl*
- 5800 K (5527 °C) *Sonnenoberfläche*
- 3300 K (3027 °C) *Metalle lassen sich schweißen.*
- 1808 K (1535 °C) *Eisen schmilzt.*
- 933 K (660 °C) *Erdgas entzündet sich.*
- 600 K (327 °C) *Blei schmilzt.*
- 523 K (250 °C) *Holz brennt.*

Pyrometer
Instrument zur Messung hoher Temperaturen

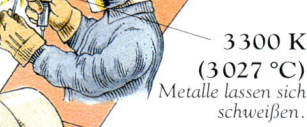

Ein Pyrometer misst die Temperatur heißer Objekte anhand der von ihnen ausgesandten Strahlung. Eine **Thermosäule** wandelt die Wärmestrahlung in elektrischen Strom um, der auf einem Messgerät als Temperatur angezeigt wird. Ein **optisches Pyrometer** misst die Lichthelligkeit und leitet daraus die Temperatur ab.

Wärmekapazität
Maß dafür, wie viel Energie zur Erwärmung eines Stoffs nötig ist

Ein Stoff mit geringer Wärmekapazität benötigt für eine Temperaturänderung wenig Wärmeenergie, während ein Stoff mit hoher Wärmekapazität viel Wärmeenergie benötigt. Die **spezifische Wärmekapazität** (*c*) eines Stoffs ist die Wärmeenergie in Joule ■, die nötig ist, um 1 Kilogramm dieses Stoffs um 1 Kelvin zu erwärmen. Sie wird in J/(kg K) gemessen.

Thermoflasche
Gefäß, das seinen Inhalt warm oder kalt hält

Heiße Getränke bleiben in einer Thermoflasche lange heiß, kalte Getränke bleiben kalt. Die Thermoflasche ist eine Glasflasche mit glänzenden doppelten Wänden, die ein Vakuum umschließen. Die glänzenden Wände reflektieren die Wärmestrahlung ■. Konvektion ■ und Wärmeleitung ■ sind im Vakuum nicht möglich. Eine Thermoflasche heißt auch **Dewargefäß** nach dem britischen Wissenschaftler James Dewar (1842–1923), der sie für seine Experimente erfand.

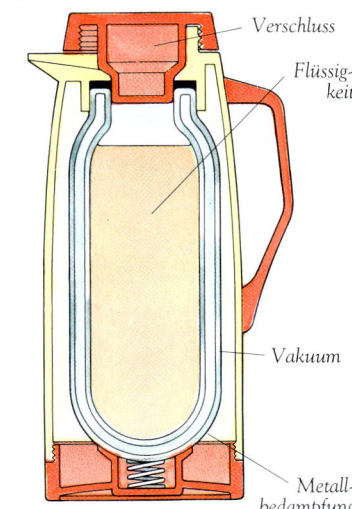

Thermoflasche
Die Flasche lässt Wärme nicht entweichen oder eindringen. Der Verschluss besteht ebenfalls aus einem wärmeisolierenden Material.

Siehe auch
Gefrierpunkt 24 • Joule 69
Konvektion 91 • Siedepunkt 25
Spannung 105 • Supraleitung 113
Vakuum 26 • Wärmeleitung 91
Wärmestrahlung 91
Widerstand 105

Thermodynamik

In Fabriken setzt man Wärmeenergie zur Herstellung von Materialien ein. Motoren verbrennen Treibstoff, um Maschinen anzutreiben. Die Thermodynamik beschäftigt sich mit den Formen der Wärmeenergie und ihrem Einsatz.

Thermodynamik

Untersuchung von Wärmeenergie und Arbeit

Die Thermodynamik betrachtet die in einem System enthaltene Wärmeenergie, etwa im heißen Gas im Zylinder eines Benzinmotors . Sie erklärt die in einem solchen System enthaltene Wärmeenergie sowie deren Veränderung, wenn das System Arbeit ■ verrichtet, zum Beispiel den Kolben im Zylinder bewegt.

2 Das Wasser wird ausgegossen.

Gesetze von Gay-Lussac
Wenn die warme Luft in der Flasche abkühlt, zieht sie sich zusammen und die Seiten der Flasche knicken nach innen, weil das Volumen abnimmt. Der Druck in der Flasche bleibt konstant.

1 Eine Plastikflasche wird mit heißem Wasser gefüllt.

3 Der Flaschenverschluss wird schnell zugeschraubt.

Kinetische Gastheorie

Theorie, die das Verhalten der Materie erklärt

Die kinetische Gastheorie bzw. das **kinetische Modell** erklärt, dass die Teilchen der Materie ■ stets in Bewegung sind. Die innere Energie einer Materiemenge ist die Summe der kinetischen Energie ■ seiner Teilchen. Davon hängt die Temperatur ■ ab.

Siehe auch

Absolute Temperatur 92 • Arbeit 70
Benzinmotor 67 • Boyle-Mariotte'sches
Gesetz 22 • Druck 52 • Druckgesetz 22
Gesetze von Gay-Lussac 22 • Kinetische
Energie 68 • Materie 23
Temperatur 92 • Volumen 174

Gasgesetze

Gesetze zum Verhalten der Gase

Die Gasgesetze verbinden Volumen ■, Druck ■ und Temperatur einer Menge eines beliebigen Gases. Ein **ideales Gas** ist ein theoretisches Gas, das den Gasgesetzen exakt gehorcht. Reale Gase weichen in ihrem Verhalten geringfügig davon ab. Durch die Erwärmung eines Gases bewegen sich die Gasmoleküle schneller und treffen mit größerer Kraft auf die Wände des Behälters, sodass entweder der Druck oder das Volumen des Gases steigt. Eine Verringerung des Volumens zwängt die Moleküle in einen kleineren Raum. Dort treffen sie öfter auf die Wände und erhöhen den Druck des Gases.

Boyle-Mariotte'sches Gesetz
Die Luft aus der Pumpe gelangt mit hohem Druck in den Ballon und dehnt sich dort unter Druckverlust aus.

Boyle-Mariotte'sches Gesetz

Bei konstanter Temperatur ist das Volumen einer Gasmenge umgekehrt proportional zu ihrem Druck

Wenn sich bei konstanter Temperatur der Gasdruck verdoppelt, halbiert sich das Volumen und umgekehrt.

1. Gesetz von Gay-Lussac

Bei konstantem Druck ist das Gasvolumen proportional zur absoluten Temperatur

Wenn die absolute Temperatur ■ zum Beispiel um ein Zehntel steigt, erhöht sich das Gasvolumen auch um ein Zehntel. Dabei darf sich der Gasdruck nicht ändern.

2. Gesetz von Gay-Lussac

Bei konstantem Volumen ist der Gasdruck proportional zur absoluten Temperatur

Wenn die absolute Temperatur eines Gases um ein Zehntel steigt, steigt auch sein Druck um ein Zehntel. Dabei darf sich das Volumen nicht ändern.

Entropie

Maß für die Unordnung und Zufälligkeit eines Systems

Die Teilchen in einem Nagel sind geordnet. Wenn er verrostet, verlieren die Teilchen einen Teil dieser Ordnung und die Entropie jeder Menge der Materie steigt.

Heiz- und Kühlsysteme

In den meisten Gebäuden gibt es Einrichtungen zur Wärmeerzeugung, um Wasser zu erwärmen und Räume zu heizen. Andere Geräte entziehen der Umgebung Wärme, um die Luft zu kühlen oder um Lebensmittel frisch zu halten.

Kühlschrank
Gerät, das Kälte erzeugt

In einem Kühlschrank zirkuliert ein spezielles **Kältemittel**. Es gelangt als kühler Dampf ▪ mit niedrigem Druck zur Kompressorpumpe. Die Pumpe verdichtet und erwärmt das Gas und schickt es unter hohem Druck in ein Rohrsystem außen am Kühlschrank, den Kühler ▪. Dort gibt das Gas seine Wärme ▪ an die Außenluft ab und kondensiert. Die Flüssigkeit strömt dann durch ein Loch in den Verdampfer. Hier ist der Druck gering; die Flüssigkeit wird zu kaltem Dampf, der Wärme von der Luft im Kühlschrank aufnehmen kann. Dann gelangt der Dampf wieder zur Pumpe. Eine **Klimaanlage** kühlt einen Raum, indem sie Wärme vom Raum auf die Außenluft überträgt. Eine **Wärmepumpe** nutzt Wärme von außen zur Erwärmung des Gebäudes.

Wärmetauscher
Gerät, das Wärme von einem heißen Objekt auf ein kaltes überträgt

Ein Wärmetauscher ist zweigeteilt. Durch den einen Teil fließt ein heißes Medium, das seine Wärme auf ein kühleres Medium im zweiten Teil überträgt. Eine Autoheizung ▪ ist ein Wärmetauscher. Heißes Wasser vom Motor gibt Wärme an die Luft rund um den Heizkörper ab.

So funktioniert ein Kühlschrank
Die Pumpe drückt Kältemittel von einem Rohr mit geringem Druck in ein Rohr mit hohem Druck, von dort wird es durch ein winziges Loch in das Rohr mit geringem Druck zurückgeleitet.

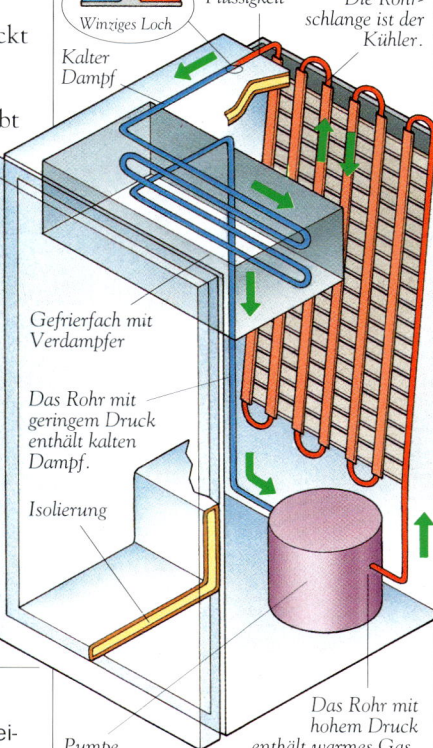

Winziges Loch — Flüssigkeit — Die Rohrschlange ist der Kühler.
Kalter Dampf
Gefrierfach mit Verdampfer
Das Rohr mit geringem Druck enthält kalten Dampf.
Isolierung
Pumpe
Das Rohr mit hohem Druck enthält warmes Gas.

Kühlgemisch
Gemisch zur Kälteerzeugung

Zerstoßenes Eis und Salz bilden ein Kühlgemisch. Wenn das Eis schmilzt, löst sich das Salz. Beide Prozesse nehmen Wärme auf und kühlen die Umgebung auf bis zu −20 °C.

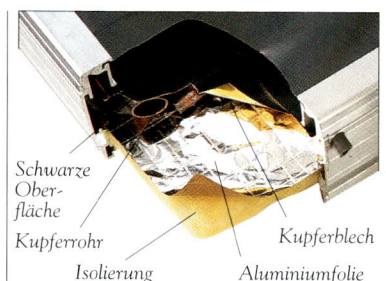

Schwarze Oberfläche
Kupferrohr
Isolierung
Kupferblech
Aluminiumfolie

In einem Solarpaneel
Die schwarze Oberfläche des Kupferblechs wird heiß, wenn Sonnenstrahlen durch die transparente Abdeckung scheinen. Dadurch wird das Wasser erwärmt. Das glänzende Kupfer und Aluminium reduzieren Wärmeverluste durch die Reflexion auf die Wasserrohre. Das heiße Wasser erwärmt Wasser in einem Speicher.

Solarheizung
Heizsystem, das die Sonnenenergie direkt nutzt

Eine Solarheizung stellt warmes Wasser bereit und unterstützt die Beheizung eines Hauses. Durch Rohre in den Solarpaneelen auf dem Dach fließt eine Flüssigkeit wie Wasser. Die Sonnenstrahlen erwärmen die Flüssigkeit, die dann in einem Rohr durch den Warmwassertank fließt und dort das Brauchwasser erwärmt.

Zentralheizung
Heizsystem, das Wärme aus einer zentralen Quelle verwendet

Viele Gebäude haben eine Zentralheizung. In einem Boiler wird Wasser durch die Verbrennung von Gas oder Öl oder durch Elektrizität ▪ erwärmt. Das warme Wasser fließt durch Rohre zu den Heizkörpern. Ein Heizgerät kann auch Luft erwärmen, die durch Rohre unter dem Fußboden strömt.

Siehe auch

Dampf 26 • Elektrizität 102
Kühler 66 • Kondensationskühler 27
Latente Wärme 26 • Wärme 91

Wärmekraftmotoren

Das Arbeitsvermögen von Wärme wird in Wärmekraftmotoren genutzt. Solche Maschinen ermöglichen fast alle Transportformen zu Land, zu Wasser und in der Luft. Wärmekraftmaschinen betreiben auch die Generatoren in Kraftwerken.

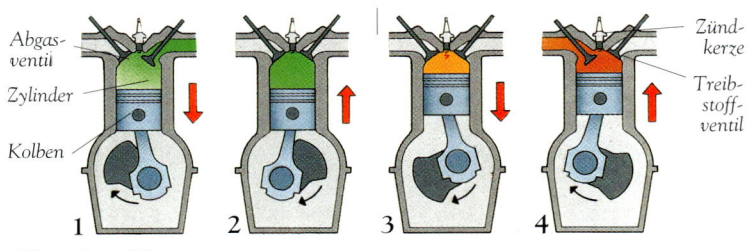

Viertaktzyklus
Im Einlasstakt (1) gelangt Treibstoff in den Zylinder; dort wird er im Verdichtungstakt (2) komprimiert. Er entzündet sich im Arbeitstakt (3) und drückt den Kolben nach unten. Die Abgase werden im Auslasstakt (4) herausgedrückt.

Viertaktmotor
Verbrennungsmotor
mit vier Zyklusphasen

Die meisten Autos haben einen Viertakt-Benzinmotor ■. Zu Beginn steht der **Einlasstakt (1)**. Bei der Abwärtsbewegung des Kolbens öffnet sich das Treibstoffventil, sodass Benzindampf und Luft in den Zylinder gesaugt werden. Es folgt der **Verdichtungstakt (2)**. Das Ventil schließt, der Kolben bewegt sich nach oben und verdichtet dabei den Treibstoff. Die Zündkerze zündet den Treibstoff, der dann explodiert. Die Wärme dehnt die Gase aus und drückt den Kolben im **Arbeitstakt (3)** nach unten. Er verrichtet dabei Arbeit für den Antrieb der Autoräder. Der Zyklus endet mit dem **Auslasstakt (4)**. Das Abgasventil öffnet sich und lässt die Abgase entweichen.

Zweitaktmotor
Verbrennungsmotor
mit zwei Zyklusphasen

Viele kleinere Motorräder besitzen Zweitaktmotoren. Der Kolben bewegt sich im ersten Takt (1) nach oben und verdichtet den Treibstoff, der dann von der Zündkerze gezündet wird. Neuer Treibstoff gelangt in den Bereich unter dem Kolben. Im zweiten Takt (2) wird der Kolben nach unten gedrückt. Er lässt die Abgase entweichen und drückt den Treibstoff in den Bereich über dem Kolben.

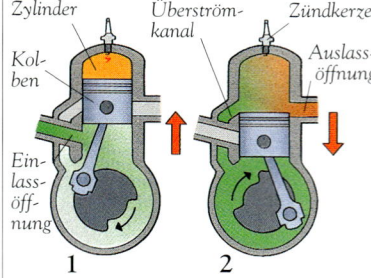

Zweitaktzyklus
Bei der Aufwärtsbewegung verdichtet der Kolben den Treibstoff, der sich dann entzündet. Bei der Abwärtsbewegung strömt neuer Treibstoff über den Kolben.

Siehe auch
Benzinmotor 67 • Elektrischer Generator 110
Kinetische Energie 68 • Turbine 59

Wärmekraftmotor
Maschine, die Wärme in Arbeit umwandelt

Ein Wärmekraftmotor verbrennt Treibstoff zum Antrieb einer Maschine. Dies geschieht durch die Erwärmung eines Gases, das sich dabei ausdehnt und Teile im Motor bewegt. Dabei wird Wärmeenergie zu kinetischer Energie ■. Bei einem **Motor mit innerer Verbrennung** findet dieser Vorgang im Motor statt. Automotoren, Strahltriebwerke und Raketenantriebe sind Beispiele dafür. Ein **Motor mit äußerer Verbrennung** verbrennt den Treibstoff außerhalb des Motors. Die in großen Schiffen und Kraftwerken eingesetzte Dampfturbine ist ein Beispiel hierfür.

Rotationskolbenmotor
Benzinmotor mit einem rotierenden Kolben

Der Rotationskolbenmotor heißt nach seinem deutschen Erfinder Felix Wankel (1902–1988) auch **Wankelmotor.** Der dreieckige Kolben des Motors rotiert in einer ovalen Kammer und umschließt dabei drei Bereiche mit variablem Volumen. Ventile öffnen und schließen sich, um Treibstoff einzulassen und um Abgase auszulassen. In jedem Bereich verdichtet der Kolben ein Treibstoff-Luft-Gemisch, das dann von einer Zündkerze zur Explosion gebracht wird. Die heißen Gase dehnen sich aus und drehen den Kolben.

Sicherheitsventil
Ventil zur Ableitung von Überdruck

In einem Gerät mit siedendem Wasser wie einem Dampfkessel oder Schnellkochtopf baut sich ein Dampfdruck auf. Ein Sicherheitsventil lässt Dampf entweichen, bevor der Druck gefährlich hoch wird.

Wärme • 97

Die erste Dampfmaschine
Der griechische Physiker Heron entwarf diese Maschine. Dampf vom erhitzten Wasser entweicht durch Röhren an der Kugel und versetzt sie in Drehung.

Dampfmaschine
Von Dampf angetriebener Motor

In einer Dampfmaschine bewegt sich ein Kolben in einem Zylinder, genau wie der Kolben im Automotor. Heißer Dampf strömt unter hohem Druck aus einem Dampfkessel in den Zylinder. Der Dampf dehnt sich im Zylinder aus und bewegt den Kolben. In einer **Dampfturbine** werden rotierende Schaufelblätter vom sich ausdehnenden Dampf angetrieben. Die Turbine besitzt getrennte Schaufelblatträder, die jeweils bei hohem, mittlerem und geringem Dampfdruck arbeiten. Dadurch kann die Turbine die Energie im Dampf besser nutzen.

Gasturbine
Motor, in dem heißes Gas eine Turbine antreibt

Gasturbinen können Maschinen wie elektrische Generatoren antreiben. Der Motor enthält eine **Verbrennungskammer,** in der ein Brennstoff kontinuierlich brennt und die in die Gasturbine strömende Luft erwärmt. Die heiße Luft dehnt sich aus und dreht die Schaufelblätter einer Turbine. Gleichzeitig betreibt die Turbine einen Kompressor, der Luft in die Verbrennungskammer saugt.

Strahltriebwerk
Motor, der einen sehr schnellen Luftstrahl erzeugt

Moderne Flugzeuge besitzen Strahltriebwerke. Dies sind Gasturbinen, die Kerosin verbrennen und nur einen Kompressor antreiben. Bei der Verbrennung des Treibstoffs entweicht ein Strahl heißer Luft und anderer Gase und drückt den Motor vorwärts. Ein **Manteltriebwerk** besitzt einen großen Ventilator an der Vorderseite, der Luft um die Gasturbine bläst und den Schub erhöht.

Heiße Gase unter hohem Druck

Einlass kalter Luft

Ventilatorenblätter

Kompressor
Kalte Luft umströmt den Motor.

Turbine

Verbrennungskammer

Manteltriebwerk
Ein Kompressor saugt Luft in die Verbrennungskammer. Dort wird sie mit Treibstoff gemischt und verbrennt. Der große Ventilator bläst Luft um den Motor, um die Leistung zu steigern und den Lärm zu reduzieren.

MOTORENBAUER

Heron von Alexandria
Griechischer Physiker (1. Jh.)

Heron baute die erste Dampfmaschine, den Äolsball. Sie besteht aus einer Hohlkugel, die mit Dampf gespeist wird. Der Dampf tritt unter Druck aus zwei gegenüberliegenden Rohren aus, sodass die Kugel sich dreht. Das Gerät hat aber keinen praktischen Nutzen.

James Watt
Englischer Erfinder (1736–1819)

Die Dampfmaschine wurde ab 1700 in Großbritannien entwickelt. Watt entwickelte ab 1765 eine automatische Regelung, die der Dampfmaschine zum endgültigen Durchbruch verhalf.

Frank Whittle
Englischer Ingenieur (1907–1996)

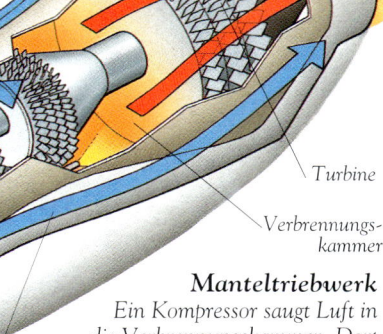

Frank Whittle konzipierte 1929 das Strahltriebwerk und begann mit dem Bau. Das erste Flugzeug mit Strahltriebwerk flog jedoch 1939 in Deutschland. Whittles Maschine wurde 1941 in einem Flugzeug eingesetzt.

Gottlieb Daimler
Deutscher Maschineningenieur (1834–1900)

Der erste Verbrennungsmotor nutzte Kohlegas als Brennstoff. Daimler baute 1883 den ersten praktischen Benzinmotor und verwendete ihn 1885 als Antrieb für das erste Motorfahrzeug.

Schall

Das Wissen um den Schall ermöglicht den Bau von Musikinstrumenten, Konzertsälen und Geräten zur Aufnahme und Wiedergabe von Schall. Durch Schall können wir auch Dinge wahrnehmen, die nicht in unserem Sichtfeld sind.

Schallwellen

Mechanische Schwingungen in einem Material beim Durchgang von Schall

Die menschliche Stimme ist hörbar, weil sich Schallwellen aus dem Mund zum Ohr ausbreiten. Eine Schallquelle versetzt die umgebende Luft in Schwingung. Diese Schwingungen breiten sich in der Luft als eine Reihe regelmäßiger Druckänderungen mit einer Geschwindigkeit von etwa 344 Meter pro Sekunde aus. Eine Schallwelle besteht aus Gebieten mit hohem Druck, den **Verdichtungen,** jeweils gefolgt von einem Gebiet mit niedrigem Druck, einer **Entdichtung.** Schall ist zu hören, wenn diese Druckänderungen das Ohr erreichen. Schallwellen breiten sich auch in Flüssigkeiten und Festkörpern aus.

Bereiche hohen Drucks

Lautstärke

Intensität des Schalls

Die Lautstärke eines Schalls hängt vom Druck in der Schallwelle ab. Große Druckänderungen ergeben einen lauten Schall und kleine Druckänderungen einen leisen Schall. Die Lautstärke hängt oft von der Resonanz ■ ab, vor allem bei Musikinstrumenten. Die beim Spielen des Instruments erzeugten Schwingungen versetzen auch den Körper des Instruments oder die darin enthaltene Luft in Schwingung. Die Amplitude ■ dieser Schwingungen verstärkt sich, sodass der Schall lauter wird.

Klang

Eindruck der Klangfarbe

Stimmen und Musikinstrumente klingen trotz gleicher Tonhöhe anders, weil sie unterschiedliche Klangfarben haben. Der Klang hängt von der Wellenform ■ der Schallwelle ab. Dies ist der Verlauf der Druckänderungen in der Schallwelle. Gleichmäßige Druckänderungen ergeben einen sanften Klang, plötzliche Druckänderungen einen härteren Klang.

Gestimmt
Die schwingenden Zinken einer Stimmgabel erzeugen in der umgebenden Luft Bereiche mit unterschiedlichem Druck. Diese sind als Schallwellen hörbar.

Tonhöhe

Frequenz des Schalls

Die Tonhöhe einer Schallwelle ist ihre Frequenz ■. Bei größerer Frequenz ist der Ton höher und die Wellenlänge ■ kürzer. Stimmen von Frauen und Kindern haben oft hohe Frequenzen und klingen hoch, während Männer mit tieferen Tönen sprechen und singen.

Oberschwingung

Zusätzliche höherfrequente Schallwelle

Wenn wir einen Schall mit bestimmter Tonhöhe hören, handelt es sich oft nicht um einen reinen Ton. Er wird von Schallwellen höherer Frequenz begleitet, den Oberschwingungen oder **Obertönen.** Sie sind leiser als die Grundschallwelle, haben ein Mehrfaches der Grundfrequenz und bestimmen den Klang.

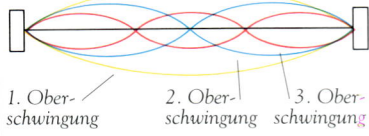

1. Oberschwingung *2. Oberschwingung* *3. Oberschwingung*

Zusätzliche Schwingungen
Der Klang eines Tons hängt von der Lautstärke der Oberschwingungen relativ zueinander und zur Grundschwingung ab. Die zweite harmonische Schwingung entsteht durch eine Saite, die in zwei Abschnitten schwingt. Die dritte harmonische Schwingung besteht aus Schwingungen in drei Abschnitten.

Akustik

Untersuchung des Schalls

Das Wort Akustik bezeichnet nicht nur die Untersuchung des Schalls, sondern auch die Schallqualität in einem Gebäude wie einem Konzertsaal. Bei guter Akustik, die durch eine entsprechende Raumgestaltung erreicht wird, ist der Klangeindruck eines Orchesters, Sängers oder Redners klar und angenehm.

Dopplereffekt

Tonhöhenänderung durch Bewegung der Schallquelle

Wenn ein Fahrzeug mit eingeschalteter Sirene vorüberfährt, nimmt man ein Absinken der Tonhöhe war. Dies ist der Dopplereffekt. Wenn sich die Schallquelle nähert, gelangen die Druckänderungen schneller zu den Ohren, weil die Wellen vor dem Fahrzeug zusammengedrückt werden. Die Frequenz des Schalls steigt. Wenn sich die Schallquelle entfernt, sind die Druckänderungen weiter voneinander entfernt und die Tonhöhe fällt. Der Dopplereffekt tritt auch bei Lichtwellen auf.

Echo

Wiederholung eines Schalls durch die Reflexion seiner Schallwelle

Ein Echo tritt auf, wenn eine Schallwelle auf ein Hindernis wie ein großes Gebäude oder einen Felsen trifft. Die Schallwelle prallt von der Oberfläche ab und erreicht die Ohren später als der Rest der Schallwelle auf direktem Weg.

Schwebung

Regelmäßige Lautstärkeänderung, die durch zwei Töne entsteht

Zwei Töne mit fast gleicher Frequenz sind nicht mehr getrennt zu hören, sondern nur noch als ein Ton mit regelmäßig ansteigender und abnehmender Lautstärke. Schwebungen entstehen durch Interferenz ■ zwischen den beiden Schallwellen.

Siehe auch

Amplitude 71 • Frequenz 71 • Hertz 72
Interferenz 79 • Longitudinalwelle 72
Resonanz 56 • Überschall 64
Überschallknall 64 • Wellenform 72
Wellenlänge 72

Echolot

Methode zur Ortung von Objekten mit Schallwellen

Eine Fledermaus orientiert sich im Dunkeln mit Hilfe des Echolots. Sie sendet Pfeiftöne aus, die von Objekten auf ihrem Weg abprallen. Die Fledermaus erkennt an den Echos die Lage der Objekte. Das **Sonar** ist eine Form des Echolots. Die Sonaranlage auf einem Schiff sendet Schallimpulse aus und empfängt die Echos von Objekten unter Wasser. Die Echos werden in ein Bild umgewandelt und auf einem Bildschirm angezeigt. Geologen nutzen das Sonar zur Erkundung von Erdöllagerstätten unter der Erdoberfläche.

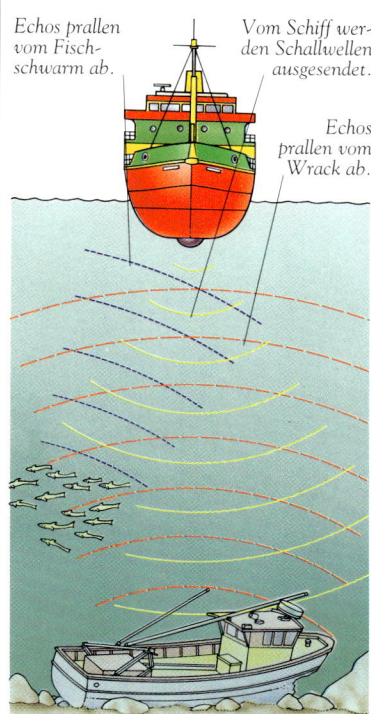

Echos prallen vom Fischschwarm ab.

Vom Schiff werden Schallwellen ausgesendet.

Echos prallen vom Wrack ab.

Sondierung
Das Schiffssonar sendet Schallimpulse (gelb) aus und empfängt die Echos von einem Wrack (rot) und einem Fischschwarm (violett). Die Verzögerung zwischen Schallimpuls und Echo hängt von der Tiefe des Objekts ab. Das Sonar misst die Laufzeit und damit die Tiefe.

Ultraschallbild

Das Ultraschallbild eines Embryos im Mutterleib

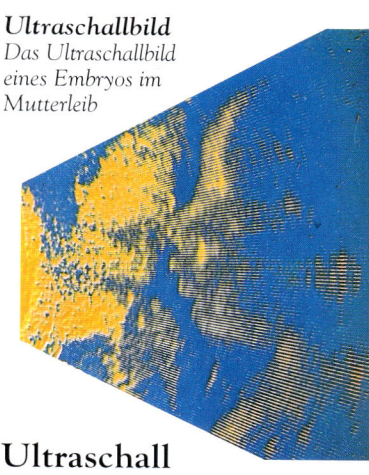

Ultraschall

Schall mit hoher Frequenz, die vom menschlichen Ohr nicht mehr wahrnehmbar ist

Der Schall einer Hundepfeife ist ein Beispiel für Ultraschall. Ultraschall hat eine Frequenz von über 20 kHz und wird vielfach in Industrie und Medizin eingesetzt. Ultraschallscanner erzeugen mit Ultraschallimpulsen Bilder von Embryos im Mutterleib. **Infraschall** hat eine Frequenz unterhalb der menschlichen Hörschwelle von 20 Hertz ■.

SCHALL MESSEN

Schallgeschwindigkeit

Etwa 344 Meter pro Sekunde (m/s) in Luft auf Meereshöhe

Die Schallgeschwindigkeit nimmt mit der Höhe ab, weil die Luft kälter ist. Bei 20 °C beträgt die Schallgeschwindigkeit 344 m/s, aber bei 0 °C beträgt sie nur 331 m/s. In Wasser mit 20 °C breitet sich Schall mit 1483 m/s aus und in Holz mit etwa 4000 m/s.

Dezibel (dB)

Näherungsmaß für die Lautstärke eines Schalls

Ein Schall mit 0 dB ist gerade hörbar. Ein Düsenflugzeug kann bis zu 130 dB erreichen.

Magnetismus

Magnete und elektrischer Strom üben eine Kraft auf eiserne Gegenstände und andere Magnete aus. Die Erde selbst ist ein riesiger Magnet mit zwei magnetischen Polen. Elektromagnete entstehen durch elektrische Ströme und werden vielfach in der Technik verwendet.

Magnet
Ein magnetisches Objekt

Magnete können sich gegenseitig anziehen oder abstoßen. Ein frei beweglicher Magnet richtet sich im Magnetfeld der Erde aus. Nur bestimmte Materialien sind magnetisch. Dazu gehören einige Metalle wie Eisen, Nickel und Kobalt, einige Legierungen ■ und einige Arten von Keramik ■. **Magnetit** ist ein magnetisches Mineral aus Eisenoxid. Ein **Permanentmagnet** ist immer magnetisch, während ein **temporärer Magnet** magnetische Kraft gewinnen oder verlieren kann. Ein **Rückschlussstück** ist ein Eisenstab, der auf einem Permanentmagneten platziert wird, um dessen Magnetismus zu erhalten, wenn er nicht im Einsatz ist.

Magnetfeld
Gebiet um den Magneten, in dem er Kräfte ausübt

Ein Magnet zieht Objekte nur in seinem Magnetfeld an. Zwei Magnete ziehen sich an oder stoßen sich ab, wenn ihre Magnetfelder aufeinander treffen. An jedem Punkt im Feld übt der Magnet eine Kraft in eine bestimmte Richtung aus. Die Richtung ergibt sich aus den **Kraftlinien** oder **Feldlinien,** die rund um den Magneten von einem Pol zum anderen verlaufen. Ein Draht, durch den elektrischer Strom ■ fließt, ist ebenfalls von einem Magnetfeld umgeben.

Magnetpol
Einer von zwei Punkten eines Magneten, an denen sein Magnetismus am stärksten ist

Ein Magnet hat zwei Pole, den Nord- und den Südpol. Dort ist die magnetische Kraft am stärksten. Entgegengesetzte Pole ziehen sich an, gleiche Pole stoßen sich ab. Ein Nordpol zieht einen Südpol an, aber die Nordpole zweier Magneten stoßen sich ab.

Eisenspäne machen die Kraftlinien sichtbar.

Entgegengesetzte Pole ziehen sich an.

Kompass
Gerät, das die Nord-Süd-Richtung anzeigt

Ein magnetischer Kompass enthält eine magnetisierte Nadel, die drehbar gelagert ist. Das Magnetfeld der Erde wirkt so auf die Nadel, dass ein Ende zum magnetischen Nordpol der Erde gezogen wird und das andere zum magnetischen Südpol. Die Lage der magnetischen Erdpole weicht etwas von der Lage der geographischen Pole ab.

Weiß'sche Bezirke
Bereiche mit magnetischer Wirkung in magnetischem Material

Magnetisches Material gliedert sich in viele winzige Elementarmagnete, die Weiß'schen Bezirke. Dort herrscht Magnetismus, weil sich die Atome ■ darin wie Minimagnete verhalten. Die bewegten elektrischen Ladungen der umlaufenden Elektronen ■ erzeugen Magnetfelder. Die Magnetkräfte der Atome richten sich in einem Weiß'schen Bezirk parallel aus, sodass zwei Magnetpole entstehen. Zunächst zeigen die Magnetpole verschiedener Bezirke in verschiedene Richtungen, sodass insgesamt kein Magnetismus auftritt. Ein äußeres Magnetfeld richtet die Pole aller Bezirke in gleicher Richtung aus. Dadurch wird das Material zum Magneten.

Nordrichtung
Wenn die Magnetnadel frei beweglich ist, zeigt ihr Nordpol zum Südpol des Erdmagnetfelds und damit geographisch nach Norden.

Der Kompass weist nach Norden.

Der Nordpol des Magneten weist nach Norden.

Der Stabmagnet schwimmt auf Kork in Wasser.

Magnetismus und Elektrizität • 101

Erdmagnetfeld

Überall auf der Erde wirkendes Magnetfeld

Die Erde ist ein riesiger Magnet mit magnetischem Nordpol und Südpol. Diese Pole liegen in der Nähe des jeweils entgegengesetzten geographischen Pols. Der Südpol eines magnetischen Kompasses weist immer auf den magnetischen Nordpol der Erde. Der Winkel zwischen dieser Richtung und dem geographischen Südpol heißt **magnetische Missweisung** oder **magnetische Deklination**. An den meisten Orten verläuft das Erdmagnetfeld nicht horizontal, sondern zeigt zum Boden oder in die Luft. Dies ist die **magnetische Inklination**. Die Magnetwirkung der Erde heißt **Geomagnetismus**.

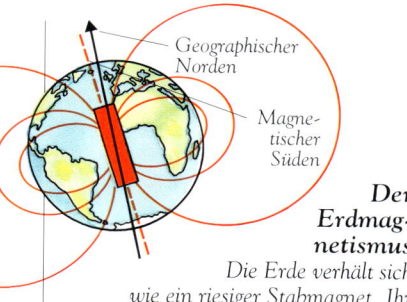

Geographischer Norden
Magnetischer Süden

Der Erdmagnetismus
Die Erde verhält sich wie ein riesiger Stabmagnet. Ihr Magnetfeld reicht in den Weltraum hinein. Wissenschaftler vermuten elektrische Ströme im metallischen Erdkern als Ursache.

Magnetisches Schweben

Höhengewinn durch Magnetkräfte

Eine **Magnetschwebebahn** wird von einem Magnetfeld getragen, das mithilfe von Strom zwischen der Fahrbahn und dem Zug aufgebaut wird. Ein zweites Magnetfeld treibt die Bahn entlang der Strecke voran.

Entmagnetisierung

Das Entfernen von Magnetismus

Die Magnetisierung eines Objekts lässt sich durch starke Erschütterung oder Erwärmung aufheben. Auch eine elektrische Spule mit schnell wechselndem Magnetfeld kann Objekte entmagnetisieren.

Elektromagnet

Elektrisch betriebener Magnet

Ein Elektromagnet besteht aus einer Drahtspule mit einem Eisenkern. Wenn elektrischer Strom durch die Spule fließt, wird das Eisen zum Magneten. Beim Ausschalten des Stroms verliert der Elektromagnet seinen Magnetismus. Ein **Solenoid** ist eine lange zylindrische Spule, die bei Stromdurchfluss wie ein Stabmagnet wirkt.

Gleiche Pole stoßen sich ab.

Magnetometer

Instrument zur Erkennung und Messung von Magnetismus

Ein Magnetometer misst Stärke und Richtung von Magnetfeldern in Maschinen und erkennt versunkene oder vergrabene Metallgegenstände. Satelliten und Weltraumsonden tragen Magnetometer, um Magnetfelder im Weltall und um Planeten zu messen.

Magnetische Induktion

Das Erzeugen von Magnetismus in einem anderen Objekt durch einen Magneten

Wird ein Objekt aus magnetischem Material in ein Magnetfeld gebracht, wird es selbst zu einem Magneten. Das Magnetfeld richtet die Elementarmagnete des Objekts in einer Richtung aus, sodass sich Weiß'sche Bezirke bilden.

Magnetismus durch Elektrizität
In einem Elektromagneten fließt elektrischer Strom durch den Draht und erzeugt ein Magnetfeld. Der Draht ist mehrfach gewickelt, um das Feld zu verstärken.

Siehe auch

Atom 34 • Elektrischer Strom 104
Elektron 34 • Keramik 159
Legierung 166 • Supraleitung 113

Statische Elektrizität

Das Knistern beim Ausziehen eines Pullovers entsteht durch kleine elektrische Funken in der Luft. Der Pullover wird durch Reibung an den Haaren oder an der Wäsche elektrostatisch geladen. Auch Blitze sind elektrostatische Effekte.

Blattgold-Elektroskop
Dieser Plastikkamm wurde durch Reiben an Wolle geladen. Um die Ladung zu messen, bringt man den Kamm an ein Elektroskop und beobachtet, wie weit sich das Goldblättchen vom Stab entfernt.

Geladener Plastikkamm
Messelektrode
Goldblättchen
Skala

Elektrizität
Energieform, die durch die Kraft der Elektronen entsteht

Elektronen ▪ sind winzige bewegte Teilchen in den Atomen ▪. In manchen Stoffen können Elektronen ihre Atome verlassen und sich zu anderen Atomen desselben Stoffs oder zu Atomen eines anderen Stoffs bewegen. Diese Bewegung der Elektronen erzeugt elektrische Energie ▪. Bei der Untersuchung elektrischer Phänomene unterscheidet man zwischen statischer Elektrizität und fließendem Strom.

Elektroskop
Instrument zum Nachweis einer elektrischen Ladung

Ein **Blattgold-Elektroskop** enthält einen Metallstab mit einem dünnen Goldblättchen am unteren Ende und einer Messelektrode am oberen Ende. Wenn ein elektrisch geladenes Objekt die Messelektrode berührt, geht Ladung auf den Stab und das Goldblättchen über. Beide Komponenten tragen gleichartige Ladung, deshalb stoßen sie sich ab.

Statische Elektrizität
Form der Elektrizität, bei der die Ladung in Ruhe bleibt

Im Gegensatz zum fließenden Strom entsteht statische Elektrizität, wenn die Ladungen an einem Ort bleiben. Reibt man einen Plastikstift an einem Taschentuch, bewegen sich zunächst Elektronen vom Taschentuch zum Stift. Hört man auf zu reiben, bleibt diese Ladungstrennung bestehen, weil der Stift ein elektrischer Isolator ▪ ist. Der geladene Stift zieht kleine Papierschnipsel an. Der **elektrostatische Effekt** verschwindet, wenn die Elektronen den Stift verlassen. Statische Elektrizität kann einen leichten elektrischen Schlag verursachen.

Elektrische Ladung
Eine Menge der Elektrizität

Wenn Atome in einem Objekt Elektronen aufnehmen, erhält dieses eine **negative Ladung,** weil jedes Elektron eine winzige negative Ladung trägt. Wenn die Atome eines Objekts Elektronen abgeben, erhält es eine **positive Ladung.** Der Betrag der Ladung in einem Objekt hängt davon ab, wie viele Elektronen die Atome aufnehmen oder abgeben. Entgegengesetzt geladene Objekte ziehen sich an, während sich Objekte mit gleicher Ladung abstoßen. Ein Objekt ohne elektrische Gesamtladung ist **neutral.**

Elektrisches Feld
Gebiet um ein geladenes Objekt, in dem dieses eine Kraft ausübt

Ein elektrisch geladenes Objekt ist von einem elektrischen Feld umgeben. In diesem Bereich übt das Objekt eine Kraft auf andere Objekte und deren Ladung aus. Der Bereich heißt auch **elektrostatisches Feld.**

Elektrostatische Induktion

Das Erzeugen einer elektrischen Ladung in einem Objekt durch ein geladenes anderes Objekt

Das elektrische Feld eines geladenen Objekts kann auf ein anderes Objekt Kräfte ausüben. Diese Kräfte erzeugen im zweiten Objekt ebenfalls Ladung. Eine positive Ladung im ersten Objekt zieht Elektronen an und macht die Oberfläche des zweiten Objekts negativ geladen. Entgegengesetzt geladene Objekte ziehen sich an, gleichartig geladene stoßen sich ab.

Elektrophor

Gerät, das eine elektrische Ladung erzeugt und trägt

Ein Elektrophor besteht aus einer Kunststoffscheibe und einer Metallscheibe mit einem isolierten Handgriff. Durch Reiben erhält die Kunststoffscheibe eine elektrische Ladung. Beim Aufsetzen der Metallscheibe auf die Kunststoffscheibe wird in der Metallscheibe eine Ladung induziert.

Van-de-Graaff-Generator
Große Van-de-Graaff-Generatoren erzeugen genügend statische Elektrizität für diesen schönen Effekt.

Blitzableiter

Metallstab, der Blitze anzieht

Ein Blitzableiter ist ein Metallstab, der auf einem Gebäude befestigt und über ein starkes Metallkabel mit dem Erdboden verbunden ist. Blitze treffen eher den Stab als das Gebäude. Dann leitet das Kabel den starken elektrischen Strom ■ in den Boden ab.

Elektrostatischer Generator

Maschine, die ständig elektrische Ladung erzeugt

Ein elektrostatischer Generator baut eine starke Ladung in einem Objekt auf. Er wird in Forschung und Industrie eingesetzt. Eine **Wimshurst-Maschine** ist ein kleiner Generator mit zwei rotierenden Scheiben, in denen sich elektrische Ladung aufbaut. Sie sind mit Metallkämmen verbunden. Ein **Van-de-Graaff-Generator** enthält einen umlaufenden Riemen, der über eine Metallbürste Ladung aufnimmt. Der Riemen überträgt die Ladung auf eine polierte, hohle Metallkugel oben am Generator. Wenn man eine andere Metallkugel in die Nähe des Generators bringt, entlädt sich die statische Elektrizität über einen großen Funken zwischen den beiden Kugeln.

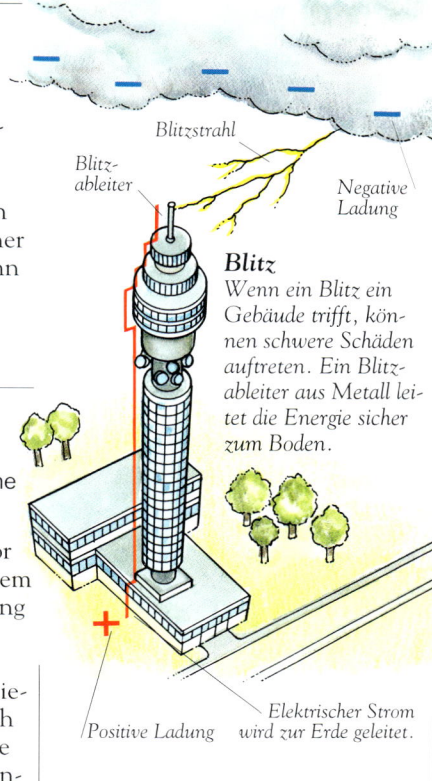

Blitzstrahl
Blitzableiter
Negative Ladung

Blitz
Wenn ein Blitz ein Gebäude trifft, können schwere Schäden auftreten. Ein Blitzableiter aus Metall leitet die Energie sicher zum Boden.

Positive Ladung
Elektrischer Strom wird zur Erde geleitet.

Blitz

Großer elektrischer Funke während eines Gewitters

In einer Gewitterwolke baut sich an der Unterseite eine negative und an der Oberseite eine positive Ladung auf. Die negative Ladung an der Wolkenunterseite erzeugt durch elektrostatische Induktion eine positive Ladung am Boden. Blitze sind plötzliche, starke elektrische Stromimpulse, mit denen sich die entgegengesetzten Ladungen ausgleichen. Die vom Strom erzeugte Wärme bringt die Luft zum Leuchten. Außerdem bewirkt die Wärme eine plötzliche Ausdehnung der Luft, die als Donner zu hören ist.

Siehe auch

Atom 34 • Elektrische Energie 69
Elektrischer Isolator 105
Elektrischer Strom 104 • Elektron 34
Kondensator 106

Elektrischer Strom

Strom ist eine saubere, vielseitige und leicht zu transportierende Energiequelle. Leitungsnetze bringen Elektrizität von Kraftwerken in Wohnungen und Fabriken. Dort wird sie zur Beleuchtung, Heizung und zum Antrieb von Maschinen genutzt. Batterien versorgen kleine elektrische Geräte mit Energie.

Elektrischer Stromkreis
Weg des elektrischen Stroms

Ein elektrischer Stromkreis besteht aus einer Energiequelle, verbindenden Drähten und elektrischen Bauelementen wie Lampen, Schaltern, Widerständen ■ oder Kondensatoren ■. Der Strom fließt von der Quelle durch den Stromkreis zur Quelle zurück, bis der Stromkreis unterbrochen wird.

Elektrischer Strom
Bewegung elektrischer Ladungen

Elektrische Ladung kann nur in einem elektrisch leitenden Stoff wie einem Kupferdraht fließen. Die Ladung fließt durch den Draht, wenn eine elektromotorische Kraft Elektronen ■ in den Leiter bringt. Die Elektronen sind negativ geladen ■ und stoßen dadurch die voraus befindlichen Elektronen ab. Wenn sich die Elektronen im Leiter von Atom zu Atom bewegen, wird die Ladung in einem Fluss den Draht entlang transportiert. Dies ist der elektrische Strom.

Wechselstrom
Elektrischer Strom, bei dem die Elektronen ständig die Richtung wechseln

In Kraftwerken ■ erzeugt man Wechselstrom, weil sich dieser besser über lange Strecken transportieren lässt als Gleichstrom. Im Wechselstrom aus der Steckdose bewegen sich die Elektronen 50-mal pro Sekunde in der Leitung hin und her. Dies ist die **Frequenz** der Stromversorgung. In manchen Ländern beträgt sie 60 Hz.

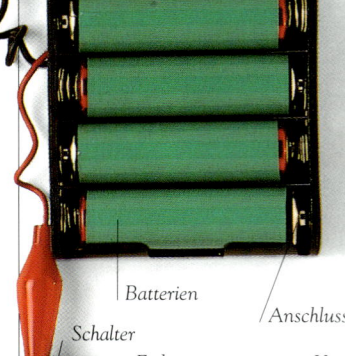

Verzweigter Stromkreis
Gleichstrom von den Batterien fließt durch zwei Stromkreise – links eine Reihenschaltung und rechts eine Parallelschaltung.

Batterien
Anschluss
Schalter

Feder — Kontakt

Beim Bedienen des Schalters berührt die Metallfeder den Kontakt und durch den Schalter fließt Strom.

Gleichstrom
Elektrischer Strom, der nur in einer Richtung fließt

Eine Batterie ■ erzeugt Gleichstrom. Eine elektromotorische Kraft von der Batterie bewegt die Elektronen in einer bestimmten Richtung durch einen Draht. Die Elektronen können diese Flussrichtung nicht umkehren.

Glühlampen in Reihe
Beide Glühlampen leuchten schwach, weil jede nur die halbe Spannung der Batterie erhält.

Reihenschaltung
Stromkreis mit hintereinander angeordneten Komponenten

In einer Reihenschaltung liegt an jedem Bauelement nur ein Teil der Gesamtspannung an. Eine Unterbrechung an beliebiger Stelle stoppt den Stromfluss.

Schalter
Bauteil, das einen elektrischen Stromkreis schließt oder öffnet

Beim Einschalten des Lichts schließt der Schalter eine Lücke im Stromkreis, damit der Strom durch die Glühlampe fließen kann. Beim Ausschalten des Lichts unterbricht der Schalter den Stromkreis.

Siehe auch

Ampère 178 • Batterie 108
Coulomb 178 • Elektrische
Ladung 102 • Elektron 34
Faraday 107 • Kondensator 106
Kraftwerk 110 • Newton 51
Ohm 181 • Supraleitung 113
Volta 107 • Widerstand 106

Magnetismus und Elektrizität • 105

Elektrischer Leiter
Stoff, durch den Strom fließen kann

Die meisten Metalle sind gute elektrische Leiter. Ihre Atome haben leicht bewegliche freie Elektronen. Der Durchgang von Strom durch einen Stoff heißt elektrische **Leitung**. Die elektrische **Leitfähigkeit** gibt an, wie gut ein Strom fließen kann.

Elektromotorische Kraft
Kraft, die Elektronen bewegt

Elektronen können ohne den Anstoß durch eine elektromotorische Kraft keinen Stromfluss erzeugen. Sie wird in einer Quelle elektrischer Energie wie einer Batterie erzeugt. Die elektromotorische Kraft wirkt auf die Elektronen in der Batterie und drückt sie in den Stromkreis, dort versetzen sie andere Elektronen in Bewegung. Die Differenz der elektromotorischen Kraft zwischen zwei Punkten in einem Stromkreis heißt **Potenzialdifferenz**. Sie bringt den Strom zum Fließen, weil sich die Elektronen stets von einem Punkt hohen Potenzials zu einem Punkt niedrigen Potenzials bewegen. Die elektromotorische Kraft einer Quelle heißt auch **Spannung** und wird in Volt gemessen.

Anschluss
Punkt, an dem elektrischer Strom ein Bauteil erreicht oder verlässt

Drähte werden an die Pole von Batterien und die Anschlüsse elektrischer Bauelemente angeschlossen. Aus dem negativen Pol der Batterie fließen Elektronen.

Elektrischer Isolator
Stoff, der Strom nicht leitet

Ein Isolator leitet die Elektrizität nicht, weil seine Atome keine freien Elektronen haben. Kunststoffe und Keramik sind gute Isolatoren. **Isolierung** bezeichnet den Einsatz von Isolatoren, um elektrische Geräte sicher handhabbar zu machen. Die Umhüllung von Kabeln besteht aus Isolatoren.

Dieses Kabel ist mit einer Plastikhülle isoliert.

Parallelschaltung
Stromkreis, der sich in Zweige aufteilt

Strom fließt durch alle Zweige des Stromkreises, sodass jeder Zweig die volle Spannung der Quelle erhält. Die Unterbrechung eines Zweigs stoppt den Stromfluss nur in diesem Zweig.

Glühlampen parallel
Die Glühlampen in beiden Zweigen der Parallelschaltung leuchten hell, weil beide die volle Spannung der Batterie erhalten.

Widerstand
Grad, in dem ein Stoff dem elektrischen Strom widersteht

Alle elektrischen Leiter bis auf die Supraleiter ■ haben einen bestimmten elektrischen Widerstand. Sie wandeln also einen Teil der elektrischen Energie in Wärme um. Gute Leiter haben einen niedrigen Widerstand.

STROM MESSEN

Ampere (A)
SI-Einheit der Stromstärke

1 Ampere ist die Stromstärke, die eine Kraft von 2 zehnmillionstel Newton ■ zwischen zwei unendlich langen, 1 m voneinander entfernten, parallelen Drähten ausübt. (Benannt nach André Ampère ■.)

Volt (V)
SI-Einheit der Spannung

Die Spannung 1 Volt lässt den Strom 1 Ampere jede Sekunde 1 Joule Energie erzeugen. (Benannt nach Alessandro Volta ■.)

Ohm (Ω)
SI-Einheit des Widerstands

Der Widerstand 1 Ohm lässt die Spannung 1 Volt einen Strom von 1 Ampere erzeugen. (Benannt nach Georg Ohm ■.)

Coulomb (C)
SI-Einheit der Ladung

1 Coulomb ist die Ladung, die vom Strom 1 Ampere innerhalb einer Sekunde geliefert wird. Sie entspricht der Ladung von 6 Trillionen (10^{18}) Elektronen. (Benannt nach Charles Coulomb ■.)

Farad (F)
SI-Einheit der Kapazität

Ein Kondensator der Kapazität 1 Farad speichert die Ladung 1 Coulomb, wenn eine Spannung von 1 Volt angelegt ist. (Benannt nach Michael Faraday ■.)

Fortsetzung nächste Seite ▶

Widerstand

Elektrisches Bauelement, das den Stromfluss hemmt

Ein Widerstand bestimmt die Stärke des elektrischen Stroms ■, der in einem Stromkreis ■ fließt. Ein Festwiderstand hat einen festgelegten elektrischen Widerstand ■.

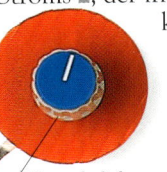
Veränderlicher Widerstand

An einem Potenziometer kann der Widerstandswert eingestellt werden. Der Widerstand eines Thermistors ■ fällt bei steigender Temperatur.

Potenziometer
Dieser veränderliche Widerstand (oben) steuert den Strom, der durch die Glühlampe fließt, und damit deren Helligkeit.

Ohm'sches Gesetz

Das Verhältnis zwischen Spannung und Strom ist konstant, wenn der Widerstand konstant ist

Die Stärke des Stroms, der durch einen elektrischen Leiter ■ fließt, hängt vom Widerstand des Leiters und von der angelegten Spannung ab, der Potenzialdifferenz ■. Mit steigendem Widerstand sinkt die Stromstärke. Mit steigender Spannung oder abnehmendem Widerstand steigt die Stromstärke. Der Widerstandswert in Ohm ist die Spannung in Volt geteilt durch die Stromstärke in Ampere. Dieser Zusammenhang wurde von Georg Ohm ■ entdeckt.

Spannung messen
Die Spannung an der Glühlampe kann mit einem Vielfachmessgerät ermittelt werden. Die Spannung beträgt 2,2 Volt.

Kondensator

Elektrisches Bauelement, das elektrische Energie speichert

Zwei Metallplatten sind durch einen elektrischen Isolator ■, das **Dielektrikum**, getrennt. Nach Anlegen einer elektrischen Spannung findet eine Ladungstrennung statt, die erhalten bleibt, wenn man die Spannung entfernt. Der Kondensator hat Energie gespeichert. Das Speichervermögen ist die **Kapazität.**

Voltmeter

Messgerät für elektrische Spannung

Ein Voltmeter zeigt die Spannung zwischen zwei Punkten in einem Stromkreis an.

Potenziometer

Einstellbarer Widerstand

Auf einer leitfähigen Bahn kann ein Schleifkontakt bewegt werden. Der Abstand zwischen einem der beiden Endpunkte der Bahn und dem Schleifkontakt bestimmt den elektrischen Widerstand dazwischen. Mit Potenziometern lassen sich Ströme steuern und Spannungen teilen.

Amperemeter

Messgerät für elektrischen Strom

Ein Amperemeter zeigt die Stromstärke in einem Stromkreis an. **Galvanometer** sind Messgeräte für sehr kleine Ströme.

Vielfachmessgerät
Ein Vielfachmessgerät misst Strom, Spannung oder Widerstand.

SCHALTZEICHEN

Symbol	Bezeichnung
—o o—	Einfacher Schalter
—||—	Einzelne Batterie
—||—||—	Batterieblock
—o o—	Netzteil
—(A)—	Amperemeter
—(T)—	Galvanometer
—(V)—	Voltmeter
—(M)—	Motor
—(X)—	Glühlampe
—□—	Sicherung
—▭—	Widerstand
—▭—	Potenziometer
—||—	Kondensator

Siehe auch

Elektrischer Isolator 105 • Elektrischer Leiter 105 • Elektrischer Strom 104 • Elektrischer Stromkreis 104 • Ohm 181 • Potenzialdifferenz 105 • Thermistor 114 Widerstand 105

Pioniere der Elektrizität

Elektrizität ist seit über 2000 Jahren bekannt. Aber erst in den letzten 200 Jahren wurde die Vielseitigkeit dieser Energieform entdeckt.

Thales von Milet

Griechischer Naturphilosoph (um 650–um 560 v. Chr.)

Thales fand heraus, dass Bernstein, wenn er gerieben wird, leichte Objekte durch statische Elektrizität ■ anzieht. Das Wort Elektrizität ist vom griechischen Wort für Bernstein abgeleitet: »elektron«.

Benjamin Franklin

Amerikanischer Wissenschaftler und Staatsmann (1706–1790)

Franklin erkannte, dass Elektrizität durch die Trennung von positiven und negativen elektrischen Ladungen ■ entsteht. 1752 ließ er einen Drachen in ein Gewitter steigen, um die elektrische Natur der Blitze zu beweisen. Strom ■ aus den Gewitterwolken floss an der nassen Drachenschnur hinunter und lud einen Kondensator. Seither werden Blitzableiter zur Erdung von Blitzen eingesetzt.

Ein gefährliches Experiment
Franklin riskierte sein Leben, als er einen Drachen in ein Gewitter steigen ließ.

Luigi Galvani

Italienischer Arzt (1737–1798)

1789 beobachtete Galvani, dass die Muskeln eines toten Frosches durch Elektrizität gereizt werden konnten, sodass sie zuckten. Der italienische Physiker **Alessandro Volta** (1745–1827) erfand 1800 die erste Batterie, die mit verschiedenen Metallen elektrischen Strom erzeugte.

Hans Chr. Ørsted

Dänischer Physiker (1777–1851)

1820 beobachtete Ørsted eine Kompassnadel neben einem stromdurchflossenen Draht. Die Nadel bewegte sich und zeigte, dass elektrischer Strom ein Magnetfeld ■ erzeugt. Ørsted hatte den in der modernen Technik angewandten Elektromagnetismus entdeckt.

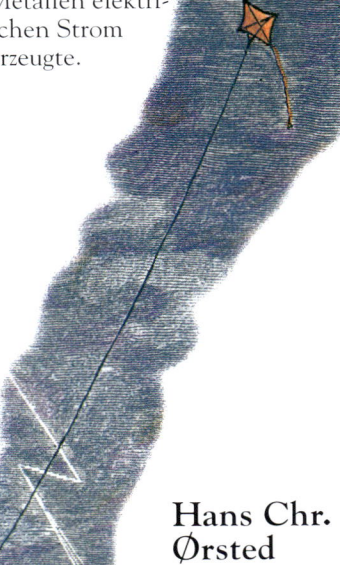

Faradays Ring
Michael Faraday untersuchte die elektromagnetische Induktion mit diesem Induktionsring. Der Ring war der erste Transformator.

Michael Faraday

Englischer Physiker (1791–1867)

Faraday baute auf Ørsteds Entdeckung des Elektromagnetismus auf. 1821 konstruierte er den ersten elektrischen Motor. 1831 entdeckte er die elektromagnetische Induktion ■ und erfand den Transformator ■. Gleichzeitig machte der amerikanische Physiker **Joseph Henry** (1797–1878) diese Entdeckung. 1831 erfand Faraday außerdem den elektrischen Generator ■.

Nikola Tesla

Amerikanischer Physiker (1856–1943)

Tesla wies nach, dass sich Wechselstrom für technische Anwendungen besser eignet als Gleichstrom. 1888 erfand er den Induktionsmotor ■ und außerdem den Tesla-Transformator, der hohe Spannungen mit hoher Frequenz erzeugt. Der amerikanische Ingenieur **George Westinghouse** (1846–1914) entwickelte Teslas Maschinen für Kraftwerke weiter.

Siehe auch

Elektrische Ladung 102
Elektrischer Generator 110
Elektrischer Strom 104
Elektromagnetische Induktion 110
Induktionsmotor 112 • Magnetfeld 100 • Statische Elektrizität 102
Transformator 110

Stromerzeugung

Die elektrische Energie für Haushalt und Industrie wird größtenteils in Kraftwerken erzeugt. Batterien sind eine Stromquelle mit relativ geringer Leistung für mobile Geräte. Strom aus Sonne und Wind ist auf dem Vormarsch.

Batterie
Speicher für elektrische Energie

Eine Batterie besteht aus einem oder mehreren elektrochemischen Elementen. Viele Batterien enthalten Primärelemente, deren elektrische Energie nach einer bestimmten Nutzungsdauer verbraucht ist. **Akkumulatoren** sind aufladbare Batterien, die an einer Stromquelle wieder aufgeladen und erneut verwendet werden können. Diese enthalten ein oder mehrere Sekundärelemente.

Elektrisches Element
Stoffkombination, in der chemische in elektrische Energie umgewandelt wird

Ein einfaches Element besteht aus zwei Stäben oder Platten aus verschiedenen Metallen, den Elektroden. Diese tauchen in einen **Elektrolyten** ein. Die Elektrodenmetalle reagieren mit der chemischen Verbindung im Elektrolyten. Elektronen fließen von einer Elektrode zur anderen. Dann fließt der Strom aus dem Element durch die Leiter eines elektrischen Stromkreises wieder zurück zum Element.

Einfaches Primärelement
Wenn Zink- und Kupferelektroden in eine verdünnte Schwefelsäurelösung (H_2SO_4) getaucht werden, fließt elektrischer Strom

Kupferelektrode

Wasserstoffgas (H_2) wird freigesetzt, wenn die Wasserstoff-Ionen (H^+) der Säure Elektronen aufnehmen.

Der Elektronenfluss erhellt die Glühlampe.

Trockenelement
Versiegeltes, trockenes elektrisches Element

Die meisten Batterien sind Trockenelemente. Der häufigste Typ eines Trockenelements ist das **Leclanché-Element,** das mit Zink- und Mangan-Elektroden 1,5 Volt erzeugt. Ein Alkali-Mangan-Element enthält Zinkpulver, ein Gemisch aus Mangan(IV)-oxid und Kohlenstoff sowie Kaliumhydroxid als Elektrolyt versiegelt in einer Stahlummantelung.

Primärelement
Nicht aufladbares elektrisches Element

Die meisten Batterien in Kassettenspielern und Taschenlampen sind Primärelemente. Elektroden und Elektrolyt verändern sich während der Reaktion, die Strom erzeugt. Wenn die Umwandlung abgeschlossen ist, kommt die Reaktion zum Stillstand, das Element ist »leer« und muss ersetzt werden.

Zinkelektrode

Wenn sich das Zink in der Säure auflöst, verlieren die Zinkatome Elektronen, die zur Kupferelektrode fließen.

Elektronen fließen aus dem Element durch das Kabel wieder zurück in das Element.

Brennstoffzelle
Gerät, das Elektrizität aus Kraftstoff gewinnt

Im Space Shuttle werden Brennstoffzellen mit Wasserstoff und Sauerstoff eingesetzt. Jede Zelle enthält einen Elektrolyten zwischen zwei porösen Platten, in die Wasserstoff und Sauerstoff geleitet werden. Beim Ausströmen aus den Platten erfolgt eine Reaktion mit dem Elektrolyten. Dabei werden die Platten elektrisch geladen, es fließt elektrischer Strom

Pluspol *Stahlmantel* *Mangan(IV)-oxid (gemischt mit Kohlenstoff) absorbiert Elektronen.* *Trennung* *Zink erzeugt in der Elektrolytpaste Elektronen.* *Der Metallstab sammelt Elektronen.* *Minuspol*

Long-life-Batterie
Das Stahlgehäuse dieses Alkali-Mangan-Elements nimmt an der Reaktion nicht teil. Es verhindert nur das Auslaufen des Elektrolyten Kaliumhydroxid.

Magnetismus und Elektrizität • 109

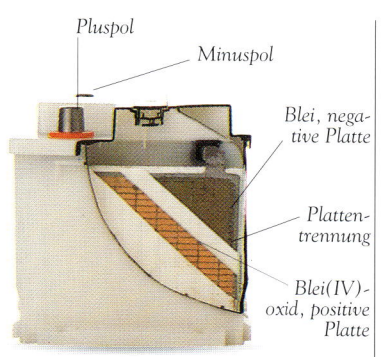

Autobatterie
Die Autobatterie liefert Strom zum Starten des Autos. Sie enthält Sekundärelemente, die durch Strom von der Lichtmaschine des Autos bei laufendem Motor wieder aufgeladen werden.

Sekundärelement
Aufladbares elektrisches Element

Wenn an den Elektroden eines Sekundärelements elektrischer Strom zugeführt wird, kehren sich die chemischen Veränderungen im Element um. Die Metalle der Elektroden und die chemische Verbindung des Elektrolyten werden wiederhergestellt. Eine Autobatterie ist ein **Bleiakkumulator.** Die Elektrodenplatten bestehen aus Blei und Blei(IV)-oxid, eingetaucht in Schwefelsäure als Elektrolyt.

Thermoelektrizität
Direkt aus Wärme erzeugte Elektrizität

Ein **Thermoelement** erzeugt bei Erwärmung eine elektrische Spannung. Zwei Drähte aus verschiedenen Metallen sind an einer Stelle verbunden. Wenn die Verbindungsstelle erhitzt wird, lässt sich an den freien Enden eine temperaturabhängige Spannung messen. Der erzeugte Strom ist sehr klein, sodass Thermoelemente nicht zur Energiegewinnung eingesetzt werden können. Sie dienen als Sensoren in der Messtechnik.

Fotoelektrischer Effekt
Umwandlung von Licht in Elektrizität

Als fotoelektrischen Effekt bezeichnet man die Freisetzung von Elektronen durch Licht oder andere Strahlung in bestimmten Materialien. Eine **Fotozelle** ist ein Sensor, der beim Auftreffen von Licht, Infrarotstrahlung oder Ultraviolettstrahlung ein elektrisches Signal erzeugt. Fotozellen werden im Belichtungsmesser von Kameras, in Alarmanlagen und anderen automatischen Geräten eingesetzt. Manche Fotozellen müssen von einer Stromquelle versorgt werden. **Fotovoltaische Zellen** wie **Solarzellen** brauchen keine Stromquelle, sondern versorgen Taschenrechner, kleine Motoren und andere elektrische Geräte durch die Umwandlung von Sonnenlicht mit Elektrizität.

Elektrizität von der Sonne
Verbindet man die Solarzelle eines Taschenrechners mit einem Vielfachmessgerät, lässt sich die bei Sonnenlichteinfall erzeugte Elektrizität messen. Diese Zelle erzeugt eine Spannung von 1,8 Volt.

Das Vielfachmessgerät zeigt 1,8 Volt.

Boot mit lautlosem Motor
Dieses japanische Boot saugt mithilfe der Magnetohydrodynamik Wasser vorne in die Röhren und stößt es hinten wieder aus. Dadurch bewegt sich das Boot vorwärts.

Magnetohydrodynamik
Elektrizitätserzeugung aus bewegter Flüssigkeit oder bewegtem Gas

Bei der Bewegung innerhalb eines starken Magnetfelds entsteht in Gasen oder Flüssigkeiten elektrischer Strom. Mit leitfähigen Elektroden kann dieser Strom abgenommen werden. Kraftwerke der Zukunft können vielleicht auf diese Weise Elektrizität erzeugen.

Piezoelektrizität
Von Kristallen erzeugte Elektrizität

Bestimmte Kristalle erzeugen elektrischen Strom, wenn sie mechanisch verformt werden. Viele Uhren enthalten einen schwingenden Quarzkristall, der ein exaktes Steuersignal für eine genaue Zeitmessung liefert.

Siehe auch
Belichtungsmesser 86 • Elektrischer Strom 104 • Elektrischer Stromkreis 104
Elektron 34 • Fotodiode 115

Fortsetzung nächste Seite ▶

Magnetismus und Elektrizität

Fleming'sche Regeln

Regeln für die Richtungsbeziehung zwischen Ursache, Vermittlung und Wirkung elektromagnetischer Effekte

Bringt man einen stromdurchflossenen Draht in ein Magnetfeld ▪, wirkt eine Kraft auf den Draht, wie in einem Elektromotor ▪. Wenn die Richtungen von Strom und Feld bekannt sind, lässt sich die Richtung der Kraft mit der Linkehandregel bestimmen. Wenn sich umgekehrt ein Draht im Magnetfeld bewegt, wird Strom im Draht erzeugt. Mit der Rechtehandregel ergibt sich die Richtung des Stroms, wenn die Feldrichtung und die Bewegungsrichtung bekannt sind.

Linkehandregel   Rechtehandregel

Elektromagnetische Induktion

Entstehung von Strom aus magnetischen Kräften

Bewegt man einen Kupferdraht in einem Magnetfeld, fließt im Draht elektrischer Strom. Dieser Effekt heißt elektromagnetische Induktion. Er tritt auch auf, wenn sich der Magnet relativ zum Draht bewegt oder wenn beide stillstehen, aber sich die Stärke des Magnetfelds ändert.

Das Galvanometer zeigt eine Spannung von 5 Millivolt an.

Verbindungsdrähte verlaufen unter dem Brett.

Transformator

Gerät zur Veränderung der Spannung und Stromstärke einer Wechselstromquelle

Für die meisten Geräte ist die Netzspannung zu hoch. Ein Transformator ändert die Höhe dieser Spannung. Er besteht aus zwei Drahtspulen, die um einen Eisenkern gewickelt sind. Durch die eine Spule fließt Wechselstrom einer bestimmten Spannung und erzeugt ein veränderliches Magnetfeld. Dieses Feld induziert in der zweiten Spule einen Strom mit anderer Spannung. Der Spannungsunterschied hängt von der Anzahl der Windungen in beiden Spulen ab.

Elektrischer Generator

Maschine, die Bewegung in Elektrizität umwandelt

In Kraftwerken wird Elektrizität mit Generatoren erzeugt, die von Turbinen angetrieben werden. In einem Generator rotiert eine Drahtspule im Magnetfeld eines Elektromagneten ▪. Umgekehrt kann auch der Magnet rotieren und die Spule stillstehen. In beiden Fällen fließt elektrischer Strom in der Spule. Ein **Wechselstromgenerator** erzeugt Wechselstrom ▪. Der elektrische Generator heißt auch **Dynamo**.

Minigenerator
Wenn sich diese Drahtspule im Magnetfeld des Stabmagneten dreht, fließt ein winziger elektrischer Strom durch die Spule. Mit einem Galvanometer kann dieser Strom gemessen werden.

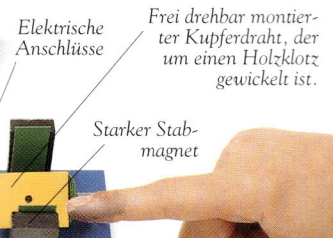

Elektrische Anschlüsse
Frei drehbar montierter Kupferdraht, der um einen Holzklotz gewickelt ist.
Starker Stabmagnet

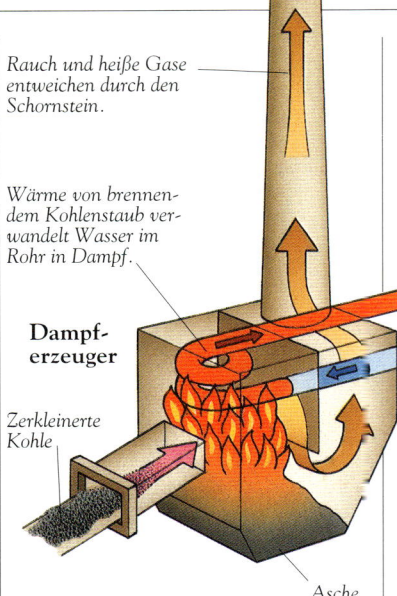

Rauch und heiße Gase entweichen durch den Schornstein.

Wärme von brennendem Kohlenstaub verwandelt Wasser im Rohr in Dampf.

Dampferzeuger

Zerkleinerte Kohle

Asche

Kraftwerk

Anlage, die eine Region mit Elektrizität versorgt

Kraftwerke stellen die elektrische Netzversorgung für Haushalte und Industrie bereit. Im **Wärmekraftwerk** verbrennt man Energieträger wie Kohle, um Wasser in Dampf umzuwandeln. Im **Kernkraftwerk** erzeugt ein Nuklearreaktor ▪ die Wärme für die Dampferzeugung. In beiden Kraftwerken strömt der Dampf durch eine Dampfturbine, die den elektrischen Generator antreibt. Die Turbine eines **Wasserkraftwerks** wird vom Wasserdruck angetrieben.

Umrichter

Gerät, das Wechselstrom in Gleichstrom umwandelt oder umgekehrt

Elektronische Geräte arbeiten mit Gleichstrom ▪, aber die Netzversorgung liefert Wechselstrom. Ein Umrichter, der nur Wechselstrom in Gleichstrom umwandelt, heißt **Gleichrichter**. Dioden ▪ darin lassen den Strom nur in einer Richtung durch. Es entsteht ein Gleichstrom mit pulsierender Spannung, der mit einem Kondensator ▪ geglättet werden kann.

Magnetismus und Elektrizität • 111

Wärmekraftwerk

In diesem Kohlekraftwerk wird Wasser in Dampf umgewandelt, der Turbinen bewegt, die einen Generator antreiben.

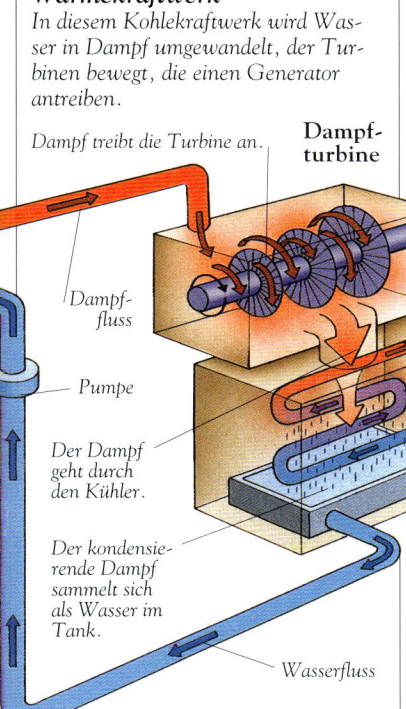

Dampf treibt die Turbine an.
Dampfturbine
Dampffluss
Pumpe
Der Dampf geht durch den Kühler.
Der kondensierende Dampf sammelt sich als Wasser im Tank.
Wasserfluss

Der Generator erzeugt Strom, indem er einen Magneten in einer großen Drahtspule dreht.

Transformator
Generator
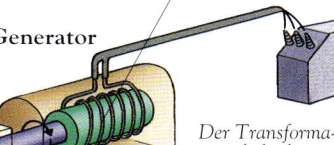
Der Transformator erhöht die Spannung.
Kühlwasserauslass
Kühlwassereinlass
Pumpe
Das kalte Wasser im Rohr kühlt den Dampf, sodass er kondensiert.

Elektrische Erdung

Elektrische Verbindung mit dem Erdboden

Die Netzstecker der meisten Geräte verbinden den Schutzkontakt in der Steckdose über das Netzkabel mit dem Metallgehäuse des Geräts. Löst sich ein Kabel im Gerät und berührt das Gehäuse, wird der Strom sofort in den Erdboden abgeleitet. So wird ein Stromschlag beim Berühren des defekten Geräts verhindert.

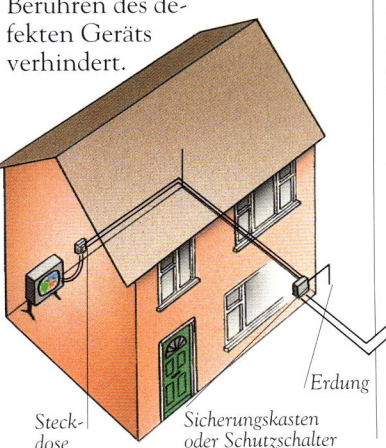

Steckdose
Sicherungskasten oder Schutzschalter

Sicherung

Schutzeinrichtung, die Schäden durch Elektrizität verhindert

Wenn ein elektrisches Gerät kaputtgeht, kann es einen sehr starken Strom aufnehmen. Der zusätzliche Stromfluss kann die Leitungen so erhitzen, dass ein Brand entsteht. Deshalb installiert man in Gebäuden Sicherungen, die den Stromkreis automatisch unterbrechen, wenn der Strom zu groß wird. Sicherungen können auch in die Geräte selbst eingebaut werden. **Schmelzsicherungen** enthalten einen dünnen Draht, der bei Überlastung schmilzt.

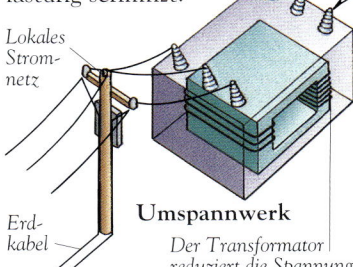

Lokales Stromnetz
Erdkabel
Umspannwerk
Der Transformator reduziert die Spannung.
Erdung

Elektrizität für die Wohnung

Das Versorgungsnetz leitet den Strom in ein Umspannwerk, wo ein Abspanntransformator die Spannung für Haushaltszwecke reduziert.

Mast
Kabel transportieren Hochspannung.

Versorgungsnetz

Kabelnetz zum Transport von Elektrizität

Der elektrische Strom aus einem Kraftwerk fließt zuerst durch große Transformatoren. Sie speisen Wechselstrom mit hoher Spannung in das Versorgungsnetz ein. Die hohe Spannung verringert die Transportverluste, die durch den Leitungswiderstand entstehen. In Abspanntransformatoren wird die Spannung erzeugt, mit der die Verbraucher arbeiten können.

Impedanz

Wechselstromwiderstand

Die Impedanz eines elektrischen Stromkreises bestimmt die Stärke des fließenden Wechselstroms. Dies ist analog zum Widerstand ■, der die Stärke eines Gleichstroms im Stromkreis bestimmt. Die Impedanz wird in Ohm ■ gemessen.

Siehe auch

Diode 114 • Elektromagnet 101
Elektromotor 112 • Gleichstrom 104
Kondensator 106 • Magnetfeld 100
Nuklearreaktor 40 • Ohm 105
Wechselstrom 104 • Widerstand 105

Elektrische Geräte

Die Entdeckung elektrischer Effekte führte stets auch zur Entwicklung neuer Maschinen und Geräte. Oft beruht die Funktion sehr unterschiedlicher Geräte auf ganz ähnlichen Prinzipien.

Elektromotor
Maschine, die Elektrizität in Bewegung umwandelt

Ein Elektromotor enthält grundsätzlich eine Drahtspule im Magnetfeld ■ eines Magneten oder Elektromagneten ■. Wenn elektrischer Strom durch die Spule fließt, erzeugt sie ihr eigenes Magnetfeld. Beide Felder ziehen sich an oder stoßen sich ab, sodass die Spule rotiert und die Welle des Motors antreibt. Die rotierende Spule heißt **Rotor** oder **Anker,** der stillstehende Magnet oder Elektromagnet ist der **Stator.** Viele Motoren enthalten **Bürsten,** um den Strom auf die rotierende Spule zu führen. Ein **Kommutator** verbindet Spule und Bürsten. Nach jeder halben Drehung ändert er die Stromrichtung, damit sich die Spule stetig dreht. Das Wechseln der Stromrichtung kehrt die auf jeder Seite der Spule wirkenden Kräfte um, sodass die Spule auf einer Seite nach oben gedrückt und auf der anderen nach unten gezogen wird.

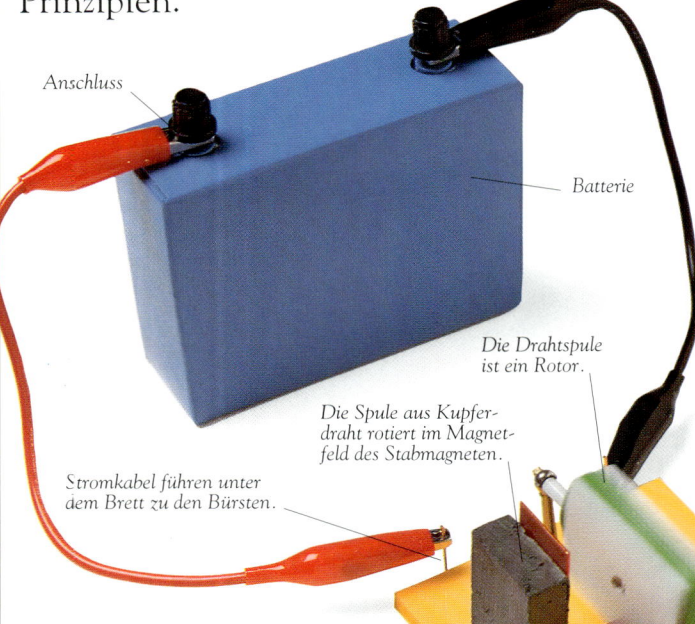

Anschluss

Batterie

Die Drahtspule ist ein Rotor.

Die Spule aus Kupferdraht rotiert im Magnetfeld des Stabmagneten.

Stromkabel führen unter dem Brett zu den Bürsten.

Starker Stabmagnet

Die Enden der Drahtspule verlaufen an der Welle entlang zu den Bürsten.

In der Halterung kann die Spule sich frei bewegen.

Der starke Stabmagnet ist ein Stator.

Elektrische Kontakte der Bürsten

Induktionsmotor
Elektrischer Motor, der durch elektromagnetische Induktion funktioniert

In einem Induktionsmotor befindet sich ein rotierender Zylinder aus Metallstäben, die von Elektromagneten umgeben sind. Der Wechselstrom in den Elektromagneten erzeugt ein veränderliches Magnetfeld. Elektromagnetische Induktion ■ tritt auf und das Magnetfeld erzeugt einen Strom in den Metallstäben. Dieser Strom erzeugt wiederum sein eigenes Magnetfeld. Beide Felder ziehen sich nun an oder stoßen sich ab, sodass der Zylinder sich dreht und eine Maschine antreiben kann.

Elektromotor
Wenn die Enden der Drahtspule die Bürsten berühren, fließt Strom. Die gekrümmten Bürsten sind ein einfacher Kommutator. Der Stromkreis wird unterbrochen, wenn die Spule senkrecht steht. Der Impuls dreht die Spule so weit, dass die Drahtenden die andere Bürste berühren und der Stromkreis sich mit umgepoltem Strom wieder schließt. Das wiederholte Öffnen und Schließen des Stromkreises hält die Spule in Drehung.

Schrittmotor
Elektromotor, der sich um exakte Winkel dreht

Viele mechanische Teile müssen sehr präzise bewegt werden. Diese Aufgabe übernimmt ein durch elektrische Signale gesteuerter Schrittmotor. Ein Signal fließt durch eine Spule um einen zylindrischen Magneten. Die Spule erzeugt ein Magnetfeld und dreht den Magneten um einen bestimmten Winkel, aber nicht weiter.

Linearmotor

Elektromotor, der sich geradlinig bewegt

Der Linearmotor ist ein Induktionsmotor, der sich entlang eines Metallgleises bewegt. Elektromagnete im Motor erzeugen ein Magnetfeld, das einen Strom im Gleis induziert, der wiederum ein eigenes Magnetfeld erzeugt. Beide Magnetfelder wirken aufeinander und bewegen den Motor das Gleis entlang. Linearmotoren sind der Antrieb für Magnetschwebebahnen ■.

Relais

Magnetisch betätigter Schalter

Maschinen mit starken Elektromotoren erfordern hohe Stromstärken. Mit einem Relais lassen sich solche Maschinen sicher mit einem einfachen Schalter und geringer Stromstärke schalten. Der einfache Schalter überträgt den geringen Strom auf das Relais. Ein Elektromagnet im Relais schließt einen hoch belastbaren Schalter, der den Stromkreis mit der hohen Stromstärke für die Maschine schließt.

Schwebender Zug
Durch Elektromagnete kann diese Magnetschwebebahn in Sydney (Australien) einige Millimeter über dem Gleis schweben. Linearmotoren bewegen den Zug vorwärts.

Elektrische Klingel

Klingel mit magnetisch betätigtem Klöppel

Wenn man den Klingelknopf drückt, wird ein Stromkreis geschlossen, der von der Stromquelle über eine elastische Metallzunge, den Klöppel, zu einem Elektromagneten verläuft. Der Klöppel wird angezogen, schlägt gegen die Glocke und unterbricht dadurch den Stromkreis. Der Klöppel federt zurück, der Stromkreis schließt sich und der Vorgang beginnt von neuem. Dies geschieht so schnell, dass ein ständiges Geräusch entsteht.

Supraleitung

Fähigkeit, elektrischen Strom ohne Widerstand zu leiten

Wenn ein Metall fast bis zum absoluten Nullpunkt ■ gekühlt wird, verliert es seinen elektrischen Widerstand ■ und wird zum **Supraleiter.** In einem Supraleiter kann ein sehr großer elektrischer Strom fließen, sodass supraleitende Elektromagnete sehr starke Magnetfelder erzeugen können. Supraleiter werden in Magnetschwebebahnen und in wissenschaftlichen Geräten eingesetzt. Einige neue keramische Materialien werden bereits bei Temperaturen von etwa –150 °C, also weit über dem absoluten Nullpunkt, supraleitend. Dadurch ist die Supraleitung praktisch leichter anwendbar und kann in der Zukunft zu starken Maschinen mit geringerem Energieverbrauch führen.

Elektromagnete — *Ruhe- und Arbeitskontakt des Stromkreises* — *Klöppel* — *Glocke*

Elektrische Klingel
Elektromagnete ziehen den Klöppel vorwärts, sodass er auf die Glocke schlägt und den Stromkreis unterbricht. Dann federt er zurück und schließt den Stromkreis.

Metalldetektor

Gerät zum Aufspüren von Metall

Durch die **Sensorspule** des Metalldetektors fließt elektrischer Strom, der ein Magnetfeld erzeugt. Wenn das Feld auf ein unterirdisch verborgenes Metallobjekt trifft, verursacht die elektromagnetische Induktion in dem Metall elektrische Ströme, die **Wirbelströme.** Die Wirbelströme erzeugen ein weiteres Magnetfeld, das wiederum ein elektrisches Signal in der Sensorspule des Detektors induziert. Dieses Signal erzeugt ein optisches oder akustisches Signal, um den Fund anzuzeigen.

Siehe auch

Absoluter Nullpunkt 92
Elektromagnet 101 • Elektromagnetische Induktion 110 • Magnetfeld 100
Magnetisches Schweben 101
Widerstand 105

Elektronik

Unser Leben wäre ohne elektronische Geräte wie Computer, automatische Kameras und Fernseher nicht vorstellbar. Die Miniaturisierung der Bauelemente und die Entwicklung neuer Werkstoffe führt zu immer schnelleren und leistungsfähigeren Systemen.

Elektronik

Wissenschaftszweig, der sich mit elektrischen Signalen beschäftigt

Die Zahlen auf einem Taschenrechner, die Musik aus einem Radio und die Bilder auf dem Fernsehschirm sind Formen elektrischer Signale, mit denen Zahlen, Töne oder Bilder dargestellt werden. Die Signale sind Gruppen von Elektronen ■, die sich durch Stromkreise aus elektronischen Bauelementen wie Röhren ■ oder Transistoren bewegen, die den Elektronenfluss variieren und so Signale erzeugen und verarbeiten. Die Umwandlung von physikalischen Größen in elektrische Größen und umgekehrt ist die Basis moderner Technik.

Dotierung

Das Einbringen eines anderen Stoffs in einen Halbleiter

Sehr kleine Mengen fremder Stoffe werden in ein Halbleitermaterial eingebracht, damit dieses bestimmte elektrische Eigenschaften erhält. Ein **n-Halbleiter** enthält einen Stoff, der zusätzliche Elektronen liefert, den **Donator.** Ein **p-Halbleiter** enthält den **Akzeptor,** der Elektronen aufnimmt und Platz für Elektronen oder **Löcher (Defektelektronen)** lässt. So entstehen Ladungsträger, die sich durch den Halbleiter bewegen können und dabei elektrische Ladung transportieren.

Halbleiter

Material mit veränderlicher elektrischer Leitfähigkeit

Die meisten elektronischen Bauelemente wie Dioden und Transistoren bestehen aus einem Halbleiter wie Silizium. Er kann seine elektrische Leitfähigkeit verändern, sodass der Stromfluss vergrößert, verkleinert oder gesperrt werden kann.

Diode

Elektronisches Bauelement mit dem Verhalten eines Ventils

Eine Diode besteht aus miteinander verbundenen p- und n-leitenden Halbleiterschichten. Die Elektronen bewegen sich leicht vom elektronenreichen n-Gebiet zu den Löchern im p-Gebiet, aber nicht umgekehrt. Deshalb lässt die Diode Strom nur in einer Richtung durch und sperrt in der anderen Richtung. Dioden können Wechselströme gleichrichten und werden deshalb in Umrichtern ■ eingesetzt.

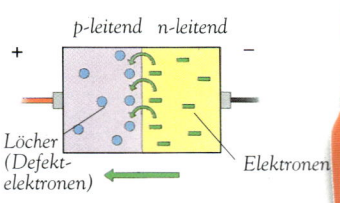

Prinzip einer Diode
Ein stetiger Elektronenstrom fließt vom n-leitenden Gebiet zum p-leitenden Gebiet. Wenn der Strom umgepolt wird, stoppen die Elektronen.

Thermistor

Elektronisches Bauelement, das Wärme erkennt

Der Halbleiter in einem Thermistor setzt Elektronen frei, wenn er wärmer wird. Dadurch verringert sich sein Widerstand, sodass die Stärke des durchfließenden Stroms ansteigt. Thermistoren werden deshalb in elektronischen Thermometern eingesetzt.

Flipflop

Elektronisches Bauelement, das ein elektrisches Signal speichert

Ein Flipflop heißt auch **bistabile Kippschaltung.** Das Schaltungsprinzip ist die Basis für Speicher und Prozessoren in Computern. Elektrische Signale im Binärcode werden in logische Signale umgewandelt, die gespeichert und in Berechnungen verwendet werden.

Leuchtdiode (LED)

Elektronisches Bauelement, das Licht aussendet

Eine LED ist eine Diode, die Licht oder Infrarotstrahlen ■ aussendet, wenn Elektronen beim Stromfluss durch die Diode in Löcher gelangen. Im Vergleich zu Glühlampen benötigen LEDs sehr wenig Strom und haben eine wesentlich längere Lebensdauer. In Fernbedienungen übertragen LEDs Steuersignale in Form von Infrarotstrahlen.

Diode und LED in Reihe
Die LED leuchtet nur, wenn der Strom in der richtigen Richtung fließt. Wenn der Strom umgepolt wird, verhindert die Diode den Stromfluss und die LED leuchtet nicht.

Elektronik und Computer • 115

Batterie

Die Lampe leuchtet, wenn die Kupferelektroden im Wasser sind.

Emitteranschluss

Transistor

Dreiwegeverbindung

Kollektoranschluss

Basisanschluss

Ein Feuchtigkeitssensor
Mit einer einfachen elektronischen Schaltung lässt sich die Anwesenheit von Wasser erkennen. Der Transistor sperrt zunächst, da kein Steuerstrom in die Basis fließt. Die Lampe leuchtet nicht. Wenn die Kupferelektroden in das Wasser tauchen, fließt zwischen ihnen ein kleiner Strom. Er bringt Elektronen in die Basis des Transistors und ermöglicht den größeren Stromfluss über Kollektor und Emitter. Die Lampe leuchtet.

Kupferelektroden

Wasserschale

Widerstand 1 000 Ω

Transistor
Elektronisches Bauelement, das einen Strom schaltet oder verstärkt

Kollektor

Basis

Emitter

Transistoren sind wichtige Bauelemente in Computern und Verstärkern. Ein Transistor enthält drei Halbleiterschichten in der Anordnung p-n-p oder n-p-n. Die mittlere Schicht heißt Basis, die äußeren Schichten sind der **Emitter** und der **Kollektor.** Durch einen Steuerstrom an der Basis lässt sich die Stärke des Hauptstroms steuern, der über Emitter und Kollektor fließt. In diesem Zweig des Stromkreises liegt das Bauelement, das mit variablem Strom versorgt werden soll. Mit dem Transistor können Signale verstärkt werden, weil der Steuerstrom sehr viel kleiner ist als der Arbeitsstrom.

Logikgatter
Elektronisches Bauelement, das elektrische Signale verarbeitet

Der Mikroprozessor ■ eines Computers enthält Logikgatter aus verschiedenen Transistor-Anordnungen. Ein Logikgatter verknüpft elektrische Signale, die im Binärcode ■ vorliegen, nach bestimmten logischen Regeln. Diese Regeln basieren darauf, dass logische Signale nur zwei Zustände annehmen können. So lassen sich Daten speichern und Berechnungen durchführen.

Fotodiode
Lichtempfindliches elektronisches Bauelement

Fotodioden wandeln sichtbares Licht oder Infrarotlicht in elektrische Signale um. Wenn ein Lichtstrahl auf die Diode trifft, werden im Halbleiter Elektronen frei, die als Strom über den p-n-Übergang fließen. Eine Fotodiode dient beispielsweise als Lichtempfänger in einem CD-Player ■. Ein **CCD (ladungsgekoppeltes Bauelement)** ist eine streifenförmige oder matrixförmige Anordnung von vielen Fotodioden. Damit werden in Videokameras oder Faxgeräten Bilder in elektrische Signale umgewandelt.

Steuerbarer Halbleitergleichrichter
Elektronisches Bauelement, das einen elektrischen Strom steuert

Ein steuerbarer Halbleitergleichrichter oder **Thyristor** enthält vier p- und n-leitende Schichten in der Anordnung p-n-p-n. Ein kleines Steuersignal an den inneren Schichten des Thyristors steuert einen starken Laststrom. Thyristoren werden in Dimmern für Lampen, in Geschwindigkeitsreglern für Motoren und in elektronischen Relais ■ eingesetzt.

Siehe auch
Binärcode 123 • CD-Player 126
Elektron 34 • Infrarotstrahlen 75
Mikroprozessor 122 • Relais 113
Röhre 116 • Umrichter 110

Fortsetzung nächste Seite ▶

ELEKTRONISCHE SCHALTZEICHEN

- Diode/Gleichrichter
- Leuchtdiode
- Fotodiode
- n-p-n-Transistor
- p-n-p-Transistor
- Oszilloskop
- Thermistor
- Logisches NICHT-Gatter
- Logisches UND-Gatter
- Logisches ODER-Gatter

Hintergrund: Leiterplatte

Leiterplatte
Platine zur Montage elektronischer Bauelemente

Auf einem Trägermaterial befinden sich hauchdünne Kupferbahnen, die die Bauelemente einer Schaltung so verbinden, wie es der Schaltplan vorgibt. Die Anschlussbeine der Bauelemente werden an den Kupferbahnen verlötet.

Oszillator
Schaltung, die Gleichstrom in Wechselstrom umwandelt

Ein Oszillator erzeugt mithilfe elektronischer Bauelemente einen Wechselstrom ■ mit bestimmter Frequenz ■. Dies nutzt man in Radios, Computern und Radaranlagen.

Siehe auch
Diode 114 • Dotierung 114
Elektron 34 • Frequenz 71
Halbleiter 114 • Transistor 115
Wechselstrom 104

Integrierter Schaltkreis
Kombination vieler Bauelemente in einem Gehäuse

Einen integrierten Schaltkreis nennt man auch **Mikrochip** oder **Chip**. Er besteht aus einem winzigen Halbleiterplättchen ■, auf dem sich tausende miteinander verbundene Bauelemente wie Transistoren ■ und Dioden ■ befinden. Ein Mikrochip entsteht durch die Dotierung ■ winziger Bereiche einer dünnen Halbleiterscheibe, des **Wafers**. Die zentrale Schaltung eines Taschenrechners ist kleiner als ein Fingernagel.

Röhre
Verschiedene Elektroden in einem versiegelten Glasrohr

In einem luftleeren Glasrohr befinden sich verschiedene Elektroden. Durch entsprechende Beschaltung lässt sich ein Fluss von Elektronen ■ erzeugen und steuern, daher auch die Bezeichnung **Elektronenröhre**. Von der Funktion her handelt es sich um den Vorläufer der heutigen Transistoren und Dioden.

Kathodenstrahloszilloskop
Der Elektronenstrahl wird durch Aufladung der Y-Platten vertikal oder durch Aufladung der X-Platten horizontal abgelenkt. Das Gitter steuert die Helligkeit des Leuchtflecks auf dem Bildschirm.

John Fleming
Englischer Ingenieur (1849–1945)

Fleming begründete 1904 die Elektronik mit der Erfindung der Röhre. Seine Röhre war eine Art Diode. Ein Team unter der Leitung des amerikanischen Physikers **William Shockley** (1910–1989) erfand 1947 den Transistor. Das führte zur Entwicklung der Mikrochips.

Fleming'sche Röhre

Kathodenstrahlröhre
Röhre, in der ein Elektronenstrahl auf eine Leuchtschicht trifft

Bildschirme enthalten Röhren, in denen sich an einem Ende eine Kathodenelektrode aus einer dünnen Drahtwendel befindet. Diese wird durch Stromfluss so stark erhitzt, dass sie glüht und Strahlen von Elektronen aussendet, die **Kathodenstrahlen**. Die frei gewordenen Elektronen werden beschleunigt, treffen auf eine Leuchtschicht und erzeugen dort einen winzigen Lichtpunkt. Der Elektronenstrahl wird durch elektrische Felder abgelenkt, sodass ein Bild entsteht. Ein **Oszilloskop** arbeitet nach diesem Prinzip und stellt veränderliche elektrische Signale als Kurve auf einem Bildschirm dar.

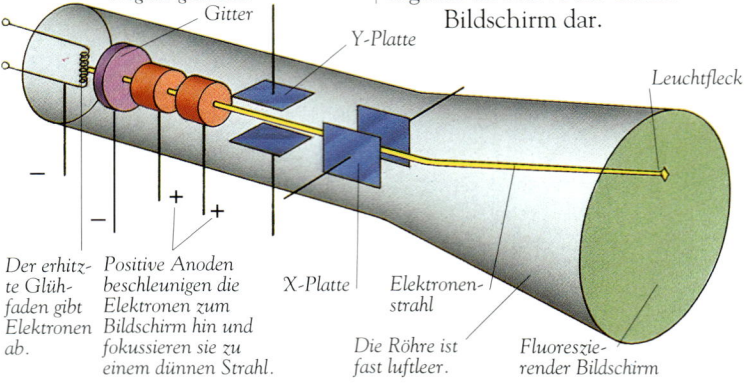

Der erhitzte Glühfaden gibt Elektronen ab. Positive Anoden beschleunigen die Elektronen zum Bildschirm hin und fokussieren sie zu einem dünnen Strahl. Negativ geladenes Gitter. Y-Platte. X-Platte. Elektronenstrahl. Die Röhre ist fast luftleer. Leuchtfleck. Fluoreszierender Bildschirm.

Computer

Computer werden im Alltag ständig eingesetzt. Ampeln, Aufzüge, Automotoren und Flugzeuge arbeiten zum Beispiel computergesteuert. Stets werden Informationen erfasst, verarbeitet und ausgegeben.

Computerdesign
Dieses Computermodell zeigt die Luftströmung über den Tragflächen eines Flugzeugs. Die Computersimulation kann neue Designs effektiv prüfen und den teuren Bau von Prototypen überflüssig machen.

Supercomputer
Supercomputer wie diese CRAY X-MP/48 führen Millionen Rechenoperationen pro Sekunde aus.

Computer
Elektronisches Gerät, das Informationen verarbeitet

Wenn ein Computer Informationen wie eine Reihe von Namen erhält, kann er diese Daten verarbeiten und ein Ergebnis liefern, zum Beispiel eine alphabetisch sortierte Namensliste. Außerdem kann er die Daten und Ergebnisse speichern. **Hardware** sind die Geräte wie Computer, Bildschirm und Drucker ■. Die Befehle oder Programme ■ für die Ausführung von Aufgaben auf dem Computer heißen **Software**. Ein **Personalcomputer (PC)** oder Mikrocomputer ■ wird nur von einer Person gleichzeitig genutzt. Ein von vielen Personen gleichzeitig genutzter Computer ist ein **Großrechner**. Ein **Supercomputer** erledigt komplexe Aufgaben wie die Wettervorhersage.

Informationstechnologie
Einsatz von Geräten zur Verarbeitung und Übertragung von Informationen

Viele Geräte der Elektronik und Telekommunikation ■ dienen zur Verarbeitung und Übertragung von Informationen. Das Erfassen, Verarbeiten und Speichern von Informationen heißt **Datenverarbeitung.**

Echtzeitverarbeitung
Prozess mit kurzer Zeitspanne zwischen Eingabe und Ausgabe

Manche Computer benötigen einige Sekunden oder gar Minuten, bis eine Befehlsfolge abgearbeitet ist. Ein Computer, der nach der Eingabe von Informationen sofort Ergebnisse liefert, arbeitet in Echtzeit. Dies ist wichtig, wenn sofort auf wechselnde Informationen reagiert werden muss, wie zum Beispiel bei der Navigation eines Flugzeugs.

Computertrainer
In einem Flugsimulator lernen Piloten das Fliegen, ohne den Erdboden zu verlassen.

Parallelcomputer
Computer mit mehreren Hauptprozessoren

Ein Computer zerlegt eine Aufgabe in viele kleine Einzelschritte. Die meisten Computer führen diese Operationen nacheinander aus. Ein Parallelcomputer führt Gruppen von Operationen gleichzeitig und damit schneller aus. Ein **neuronales Netz** verknüpft Operationen und Daten nach Regeln, die an die Arbeitsweise des menschlichen Gehirns angelehnt sind.

Künstliche Intelligenz
Fähigkeit eines Computers, wie ein Mensch zu denken und zu arbeiten

Ein Computer mit einem gewissen Grad an künstlicher Intelligenz kann seine eigene Leistung beurteilen und verbessern. Der Computer kann zum Beispiel für ein Schachspiel programmiert sein. Ein intelligenter Computer lernt dabei aus jedem Spiel, sodass er künftig besser spielen kann. Gegenwärtig besitzt kein Computer wirkliche Intelligenz im menschlichen Sinne. Die Forschung auf diesem Gebiet hat jedoch Spracherkennungssysteme ■ und Expertensysteme ■ hervorgebracht.

Siehe auch
Drucker 121 • Expertensystem 119
Mikrocomputer 120 • Programm 118
Spracherkennung 119
Telekommunikation 128

Computersoftware

Ohne Software ist ein Computer nur ein nutzloses Gehäuse mit elektronischen Bauelementen. Erst durch die Vielfalt der Computerprogramme wird er zu einem Gerät, das fast alles kann.

> **Siehe auch**
> Binärcode 123 • Diskette 120
> Mikrochip 116 • Mikrocomputer 120
> Modem 121 • Speicher 121

Programm
Befehlsfolge, die von einem Computer interpretiert wird

Ein Programm enthält alle Befehle, die ein Computer für eine bestimmte Aufgabe wie Textverarbeitung benötigt. Die Befehle werden im Computer in elektrische Steuersignale umgesetzt. Die Befehle eines Programms sind auf einer Diskette oder einem Mikrochip archiviert. Ein **Ablaufdiagramm** zeigt die logische Folge der Befehle im Computerprogramm.

Datei
Datenfolge mit bestimmter Struktur

Die Daten in einer Datei können Texte, Tabellen, Bilder oder Musikstücke darstellen. Jede Datei hat einen eigenen Namen.

Wie dieses Buch entstand
Das Manuskript wurde auf Disketten zum Verleger geschickt. Dort kam die Diskette in einen Computer und der Text wurde mit einem Textverarbeitungsprogramm redigiert.

Programmiersprache
Code zur Formulierung von Computerbefehlen

Die einen Computer steuernden Befehle sind lange Zahlenreihen, der **Maschinencode.** Programmierer verwenden einfachere Codes, die Programmiersprachen, weil ein Programm im Maschinencode sehr schwierig zu schreiben ist. Eine **Assemblersprache** besteht aus knappen Kürzeln für die Aufgaben, die der Computer auszuführen hat. Eine **höhere Programmiersprache** verwendet ganze Wörter wie NEXT und REPEAT, um Aktionen zu beschreiben. Zu diesen Sprachen gehören **BASIC, Pascal, C** und **COBOL.** Ein als **Compiler** oder **Interpreter** bezeichnetes Programm übersetzt die Befehle aus der höheren Sprache in Maschinencodebefehle.

Textverarbeitung
Computerprogramm zum Schreiben von Dokumenten

Die Buchstabenfolge, die über die Tastatur in den Computer eingegeben wird, kann von der Textverarbeitung in Spalten ausgerichtet und auf Rechtschreibfehler geprüft werden. Textpassagen lassen sich jederzeit ändern. Schließlich kann das Dokument gedruckt werden. In einem **DTP**-Programm (**Desktoppublishing**-Programm) können Texte mit Bildern kombiniert und auf einer Seite angeordnet werden.

Datenbankprogramm
Programm, das Informationen verwaltet und strukturiert

Eine Datenbank enthält einen bestimmten Informationsbestand, zum Beispiel Details zu allen Büchern einer Bibliothek. Mit dem Computer kann man die Datenbank nach bestimmten Kriterien sortieren oder durchsuchen.

Objektorientierte Programmierung
Zusammenfassung von Befehlsfolgen und Daten

Verschiedene Computerprogramme haben zwar verschiedene Aufgaben, besitzen jedoch ähnliche oder gleiche Elemente. In der objektorientierten Programmierung werden Befehlsfolgen und die zugehörigen Daten zu Einheiten zusammengefasst, den Objekten. Diese Objekte lassen sich für neue Programme wieder verwenden. Dadurch werden Programmierfehler vermieden und Entwicklungszeiten verkürzt.

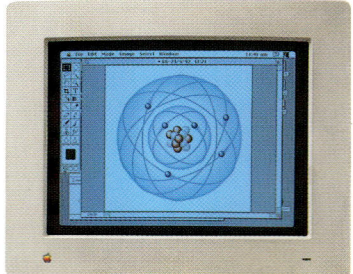

Computergrafik
Manche Abbildungen in diesem Buch wurden mit Computersoftware erstellt. Dieses Foto zeigt die Entstehung der Computergrafik für das Atom auf den Seiten 34 und 35.

Elektronik und Computer • 119

Expertensystem
Programm, das Wissen über ein bestimmtes Thema verwaltet

Der Einsatz eines Expertensystems ersetzt die Beratung eines menschlichen Experten zu einem bestimmten Thema. Fragen werden durch Auswertung vorhandener Informationen beantwortet. Ein medizinisches Expertensystem kann zum Beispiel eine Krankheit anhand der auftretenden Symptome diagnostizieren.

Spracherkennung
Umwandlung der menschlichen Stimme in Computerdaten

Wenn an den Computer ein Mikrofon angeschlossen ist, kann ein Spracherkennungsprogramm gesprochene Befehle ausführen.

Virus
Programm, das im Computer gespeicherte Informationen zerstört

Ein Virus kann über einen infizierten Datenträger oder ein Modem ■ in den Computer gelangen. Es kann Informationen im Speicher ■ des Computers zerstören oder unerwünschte Aktionen auslösen. Virenschutzprogramme prüfen Computer und Datenträger auf Virenbefall.

Desktoppublishing
Nach der Überarbeitung des Textes und der Bildauswahl wurden die Seiten mit einem DTP-Programm gestaltet. Die Positionen der Texte und Bilder lassen sich verändern.

GESCHICHTLICHES

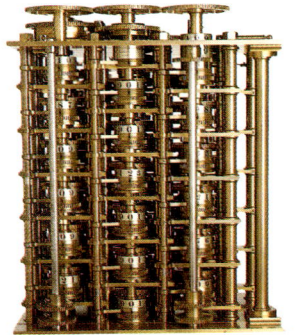

Babbages Differenzmaschine
Während Babbage an seiner Differenzmaschine arbeitete, kam ihm die Idee zu der analytischen Maschine.

Charles Babbage
Englischer Mathematiker (1792–1871)

1823 begann Babbage mit dem Bau eines mechanischen Rechners, der Differenzmaschine, um Zahlentabellen zu berechnen. Er wollte auch eine für verschiedene Aufgaben programmierbare Maschine bauen. Diese analytische Maschine baute Babbage jedoch nie. Die englische Mathematikerin **Ada Lovelace** (1815–1852) arbeitete ebenfalls an der analytischen Maschine.

Tabellenkalkulation
Programm, das Berechnungen in einer Zahlentabelle durchführt

Auf einem Arbeitsblatt werden Zahlen in Zeilen und Spalten angeordnet und durch Formeln verknüpft. Die Formelberechnungen werden vom Computer ausgeführt. Mit Tabellenkalkulationen kann man Zusammenhänge und Entwicklungen erkennen, sodass sie vor allem in der Wirtschaft verwendet werden.

John von Neumann
Amerikanischer Mathematiker (1903–1957)

Der erste elektronische Computer war nur schwer für eine neue Aufgabe zu programmieren. Von Neumann schlug als Erster vor, das Programm für den Betrieb des Computers in einem veränderlichen Speicher abzulegen. Alle modernen Computer arbeiten nach diesem Prinzip.

Alan Turing
Englischer Mathematiker (1912–1954)

Der erste elektronische Computer namens »Colossus« wurde 1943 in Großbritannien gebaut, um Geheimcodes zu entschlüsseln. Turing gehörte zum Entwicklerteam. Der **Turing-Test** ist eine Regel, die nachweisen soll, ob ein Computer denken kann. Turing glaubte, dass ein Computer dann denkt, wenn sich seine Art der Problemlösung nicht von der menschlichen Vorgehensweise unterscheidet.

Kosten ermitteln
Die Kosten eines Buchs und die Auflage werden mit einer Tabellenkalkulation ermittelt.

Computerhardware

Ein Computer besteht aus vier Hauptkomponenten. Über eine Eingabeeinheit erhält der Computer Informationen. Die Verarbeitungseinheit führt die Aufgaben aus und stellt die Ergebnisse auf einer Ausgabeeinheit dar. Der Speicher ist das Archiv für Informationen.

Monitor
Computerbildschirm zur Datenausgabe

Der Monitor empfängt Signale vom Computer und setzt diese wie ein Fernsehgerät ■ zu einem Bild zusammen. Manche Computer haben einen Monitor mit Flüssigkristallanzeige ■.

Mikrocomputer
Ein kompakter Computer

Ein Mikrocomputer besteht aus Tastatur, Monitor und dem Gehäuse, das Speicher und Verarbeitungseinheit enthält. Ein **Peripheriegerät** ist ein mit dem Computer verbundenes Gerät wie zum Beispiel ein Drucker, ein Modem oder ein Scanner. Ein Mikrocomputer wird oft als **Personalcomputer (PC)** bezeichnet. **Laptops** und **Notebooks** sind tragbare Mikrocomputer.

Speicherplatte
Datenträger

Eine Diskette ist mit einem magnetischen Material beschichtet. Daten werden als magnetische Signale im Binärcode ■ aufgezeichnet. In einem **Diskettenlaufwerk** kann sich ein **Schreib-Lese-Kopf** an verschiedene Stellen der **Diskette** bewegen und neue Daten auf die Diskette »schreiben« oder vorhandene Daten »lesen«. Eine **Festplatte** ist ein Satz starrer Platten in einem gekapselten Gehäuse. Auf einer **optischen Speicherplatte** sind die Daten als Vertiefungen in einer Metallschicht gespeichert. Ein Laserstrahl tastet die Oberfläche ab, um Daten zu lesen, oder erzeugt Vertiefungen, um Daten zu schreiben. Ein Beispiel hierfür ist die **CD-ROM,** eine Compact Disc (CD) ■, die sehr große Datenmengen speichern kann.

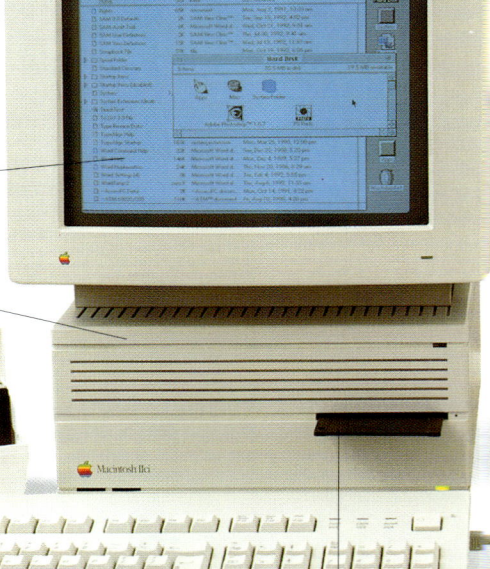

Computerhardware
Das Bild zeigt einen typischen Mikrocomputer mit Monitor, Tastatur und Maus sowie angeschlossenem Laserdrucker.

Farbmonitor

Im Computer befinden sich Verarbeitungseinheit, Festplatte und Diskettenlaufwerke.

Schachtel mit Disketten

Disketten werden in das Diskettenlaufwerk geschoben.

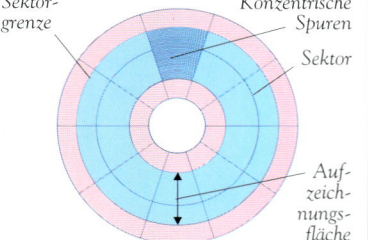

Tastatur

Sektorgrenze
Konzentrische Spuren
Sektor
Aufzeichnungsfläche

Diskette
Auf einer Diskette sind die Daten in Spuren und Sektoren angeordnet. Der Schreib-Lese-Kopf des Laufwerks wird über eine bestimmte Stelle der rotierenden Diskette bewegt. Eine Festplatte funktioniert ähnlich.

Tastatur
Tastenanordnung zur Dateneingabe

Die meisten Tastaturen sind **alphanumerische Tastaturen.** Die Tasten sind mit den Buchstaben des Alphabets, mit Ziffern und mit Symbolen wie »?« und »&« belegt. Durch Drücken einer Taste wird ein elektrisches Signal an den Computer gesendet. **Funktionstasten** können je nach Programm ■ unterschiedliche Aufgaben haben.

Elektronik und Computer • 121

Schnittstelle
Elektronische Baugruppe zum Austausch von Daten

Eine Schnittstelle überträgt Signale zwischen dem Computer und anderen Geräten wie dem Drucker. Eine **serielle Schnittstelle** sendet die Signale nacheinander über die Leitung. Eine **parallele Schnittstelle** sendet Signalgruppen gleichzeitig über mehrere Leitungen. Ein **Port** ist die Buchse am Computer, an die ein Schnittstellenkabel angeschlossen wird. Zu Beginn der Kommunikation müssen sich die beteiligten Geräte synchronisieren. Dies wird als **Handshaking** bezeichnet.

Speicher
Teile des Computers, in denen Daten und Programme abgelegt werden

Daten, die in den Computer eingegeben wurden, oder die aus der Verarbeitung resultieren, sollen in der Regel wieder verwendet werden. Dazu legt man die Daten entweder im Arbeitsspeicher ab, der aus Mikrochips  besteht, oder auf Speicherplatten.

Drucker
Gerät, das vom Computer erzeugte Informationen druckt

Ein **Typenraddrucker** arbeitet ähnlich wie eine Schreibmaschine. Erhabene Buchstaben und Ziffern werden gegen ein Farbband geschlagen, sodass ein Abdruck auf Papier entsteht. Der Druckkopf eines **Nadeldruckers** setzt die Zeichen durch die Anschläge winziger Metallstifte zusammen. Ein **Tintenstrahldrucker** spritzt Tinte durch feine Düsen. Ein **Laserdrucker** erzeugt das Druckbild zunächst mit einem Laserstrahl auf einer lichtempfindlichen Walze, ähnlich wie ein Fotokopierer.

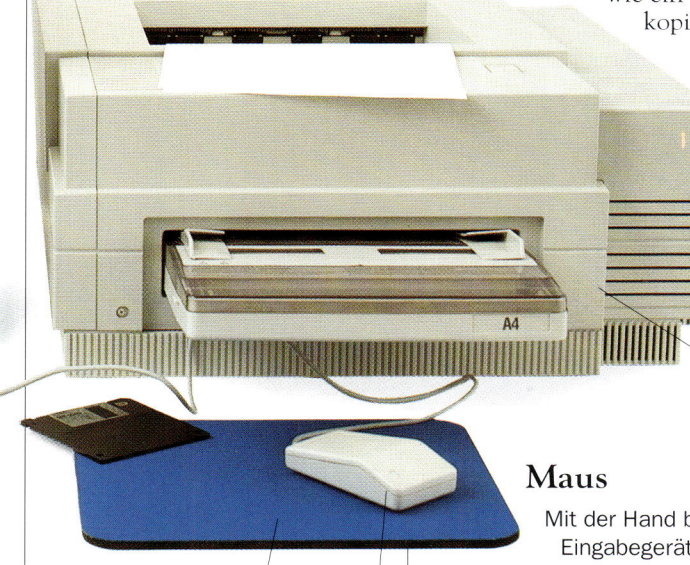

Laserdrucker

Mauspad / Maus

Maus
Mit der Hand bewegtes Eingabegerät

Der Mauszeiger auf dem Bildschirm folgt der Bewegung der Maus auf dem Tisch. In der Maus befindet sich eine Kugel, die zwei rechtwinklig zueinander stehende Rädchen antreibt. Richtung und Geschwindigkeit, mit der sich die Rädchen bewegen, werden in elektronische Signale umgewandelt und an den Computer geleitet. Der Mauszeiger auf dem Bildschirm dient zur Auswahl von **Symbolen,** die für Dateien, Programme oder Programmbefehle stehen.

Datenerfassung
Datenübergabe an den Computer

Alle Geräte für die Datenerfassung liefern Daten im Binärcode. Ein **Scanner** kann grafische Informationen aufnehmen. Ein **Digitizer** erfasst mit einer speziellen Unterlage geometrische Positionen, beispielsweise auf einem Bauplan. Gescannte Texte, die zunächst als reine Grafik vorliegen, können mit **Optischer Zeichenerkennung (OCR)** wieder in einzelne Buchstaben konvertiert werden.

Computernetzwerk
Miteinander verbundene Computer

Computer, die in einem Netzwerk zusammengeschlossen sind, können Daten austauschen oder eine zentrale Datenbank nutzen. Ein **Terminal** ist ein mit dem Netzwerk verbundenes Endgerät, das nur aus Tastatur und Bildschirm besteht.

E-Mail
Per Computer gesendete Nachricht

Texte und Bilder können über Netzwerke versendet werden. Die E-Mails werden in einem zentralen Computer gespeichert, bis der Empfänger sie abruft.

Modem
Gerät zur Verbindung eines Computers mit dem Telefonnetz

Der Modem wandelt Digital- in Analogsignale um und umgekehrt, sodass ein Datenaustausch zwischen weit voneinander entfernten Computern möglich wird. Modem ist ein Kunstwort aus »Modulator« und »Demodulator«.

Siehe auch
Binärcode 123 • Compact Disc 126
Datei 118 • Fernsehgerät 131 • Flüssigkristallanzeige 143 • Fotokopierer 124
Mikrochip 116 • Programm 118

Fortsetzung nächste Seite ▶

Betriebssystem
Sammlung von Basisprogrammen

Ein Betriebssystem ist für den Start des Computers nötig. Es besteht aus kleinen Programmen ■, mit denen der Computer grundlegende Aufgaben ausführt, etwa den Datenempfang von der Tastatur ■, die Organisation des Speichers ■ und die Anzeige auf dem Bildschirm. Damit kann der Computer Anwendungsprogramme ausführen. Das Betriebssystem kann in einem Mikrochip ■, auf einer Diskette ■ oder einer Festplatte gespeichert sein.

Pufferspeicher
Speicherbereich, der Daten nur vorübergehend aufnimmt

Ein Pufferspeicher hält Daten bereit, die vom Computer oder einem angeschlossenen Gerät erst später benötigt werden. Die in den Mikrocomputer eingegebenen Befehle werden zum Beispiel in einem Puffer gehalten, bis man die Eingabetaste drückt. Andere Geräte wie Drucker haben ebenfalls Puffer. Wenn ein Dokument gedruckt werden soll, überträgt der Computer die Daten in den Druckerpuffer und ist sofort wieder für andere Aufgaben bereit. Der relativ langsame Druckvorgang muss nicht abgewartet werden.

Mikroprozessor
Zentrale Verarbeitungseinheit des Computers

Alle Computer besitzen einen als **Zentraleinheit** oder **CPU** bezeichneten Mikrochip. Im Mikrocomputer ■ heißt die CPU Mikroprozessor. Die CPU empfängt Daten von der Tastatur und aus dem Speicher. Diese Daten werden gemäß den Programmbefehlen verarbeitet. Das Ergebnis wird auf dem Bildschirm oder dem Drucker ausgegeben.

Festspeicher (ROM)
Teil des Computerspeichers, dessen Inhalt nicht verändert werden kann

Das ROM ist ein **permanenter** Speicher aus Mikrochips, der Daten auch dann behält, wenn der Computer ausgeschaltet wird. Sobald Daten auf einem ROM-Chip aufgenommen sind, können sie normalerweise nur gelesen, aber nicht verändert oder gelöscht werden. Der Inhalt des ROM-Chips wird bei seiner Herstellung festgelegt. In einem Mikrocomputer kann das ROM zum Beispiel wichtige Programme wie das Betriebssystem speichern. Ein **PROM** ist ein **programmierbarer Festspeicher**, der vom Anwender einmal mit Daten beschrieben werden kann, die sich dann nicht mehr ändern lassen. Ein **EPROM (löschbarer programmierbarer Festspeicher)** ist ein Mikrochip, dessen Inhalt der Anwender ändern kann.

Ein zerlegter Computer
Hier ist das Gehäuse des Computers auf Seite 120 entfernt. Manche Komponenten wie Taktgeber und Puffer sind nicht sichtbar.

Taktgeber
Teil eines Computers, der ein elektronisches Steuersignal aussendet

Das Signal des Taktgebers bestimmt, wie schnell der Computer die einzelnen Befehlscodes abarbeitet, und koordiniert die Abläufe in den einzelnen Komponenten. Dieses Signal wird aus elektrischen Impulsen mit einer konstanten Frequenz erzeugt, die in Megahertz bzw. MHz (Millionen Impulse pro Sekunde) gemessen wird. Ein Computer mit höherer Taktfrequenz ist leistungsfähiger und arbeitet schneller.

Netzteil
Das Netzteil übernimmt die Stromversorgung des Computers. Es enthält einen Ventilator zur Kühlung der Elektronik.

Festplattenlaufwerk
Dieses Laufwerk liest und schreibt Informationen auf einer Festplatte mit 40 MB Speicherkapazität.

◄ *Fortsetzung von vorheriger Seite*

Elektronik und Computer • 123

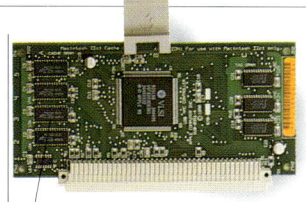

Diese Leiterplatte heißt Grafikbeschleuniger. Sie verkürzt die Zeit für den Bildaufbau.

Der Bus überträgt Signale zwischen den Teilen des Computers.

Diese Leiterplatte heißt Grafikkarte und steuert den Bildschirm.

Die Zentraleinheit (CPU) verarbeitet die Daten gemäß den Befehlen im Computerprogramm.

Diskettenlaufwerk
Dieses Laufwerk liest und schreibt Informationen auf Disketten mit 1,44 MB Speicherkapazität.

Schreib-Lese-Speicher (RAM)

Teil des Computerspeichers, dessen Inhalt verändert werden kann

Das RAM besteht aus integrierten Schaltkreisen oder Mikrochips im Computer. Die Chips speichern Daten und Programme, die von einem Datenträger oder der Tastatur in den Computer gelangt sind. Da sich die Daten jederzeit ändern lassen und in beliebiger Reihenfolge zur Verfügung stehen, bezeichnet man diesen Speichertyp auch als Speicher mit wahlfreiem Zugriff. Ein **DRAM** oder **dynamisches RAM** ist ein Mikrochip, der zur Datenhaltung ein konstantes Signal benötigt. Ein **SRAM** oder **statisches RAM** benötigt dieses Signal nicht. Das RAM ist in der Regel **flüchtig,** das heißt, sein Inhalt geht verloren, wenn der Computer ausgeschaltet wird.

Binärcode

Von Computern verwendeter Code

Computer müssen die verschiedensten Informationstypen verarbeiten: Buchstaben, Zahlen, Bilder und Töne. Das ist nur möglich, wenn all diese Informationen in ein Format gebracht werden, das der Computer interpretieren kann. Diese Formatvereinbarung ist der Binärcode. Der Buchstabe A existiert beispielsweise im Computer als die Binärzahl ■ 01000001; dies entspricht der Dezimalzahl 65. Die Dezimalzahl 13 lautet als Binärzahl 1101. Die Darstellung erfolgt in Form von elektrischen Signalen, mit denen die logischen Werte 1 und 0 ausgedrückt werden. Mikrochips im Computer verarbeiten und speichern diese elektrischen Signale.

Bit

Die kleinste Einheit der Information

Ein Computer stellt Zahlen als Gruppen oder Folgen von elektrischen Signalen dar, die nur zwei Zustände annehmen können: ein oder aus, bzw. als Ziffer: 1 oder 0. Eine einzelne solche Ziffer nennt man Bit. Die Binärzahl 1101 ist somit eine Vier-Bit-Zahl. Moderne Computer verarbeiten Zahlen mit 32 Bit. Das Wort Bit ist eine Abkürzung für »binary digit« (binäre Ziffer).

Byte

Signal im Binärcode aus acht Bit

Wenn ein Computer Daten speichert, wandelt er diese in eine lange Folge von Binärzahlen um. Diese Binärzahlen werden in Signale im Binärcode umgesetzt. Eine Gruppe von acht Bit heißt Byte. Die Speicherkapazität des RAM oder einer Festplatte wird als Gesamtzahl der darauf zu speichernden Byte gemessen. Sie wird in **Kilobyte** (KB) zu je 1024 Byte und in **Megabyte** (MB) zu je 1048 576 Byte angegeben. Eine Zusammensetzung von mehreren Bytes nennt man **Wort**.

Bus

Leitungsgruppe für Signale, die von allen Komponenten benötigt werden

Ein Bus ist ein Kommunikationsweg im Computer, auf dem elektrische Signale im Binärcode von einer Stelle zur anderen gelangen. Im Mikrocomputer verbinden Busse alle Komponenten mit der CPU.

Siehe auch

Binärzahl 170 • Mikrochip 116
Mikrocomputer 120 • Programm 118
Speicher 121 • Speicherplatte 120
Tastatur 120

Druck und Fotografie

Mit modernen Verfahren lassen sich Informationen in Form von Texten und Bildern schnell und kostengünstig vervielfältigen. So erreichen diese Informationen Millionen von Menschen.

> **Siehe auch**
> Auslöser 86 • Drucker 121
> Farbstoff 161 • Kamera 86
> Komplementärfarbe 81 • Linse 85
> Statische Elektrizität 102 • Subtraktive Farbmischung 81 • Verbindung 138

Druck
Maschinelle Vervielfältigung von Texten und Bildern

Eine **Druckerpresse** enthält eine Druckplatte mit den Strukturen von Buchstaben oder Bildern. Auf die Platte wird Farbe aufgebracht und von den Buchstaben und Bildern angenommen. Dann wird zum Beispiel Papier gegen die Platte gedrückt, sodass sich die Tinte darauf überträgt und eine Kopie der Buchstaben und Bilder entsteht. Für den **Farbdruck** werden vier Platten mit den Farben Schwarz, Gelb, Cyan und Magenta benötigt, die sich zu einem Vollfarbbild mischen.

Tiefdruck
Druckverfahren mit vertieften Buchstaben und Bildern

Die Buchstaben und Bilder werden in die Druckplatte geätzt. Dann wird die Platte mit Farbe bestrichen und wieder abgewischt, sodass sich die Tinte nur in den vertieften Stellen sammelt.

Hochdruck
Druckverfahren mit erhabenen Buchstaben und Bildern

Auf der Druckplatte für das Hochdruckverfahren sind die Buchstaben und Bilder erhaben, sodass sich die Farbe nur an diesen erhabenen Stellen sammelt.

Fotokopierer
Gerät, das sofort Kopien eines Dokuments anfertigt

In einem Fotokopierer projiziert eine Linse ein Abbild des Dokuments auf eine Metallwalze. Dadurch entsteht auf der Walze an den dunklen Bildstellen eine Aufladung mit statischer Elektrizität ■. Die Walze dreht sich und nimmt dabei schwarzes Pulver, den Toner, auf. Der Toner haftet nur an den geladenen Stellen der Walze. Dann wird der Toner auf ein gegen die Walze gedrücktes Blatt Papier übertragen und ergibt ein Abbild des Dokuments.

Lithographie
Druckverfahren mit ebenen Buchstaben und Bildern

Eine lithographische Druckplatte ist glatt, die Buchstaben und Bilder sind mit Lack aufgebracht. Zuerst wird die Platte genässt, wobei die lackierten Stellen das Wasser abweisen. Dann wird die Platte mit Farbe bestrichen. Jetzt nehmen die lackierten Stellen Farbe auf, während die nassen Stellen die Farbe abweisen.

Fotografie
Bildaufnahme mit einer Kamera

In einer Kamera ■ erzeugt das Objektiv ■ ein Bild des Motivs auf lichtempfindlichem Filmmaterial. Dann wird der Film in einer chemischen Lösung entwickelt und das Bild erscheint auf dem Film. Ein **Farbdia** ist ein entwickelter Farbfilm, der das Motiv wie bei der Aufnahme zeigt. Die meisten Filme ergeben nach der Entwicklung ein **Negativ**. Auf diesem Bild sind die hellen und dunklen Bereiche sowie die Farben umgekehrt. Papierabzüge vom Negativ entstehen, indem ein Bild des Negativs auf Fotopapier projiziert wird. Dieses lichtempfindliche Papier ähnelt dem Film in der Kamera. Die Entwicklung des Papiers kehrt das Negativ um.

Lichtempfindlicher Film

Ein Bild aufnehmen
Licht wird kurzzeitig durch die Linse auf einen Abschnitt des Films in der Kamera fokussiert.

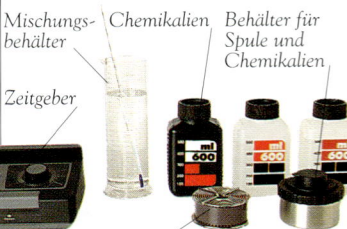
Mischungsbehälter, Chemikalien, Behälter für Spule und Chemikalien, Zeitgeber, Spule

Einen Film entwickeln
Der belichtete Film wird aufgerollt und für eine bestimmte Zeit in einer chemischen Lösung entwickelt.

Spule, Negativfilm

Das Negativ
Dann kommt der Film in eine andere chemische Lösung, das Fixierbad. Der entstehende Negativfilm wird in Wasser gewaschen, um alle Chemikalien zu entfernen. Dann wird er zum Trocknen aufgehängt.

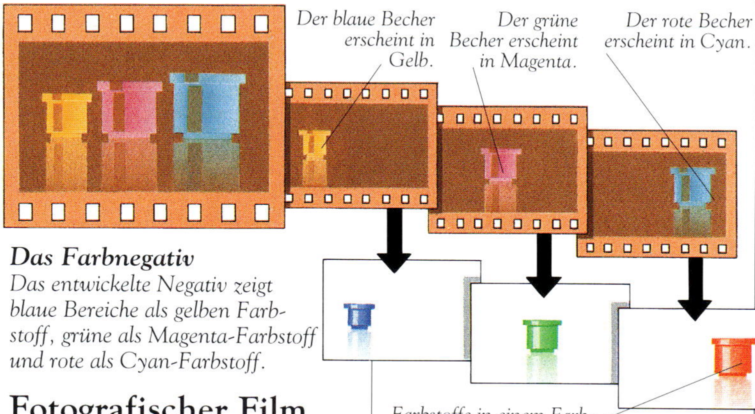

Kommunikation • 125

Der blaue Becher erscheint in Gelb.

Der grüne Becher erscheint in Magenta.

Der rote Becher erscheint in Cyan.

Farbfotografie
Hier ist zu sehen, was beim Fotografieren eines bunten Motivs passiert. Ein Farbfilm hat drei Schichten, die auf blaues, grünes und rotes Licht reagieren. Auf dem Negativ sind die Farben Gelb, Magenta und Cyan zu sehen. Farbfotopapier hat ebenfalls diese drei Schichten. Die Herstellung des Farbbildes kehrt den Prozess um und ergibt wieder die richtigen Farben.

Das Farbnegativ
Das entwickelte Negativ zeigt blaue Bereiche als gelben Farbstoff, grüne als Magenta-Farbstoff und rote als Cyan-Farbstoff.

Fotografischer Film
Film für die Aufnahme von Fotos mit einer Kamera

Ein Schwarz-Weiß-Film enthält eine Schicht aus Silberverbindungen ■. Wird ein Foto aufgenommen, entsteht ein Bild, weil der Film dem Licht ausgesetzt ist. Die vom Licht getroffenen Verbindungen wandeln sich in Silber um. Eine chemische Lösung, der **Entwickler,** vollendet diese Umwandlung. Im **Fixierbad** werden die unveränderten Verbindungen herausgelöst. So entsteht ein Negativ mit dunklem Silber an den hellen Bildstellen. Derselbe Prozess wird verwendet, um Abzüge von einem Negativ auf silberhaltigem Fotopapier herzustellen.

Farbstoffe in einem Farbbild kehren das Negativbild um und zeigen die Becher in ihren richtigen Farben.

Farbfotografie
Prozess zur Herstellung von Farbbildern und Farbdias

Ein **Farbfilm** besitzt drei getrennte Schichten mit Silberverbindungen, die für blaues, grünes und rotes Licht im Bild empfindlich sind. Der Entwickler für **Farbdiafilme** wandelt zuerst die dunklen Bildbereiche in dunkles Silber. Dann werden die Silberschichten durch Farbstoffe ■ in den Farben Gelb, Magenta und Cyan ersetzt, sodass der Film drei einzelne Bilder enthält. Bei der Betrachtung des Dias kombinieren sie sich zum Vollfarbbild. Beim **Farbnegativfilm** werden nicht die dunklen, sondern die hellen Stellen des Bildes in Farbstoffe umgewandelt. Es entsteht ein **Farbnegativ,** von dem Abzüge auf Farbfotopapier gemacht werden.

Das Farbbild
Das gelbe Licht vom Negativ belichtet für Rot und Grün empfindliche Schichten im Papier. Diese enthalten Farbstoffe in Cyan und Magenta, die sich zu Blau verbinden. Ebenso erscheinen die anderen Becher in ihren richtigen Farben.

Sofortbildfotografie
Methode, die kurz nach der Aufnahme fertige Bilder liefert

Manche Kameras verwenden einen Spezialfilm, der etwa so wie ein Farbdiafilm auf einem Kunststoffblatt aufgebaut ist. Nach dem Drücken des Auslösers ■ für die Bildaufnahme wird das Blatt aus der Kamera genommen. Nur etwa eine Minute später wird ein Farbbild sichtbar. Der Film selbst enthält alle hierfür benötigten Chemikalien.

Vergrößerungsapparat
Das Abbild auf dem Negativ muss für ein Papierbild vergrößert werden. Licht scheint durch das Negativ und eine Linse projiziert ein vergrößertes Bild auf das Fotopapier.

Lampengehäuse
Negativ
Höheneinstellung
Die Linse vergrößert das Bild.
Vergrößerungsapparat
Papierbild
Entwicklerbad
Zeitgeber
Fotopapier

Ein Papierbild entwickeln
Sobald das Papier vom Vergrößerungsapparat belichtet wurde, wird es genau wie der Film mit Chemikalien entwickelt und fixiert.

Das fertige Bild
Nach dem Entwickeln und Fixieren ist das Bild auf dem Papier an dunklen Stellen des Negativs hell und an hellen Stellen dunkel. Das Bild wird gewaschen und getrocknet, dann ist es fertig für das Album.

Tonaufzeichnung

Alle Verfahren der Tonaufzeichnung speichern ein elektrisches Signal, das von einem Mikrofon oder von einem elektrischen Musikinstrument stammt. Bei der Wiedergabe werden die Signale über Lautsprecher wieder in Schall umgewandelt.

Digitale Tonaufzeichnung
Umwandlung von Schall in Zahlen

Bei der digitalen Aufzeichnung misst ein Computer das elektrische Signal eines Mikrofons viele tausend Mal pro Sekunde. Die Messwerte werden in Zahlenfolgen im Binärcode ■ umgewandelt und als elektrische Impulse übertragen. Die Impulse werden auf einem Magnetband, dem digitalen **Audioband (DAT)**, auf einer **digitalen Kompaktkassette (DCC)** oder auf einer Compact Disc (CD) aufgezeichnet. Die digitale Tonaufzeichnung erreicht eine sehr hohe Qualität, weil die Methode der Signaldarstellung Rauschen und Verzerrungen unterdrückt.

Tonaufzeichnung
Digitale Tonaufzeichnungstechnik erzeugt sehr gute Aufnahmen.

Analoge Tonaufzeichnung
Kopieren des Schalls in anderer Form

Ein herkömmliches Magnetband zeichnet das veränderliche elektrische Signal von einem Mikrofon als veränderliches magnetisches Muster auf dem Bandmaterial auf. Auf der Oberfläche einer Schallplatte ist das veränderliche Signal als wellenförmige Rille gespeichert. Beides sind Kopien des Signals in anderer Form. Diese Kopien sind nicht absolut exakt, sondern enthalten Rauschen und Verzerrungen.

Mikrofon
Gerät zur Wandlung von Schall in elektrischen Strom

Ein Mikrofon nimmt die Schallwellen ■ von Musik, Sprache und anderen Geräuschen auf. Die Energie in den Schallwellen ändert sich schnell in Abhängigkeit von der Frequenz ■ der Wellen. Das Mikrofon wandelt die Wellen in ein elektrisches Signal mit derselben Frequenz um.

Ein Mikrofon wandelt die Stimme des Mädchens in ein elektrisches Signal um.

Der DAT-Rekorder zeichnet das Signal als elektrische Stromimpulse auf.

Die Impulse sind auf einer DAT-Kassette gespeichert.

Schallplatte
Kunststoffscheibe mit wellenförmiger Rille

Zum Abspielen einer Schallplatte legt man diese auf einen drehenden Plattenteller und senkt eine spitze **Abtastnadel** in die Rille. Die Nadel folgt dem Verlauf der Rille und führt mechanische Schwingungen aus. Diese werden in elektrische Signale umgewandelt, verstärkt und zu den Lautsprechern geführt. Dort werden sie als Schall hörbar.

Compact Disc
Aluminiumbeschichtete Kunststoffscheibe mit Vertiefungen

Auf einer Compact Disc befindet sich eine spiralförmige Spur mit Millionen winziger Vertiefungen in einer Aluminiumschicht, die die Scheibe bedeckt. Eine transparente Kunststoffschicht schützt das Aluminium. In einem **CD-Spieler** tastet ein Laserstrahl ■ die sich drehende Scheibe ab. Die Änderungen der Reflexion werden erst in elektrische Impulse und dann in ein Signal mit Wellenform umgewandelt.

Mikroskopische Musik
Auf diesem vergrößerten Bild einer CD ist die Aluminiumschicht freigelegt, sodass die Vertiefungen sichtbar werden.

Die elektrischen Impulse werden in Vertiefungen auf der Oberfläche der CD umgewandelt.

Kommunikation • 127

Verstärker
Gerät, das die Stärke elektrischer Signale erhöht

Das elektrische Signal eines Mikrofons ist sehr schwach. Ein Verstärker vergrößert das Signal so weit, dass es mit einem Lautsprecher als Schall wiedergegeben werden kann. Das schwache Signal gelangt in den Verstärker, der zugleich einen starken elektrischen Strom vom Netz oder aus Batterien bezieht. Der Verstärker erzeugt eine leistungsstarke Kopie des schwachen Signals und leitet dieses zum Lautsprecher.

Lautsprecher
Gerät zur Wandlung von elektrischem Strom in Schall

Tonbandgeräte und CD-Spieler, Radios, Fernsehempfänger und elektroakustische Bühnenanlagen enthalten Lautsprecher. **Kopfhörer** sind kleine Lautsprecher, die direkt an die Ohren angelegt werden. Ein starkes elektrisches Signal vom Verstärker wird in eine Drahtspule geleitet, die sich in einem Magneten befindet. Das Signal erzeugt ein veränderliches Magnetfeld ■ in der Spule, die sich deshalb hin- und herbewegt und eine konusförmige Membran in Schwingung versetzt, sodass Schallwellen entstehen.

Stereophonie
Schallaufzeichnung und -wiedergabe mit räumlichem Eindruck

Auch mit verschlossenen Augen können wir eine Schallquelle orten. Der Schall erreicht die Ohren mit einem gewissen Zeitunterschied, der von der Position der Schallquelle abhängt. Diesen Raumeindruck kann man in der Aufzeichnung beibehalten, indem man zwei Mikrofone verwendet und die beiden Signale getrennt speichert. Bei der Wiedergabe benötigt man entsprechend zwei Lautsprecher.

Magnetband
Metallbeschichtetes Kunststoffband

Die Oberfläche eines Magnetbands ist mit winzigen Teilchen beschichtet, die magnetisiert und entmagnetisiert werden können. Ein **Tonbandgerät** zeichnet elektrische Signale als magnetisches Muster auf einem bewegten Band auf. Bei der Wiedergabe wandelt das Gerät diese Muster wieder in elektrische Signale um, die dann über Verstärker und Lautsprecher als Schall hörbar werden. Eine **Kassette** enthält zwei Bandspulen in einem Gehäuse.

Der Lautsprecher wandelt das Signal zurück in Schall.

Siehe auch
Binärcode 123 • Frequenz 71
Laser 82 • Magnetfeld 100
Schallwelle 98 • Speicher 121
Telefon 128

Thomas Alva Edison
Amerikanischer Elektrotechniker (1847–1931)

Edison entdeckte als Erster, wie man Schall aufzeichnen kann. Sein 1877 gebauter Phonograph ritzte den Schall mit einer Nadel in Zinnfolie, die um eine Walze gewickelt war. Edison entwickelte außerdem ein Mikrofon zur Verbesserung des Telefons ■ sowie ein Gerät, das bewegte Bilder erzeugte, das Kinetoskop.

Edisons Phonograph (1877)

Synthesizer
Ein elektronisches Musikinstrument

Ein Synthesizer erzeugt Töne elektronisch. Er kann den Klang von Musikinstrumenten nachahmen oder neue Klänge erzeugen. Ein **Sampler** speichert ■ Klänge als digitale Signale und kann sie dann wiedergeben. Außerdem kann er ihre Tonhöhe und Dauer ändern.

Der CD-Spieler tastet die CD mit einem Laserstrahl ab und wandelt das Muster der Vertiefungen in elektrische Signale um.

Der Verstärker überträgt ein starkes Signal an den Lautsprecher. Membran

Telekommunikation

Telekommunikation spielt eine wichtige Rolle in unserem Leben. Per Telefon können wir mit Menschen auf der ganzen Welt sprechen. Radio und Fernsehen bieten uns Unterhaltung, Sportberichte, Nachrichten und Kultur.

Telekommunikation
Verfahren zur sofortigen Übermittlung von Informationen über große Strecken

Telefon, Fernsehen und Radio sind die Hauptformen der Telekommunikation. Diese Medien senden oder **übertragen** Schall, Texte, Computerdaten und Bilder über weite Strecken. Die Informationen werden in elektrische Signale, Lichtsignale oder Funksignale umgewandelt, die sich mit hoher Geschwindigkeit ausbreiten. Empfänger wandeln die Signale zurück in Schall, Text, Computerdaten und Bilder. Viele miteinander verbundene Sender und Empfänger der Telekommunikation bilden ein **Netz.**

Telefon
Gerät zur Sprachübertragung

In der **Sprechmuschel** des Telefonhörers wandelt ein kleines Mikrofon ▪ den Schall der Stimme in ein elektrisches Signal um. Das Signal gelangt über Vermittlungsstellen und Verstärker zum Telefon der angerufenen Person. Wenn die Person antwortet, gelangt ein Signal von deren Sprechmuschel zur **Hörmuschel** des Anrufers zurück. Der kleine Lautsprecher ▪ darin wandelt das Signal zurück, sodass die Stimme des anderen zu hören ist.

Mobiltelefon
Drahtloses Telefon

Ein Mobiltelefon enthält einen Funksender und einen Funkempfänger. Das Anrufsignal gelangt zu einer nahe gelegenen Station in einem Netz. Jede Station bedient eine **Zelle.** Das Telefon verbindet sich automatisch mit der nächsten Station, wenn sich der Anrufer von einer Zelle zur nächsten bewegt.

Lautsprecher / *Hörmuschel* / *Mikrofon* / *Sprechmuschel*

Unterhaltung per Telefon
Die Schallwellen der Stimme lassen eine Membran im Mikrofon schwingen. Dieses Signal wird an die Membran im Lautsprecher des empfangenden Telefons gesendet. Dort wird das Signal wieder in Schall umgewandelt.

Alexander Graham Bell
Britischer Erfinder (1847–1922)

Bell erfand 1876 das Telefon. Seine frühen Telefone hatten eine Kombination aus Sprech- und Hörmuschel. Wenn man in das Telefon sprach, vibrierte eine Membran und erzeugte dadurch elektrischen Strom, den die Membran im Empfänger in Schall zurückwandelte.

Bells Telefon (1876–1877)

Vermittlungsstelle
Zentrale, die Telefone verbindet

Telefonsignale laufen durch ein Netz von Vermittlungsstellen, die zwei Telefone für ein Gespräch verbinden. Zwischen den Vermittlungsstellen kann das Signal in ein Licht- oder Funksignal umgewandelt werden, das dann über Glasfasern ▪ oder Fernmeldesatelliten ▪ übertragen wird.

Faxgerät
Gerät, das Kopien über Telefonleitungen sendet

Fax ist eine Abkürzung für **Faksimile,** was Nachbildung bedeutet. Ein Faxgerät tastet ein Dokument optisch ab und wandelt die Helligkeitsunterschiede in elektrische Signale um. Diese Signale gelangen über die Telefonleitung zum empfangenden Faxgerät, das die Helligkeitsunterschiede auf Papier wiedergibt. Texte können auch in einen **Fernschreiber** getippt werden, der ein elektrisches Signal per Telefonleitung an einen anderen Fernschreiber sendet, der die Texte druckt.

Kommunikation • 129

Rundfunk

Drahtlose Übertragung von Schall

Eine im Radio zu hörende Person spricht in ein Mikrofon, das den Schall in ein elektrisches Signal umwandelt. Die Rundfunkstation wandelt dieses Signal in Radiowellen ■ um und strahlt sie über einen Sender ab. Eine mit dem Radioempfänger verbundene **Antenne** nimmt die Radiowellen auf. Der Radioempfänger wandelt die Wellen zurück in Schall, sodass man die Person sprechen hört.

Radioempfänger

Gerät, das Radiowellen in Schall wandelt

Auf die Antenne des Empfängers treffen verschiedene Trägerwellen von verschiedenen Rundfunkstationen. Die Wellen erzeugen schwache elektrische Signale in der Antenne. Diese gelangen zu einer Abstimmvorrichtung im Empfänger, dem **Tuner**, der die Signale einer bestimmten Station auswählt. Durch **Demodulation** wird aus der Trägerwelle ein elektrisches Signal mit niedriger Frequenz zurückgewonnen, das mit dem in der Rundfunkstation erzeugten Signal identisch ist. Schließlich gelangt das Signal zum Verstärker ■ und zum Lautsprecher, der die Stimme des Sprechers wiedergibt.

Trägerwelle

Die vom Sender ausgestrahlte Radiowelle

Jede Rundfunkstation sendet eine Trägerwelle mit einer bestimmten Wellenlänge ■ und Frequenz ■ aus. Durch Modulation trägt diese Welle eine Kopie der ursprünglichen Schallwellen. Die vier Hauptgruppen der Trägerwellen sind **Langwellen, Mittelwellen, Kurzwellen** mit langen, mittleren und kurzen Wellenlängen sowie **Ultrakurzwellen.** Langwellen haben die größte Reichweite, Ultrakurzwellen die geringste.

Hohe Amplitude
AM-Trägerwelle — *Geringe Amplitude*
Hohe Frequenz
FM-Trägerwelle — *Niedrige Frequenz*

Modulation der Trägerwellen
Bei AM-Trägerwellen variiert die Höhe der Wellenberge und die Tiefe der Wellentäler, bei FM-Trägerwellen ändert sich die Frequenz der Wellen.

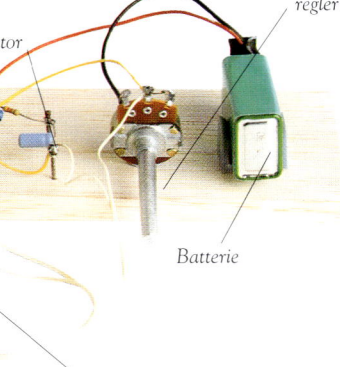

Diode   Antenne   Transistor   Kondensator   Lautstärkeregler
Tuner   Batterie

Einfaches Radio
Dieses Radio demoduliert das Antennensignal mit einer Diode. Nur ein Transistor verstärkt das Signal für die Wiedergabe des ursprünglichen Schalls.

Der Schall wird vom Transistor verstärkt und ist im Ohrhörer zu hören.

Guglielmo Marconi

Italienischer Ingenieur (1874–1937)

Marconi erfand die Funkkommunikation. Sieben Jahre nach der Entdeckung der Radiowellen durch Heinrich Hertz ■ konnte Marconi 1895 eine Nachricht im Morsealphabet ■ übertragen. Nach der Erfindung der Modulation durch den Ingenieur **Reginald Fessenden** (1866–1932) fand 1906 die erste Stimmenübertragung statt.

Guglielmo Marconi (1896)

Modulation

Verfahren zur Kombination von hoch- und niederfrequenten Wellen

Das elektrische Signal eines Mikrofons in einer Rundfunkstation ändert ständig seine Größe. Es variiert oder moduliert die von der Station gesendete Trägerwelle im Rhythmus der Schallwelle. Bei der **Amplitudenmodulation (AM)** variiert die Amplitude ■ der Funkwelle und bei der **Frequenzmodulation (FM)** ihre Frequenz. Im Empfänger wird die Welle demoduliert, das heißt, das ursprüngliche elektrische Signal wird von der Trägerwelle getrennt.

Siehe auch

Amplitude 71 • Fernmeldesatellit 130
Frequenz 71 • Glasfasern 85 • Hertz 75
Lautsprecher 127 • Mikrofon 126
Morse 180 • Radiowellen 74
Verstärker 127 • Wellenlänge 72

Fortsetzung nächste Seite ▶

Vladimir Zworykin

Amerikanischer Physiker (1889–1982)

Der in Russland geborene Zworykin führte 1932 die erste vollelektronische Fernsehkamera mit Kathodenstrahlröhre ■ vor. 1928 entwickelte der amerikanische Funktechniker **Philo T. Farnsworth** (1906–1971) die Bildzerlegungsröhre, die die heutigen Fernsehkameras möglich machte.

Fernsehen

Bildübertragung über Radiowellen oder Kabel

Fernsehkameras und Mikrofone wandeln bewegte Bilder und Schall in elektrische Signale um. Von den Fernsehstationen werden sie dann durch Modulation ■ wie beim Radio in Radiowellen umgewandelt und zum Empfänger übertragen.

Fernsehsender

Einrichtung, die Fernsehsendungen ausstrahlt

Zur Übertragung einer Fernsehsendung werden die Signale zu Sendern auf hohen Masten geleitet. Die Sender strahlen die Signale als Radiowellen ab. Antennen nehmen die Wellen auf. Fernsehempfänger wandeln diese Wellen in die auf dem Bildschirm sichtbaren Bilder zurück. Die Tonübertragung funktioniert genau wie beim Radio ■. Das **Kabelfernsehen** überträgt die elektrischen Bild- und Tonsignale über ein Kabel von der Fernsehstation oder einer Satellitenempfangsstation zum Empfänger.

Fernsehkamera

Kamera, die Bilder für das Fernsehen aufnimmt

Die Linse ■ einer Fernsehkamera erzeugt das reelle Bild ■ eines Motivs auf einer Röhre in der Kamera. Die Röhre wandelt das Licht des Bildes durch **Abtasten** in ein elektrisches Bildsignal um. Sie zerlegt das Bild in 625 horizontale Zeilen und tastet die Lichtintensität ab. Diese Helligkeitsstufen werden in Bildsignale mit veränderlicher Spannung ■ umgewandelt und dann gesendet. Eine Fernsehkamera nimmt pro Sekunde 25 vollständige Bilder auf.

Fernmeldesatellit

Satellit, der Telefonate und Rundfunkprogramme überträgt

Rundfunkprogramme und Telefonate werden mit Fernmeldesatelliten zwischen den Kontinenten übertragen. Die Satelliten umkreisen die Erde in etwa 36 000 Kilometer Höhe und benötigen 24 Stunden für einen Umlauf. Deshalb verbleiben sie von der Erde aus betrachtet immer an derselben Stelle, sie sind geostationär. Die Satelliten empfangen Funksignale von Bodenstationen und leiten diese weiter an Bodenstationen auf anderen Kontinenten und an private **Parabolantennen,** die »Satellitenschüsseln«.

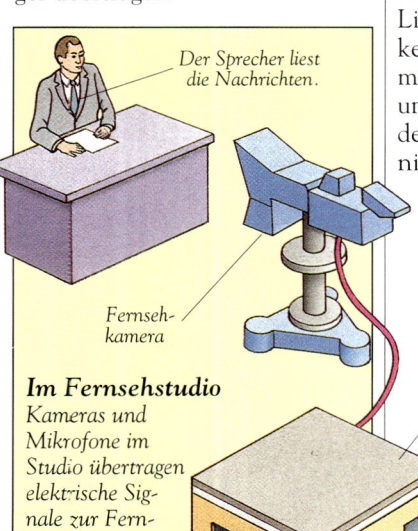

Der Sprecher liest die Nachrichten.

Fernsehkamera

Im Fernsehstudio
Kameras und Mikrofone im Studio übertragen elektrische Signale zur Fernsehstation, die dann die Signale sendet.

Bodenstationen senden Radiowellen an Satelliten.

Fernsehstation

Satelliten kreisen auf geostationären Bahnen, sodass sie still zu stehen scheinen.

Sendemasten übertragen Radiowellen von der Fernsehstation zu Antennen auf den Dächern.

◀ *Fortsetzung von vorheriger Seite*

Kommunikation • 131

Fernsehgerät
Gerät zum Empfang von Fernsehsignalen

Der Programmwähler steuert einen Tuner im Empfänger und wählt den **Kanal** aus, das heißt die Trägerwelle ■, die mit einer bestimmten Frequenz ■ von der Fernsehstation gesendet wird. Nach der Demodulation der Trägerwelle gelangt das gewonnene elektrische Bildsignal zur Bildröhre, einer Kathodenstrahlröhre. Eine **Elektronenstrahlquelle** am hinteren Ende der Röhre schießt Strahlen von Elektronen ■ nach vorne zum Bildschirm. Dort befinden sich **Leuchtstoffe,** die beim Auftreffen des Elektronenstrahls aufleuchten. Das Bildsignal steuert den Elektronenstrahl, sodass er sich in gleicher Weise wie in der Fernsehkamera über den Bildschirm bewegt. Pro Sekunde entstehen 25 bewegt erscheinende Bilder.

Farbfernsehen
Verfahren zur Übertragung vollfarbiger Bilder

Alle sichtbaren Farben lassen sich aus den drei Grundfarben ■ Rot, Grün und Blau mischen. Dies nutzt man bei der Aufnahme von Fernsehbildern. Eine Farbfernsehkamera enthält drei Aufnahmeröhren, die jeweils für eine Grundfarbe empfindlich sind. Der Anteil des roten, grünen und blauen Lichts im Bild wird gemessen und in drei elektrische Farbsignale zerlegt. Diese Signale werden kombiniert an den Farbempfänger gesendet, der sie wieder trennt und drei überlagerte Bilder in Rot, Grün und Blau anzeigt. Die drei Farben mischen sich zu einem Vollfarbbild. Das Übertragungsschema nennt man Farbfernsehnorm. Die wichtigsten Normen sind das in Nordamerika und Japan verwendete **NTSC** und das in Australien und Europa verwendete **PAL**.

Siehe auch
Compact Disc 126 • Elektron 34
Frequenz 71 • Grundfarben 81
Kathodenstrahlröhre 116 • Linse 85
Magnetband 127 • Modulation 129
Radio 129 • Reelles Bild 85
Spannung 105 • Trägerwelle 129

Video
Aufzeichnung von Fernsehsignalen auf Band

Eine **Videokamera** oder ein **Camcorder** ist eine tragbare Fernsehkamera. Ein elektrisches Bildsignal wird in der Kamera in gleicher Weise auf ein **Videoband** aufgezeichnet wie Schall auf ein Magnetband ■. Ein **Videorekorder** nimmt das Signal auf Videoband auf. Beim Abspielen reproduziert er das elektrische Signal und überträgt es zu einem Fernsehempfänger. Eine **Bildplatte** entspricht im Prinzip einer Compact Disc ■.

Fernsehübertragung
Es gibt mehrere Möglichkeiten, um ein Bild zum Fernsehbildschirm zu senden: per Satellit zu einer Parabolantenne, terrestrisch zu einer Dachantenne oder unterirdisch über ein Kabel direkt bis zum Empfangsgerät.

Farbfernsehempfänger

Videorekorder

Zuhause
Wenn die Bildsignale den Fernseher erreichen, erscheinen sie auf dem Bildschirm als winzige Punkte mit unterschiedlicher Farbe. Ein Videorekorder kann solche Signale speichern.

Die Radiowellen werden zur Erde zurückgesendet und dort mit privaten Parabolantennen empfangen. Diese leiten die Bild- und Tonsignale an die Fernsehgeräte.

Parabolantenne

Fernsehantenne

Ein Kabel ermöglicht einen guten Empfang und überträgt die Programme von mehreren Satelliten und Fernsehstationen.

Elemente

Jeder Stoff, der nicht in einfachere Stoffe zerlegt werden kann, ist ein Element. Wasser besteht zum Beispiel aus Wasserstoff und Sauerstoff, ist also kein Element. Die Gase Wasserstoff und Sauerstoff lassen sich jedoch nicht mehr in einfachere Stoffe teilen, sie sind Elemente.

Element
Ein Stoff, der nur eine Atomart enthält

Alle Stoffe bestehen aus Atomen ■. Es gibt knapp über hundert verschiedene Atomarten, von denen jede eine eigene Kernladungszahl ■ besitzt. In den meisten Stoffen sind zwei oder mehr Atomarten vermischt oder sind eine Verbindung ■ eingegangen. Nur wenige der Millionen von existierenden Stoffen bestehen aus nur einer Atomart. Dies sind die Elemente oder **chemischen Elemente.** Sauerstoff enthält zum Beispiel nur Sauerstoffatome. In der Natur kommen 93 Elemente vor, einige weitere wurden von Wissenschaftlern hergestellt.

Kalium in Wasser
Kalium entzündet sich bei Berührung mit Wasser, weil es sehr reaktionsfreudig ist. Wegen seiner Reaktivität kommt es in der Natur nur in Verbindungen vor.

Gold
Das Bild zeigt gelbe Adern aus reinem Gold in Quarzgestein. Reines Gold ist in der Natur zu finden, weil es kaum mit anderen Elementen reagiert.

Metall
Glänzendes, meist festes Element

Die meisten Elemente sind Metalle wie zum Beispiel Eisen, Gold, Silber und Blei. Bis auf Quecksilber sind alle Metalle bei Zimmertemperatur (20 °C) fest. Die meisten Metalle haben eine hohe Dichte ■ und sind gute Leiter für Wärme und elektrischen Strom. Ihre Festigkeit und Formbarkeit macht sie für viele Anwendungen geeignet. Metalle werden oft in Legierungen ■ gemischt.

Allotropie
Vorkommen gleicher Elemente in verschiedenen Kristallformen

Einige Elemente besitzen mehrere physikalische Formen, da sich ihre Atome auf verschiedene Weise verbinden können. Diamant und Graphit sind ein hartes und ein weiches Allotrop des Kohlenstoffs. Sie enthalten nur Kohlenstoffatome, unterscheiden sich aber physikalisch stark.

Chemisches Symbol
Buchstabenkürzel, das ein Element bezeichnet

Auf der ganzen Welt verwendet man dieselben chemischen Symbole. Einige Symbole bestehen nur aus einem Buchstaben wie »C« für Kohlenstoff. Andere Symbole haben zwei Buchstaben wie »Co« für Kobalt. Die meisten Symbole sind vom englischen Namen des Elements abgeleitet, einige stammen aus anderen Sprachen wie Griechisch und Lateinisch. Das Symbol »Fe« für Eisen stammt vom lateinischen Wort »ferrum«.

Halbmetall
Element mit Eigenschaften von Metallen und Nichtmetallen

Nicht jedes Element ist einfach als Metall oder Nichtmetall zu klassifizieren. Obwohl manche Elemente wie Metalle aussehen, brechen sie leicht und sind schlechte elektrische Leiter ■. Dazu gehören die Halbmetalle Germanium und Silicium.

Nichtmetall
Element, das kein Metall ist

Zu den Nichtmetallen gehören die bei 20 °C gasförmigen Elemente wie Wasserstoff und Sauerstoff. Feste Nichtmetalle wie Schwefel und Iod sind meist brüchig, haben eine geringe Dichte, glänzen nicht und sind schlechte Leiter für Wärme ■ und elektrischen Strom.

Siehe auch

Atom 34 • Dichte 23
Kernladungszahl 34 • Legierung 166
Elektrischer Leiter 105
Reaktionsfreudig 146
Verbindung 138 • Wärmeleiter 91

HÄUFIGE ELEMENTE

Name	Beschreibung
Aluminium	Aus Bauxit gewonnenes, leichtes Metall. Wird für Haushaltsfolie und im Flugzeugbau verwendet. Leicht zu recyceln. Entdeckung 1825.
Argon	Farbloses Gas in der Luft. Zur Füllung von Glühlampen verwendet. Entdeckung 1894.
Blei	Aus Bleiglanz gewonnenes Metall. Unter anderem in Legierungen verwendet. Schützt vor radioaktiver Strahlung. Seit dem Altertum bekannt.
Calcium	Aus Kalkstein gewonnenes Metall. In Legierungen verwendet. Verbindungen werden für Baustoffe genutzt. Entdeckung 1808.
Chlor	Als Salz gewonnenes, gelbgrünes Gas. Desinfektions- und Bleichmittel. Entdeckung 1774.
Eisen	Aus Roteisenstein, Eisenspat und anderen Eisenerzen gewonnenes Metall. Basis für Gusseisen und Stahl. Seit dem Altertum bekannt.
Fluor	Blassgelbes Gas. Das reaktionsfreudigste Element. Verbindungen werden in Zahnpasta und Trinkwasser zum Schutz vor Zahnkrankheiten eingesetzt. Entdeckung 1886.
Gold	Gelbes Metall. Für Schmuck verwendet. Seit dem Altertum bekannt.
Helium	Farbloses, nicht reagierendes Gas. Winzige Spuren sind in der Luft zu finden. Traggas für Ballone und Luftschiffe. Entdeckung 1868.
Iod	Aus Chilesalpeter gewonnenes, schwarzes festes Nichtmetall. In der Medizin verwendet. Entdeckung 1811.
Kalium	Aus Kaliumverbindungen gewonnenes, sehr reaktionsfreudiges weiches Metall. Die Verbindungen dienen als Dünger. Entdeckung 1807.
Kohlenstoff	In verschiedenen Formen vorkommendes Nichtmetall. **Diamant** ist ein für Bohrer und in der Schmuckindustrie verwendeter harter Kristall. **Graphit** ist ein weicher schwarzer Feststoff und wird für Bleistifte und als Schmiermittel verwendet. **Ruß** ist ein Pulver, das bei der Gummiherstellung zugesetzt wird. **Koks** ist eine bei der Stahlerzeugung verwendete Form des Kohlenstoffs. **Kohlenstofffasern** dienen zur Herstellung fester Werkstoffe. Das Element ist seit dem Altertum bekannt.
Kupfer	Natürlich vorkommendes, rötliches Metall. Aus Kupferkies gewonnen. Für Rohre, Münzen und elektrische Drähte sowie in den Legierungen Messing und Bronze verwendet. Seit dem Altertum bekannt.
Magnesium	Aus Dolomit gewonnenes, silberweißes Metall. Für leichte Legierungen, Leuchtfeuer und Feuerwerkskörper verwendet. Entdeckung 1809.

Name	Beschreibung
Natrium	Aus Salz gewonnenes, reaktionsfreudiges weiches Metall. Verbindungen werden in der chemischen Industrie verwendet. Entdeckung 1807.
Nickel	Aus Pentlandit gewonnenes Metall. In korrosionsbeständigen Legierungen für Bestecke und Münzen verwendet. Ein Nickelüberzug schützt Metalle vor Korrosion. Entdeckung 1751.
Plutonium	In Nuklearreaktoren aus verbrauchtem Uranbrennstoff erzeugtes, radioaktives Metall. In Nuklearreaktoren und für Nuklearwaffen verwendet. Entdeckung 1940.
Quecksilber	Aus Zinnober gewonnenes, flüssiges Metall. Früher in der Zahnmedizin und in Quecksilberdampflampen verwendet, heute vor allem in Industrieprozessen. Seit dem Altertum bekannt.
Sauerstoff	In der Luft enthaltenes, farbloses Gas. **Ozon** ist ein Allotrop des Sauerstoffs, das eine Schicht in der oberen Atmosphäre bildet. Häufigstes Element der Erde. Seine Verbindungen bilden Wasser und Gestein. Lebensnotwendig und allgemein in der Industrie eingesetzt. Entdeckung 1774.
Schwefel	Gelbes festes Nichtmetall. In der chemischen Industrie und zur Behandlung von Gummi verwendet. Seit dem Altertum bekannt.
Silber	Aus Silbererzen gewonnenes oder als Element vorkommendes Metall. Für Schmuck und Tafelgeschirr verwendet. Seit dem Altertum bekannt.
Silicium	Aus Kieselerde gewonnenes Halbmetall. Zur Herstellung von Transistoren und Mikrochips verwendet. Entdeckung 1823.
Stickstoff	Farbloses Gas, das 78 % der Luft ausmacht. Für Glühlampen und bei der Düngerherstellung verwendet. Entdeckung 1772.
Titan	Aus Rutil und Ilmenit gewonnenes, hartes Metall. In leichten und korrosionsfesten Legierungen und weißen Farben verwendet. Entdeckung 1791.
Uran	Aus Pechblende und Carnotit gewonnenes, radioaktives Metall. In Nuklearreaktoren verwendet. Entdeckung 1789.
Wasserstoff	Aus Wasser oder Methan erzeugtes, farbloses Gas. Treibstoff und Basis für Ammoniak. Entdeckung 1766.
Zinn	Aus Zinnstein gewonnenes, weiches Metall. Zusatz für Legierungen. Seit dem Altertum bekannt.
Zink	Aus Zinkblende gewonnenes Metall. Für die Herstellung von Batterien sowie von Messing und anderen Legierungen verwendet. Eisen wird zum Schutz vor Rost mit Zink galvanisiert. Entdeckung 1746.

Hintergrund: *Schwefelkristalle*

Fortsetzung nächste Seite ▶

DIE ELEMENTE

Name	Symbol	KLZ	Atomare Masse	Typ
Actinium	Ac	89	227,00	Metall
Aluminium	Al	13	26,98	Metall
Americium	Am	95	243,00	Metall
Antimon	Sb	51	121,75	Halbmetall
Argon	Ar	18	39,95	Gas
Arsen	As	33	74,92	Halbmetall
Astat	At	85	210,00	Festes Nichtm.
Barium	Ba	56	137,34	Metall
Berkelium	Bk	97	247,00	Metall
Beryllium	Be	4	9,01	Metall
Bismut	Bi	83	208,98	Metall
Blei	Pb	82	207,20	Metall
Bor	B	5	10,81	Halbmetall
Brom	Br	35	79,90	Flüssiges Nichtm.
Cadmium	Cd	48	112,40	Metall
Calcium	Ca	20	40,08	Metall
Californium	Cf	98	252,00	Metall
Cäsium	Cs	55	132,90	Metall
Cer	Ce	58	140,11	Metall
Chlor	Cl	17	35,45	Gas
Chrom	Cr	24	51,99	Metall
Curium	Cm	96	247,00	Metall
Dysprosium	Dy	66	162,50	Metall
Einsteinium	Es	99	254,00	Metall
Eisen	Fe	26	55,85	Metall
Erbium	Er	68	167,26	Metall
Europium	Eu	63	151,96	Metall
Fermium	Fm	100	257,00	Metall
Fluor	F	9	18,99	Gas
Francium	Fr	87	223,00	Metall
Gadolinium	Gd	64	157,25	Metall
Gallium	Ga	31	69,72	Metall
Germanium	Ge	32	72,59	Halbmetall
Gold	Au	79	196,97	Metall
Hafnium	Hf	72	178,49	Metall
Hahnium	Ha	105	261,00	Metall
Helium	He	2	4,00	Gas
Holmium	Ho	67	164,93	Metall
Indium	In	49	114,82	Metall
Iod	I	53	126,90	Festes Nichtm.
Iridium	Ir	77	192,22	Metall
Kalium	K	19	39,09	Metall
Kobalt	Co	27	58,93	Metall
Kohlenstoff	C	6	12,01	Festes Nichtm.
Krypton	Kr	36	83,80	Gas
Kupfer	Cu	29	63,55	Metall
Lanthan	La	57	138,91	Metall
Lawrencium	Lr	103	256,00	Metall
Lithium	Li	3	6,94	Metall
Lutetium	Lu	71	174,97	Metall
Magnesium	Mg	12	24,31	Metall
Mangan	Mn	25	54,94	Metall
Mendelevium	Md	101	258,00	Metall
Molybdän	Mo	42	95,94	Metall
Natrium	Na	11	22,99	Metall
Neodym	Nd	60	144,24	Metall
Neon	Ne	10	20,18	Gas
Neptunium	Np	93	237,05	Metall
Nickel	Ni	28	58,71	Metall
Niob	Nb	41	92,91	Metall
Nobelium	No	102	255,00	Metall
Osmium	Os	76	190,2	Metall
Palladium	Pd	46	106,4	Metall
Phosphor	P	15	30,97	Festes Nichtm.
Platin	Pt	78	195,09	Metall
Plutonium	Pu	94	244,00	Metall
Polonium	Po	84	210,00	Metall
Praseodym	Pr	59	140,91	Metall
Promethium	Pm	61	145,00	Metall
Protactinium	Pa	91	231,04	Metall
Quecksilber	Hg	80	200,59	Flüssiges Metall
Radium	Ra	88	226,00	Metall
Radon	Rn	86	222,00	Gas
Rhenium	Re	75	186,20	Metall
Rhodium	Rh	45	102,91	Metall
Rubidium	Rb	37	85,47	Metall
Ruthenium	Ru	44	101,07	Metall
Rutherfordium	Rf	104	260,00	Metall
Samarium	Sm	62	150,40	Metall
Sauerstoff	O	8	15,99	Gas
Scandium	Sc	21	44,96	Metall
Schwefel	S	16	32,06	Festes Nichtm.
Selen	Se	34	78,96	Festes Nichtm.
Silber	Ag	47	107,87	Metall
Silicium	Si	14	28,09	Halbmetall
Stickstoff	N	7	14,01	Gas
Strontium	Sr	38	87,62	Metall
Tantal	Ta	73	180,95	Metall
Technetium	Tc	43	99,00	Metall
Tellur	Te	52	127,60	Halbmetall
Terbium	Tb	65	158,93	Metall
Thallium	Tl	81	204,37	Metall
Thorium	Th	90	232,04	Metall
Thulium	Tm	69	168,93	Metall
Titan	Ti	22	47,90	Metall
Uran	U	92	238,03	Metall
Vanadium	V	23	50,94	Metall
Wasserstoff	H	1	1,01	Gas
Wolfram	W	74	183,85	Metall
Xenon	Xe	54	131,30	Gas
Ytterbium	Yb	70	173,04	Metall
Yttrium	Y	39	88,91	Metall
Zink	Zn	30	65,38	Metall
Zinn	Sn	50	118,69	Metall
Zirconium	Zr	40	91,22	Metall

Hintergrund: Querschnitt eines eisenhaltigen Meteoriten

◀ *Fortsetzung von vorheriger Seite*   KLZ = Kernladungszahl

Die Entdeckung der Elemente

Die alten Griechen kannten nur vier Elemente: Erde, Feuer, Luft und Wasser. Erst im 17. Jahrhundert entdeckte man, was die Elemente wirklich sind.

Robert Boyle
Britischer Wissenschaftler (1627–1691)

Boyle erkannte die wahre Natur der Elemente ■. Er verstand, dass fast alle Stoffe Verbindungen ■ von Elementen sind und dass die Elemente durch Auftrennung der Verbindungen gewonnen werden. Er beschäftigte sich auch mit der Gastheorie (Boyle-Mariotte'sches Gesetz ■).

Henry Cavendish
Englischer Chemiker (1731–1810)

Cavendish entdeckte 1766 den Wasserstoff. Durch die mit einem elektrischen Funken ausgelöste Explosion einer Mischung aus Wasserstoff und Luft bildete er Wasser. So widerlegte er, dass Wasser selbst ein Element ist. Cavendish maß außerdem die Gravitationskonstante, die die Stärke der Gravitationskraft ■ bestimmt.

Carl Scheele
Schwedischer Chemiker (1742–1786)

Scheele suchte nach unbekannten Elementen und entdeckte viele neue chemische Verbindungen. Er konnte als Erster Sauerstoff und Chlor herstellen, aber erst in späteren Jahren erkannte man, dass beide Elemente sind.

Antoine Lavoisier
Französischer Chemiker (1743–1794)

Lavoisier belegte, dass Luft kein Element, sondern eine Mischung von Gasen ist. Außerdem zeigte er, dass Wasser eine Verbindung von Wasserstoff und Sauerstoff ist. Er begründete das System der Bezeichnung von Verbindungen und gab mehreren Elementen ihren Namen. Lavoisier erklärte auch, dass Verbrennung eine Reaktion mit Sauerstoff in der Luft ist.

Humphry Davy
Britischer Chemiker (1778–1829)

Davy erkannte, dass sich Verbindungen durch elektrischen Strom in ihre Elemente zerlegen lassen. Auf diese Weise entdeckte er 1807 Kalium und Natrium sowie 1808 Magnesium, Barium, Calcium und Strontium.

Apparat von Humphry Davy
Davy erhielt Natrium, indem er in diesem Apparat Strom durch Salz fließen ließ.

Jakob von Berzelius
Schwedischer Chemiker (1779–1848)

Berzelius entdeckte 1803 das Element Cer, 1817 Selen und Lithium sowie 1828 Thorium. Er erstellte die erste genaue Tabelle mit den atomaren Massen ■ der Elemente und erfand das System der chemischen Symbole ■ für die Elemente.

Dmitrij Mendelejew
Russischer Chemiker (1834–1907)

1869 klassifizierte Mendelejew die 63 damals bekannten Elemente in Gruppen und erfand das Periodensystem ■ der Elemente. Mit dem Periodensystem sagte er die Existenz von drei neuen Elementen voraus, die wenige Jahre später tatsächlich entdeckt wurden. Jedes seitdem gefundene Element lässt sich in dieses System einordnen. 1955 wurde das Element Mendelevium nach ihm benannt.

Marie Curie
Französische Chemikerin (1867–1934)

Die in Polen geborene Marie Curie entdeckte 1898 das Polonium und das Radium. Sie erkannte diese Elemente an ihrer intensiven Radioaktivität ■. Mit ihrem Mann **Pierre Curie** (1859–1906) verarbeitete sie vier Tonnen Erz, um weniger als ein Gramm Radium zu erhalten. Pierre Curie entdeckte 1880 die Piezoelektrizität ■.

Siehe auch
Atomare Masse 34
Boyle-Mariotte'sches Gesetz 94
Chemisches Symbol 132 • Element 132
Gravitation 49 • Periodensystem 136
Piezoelektrizität 109 • Radioaktivität 36
Verbindung 138

Das Periodensystem

Zwischen bestimmten Elementen existieren Ähnlichkeiten. Natrium und Kalium sind zum Beispiel zwei sehr reaktionsfreudige Metalle. Die Elemente lassen sich nach ihren Eigenschaften in verschiedene Gruppen gliedern.

Alkalimetalle
Cäsium, Francium, Kalium, Lithium, Natrium und Rubidium

Die Alkalimetalle bilden die Gruppe I im Periodensystem. Sie heißen Alkalimetalle, weil sie bei der Reaktion mit Wasser Alkalien bilden. Alle besitzen ein Elektron in der äußeren Schale ihrer Atome, sodass sie sehr reaktionsfreudig sind. Sie reagieren kräftig oder sogar explosiv mit Wasser und Säuren ■.

Periodensystem
Anordnung der Elemente entsprechend den Ähnlichkeiten und Unterschieden zwischen ihnen

Im Periodensystem sind die Elemente ■ in senkrechten Spalten, den **Gruppen,** und in waagerechten Zeilen, den **Perioden,** angeordnet. Sie erscheinen geordnet nach ihrer Kernladungszahl ■, beginnend mit der niedrigsten. Wasserstoff hat seinen eigenen Platz am Anfang der Tabelle. Position und Eigenschaften jedes Elements sind durch die Anordnung der Elektronen ■ in den Schalen seiner Atome ■ bestimmt.

Erdalkalimetalle
Barium, Beryllium, Calcium, Magnesium, Radium und Strontium

Die Erdalkalimetalle ■ bilden die Gruppe II im Periodensystem. Sie besitzen zwei Elektronen in der äußeren Atomschale, sodass sie weniger reaktionsfreudig sind als die Alkalimetalle. Die Oxide dieser Metalle reagieren mit Wasser und bilden Alkalien (Laugen).

Jedes Kästchen enthält grundlegende Informationen zu einem Element.

Natürliche Salzlagerstätten
Salzkristalle am Toten Meer in Israel. Kochsalz (Natriumchlorid) ist eine Verbindung der Elemente Natrium und Chlor aus den Gruppen I und VII.

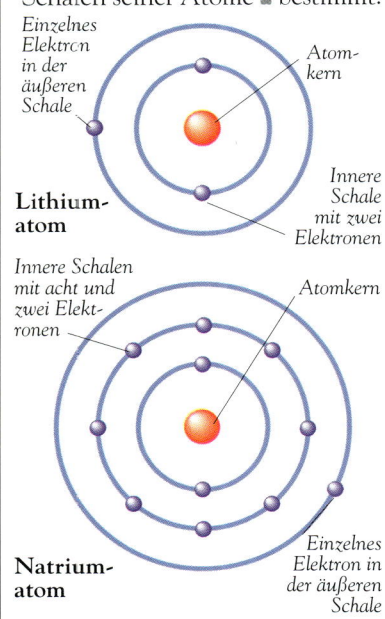

Einzelnes Elektron in der äußeren Schale
Atomkern
Lithiumatom
Innere Schale mit zwei Elektronen

Innere Schalen mit acht und zwei Elektronen
Atomkern
Natriumatom
Einzelnes Elektron in der äußeren Schale

Elektronenschalen
Die Elemente Lithium und Natrium stehen in der Gruppe I im Periodensystem, weil ihre Atome nur ein Elektron in der äußeren Schale besitzen.

	1 H Wasserstoff						
3 Li Lithium	4 Be Beryllium						
11 Na Natrium	12 Mg Magnesium						
19 K Kalium	20 Ca Calcium	21 Sc Scandium	22 Ti Titan	23 V Vanadium	24 Cr Chrom	25 Mn Mangan
37 Rb Rubidium	38 Sr Strontium	39 Y Yttrium	40 Zr Zirconium	41 Nb Niobium	42 Mo Molybdän	43 Tc Technetium
55 Cs Caesium	56 Ba Barium	▶ 57 La Lanthan	72 Hf Hafnium	73 Ta Tantal	74 W Wolfram	75 Re Rhenium
87 Fr Francium	88 Ra Radium	▶▶ 89 Ac Actinium	104 Rf Rutherfordium	105 Ha Hahnium		

Gruppe I Gruppe II

Kernladungszahl → 79 Au Gold
Name des Elements
Chemisches Symbol

Alkalimetalle
Erdalkalimetalle
Übergangsmetalle
Aktinidenreihe

▶ Lanthanidenreihe

58 Ce Cer	59 Pr Praseodym	60 Nd Neodym

▶▶ Aktinidenreihe

90 Th Thorium	91 Pa Protactinium	92 U Uran

Elemente und Moleküle • 137

Leichter als Luft
Das leichte Edelgas Helium wird oft als Füllgas für Luftballons verwendet. Helium steht in der Gruppe 0 und reagiert so schwach, dass es unbrennbar und gefahrlos einsetzbar ist.

Edelgase
Argon, Helium, Krypton, Neon, Radon und Xenon

Die Edelgase bilden die Gruppe 0 im Periodensystem. Sie heißen auch **Inertgase,** obwohl sie nicht völlig inert (durch chemische Reaktion nicht zu verändern) sind. Die Edelgase sind nicht reaktionsfreudig und bilden nur sehr wenige Verbindungen mit anderen Elementen, weil ihre Atome eine sehr stabile äußere Schale haben, die mit der maximal möglichen Zahl von Elektronen besetzt ist (zwei beim Helium, acht bei den anderen Gasen).

Übergangselemente
Elemente, die im Periodensystem zwischen Gruppe II und III liegen

Die Eigenschaften der Übergangselemente liegen zwischen denen der Metalle aus den Gruppen II und III. Die Übergangselemente sind mehr oder weniger reaktionsfreudige Metalle. Zu ihnen gehören Eisen, Zink, Nickel, Kupfer, Silber, Gold, Chrom, Platin und Quecksilber. Sie werden in vielen Legierungen ■ verwendet und bilden oft farbige Verbindungen ■. Eine innere Schale der Atome ist nur teilweise mit Elektronen besetzt.

Siehe auch
Atom 34 • Elektron 34 • Element 132
Kernladungszahl 34 • Legierung 166
Metall 132 • Nichtmetall 132
Säure 149 • Verbindung 138

Halogene
Astat, Brom, Chlor, Fluor und Iod

Halogene sind die Gase und festen Nichtmetalle ■ der Gruppe VII. Alle sind giftig. Halogene besitzen sieben Elektronen in der äußeren Schale ihrer Atome und sind deshalb sehr reaktionsfreudig. Sie können kovalente Bindungen und Ionenbindungen eingehen. Ein **Haloid** ist die Verbindung eines Halogens mit einem anderen Element. Natriumchlorid ist ein Haloid.

										2 He Helium
					5 *B Bor	6 C Kohlenstoff	7 N Stickstoff	8 O Sauerstoff	9 F Fluor	10 Ne Neon
					13 Al Aluminium	14 *Si Silicium	15 P Phosphor	16 S Schwefel	17 Cl Chlor	18 Ar Argon
26 Fe Eisen	27 Co Cobalt	28 Ni Nickel	29 Cu Kupfer	30 Zn Zink	31 Ga Gallium	32 *Ge Germanium	33 *As Arsen	34 Se Selen	35 Br Brom	36 Kr Krypton
44 Ru Ruthenium	45 Rh Rhodium	46 Pd Palladium	47 Ag Silber	48 Cd Cadmium	49 In Indium	50 Sn Zinn	51 *Sb Antimon	52 *Te Tellur	53 I Iod	54 Xe Xenon
76 Os Osmium	77 Ir Iridium	78 Pt Platin	79 Au Gold	80 Hg Quecksilber	81 Tl Thallium	82 Pb Blei	83 Bi Bismut	84 Po Polonium	85 At Astat	86 Rn Radon
					Gruppe III	Gruppe IV	Gruppe V	Gruppe VI	Gruppe VII	Gruppe VIII

Nichtmetalle | Edelgase
Lanthanidenreihe | Andere Metalle

Hinweis
Ein alternatives Nummerierungssystem bezeichnet die senkrechten Spalten als Gruppen 1–18. Wasserstoff gehört zu keiner Gruppe.

* *Diese Elemente werden oft Halbmetalle genannt.*

61 Pm Promethium	62 Sm Samarium	63 Eu Europium	64 Gd Gadolinium	65 Tb Terbium	66 Dy Dysprosium	67 Ho Holmium	68 Er Erbium	69 Tm Thulium	70 Yb Ytterbium	71 Lu Lutetium
93 Np Neptunium	94 Pu Plutonium	95 Am Americium	96 Cm Curium	97 Bk Berkelium	98 Cf Californium	99 Es Einsteinium	100 Fm Fermium	101 Md Mendelevium	102 No Nobelium	103 Lr Lawrencium

Moleküle

Die meisten reinen Stoffe bestehen aus winzigen Teilchen, die man Moleküle nennt. Dies sind identische Gruppen von Atomen eines oder mehrerer Elemente. Jeder Stoff hat seine eigene Art von Molekülen, so besteht zum Beispiel Wasser aus Wassermolekülen. Sie sind so klein, dass sich in einem Wassertropfen mehr Moleküle befinden als Sandkörner an einem langen Strand.

Molekül

Gruppe miteinander verbundener Atome

Ein Molekül enthält in festem Verhältnis miteinander verbundene Atome ■ von Elementen ■. Viele chemische Verbindungen und manche Elemente bestehen aus Molekülen. In Wassermolekülen ist ein Sauerstoffatom mit zwei Wasserstoffatomen verbunden. Die Moleküle von Stickstoff bestehen aus zwei Stickstoffatomen. Moleküle können aus wenigen oder aus vielen Atomen bestehen, die durch Bindungen ■ zusammengehalten werden.

Wassermolekül

Ein Wassermolekül besteht aus zwei Atomen Wasserstoff, die mit einem Atom Sauerstoff verbunden sind.

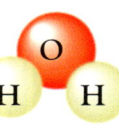

Wasser (H_2O)

Stoff

Eine bestimmte Substanz

Ein Stoff ist eine Substanz mit eindeutiger Identität, wie Wasser, Luft, Salz, Zucker, Alkohol, Paraffin oder Talkpuder. Ein reiner Stoff enthält nur eine Verbindung oder ein Element.

Satz von Avogadro

Gleiche Volumen aller Gase enthalten bei gleicher Temperatur und gleichem Druck die gleiche Anzahl an Molekülen

Diese 1811 von dem Physiker Amedeo Avogadro ■ entwickelte Hypothese war die erste Erklärung für Moleküle. Das Volumen eines Gases hängt von der Anzahl seiner Teilchen ab. Ein Liter eines Gases enthält unter Normalbedingungen etwa 25 Trilliarden (10^{21}) Moleküle.

1 Eine Bürette mit feiner Spitze wird mit einer Lösung aus $1 cm^3$ Olivenöl in $1000 cm^3$ Alkohol gefüllt.

2 Die Wasseroberfläche wird mit Talk oder Bärlappsamen leicht bestäubt.

3 Der Hahn wird geöffnet, damit Tropfen in die Schale fallen. Durch das Zählen der Tropfen in $1 cm^3$ Öllösung lässt sich das Volumen eines Tropfens berechnen.

Flache Schale mit Wasser

Verbindung

Stoff, in dem die Atome von zwei oder mehr Elementen miteinander verbunden sind

Eine **chemische Verbindung** enthält in festem Verhältnis verbundene Elemente in Molekülen oder Makromolekülen ■. Der **chemische Name** einer Verbindung beschreibt die enthaltenen Elemente. Der chemische Name Natriumchlorid für Kochsalz drückt aus, dass es sich um eine Verbindung von Natrium und Chlor handelt. Die Eigenschaften einer Verbindung können sich stark von denen der enthaltenen Elemente unterscheiden. Natrium ist ein weiches Metall und Chlor ein giftiges Gas, doch Kochsalz ist ein wichtiger Nahrungsbestandteil.

Wie groß ist ein Molekül?

Die Größe von Molekülen lässt sich nicht mit dem Lineal messen. Sie lässt sich jedoch abschätzen, indem man auf einer Wasseroberfläche eine Ölschicht erzeugt und deren Fläche misst. Wenn das Ölvolumen bekannt ist, lassen sich daraus die Schichtdicke und damit der Durchmesser eines Moleküls berechnen. Das Ergebnis liegt im Bereich eines zehnmillionstel Zentimeters.

4 Ein Tropfen der Öllösung wird vorsichtig in die Schale gegeben.

5 Wenn ein Tropfen der Lösung in die Schale fällt, löst sich der Alkohol auf und das Öl drückt den Puder zur Seite, bis die Ölschicht nur noch ein Molekül dick ist.

6 Der Durchmesser des Ölflecks wird gemessen und daraus wird die Fläche berechnet.

Elemente und Moleküle • 139

Stickstoffdioxid (NO$_2$)

Sauerstoff (O$_2$)

Stickstoff (N$_2$)

Kolben mit braunem Stickstoffdioxid

Kolben mit farbloser Luft

Gleiche Atome, verschiedene Gase
Stickstoffdioxidgas enthält Sauerstoff- und Stickstoffatome. Luft besteht größtenteils aus den gleichen Atomen, aber paarweise verbunden in Molekülen von Sauerstoff und Stickstoff.

Chemische Formel

Gruppe von Buchstaben und Zahlen, die darstellt, wie sich die Elemente verbinden

Die Elemente einer Verbindung werden in Formeln mit chemischen Symbolen ■ dargestellt. Eine **Summenformel** gibt die Mengenverhältnisse der Elemente an. Ein Wassermolekül enthält zwei Wasserstoffatome (H) und ein Sauerstoffatom (O), sodass sich für Wasser die Summenformel H$_2$O ergibt. Kochsalz (Natriumchlorid) enthält gleiche Teile Natrium-Ionen ■ (Na) und Chlorid-Ionen (Cl) und hat die Formel NaCl. Auch Elemente haben Formeln. Zum Beispiel hat Stickstoff (N) die Formel N$_2$, weil jedes Stickstoffmolekül aus zwei Atomen besteht. Essig hat die Formel C$_2$H$_4$O$_2$. Seine **Strukturformel** ist CH$_3$COOH. Sie verdeutlicht die Anordnung der Atome von Wasserstoff, Sauerstoff und Kohlenstoff (C) im Molekül. Sie lässt sich auch so schreiben:

(Die Linien zwischen den Atomen stellen die Bindungen dar.)

Brown'sche Bewegung

Bewegung winziger fester Teilchen in einer Flüssigkeit oder einem Gas

Im Mikroskop sind zufällige Zickzackbewegungen von kleinen festen Teilchen in einer Flüssigkeit oder einem Gas zu sehen. Ihre plötzlichen Richtungsänderungen werden durch Zusammenstöße mit den Molekülen verursacht. Die Moleküle selbst sind zu klein und nicht sichtbar. Dieser Effekt wurde erstmals 1827 von dem britischen Botaniker Robert Brown an Pollenkörnern in Wasser beobachtet.

Stickstoffmolekül in der Luft

Rauchteilchen

Sauerstoffmolekül in der Luft

Brown'sche Bewegung
Die Brown'sche Bewegung ist ein Beweis für die Existenz der Moleküle. Unter dem Mikroskop kann beobachtet werden, wie sich Rauchteilchen in Luft bewegen. Die Luftmoleküle kollidieren mit den Rauchteilchen, wodurch eine regellose Bewegung entsteht. Die Moleküle selbst sind nicht sichtbar.

Stereochemie

Zweig der Chemie, der die Form von Molekülen untersucht

Die Form von Molekülen ist sehr wichtig, weil Moleküle zweier Verbindungen dieselben Atome in anderer Struktur enthalten können.

Relative Molekülmasse

Masse eines Moleküls relativ zur Masse eines Kohlenstoff-12-Atoms

Die relative Molekülmasse heißt auch **Molekulargewicht**. Sie ergibt sich durch Addition der atomaren Massen ■ der Atome in der chemischen Formel einer Verbindung oder eines Elements. Wasser hat die chemische Formel H$_2$O, das Wasserstoffatom die atomare Masse 1 und das Sauerstoffatom 16, sodass die relative Molekülmasse von Wasser 18 ist. Die Masse in Gramm von einem Mol ■ einer Verbindung oder eines Elements ist gleich seiner relativen Molekülmasse.

Bewegung des Rauchteilchens

Moleküle der Luft treffen von allen Seiten auf das Rauchteilchen.

Siehe auch

Atom 34 • Atomare Masse 34
Avogadro 178 • Bindung 140
Chemisches Symbol 132
Element 132 • Ion 144
Ionengitter 140 • Mol 146

Fortsetzung nächste Seite ▶

140 • Elemente und Moleküle

Bindung

Kraft, die Atome, Ionen und Moleküle zusammenhält

Die Atome ■ oder Ionen ■ aller Stoffe werden durch **chemische Bindungen** zusammengehalten. Bindungen kombinieren zum Beispiel zwei Wasserstoffatome und ein Sauerstoffatom zu einem Wassermolekül. Moleküle ■ sind durch intermolekulare Kräfte verbunden. Die Bindungen beruhen auf elektrischen Anziehungskräften.

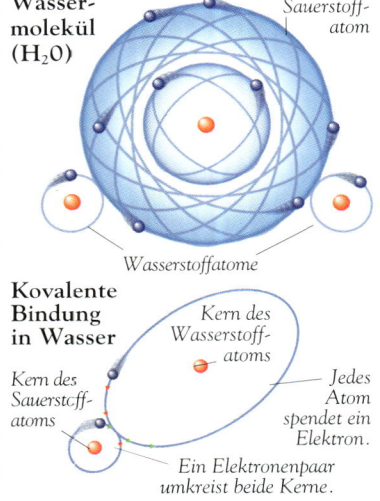

Wassermolekül (H_2O)
Sauerstoffatom
Wasserstoffatome

Kovalente Bindung in Wasser
Kern des Wasserstoffatoms
Kern des Sauerstoffatoms
Jedes Atom spendet ein Elektron.
Ein Elektronenpaar umkreist beide Kerne.

Kovalente Bindung in Wasser
Wasserstoff- und Sauerstoffatome sind durch kovalente Bindungen verbunden.

Kovalente Bindung

Bindung zwischen Atomen, bei der sich die Atome Elektronen teilen

Kovalente Bindungen treten in Verbindungen von Nichtmetallen ■ auf wie zwischen Wasserstoff und Sauerstoff in Wasser. Zwei Atome spenden jeweils ein Elektron ■ für ein gemeinsames Elektronenpaar der beiden Atome, das die Atome zueinander zieht. Eine **koordinative Bindung** ist eine kovalente Bindung, bei der ein Atom beide Elektronen liefert. Bei einer **Doppelbindung** liefert jedes Atom zwei Elektronen.

◄ *Fortsetzung von vorheriger Seite*

Der Glühstrumpf wird vom brennenden Gas erhitzt und leuchtet hell.

Ionenbindung

Bindung zwischen Atomen, bei der Elektronen von einem Atom auf das andere übertragen werden

Eine Ionenbindung heißt auch **elektrovalente Bindung** oder **polare Bindung.** Sie tritt in der Verbindung ■ eines Metalls ■ mit einem Nichtmetall auf, etwa bei Kochsalz (Natriumchlorid). Jedes Metallatom verliert Elektronen, die das Atom des Nichtmetalls aufnimmt. Dadurch werden die Atome zu elektrisch positiv und negativ geladenen Ionen. Die entgegengesetzten Ladungen der Ionen ziehen sich gegenseitig an und halten die Ionen in einer Ionenbindung zusammen. Ionenbindungen entstehen auch zwischen Atompaaren und -gruppen.

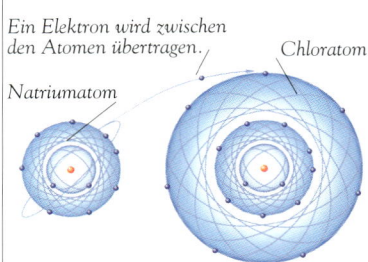

Ein Elektron wird zwischen den Atomen übertragen.
Natriumatom
Chloratom

Ionenbindung im Salz
Oben ist der Elektronenübergang von Natrium- zu Chloratomen zu sehen. Es entstehen positive Natrium- und negative Chlorid-Ionen, die sich anziehen.

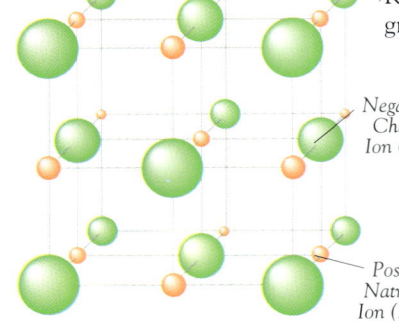

Negatives Chlorid-Ion (Cl^-)
Positives Natrium-Ion (Na^+)

Ionengitter

Aus einem Netzwerk von Atomen aufgebauter Stoff

Viele Kristalle ■ besitzen eine Gitterstruktur. Kochsalz (Natriumchlorid) besteht aus Natrium- und Chlorid-Ionen, die in einem riesigen Netzwerk verbunden sind, dessen Struktur sich durch den ganzen Salzkristall erstreckt. Dieses Netzwerk nennt man Ionengitter. Diamant enthält durch kovalente Bindungen verbundene Kohlenstoffatome in einer riesigen **Kovalenzstruktur.** Kunststoffe ■ bestehen aus sehr großen **Makromolekülen.**

Die Struktur von Kochsalz
Kochsalz (Natriumchlorid) besitzt eine riesige Ionenstruktur. Jedes negativ geladene Chlorid-Ion ist von positiv geladenen Natrium-Ionen umgeben, die durch Ionenbindungen an ihrem Ort gehalten werden.

Elemente und Moleküle • 141

Trotz der Hitze des brennenden Gases schmilzt der Glühstrumpf nicht und behält seine Form, wenn die Flamme gelöscht wird.

Siehe auch

Atom 34 • Elektron 34 • Element 132
Ion 144 • Kristall 142 • Kunststoff 162
Metall 132 • Molekül 138
Nichtmetall 132 • Verbindung 138

Kerze
Kerzenwachs ist eine kovalente Verbindung. Viele kovalente Verbindungen bilden weiche Festkörper, Flüssigkeiten oder Gase. Die Moleküle solcher Verbindungen werden nur schwach zusammengehalten. Die Festkörper haben meist niedrige Schmelzpunkte.

In der Hitze der Flamme schmilzt das Wachs schnell.

Gaslampe
Der Gasglühstrumpf besteht aus einer Ionenverbindung, die wie einige andere Ionenverbindungen bei Erhitzung leuchtet. Ionenverbindungen sind fest, hart und spröde und haben hohe Schmelzpunkte, weil die Ionenbindung stark ist und die Atome fest zusammenhält.

Intermolekulare Kraft
Bindung zwischen zwei Molekülen

Zwischen Molekülen bestehen schwache elektrische Anziehungskräfte, die **Van-der-Waals-Kräfte.** Sie sind viel schwächer als die kovalenten Bindungen, die die Atome in den Molekülen zusammenhalten, oder als die Ionenbindungen, die die Ionen in einer Ionenverbindung zusammenhalten.

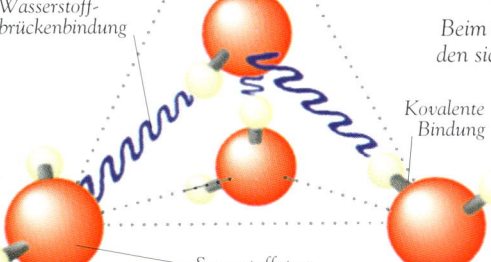

Wasserstoffatom
Wasserstoffbrückenbindung
Sauerstoffatom
Kovalente Bindung

Wasserstoffbrückenbindungen
Bindungen, die wasserstoffhaltige Moleküle zusammenhalten

Wasserstoffbrückenbindungen sind eine Form intermolekularer Kräfte. Sie halten wasserstoffhaltige Moleküle zusammen, etwa die Wassermoleküle im Eis. Dadurch erhält Eis seine feste Struktur. Wasserstoffbrückenbindungen sind stärker als die Van-der-Waals-Kräfte, aber schwächer als kovalente Bindungen und Ionenbindungen.

Die Struktur von Eis
Beim Gefrieren von Wasser bilden sich Wasserstoffbrückenbindungen zwischen den Wasserstoff- und den Sauerstoffatomen benachbarter Moleküle, sodass sie die Wassermoleküle in einer festen Struktur zusammenhalten.

Bindungsfähigkeit
Verhältnis, in dem sich ein Element mit anderen Elementen verbindet

Jedes Element ■ besitzt eine bestimmte Bindungsfähigkeit, die auch **Wertigkeit** oder **Valenz** heißt. Wasserstoff hat zum Beispiel die Bindungsfähigkeit 1, Sauerstoff 2 und Kohlenstoff 4. Verbindungen zwischen den Elementen entstehen in festen und durch die Bindungsfähigkeit bestimmten Verhältnissen. Zum Beispiel müssen sich zwei Teile Wasserstoff mit einem Teil Sauerstoff zu Wasser (H_2O) verbinden. Vier Teile Wasserstoff verbinden sich mit einem Teil Kohlenstoff zu Methan (CH_4). Kohlenstoff und Sauerstoff verbinden sich im Verhältnis 1 zu 2 zu Kohlendioxid (CO_2). Manche Elemente besitzen mehrere Wertigkeiten, zum Beispiel kann Eisen 2- oder 3-wertig sein. Die Bindungsfähigkeit wird im Namen der Verbindung in römischen Zahlen angegeben, wie bei Eisen(II)-chlorid ($FeCl_2$) und Eisen(III)-oxid (Fe_2O_3).

Kristalle

Viele Kristalle haben so schöne Formen und Farben, dass sie als Schmuck begehrt sind. Wegen ihrer regelmäßigen inneren Struktur sind Kristalle auch für die Industrie wichtig. Quarzkristalle dienen als Taktgeber in Uhren und mit Diamanten beschichtet man Schneidwerkzeuge.

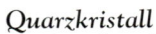

Quarzkristall
Im Quarzkristall verbinden sich Silicium- und Sauerstoffatome zu einer rhomboedrischen Struktur.

Kristallographie
Erforschung von Kristallen

Kristallographen erforschen die Anordnung der Teilchen in Kristallen. Die **Röntgen-Kristallographie** bestimmt die Struktur der Kristalle mit Röntgenstrahlen ■. Ein Röntgenstrahl dringt durch den Kristall und trifft auf einen Röntgenfilm. Die Röntgenstrahlen werden an den Kristallteilchen gebeugt ■ und erzeugen ein Punktmuster auf dem Film. Anhand dieses Punktmusters bestimmt der Kristallograph die Anordnung der Teilchen. Die Röntgen-Kristallographie untersucht Minerale und Legierungen und erforscht die für das Verständnis der Genetik wichtige Struktur der DNS.

1 Kupfer(II)-sulfat-Lösung nach einer Stunde

2 Nach zwei Stunden entstehen winzige Kupfer(II)-sulfat-Kristalle.

Kristall
Festkörper mit regelmäßig angeordneten Teilchen

Lässt man Salzwasser an der Luft stehen, sind nach der Verdunstung des Wassers kleine weiße Salzkristalle zu sehen. Viele Verbindungen ■ bilden Kristalle, wenn sie eine Lösung ■ verlassen. Die meisten geschmolzenen Verbindungen bilden Kristalle beim Erstarren. Auch aus Elementen ■ wie Iod entstehen Kristalle. Der Prozess der Kristallbildung heißt **Kristallisation.** Dabei verbinden sich Atome ■, Moleküle ■ oder Ionen ■ zu einer regelmäßigen Struktur, dem **Gitterverband.** Der Kristall wächst, wenn sich weitere Atome, Ionen oder Moleküle anlagern. Die Form des Gitterverbands verleiht dem Kristall seine Form.

Kristallsystem
Grundform der Kristallstruktur

Jeder Kristall gehört zu einem der sieben Kristallsysteme (siehe Kasten Seite 143). Dies sind die sieben Grundformen, in denen sich Atome oder andere Teilchen im Kristall zu einem Elementargitter verbinden können. So bilden zum Beispiel alle Stoffe, die dem kubischen System zugeordnet sind, würfelförmige Kristalle. Dazu gehört das Kochsalz. Allerdings können Ecken fehlen oder Kristalle verklumpen, sodass die Endform anders aussieht. Die sieben Systeme heißen: **kubisch, tetragonal, orthorhombisch, monoklin, hexagonal, rhomboedrisch** und **triklin.**

3 Nach vier Stunden sind die Kristalle so groß, dass die trikline Struktur erkennbar ist.

Wachsende Kristalle
Wenn Wasser aus einer Kupfer(II)-sulfat-Lösung verdunstet, entstehen Kristalle.

Siehe auch
Atom 34 • Beugung 79 • Element 132
Ion 144 • Ionengitter 140
Lösung 28 • Molekül 138
Piezoelektrizität 109 • Polarisiertes Licht 79 • Röntgenstrahlen 75
Verbindung 138

Elemente und Moleküle • 143

William Henry Bragg

Britischer Physiker (1862–1942)

Bragg und sein Sohn **William Lawrence Bragg** (1890–1971) bestimmten mit Röntgenstrahlen die Struktur der Kristalle. Die Biochemikerin **Dorothy Hodgkin** (1910–1994) entdeckte durch Röntgenbeugung die Struktur von wichtigen biochemischen Verbindungen. Die Kristallographin **Rosalind Franklin** (1920–1958) fand heraus, dass DNS-Moleküle die Form einer Doppelhelix haben.

Polymorph

In mehr als einer definierten Form auftretend

Polymorphe Verbindungen bilden Kristalle mit unterschiedlichen Formen und Kristallsystemen. Calciumcarbonat bildet zum Beispiel das rhomboedrische Mineral Kalkspat, dessen Kristalle wie schräge Würfel aussehen. Außerdem bildet es das orthorhombische Mineral Aragonit, das oft in langen nadelförmigen Kristallen auftritt. Die Fähigkeit der Kristalle einer Verbindung, verschiedene Formen anzunehmen, heißt **Polymorphismus**.

Amorph

Ohne definierte Form

Amorphe Stoffe bilden keine Kristalle und haben keine bestimmte Form oder regelmäßige innere Struktur. Dazu gehören Stoffe wie Glas, das in jede Form gebracht werden kann und beim Zerbrechen viele Formen und Größen annimmt.

Flüssigkristalle

Flüssigkeiten, die kristallähnliche Eigenschaften besitzen

Die Moleküle eines Flüssigkristalls richten sich in einem regelmäßigen Muster aus, ähnlich wie die Teilchen eines festen Kristalls. Die Moleküle beeinflussen Lichtstrahlen, die den Flüssigkristall durchdringen. Bei Erwärmung ändert sich die Anordnung der Moleküle und dadurch die Farbe des Lichts. Flüssigkristalle können als einfache Thermometer dienen.

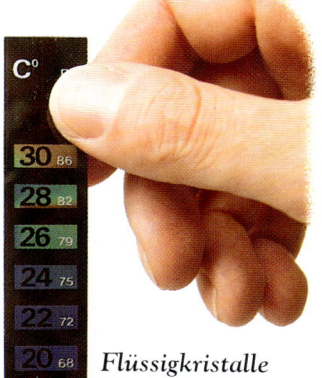

Flüssigkristalle
Flüssigkristall-Thermometer ändern ihre Farbe mit der Temperatur. Hier ist zu sehen, wie die Wärme des Daumens die Farbe entlang der Skala verändert.

Flüssigkristallanzeige (LCD)

Anzeige für Buchstaben und Symbole

Taschenrechner und manche Computer haben Flüssigkristallanzeigen. Die Anzeige besteht aus Schichten mit Flüssigkristall sowie Materialien, die das Licht polarisieren ■. In der Regel wird hierzu spezielle Kunststofffolie verwendet. Eine elektrische Spannung ändert die Ausrichtung der Moleküle. Das polarisierte Licht wird nun vom polarisierenden Material blockiert, sodass das Zeichen auf der Anzeige dunkel erscheint.

KRISTALLSYSTEME

Jedes Kristallsystem hat ein Elementargitter (rot) mit einer bestimmten Form, die durch imaginäre **Symmetrieachsen** festgelegt ist. Sie bestimmen die Längen der sich in einer Ecke treffenden Kanten (schwarz) und die Winkel, unter denen sie sich treffen. Wenn ein Kristall wächst, schließen sich Teilchen an diese Grundform an. Die maximale Anzahl gleicher Flächen variiert zwischen sechs (kubisch) und zwei (triklin).

Kubisches System
Alle Kanten sind gleich lang und alle Ecken rechtwinklig
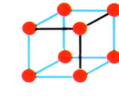

Tetragonales System
Zwei Kanten sind gleich lang und alle Ecken rechtwinklig
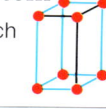

Orthorhombisches System
Alle Kanten sind unterschiedlich lang und alle Ecken rechtwinklig
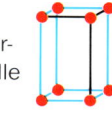

Monoklines System
Alle Kanten sind unterschiedlich lang und zwei Ecken rechtwinklig

Hexagonales System
Zwei Kanten sind gleich lang und stehen im Winkel von 120° zueinander, die dritte Kante ist rechtwinklig zu den anderen
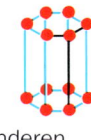

Rhomboedrisches System
Gleich lange, aber nicht rechtwinklige Kanten
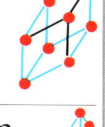

Triklines System
Unterschiedlich lange Kanten, die nicht rechtwinklig zueinander stehen

Chemische Reaktionen

Wenn ein Fahrrad lange im Freien steht, verbinden sich Elemente aus der Luft, dem Regen und dem Fahrrad zu einem neuen Stoff – Rost. Dieser Prozess ist eine chemische Reaktion. Durch chemische Reaktionen können sich Elemente verbinden und alle Stoffe der Welt erzeugen.

Chemische Reaktion
Umwandlung eines Stoffs

Steckt man eine Scheibe Weißbrot in den Toaster, beginnt eine chemische Reaktion. Das Kohlenhydrat ■ im Brot ist eine Verbindung ■ der Elemente Kohlenstoff, Wasserstoff und Sauerstoff. Die Erhitzung des Brotes verwandelt Kohlenhydrat in schwarzen Ruß. Außerdem entsteht Wasser (Wasserstoffoxid) und entweicht als Dampf ■ in die Luft. Bei einer chemischen Reaktion ordnen sich die Atome ■ der Elemente in den Stoffen neu an und bilden neue Stoffe, die dieselben Atome in anderen Kombinationen enthalten. Die beteiligten Stoffe heißen **Reaktionspartner** oder **Reagenzien**. Eine Reaktion kann an einem Punkt aufhören, an dem die Reaktionspartner und die Produkte der Reaktion gemeinsam existieren. Dies ist das **chemische Gleichgewicht**.

Chemische Gleichungen
Diese Gleichung beschreibt die rechts abgebildete Reaktion. Die Wasserstoff-Ionen der Säure (H⁺) werden durch Magnesium-Ionen (Mg²⁺) ersetzt. Dabei wird Wasserstoffgas freigesetzt.

Reversible Reaktion
Umkehrbare Reaktion

Das Toasten ist kein umkehrbarer Prozess, aus dem Toast lässt sich kein ungeröstetes Weißbrot mehr gewinnen. Bei manchen chemischen Reaktionen jedoch können die Produkte so reagieren, dass wieder die Ausgangsstoffe vorliegen. Kupfersulfatkristalle werden bei Erwärmung zu einem weißen Pulver, aus dem Wasserdampf entweicht. Gibt man Wasser zu, kehrt sich die Reaktion um und es entstehen wieder die blauen Kristalle.

Chemische Gleichung
Beschreibung einer chemischen Reaktion

In chemischen Gleichungen werden die chemischen Formeln ■ der Reaktionspartner denen der Reaktionsprodukte gegenübergestellt und mit einem Pfeil verbunden. Die Reaktion von Wasserstoff (H_2) und Sauerstoff (O_2) ergibt Wasser (H_2O). Die chemische Gleichung lautet: $2H_2 + O_2 \rightarrow 2H_2O$. Die Gleichung zeigt, dass zwei Moleküle ■ Wasserstoff mit einem Molekül Sauerstoff reagieren und ein Molekül Wasser ergeben.

Ion
Atom oder Atomgruppe mit elektrischer Ladung

Wenn Atome oder Radikale Elektronen ■ aufnehmen, bilden sie Ionen mit einer negativen elektrischen Ladung ■, die **Anionen**. Wenn Atome oder Radikale Elektronen abgeben, bilden sie positiv geladene Ionen, die **Kationen**. Oft werden Ionen durch Ionenbindung ■ zusammengehalten. Die Bildung von Ionen heißt **Ionisierung** oder **Dissoziation**. Sie tritt beim Schmelzen oder Auflösen von Stoffen auf. Chemische Reaktionen finden statt, weil sich die Ionen in neuen Kombinationen verbinden. Die Anzahl der elektrischen Ladungen bestimmt die Bindungsfähigkeit ■ der Ionen.

Eine chemische Reaktion
Beide Seiten der Waage tragen dieselben Geräte und Reaktionspartner. Wenn das Magnesiumband in den Kolben gelegt wird, reagiert es mit der Schwefelsäure und setzt Wasserstoffgas frei. Diese chemische Reaktion wird mit der chemischen Gleichung unten links dargestellt.

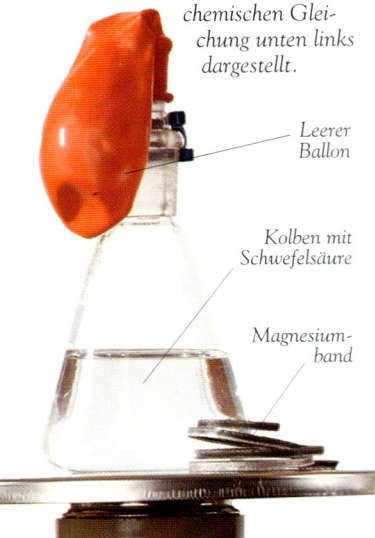

Leerer Ballon

Kolben mit Schwefelsäure

Magnesiumband

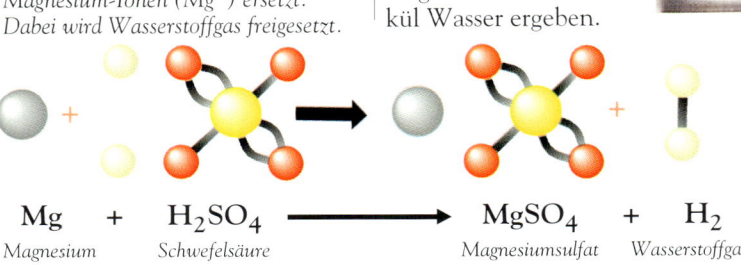

Mg + H_2SO_4 ⟶ $MgSO_4$ + H_2
Magnesium Schwefelsäure   Magnesiumsulfat Wasserstoffgas

Chemische Veränderungen • 145

Blasenbildung
Bildung von Gasblasen in einer Flüssigkeit durch eine chemische Reaktion

Badesalz und Wasser ergeben eine sprudelnde Lösung. Bei der Auflösung des Pulvers entsteht durch eine chemische Reaktion ein Gas. Das Gas bildet Blasen und entweicht aus der Lösung.

Der Ballon lässt den Wasserstoff nicht entweichen und füllt sich, wenn das Gas aus dem Kolben aufsteigt.

Die Waage ist im Gleichgewicht.

Magnesium und Schwefelsäure reagieren und setzen dabei Blasen von Wasserstoffgas frei.

Masseerhaltung
Bei einer chemischen Reaktion bleibt die Masse unverändert

Die Produkte einer chemischen Reaktion haben immer dieselbe Gesamtmasse ■ wie die Reaktionspartner. Am Ende der Reaktion sind dieselben Atome wie am Anfang vorhanden, nur in anderer Anordnung. Deshalb kann sich die Gesamtmasse nicht ändern.

Katalysator
Stoff, der eine chemische Reaktion beschleunigt, ohne selbst daran teilzunehmen

Der Auspuff ■ eines Autos kann einen Katalysator oder **Beschleuniger** enthalten. Er beschleunigt eine chemische Reaktion, die schädliche Gase im Abgas in harmlose oder weniger schädliche Gase umwandelt. Die Beschleunigung einer Reaktion durch einen Katalysator heißt **Katalyse.** Ein **Katalysatoraktivator** ist ein Stoff, der einen Katalysator verbessert.

*Masseerhaltung
Das bei der Reaktion entstehende Gas erzeugt eine kleine Auftriebskraft im Ballon (siehe Seite 51). Wenn die Waage vor der Reaktion darauf eingestellt wird, ist sie nach der Reaktion im Gleichgewicht und zeigt, dass die Massen auf beiden Seiten gleich sind.*

Der Kolben wird wärmer, weil bei der Reaktion Wärme entsteht.

Gärung
Umwandlung von Stärke oder Zucker in Ethanol und Kohlendioxid

Brot und alkoholische Getränke entstehen durch Gärung. Dabei dienen Hefen als biologische Katalysatoren, die Stärke oder Zucker in den Zutaten des Brotes oder Getränks spalten und Kohlendioxidgas (CO_2) und Alkohol (Ethanol) bilden. Wenn ein Teig vor dem Backen »geht«, wird sein Volumen durch freigesetzte Kohlendioxidblasen vergrößert. Ethanol ist der Alkohol in Getränken wie Wein und Bier.

Wenn der Teig gärt oder geht, entsteht Kohlendioxid und vergrößert den Teig.

Frische Teigmischung

Brot
Das Mehl im Teig enthält Stärke. Hefe wandelt die Stärke zuerst in Zucker und dann in Kohlendioxid um.

Radikal
Atomgruppe, die sich bei einer chemischen Reaktion nicht verändert

Silbernitrat ($2AgNO_3$) reagiert mit Kupfer (Cu) zu Kupfernitrat ($Cu(NO_3)_2$) und Silber (2Ag). Die Atomgruppe des Nitratanteils (NO_3) der Moleküle ändert sich nicht, sie ist ein Radikal.

Siehe auch
Atom 34 • Auspuff 67 • Bindungsfähigkeit 141 • Chemische Formel 139
Dampf 26 • Elektrische Ladung 102
Elektron 34 • Ionenbindung 140
Kohlenhydrat 154 • Masse 23
Molekül 138 • Verbindung 138

Fortsetzung nächste Seite ➤

Mol (mol)

SI-Einheit der Stoffmenge

Das Mol ist ein Maß für die Anzahl der Atome ■, Moleküle ■ oder Ionen ■ in einem Stoff. Es entspricht der Anzahl der Atome von Kohlenstoff-12, die zusammen eine Masse von 12 Gramm besitzen (etwa 602 Trilliarden). Diese Zahl bezeichnet man als **Loschmidt'sche Zahl** oder als **Avogadro-Konstante** ■. Die Masse in Gramm von einem Mol eines beliebigen Stoffs ist gleich der atomaren Masse ■ oder der molekularen Masse ■. Sauerstoff hat die atomare Masse 16. Die Moleküle in Sauerstoffgas bestehen jeweils aus zwei Atomen, sodass 1 Mol Sauerstoffgas die Masse 32 Gramm besitzt.

1 mol Kupfer

1 mol Iod

Mole und Moleküle
Ein Mol Kupfer hat die Masse 64 g, ein Mol Iod die Masse 127 g, obwohl beide dieselbe Anzahl an Atomen besitzen.

Reaktivitätsreihe

Einteilung der Elemente nach ihrer Reaktionsfreudigkeit

Elemente, die leicht Ionen bilden, sind sehr **reaktiv.** Die Reaktivitätsreihe ordnet Elemente nach ihrer Reaktivität. Das sehr reaktive Metall Natrium steht in der Reihe weiter oben als das kaum reaktionsfähige Metall Gold. Diese Reihe heißt auch **elektrochemische Spannungsreihe.** **Elektropositive** Elemente sind solche, die positive Ionen bilden. Dazu gehören Wasserstoff und alle Metalle. Nichtmetall-Elemente sind **elektronegative** Elemente, weil sie negative Ionen bilden.

◄ *Fortsetzung von vorheriger Seite*

Fällungsreaktion
In einem Lösungsgemisch von Bleinitrat und Kaliumiodid entstehen der gelbe Niederschlag Bleiiodid und lösliches Kaliumnitrat, das aber in der Lösung bleibt.

Ausfällung

Bildung eines unlöslichen Feststoffs in einer Lösung

Wenn sich zwei lösliche Verbindungen ■ in einem Lösungsmittel wie Wasser auflösen, können sie miteinander reagieren und eine unlösliche Verbindung erzeugen, den **Niederschlag.** Er erscheint als Pulver in der Lösung. Seife bildet mit gelösten Mineralen im Wasser einen weißen Niederschlag.

Reduktion

Chemische Reaktion, bei der ein Stoff Sauerstoff verliert

Eisenerz ist eine Verbindung aus Eisen und Sauerstoff. Die Erhitzung des Erzes mit Kohlenstoff entfernt den Sauerstoff und ergibt Eisen. Dieser Prozess heißt Reduktion. Kohlenstoff ist ein Stoff, der Sauerstoff entfernt – ein **Reduktionsmittel.** Dabei wird der Kohlenstoff oxidiert und es entsteht Kohlendioxid. Reduktion und Oxidation treten immer als Reaktionspaar auf, als **Redoxreaktion.** Reduktion hat noch eine allgemeinere Bedeutung: eine Reaktion, bei der Atome eines Elements Elektronen ■ aufnehmen. Ein Reduktionsmittel liefert die Elektronen und heißt deshalb auch **Elektronendonator.**

Hydrierung

Anlagerung von Wasserstoff

Hydrierung findet bei der Herstellung von Margarine statt, wenn sich natürliche flüssige Fette mit Wasserstoff zu fester Margarine verbinden.

Die Lösungen von Kaliumiodid und Bleinitrat sind farblos

Zersetzung

Aufspaltung einer Verbindung

Eine chemische Reaktion ■ kann eine Verbindung in ihre Elemente oder in einfachere Verbindungen spalten. Beim Toasten findet eine Zersetzung statt, weil ein Kohlenhydrat ■ im Brot in Kohlenstoff und Wasser gespalten wird. Eine **doppelte Umsetzung** ist eine Reaktion, bei der sich zwei Verbindungen zuerst spalten und dann zwei neue Verbindungen bilden.

1 *Kupferdraht wird in der Form eines Baumes gebogen.*

Polymer

Verbindung von Makromolekülen aus vielen kleinen Molekülen

Kunststoffe und einige natürliche Stoffe wie Gummi, Stärke und Zellulose sind Polymere. Sie bestehen aus Verbindungen mit kleinen Molekülen, den **Monomeren.** Die **Polymerisation** ist eine chemische Reaktion, bei der sich die Moleküle dieser Monomere in langen Ketten verbinden und große Polymermoleküle bilden.

Chemische Verbindungen • 147

Synthese
Bildung eines Stoffs

Synthese bedeutet den Aufbau einer Verbindung aus Elementen oder Verbindungen mit einfacheren Molekülen durch eine Reaktion. Ein Beispiel für Synthese ist die Reaktion von Sauerstoff mit Wasserstoff, bei der Wasser entsteht. Synthese bedeutet auch die Herstellung von Stoffen wie Heilmitteln durch chemische Reaktionen, anstatt deren Extraktion aus natürlichen Quellen wie den Pflanzen.

Korrosion
Chemische Zersetzung von Stoffen

Regen kann steinerne Statuen zerfressen oder **korrodieren**. Die im Regen enthaltene Säure reagiert mit Verbindungen im Stein und wandelt sie in neue, pulverige Verbindungen um, sodass der Stein zerfällt. Wenn Stahl korrodiert, bildet sich **Rost**. Das Eisen im Stahl verbindet sich mit Sauerstoff und Wasser aus Luft und Regen. Rost hat eine geringe Festigkeit und krümelt leicht.

Siehe auch

Atom 34 • Atomare Masse 34
Avogadro 178 • Chemische Reaktion 144 • Elektron 34
Element 132 • Ion 144
Kohlenhydrat 154 • Molekül 138
Relative Molekülmasse 139
Säure 149 • Verbindung 138

Hydrolyse
Chemische Reaktion mit Wasser

Wasser kann mit vielen Stoffen reagieren und sie in andere Stoffe umwandeln. Hydrolyse tritt bei der Verdauung auf, wenn Komplexverbindungen in der Nahrung im Körper aufgespalten werden, sodass einfachere Verbindungen entstehen und Körperwärme erzeugt wird.

Thermochemie
Untersuchung der Wärmeumsätze bei Reaktionen

Bei **exothermen Reaktionen** wie der Verbrennung wird Wärme abgegeben. Bei **endothermen Reaktionen** wie dem Kochen wird Wärme aufgenommen.

Oxidation
Chemische Vereinigung mit Sauerstoff

Verbrennung ist eine Oxidation. Der Brennstoff verbindet sich mit Sauerstoff aus der Luft und gibt Wärme ab. Außerdem entstehen Nebenprodukte wie Rauch. Ein **Oxidationsmittel** ist ein Stoff, der Sauerstoff für eine Oxidation bereitstellt. Oxidation hat auch noch eine allgemeinere Bedeutung: eine Reaktion, bei der Atome eines Elements Elektronen abgeben. Ein Oxidationsmittel nimmt die Elektronen auf und heißt deshalb auch **Elektronenakzeptor**.

2 Auf dem Drahtbaum bilden sich Silberkristalle

Klare Silbernitratlösung

3 Durch die Bildung von Kupfernitrat wird die klare Lösung blau.

Silberbaum-Experiment
Wenn Kupferdraht in eine Silbernitratlösung gebracht wird, wird das Silber aus der Lösung ausgefällt und bildet schöne Kristalle, die sich am Kupferdraht anlagern. Die Lösung wird blau, da Kupfer-Ionen die Silber-Ionen ersetzen und eine Kupfernitratlösung bilden. Die Gleichung für die Reaktion lautet:
$Cu + 2AgNO_3 \rightarrow Cu(NO_3)_2 + 2Ag$

Substitution
Chemische Reaktion, bei der ein Element den Platz eines anderen in einer Verbindung einnimmt

Gibt man Kupfer zur Lösung einer Silberverbindung, ersetzt das Kupfer das Silber in der Verbindung. Das Kupfer löst sich und bildet eine Kupferverbindung, während metallisches Silber erzeugt wird.

Elektrochemie

Wenn wir mit einem Kassettenspieler Musik hören, nutzen wir die Elektrochemie. Chemische Reaktionen in den Batterien erzeugen Strom. Die Kabel enthalten reines Metall, das durch Elektrolyse erzeugt wurde.

Verchromter Kunststoff
Diese Maschinenteile aus Kunststoff wurden mit dem Metall Chrom galvanisiert.

Elektrochemie
Untersuchung der chemischen Wirkung des elektrischen Stroms

Elektrizität spielt eine Rolle in der Chemie, weil viele chemische Verbindungen aus elektrisch geladenen Teilchen bestehen, den Ionen ■. Eine Batterie ■ erzeugt elektrischen Strom durch chemische Reaktionen. Bei der Elektrolyse spaltet ein elektrischer Strom chemische Verbindungen.

Elektrolyse
Einsatz elektrischen Stroms zum Spalten einer Verbindung

Eine geschmolzene oder in Lösung ■ befindliche Ionenverbindung enthält Ionen der Elemente ■. Die Ionen sind entweder positiv oder negativ elektrisch geladen. Von **Elektroden** aus fließt elektrischer Strom durch die geschmolzene Verbindung oder Lösung, den **Elektrolyten**. Die negativ geladene Elektrode heißt **Kathode** und zieht positive Ionen an. Die positiv geladene Elektrode ist die **Anode.** Sie zieht negative Ionen an. Die Elektrolyse kann eine Verbindung aufspalten, weil die Ionen ihre Ladung abgeben und zu Atomen des Elements werden. Die Elektrolyse dient zur Galvanisierung und zur Gewinnung reiner Metalle aus Erzen ■.

Im Testrohr sammelt sich über der positiven Elektrode Chlorgas.

Die Kupferchloridlösung verliert ihre blaue Farbe, weil sich das Kupfer an der Kathode ablagert.

An der Kathode lagert sich reines Kupfer ab.

Elektrolysezelle

Die Anode ist die positiv geladene Elektrode.

Die Kathode ist die negativ geladene Elektrode.

Elektrolyse
Wenn Strom durch eine Kupferchloridlösung fließt, bewegen sich die positiv geladenen Kupfer-Ionen zur Kathode. Dort geben sie ihre Ladung ab und werden zu Kupferatomen. Die negativen Chlorid-Ionen bewegen sich zur Anode, geben ihre Ladung ab und werden zu Chloratomen. Chloratome verbinden sich paarweise zu Molekülen des Chlorgases.

Galvanisierung
Beschichtung von Objekten durch Elektrolyse

Ein Messer, das mit Silber galvanisiert werden soll, kommt zuerst in eine Lösung einer Silberverbindung. Dann wird elektrischer Strom durch das Messer geleitet. Silber verlässt die Lösung und lagert sich in einer dünnen, glatten Schicht auf dem Messer ab. **Eloxieren** ist ein Elektrolyseverfahren, mit dem eine Schutzschicht aus Metalloxid, meist Aluminium, auf eine Metalloberfläche gebracht wird.

Faraday'sche Elektrolysegesetze
Beziehungen zwischen dem Stromfluss und den bei der Elektrolyse abgeschiedenen Stoffmengen

Die Menge eines elektrolytisch erzeugten Elements hängt von der Menge der elektrischen Ladung (in Coulomb ■) ab, die durch den Elektrolyten fließt. Die Ladung von 96 500 Coulomb heißt nach Michael Faraday ■ das **Faraday-Äquivalent** oder elektrochemisches Äquivalent. Diese Ladung oder Vielfache davon erzeugen ein Mol ■ eines Elements. Das Vielfache hängt von der Anzahl der elektrischen Ladungen im Ion ■ eines Elements ab.

Siehe auch
Batterie 108 • Coulomb 105
Element 132 • Erz 150 • Faraday 107
Ion 144 • Lösung 28 • Mol 146

Chemische Veränderungen • 149

Säuren und Basen

Beim Verzehr süßer Nahrungsmittel entsteht im Mund eine schwache Säure. Sie kann die Oberfläche der Zähne angreifen. Das Gegenteil einer Säure ist eine Base. Speichel ist eine schwache Base, die die Säure im Mund neutralisiert. Starke Säuren und Basen sind gefährlich.

Siehe auch
Atom 34 • Ion 144
Mineral 150 • Verbindung 138

Säure
Verbindung, die bei Auflösung in Wasser Wasserstoff-Ionen bildet

Viele Metalle lösen sich in Säure. Die Wasserstoff-Ionen der Säure nehmen Elektronen von den Metallatomen auf. Ein Salz des Metalls entsteht und Wasserstoffgas wird freigesetzt. Eine Säure reagiert mit einer Base und bildet dann Wasser und ein Salz. Ein **saurer** Stoff hat die Eigenschaften einer Säure. Starke aus Mineralen erzeugte Säuren heißen **Mineralsäuren.** Dazu gehört Salzsäure.

Salz
Verbindung einer Säure mit einer Base oder einem Metall

Alle Salze sind Ionenverbindungen, in denen positive Ionen (meist Metall-Ionen) und negative Ionen verbunden sind. Kochsalz ist Natriumchlorid, eine Verbindung positiver Natrium-Ionen und negativer Chlorid-Ionen. Ein **Doppelsalz** ist eine Verbindung zweier Salze. Ein saures Salz enthält noch Wasserstoff und reagiert sauer.

pH-Test
Diese Flüssigkeiten wurden mit Universalindikatorpapier getestet.

Base
Verbindung, die eine Säure neutralisiert

Ein **basischer** Stoff enthält Hydroxyl-Ionen (OH$^-$) mit Metall oder anderen Ionen wie Natriumhydroxid (NaOH). Eine Säure wie zum Beispiel Salpetersäure (HNO$_3$) enthält Wasserstoff-Ionen (H$^+$) mit Nichtmetall-Ionen. Bei der Reaktion einer Base mit einer Säure verbinden sich die Hydroxyl- und Wasserstoff-Ionen zu Wasser. Die Metall- und Nichtmetall-Ionen verbinden sich zu einem Salz wie Natriumnitrat (NaNO$_3$). Ein **Alkali** ist eine wasserlösliche Base. Ein Stoff ist **alkalisch**, wenn er löslich und basisch ist. Starke Alkalien wirken **ätzend.** Ein **amphoterer** Stoff kann als Säure und als Base wirken.

Neutral
Weder sauer noch basisch

Der Magen erzeugt Säure zur Verdauung der Nahrung. Zu viel Säure verursacht Magenschmerzen. Medikamente zur Linderung dieser Beschwerden enthalten Basen, die die Säure neutralisieren. Ein Gemisch von Basen und Säuren ist eine neutrale Salzlösung.

pH-Wert
Maß für Säure oder Alkalität

Die **pH-Skala** reicht von 0 bis 14. Ein neutraler Stoff hat den pH-Wert 7, eine Säure weniger als 7 und ein Alkali mehr als 7. Ein **Indikator** ändert die Farbe in Säuren und Alkalien. **Phenolphthalein** ist in Säuren farblos und in Alkalien dunkelrosa. **Lackmus** ist in Säuren rot und in Alkalien blau. Ein **Universalindikator** zeigt über einen großen pH-Wert-Bereich mehrere Farbänderungen.

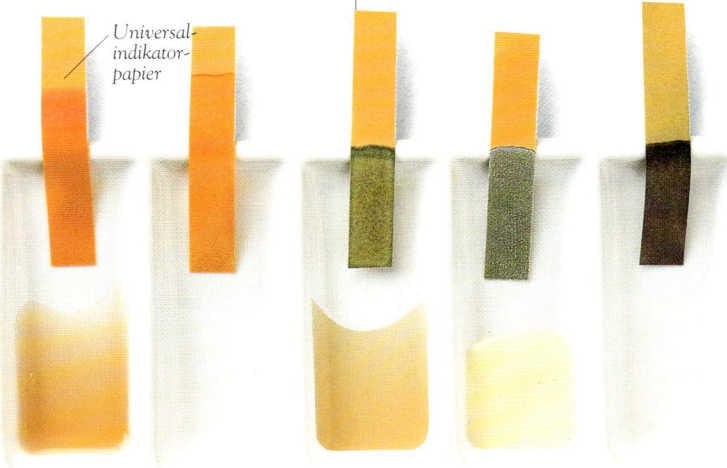

Universalindikatorpapier

| Zitronensaft | Essig | Reines Wasser | Desinfektionsm. | Reinigungsm. | Ammoniak |
| pH-Wert 2 | pH-Wert 3 | pH-Wert 7 | pH-Wert 9 | pH-Wert 10 | pH-Wert 11 |

Anorganische Chemie

Die Chemie liefert uns viele Stoffe, die für das Leben unerlässlich sind. Außer den Metallen sind die meisten Stoffe Verbindungen der Elemente. Die anorganische Chemie erforscht die Elemente und ihre vielen tausend verschiedenen Verbindungen.

Siehe auch
Bindungsfähigkeit 141 • Element 132 • Extraktion 157 • Ion 144 • Ionenbindung 140 • Metall 132 • Nichtmetall 132 • Organische Verbindung 152 • Radikal 145 • Verbindung 138

Anorganische Verbindung
Verbindung, die keinen Kohlenstoff enthält

Manche Verbindungen ■ heißen anorganisch, weil sie aus Mineralen und nicht aus lebenden organischen Substanzen stammen. Alle lebenden Organismen enthalten Kohlenstoffverbindungen, die in der organischen Chemie ■ untersucht werden. Das Element Kohlenstoff selbst und einige Kohlenstoffverbindungen werden jedoch in der anorganischen Chemie erforscht. Anorganische Verbindungen bestehen aus Wasserstoff oder Metallen ■, verbunden mit einem Nichtmetall ■ oder einer Nichtmetallgruppe. Hierbei verbinden sich Atome oder Atomgruppen, die Radikale ■. Dies sind meist durch Ionenbindung ■ gekoppelte Ionen ■.

Mineral
Element oder anorganische Verbindung, die in der Natur vorkommt

Einige Minerale wie Gold und Schwefel sind reine Elemente ■. Die meisten anderen Minerale enthalten eine anorganische Verbindung. Das Mineral Bauxit besteht zum Beispiel aus Aluminiumoxid. Solche Minerale findet man in Gestein, während Salz im Meer vorkommt. Ein **Erz** ist ein Mineral, aus dem ein Produkt extrahiert wird, meist ein Metall.

Schwefel

Pyrit heißt wegen seiner goldenen Farbe auch »Narrengold«

Pyrit

Eisennägel

Zwei Elemente, eine Verbindung
Das Mineral Pyrit besteht aus einer anorganischen Verbindung der Elemente Eisen und Schwefel, dem Eisendisulfid.

ANORGANISCHE IONEN UND RADIKALE

Name	Formel	Wertigk.	Name	Formel	Wertigk.
Aluminium	Al	3+	Natrium	Na	1+
Ammonium	NH_4	1+	Nitrat	NO_3	1–
Blei(II)	Pb	2+	Oxid	O	2–
Blei(IV)	Pb	4+	Peroxid	O_2	2–
Bromid	Br	1–	Phosphat	PO_4	3–
Calcium	Ca	2+	Silber(I)	Ag	1+
Carbonat	CO_3	2–	Silber(II)	Ag	2+
Chlorat	ClO_3	1–	Silicat	SiO_3	2–
Chlorid	Cl	1–	Sulfat	SO_4	2–
Chrom	Cr	3+	Sulfid	S	2–
Cyanid	CN	1–	Sulfit	SO_3	2–
Eisen(II)	Fe	2+	Wasserstoff	H	1+
Eisen(III)	Fe	3+	Zink	Zn	2+
Fluorid	F	1–	Zinn(II)	Sn	2+
Gold(I)	Au	1+	Zinn(IV)	Sn	4+
Gold(III)	Au	3+			
Hydrogen-/Bicarbonat	HCO_3	1–			
Hydroxid	OH	1–			
Iodid	I	1–			
Kalium	K	1+			
Kupfer(I)	Cu	1+			
Kupfer(II)	Cu	2+			
Magnesium	Mg	2+			

Hinweis: *Verbindungen entstehen aus der Kombination positiver und negativer Ionen oder Radikale in einem durch die Wertigkeit bestimmten Verhältnis. Manche Verbindungen haben Namen, in denen dem Element die Wertigkeit in römischen Ziffern nachgestellt ist, wie Kupfer(II)-sulfat.*

Hintergrund: Stalaktiten sind Calciumcarbonatsäulen an Höhlendecken. Wertigk. = Wertigkeit

WICHTIGE ANORGANISCHE VERBINDUNGEN

Chemischer Name	Trivialname	Formel	Verwendung
Aluminiumoxid	Tonerde	Al_2O_3	Schleifmittel
Aluminiumsulfat		$Al_2(SO_4)_3$	Wasserreinigung
Ammoniak		NH_3	Kühlmittel
Ammoniumchlorid	Salmiak	NH_4Cl	Trockenbatterien
Ammoniumnitrat		NH_4NO_3	Sprengstoff, Dünger
Ammoniumphosphat		$(NH_4)_2HPO_4$	Dünger
Ammoniumsulfat		$(NH_4)_2SO_4$	Dünger
Bariumsulfat		$BaSO_4$	Röntgenbilder
Blei(II)-oxid	Bleiglätte	PbO	Glasherstellung
Calciumcarbonat		$CaCO_3$	Zement, Zahnpasta
Calciumhydroxid	Löschkalk	$Ca(OH)_2$	Mörtel, Putz
Calciumoxid	Branntkalk	CaO	Glasherstellung
Calciumsulfat		$CaSO_4$	Gips
Dinatriumtetraborat	Borax	$Na_2B_4O_7 \cdot 10H_2O$	Emaille und Glas
Distickstoffoxid	Lachgas	N_2O	Narkose
Hydrogencyanid	Blausäure	HCN	Gift
Hydrogenoxid	Wasser	H_2O	Lösungsmittel
Kaliumaluminiumsulfat	Kalialaun	$KAl(SO_4)_2 \cdot 12H_2O$	Beize
Kaliumcarbonat	Pottasche	K_2CO_3	Herstellung von Glas und Seife
Kaliumhydroxid	Kalilauge	KOH	Seifenherstellung
Kaliumnitrat	Salpeter	KNO_3	Sprengstoffe
Kaliumpermanganat		$KMnO_4$	Desinfektionsmittel
Kohlendioxid		CO_2	Feuerlöscher
Kohlenmonoxid		CO	Reduktionsmittel
Kupfer(II)sulfat		$CuSO_4$	Fungizid
Magnesiumhydroxid		$Mg(OH)_2$	Medizin (säurebindend)
Magnesiumsulfat	Bittersalz	$MgSO_4$	Medizin (Abführmittel)
Mangan(IV)-oxid	Mangandioxid	MnO_2	Trockenbatterien
Natriumcarbonat	Soda	$Na_2CO_3 \cdot 10H_2O$	Herstellung von Glas und Seife
Natriumchlorid	Salz	$NaCl$	Kochsalz
Natriumhydrogencarbonat	Natriumbicarbonat	$NaHCO_3$	Backpulver
Natriumhydroxid	Natronlauge	$NaOH$	Seifenherstellung
Natriumhypochlorit		$NaOCl$	Bleichmittel
Natriumnitrat	Chilesalpeter	$NaNO_3$	Dünger
Natriumsulfat	Glaubersalz	$Na_2SO_4 \cdot 10H_2O$	Reinigungsmittel und Farbstoffe
Natriumthiosulfat		$Na_2S_2O_3$	Fotografie
Salpetersäure		HNO_3	Starke Säure
Salzsäure		HCl	Starke Säure
Schwefel(IV)-oxid	Schwefeldioxid	SO_2	Konservierungsmittel
Schwefelsäure		H_2SO_4	Autobatterien
Schwefelwasserstoff		H_2S	Chemische Analyse
Silberchlorid		$AgCl$	Fotografie
Silicium(IV)-oxid	Kieselerde	SiO_2	Glasherstellung
Siliciumcarbid	Karborund	SiC	Schleifmittel
Stickstoffdioxid		NO_2	Herstellung von Salpetersäure
Stickstoffmonoxid	Stickoxid	NO	Herstellung von Salpetersäure
Titan(IV)-oxid	Titandioxid	TiO_2	Weißes Farbpigment
Wasserstoffperoxid		H_2O_2	Bleich-, Desinfektionsmittel
Wolframcarbid		WC	Schleifmittel
Zinkoxid		ZnO	Weißes Farbpigment, Kosmetik

Hinweis: In den oben stehenden chemischen Formeln bezeichnet ein Punkt (.) eine Bindung mit Kristallwasser.

Hintergrund: *Kupfer(II)-sulfat-Kristalle*

Organische Chemie

Pflanzen, Tiere und Erdöl bestehen vor allem aus Verbindungen, die das Element Kohlenstoff enthalten. Die organische Chemie untersucht diese Verbindungen und nutzt sie zur Herstellung von Treibstoffen, Medikamenten und Kunststoffen.

Organische Verbindung

Stoff, in dem sich Kohlenstoffatome mit anderen Elementen verbinden

Es gibt Millionen von Kohlenstoffverbindungen ■ – mehr als alle Verbindungen aller anderen Elemente ■ zusammen. Grund dafür ist, dass sich eine beliebige Anzahl von Kohlenstoffatomen ■ in einem Molekül ■ in Ketten oder Ringen verbinden kann. Atome anderer Elemente lagern sich an dieser Struktur an. Diese Verbindungen heißen organisch, weil sie Bausteine der Organismen sind. Nur wenige einfache Kohlenstoffverbindungen sind anorganisch.

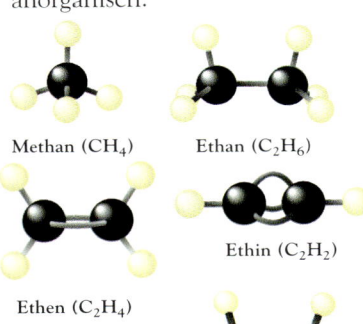

Methan (CH_4)   Ethan (C_2H_6)

Ethin (C_2H_2)

Ethen (C_2H_4)

Benzol (C_6H_6)

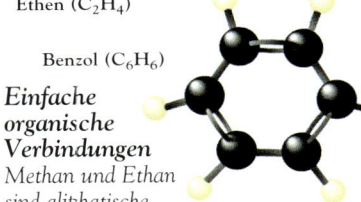

Einfache organische Verbindungen
Methan und Ethan sind aliphatische gesättigte Kohlenwasserstoffe. Ethen ist ein Alken. Ethin ist ein ungesättigter Kohlenwasserstoff mit einer Dreifachbindung zwischen den Kohlenstoffatomen. Benzol ist ein aromatischer Kohlenwasserstoff mit einem Ring aus Kohlenstoffatomen, zwischen denen Einfach- und Doppelbindungen bestehen.

Gesättigte Verbindung

Organische Verbindung mit Einfachbindungen zwischen den Kohlenstoffatomen

Die Atome in den Molekülen organischer Verbindungen sind durch kovalente Bindungen ■ aneinander gekoppelt. Jedes Kohlenstoffatom geht vier Bindungen ein. Im Molekül einer gesättigten Verbindung wie Ethan (CH_3–CH_3) ist jedes Kohlenstoffatom durch eine seiner vier Bindungen mit dem nächsten Kohlenstoffatom verbunden. Die verbleibenden drei Bindungen bestehen mit anderen Atomen. Eine **ungesättigte Verbindung** besitzt Moleküle, in denen ein Paar Kohlenstoffatome jeweils zwei oder drei Bindungen eingeht und somit Doppel- und Dreifachbindungen erzeugt.

Aromatische Verbindung

Organische Verbindung mit einem Ring aus Kohlenstoffatomen

Die Moleküle einer aromatischen Verbindung enthalten meist einen Ring aus sechs Kohlenstoffatomen, der mit anderen Ringen oder Atomketten verbunden sein kann. Zwischen den Kohlenstoffatomen im Ring bestehen Einfach- und Doppelbindungen. In einer Strukturformel ■ wird der Kohlenstoffring als Sechseck dargestellt. Man nennt die Verbindungen »aromatisch«, weil viele stark riechen.

Aliphatische Verbindung

Organische Verbindung mit einer Kette aus sechs Kohlenstoffatomen

Aliphatische und aromatische Verbindungen sind die zwei Hauptklassen organischer Verbindungen. In einer aliphatischen Verbindung bilden die Kohlenstoffatome eine gerade oder seitlich verzweigte Kette. Ethan und Ethanol sind aliphatische Verbindungen genau wie Methan, obwohl dieses nur ein Kohlenstoffatom enthält.

Brennstoffe wie Benzin und Butan in diesem Brenner sind organische Verbindungen.

Kunststoffbenzinkanister

Seife wird aus pflanzlichen oder tierischen Fetten hergestellt.

Kunststoffe werden aus Erdöl hergestellt.

Natürliche Schwämme sind Meereslebewesen.

Organische Verbindungen
Diese Gegenstände enthalten organische Verbindungen. Sie bestehen aus den Elementen Kohlenstoff und Wasserstoff, meist in Verbindung mit Sauerstoff und manchmal mit einem oder zwei anderen Elementen. Die Unterschiede zwischen ihnen werden vor allem durch die Anzahl der Kohlenstoffatome und durch deren Anordnung im Molekül bestimmt. Die Materialien werden aus lebenden Organismen oder aus Erdöl gewonnen.

Chemische Verbindungen • 153

Alkan

Aliphatischer Kohlenwasserstoff mit Einfachbindungen

Alkane oder **Paraffine** sind eine Gruppe gesättigter Kohlenwasserstoffe. Im Alkanmolekül sind die Kohlenstoffatome durch Einfachbindungen in einer Kette verbunden. Die Namen der Paraffine enden auf -an wie Butan und Methan.

Alkylgruppe

In vielen organischen Verbindungen enthaltene Atomgruppe

Alkylgruppen sind Alkanmoleküle, die ein Wasserstoffatom abgegeben haben. Dazu gehören die Methyl- (CH_3-) und Ethyl- (C_2H_5-) Gruppen, die aus Methan- und Ethanmolekülen entstehen. **Arylgruppen** sind aromatische Kohlenwasserstoffe, die ein Wasserstoffatom abgegeben haben. Dazu gehören die aus Benzol entstehenden Phenylgruppen (C_6H_5-). In vielen Verbindungen sind Alkyl- oder Arylgruppen mit anderen Atomen oder Gruppen verbunden. Zum Beispiel erzeugt eine Methylgruppe mit einem Chloratom die Verbindung Chlormethan (CH_3Cl).

Spraydose
Wissenschaftler haben entdeckt, dass FCKW die Ozonschicht der Erdatmosphäre beschädigt. Jetzt werden in Spraydosen schonendere Gase verwendet.

Fluorchlorkohlenwasserstoff (FCKW)

Verbindung, die Chlor, Fluor und Kohlenstoff enthält

FCKW und **Fluorkohlenwasserstoffe** sind Kohlenwasserstoffen ähnlich, jedoch sind eines oder alle Wasserstoffatome durch Chlor- oder Fluoratome ersetzt. FCKWs werden als Kälte- und Treibmittel eingesetzt.

Blühender Weihnachtsstern

Puffreis
Kuhmilch
Zucker wird aus Zuckerrohr gewonnen.
Dieses Hemd besteht aus Baumwollfasern.

Kohlenwasserstoff

Organische Verbindung, die nur Kohlenstoff und Wasserstoff enthält

Kohlenwasserstoffe sind gesättigte oder ungesättigte Verbindungen. Jedes Molekül ist eine Kette oder ein Ring aus Kohlenstoffatomen mit daran gebundenen Wasserstoffatomen. Je mehr Kohlenstoffatome in den Molekülen enthalten sind, desto fester ist der Stoff. Alle fossilen Brennstoffe sind Kohlenwasserstoffe: Kohle, Öl, Erdöl und Gas.

Isomere

Verschiedene Verbindungen mit gleicher Anzahl gleichartiger Atome

Der Alkohol ■ Ethanol und der Ether ■ Dimethylether sind Isomere. Die Moleküle beider Verbindungen enthalten je zwei Kohlenstoffatome, sechs Wasserstoffatome und ein Sauerstoffatom. Die Atome sind aber unterschiedlich miteinander verbunden, wie die Strukturformeln zeigen: Ethanol ist CH_3CH_2OH und Dimethylether CH_3OCH_3.

Alken

Aliphatischer Kohlenwasserstoff mit einer Doppelbindung

Alkene sind eine Gruppe ungesättigter Kohlenwasserstoffe. In der Kette der Kohlenstoffatome gehen zwei Kohlenstoffatome eine Doppelbindung ein. Die Alkene heißen auch **Olefine,** was »Ölbildner« bedeutet, weil sie mit Halogenen ■ zu öligen Produkten reagieren. Die **Alkine** oder **Acetylene** sind ungesättigte Kohlenwasserstoffe, in denen Kohlenstoffatome eine Dreifachbindung ausbilden wie im Ethinmolekül.

Siehe auch

Alkohol 154 • Atom 34 • Element 132
Ether 154 • Halogen 137
Kovalente Bindung 140 • Molekül 138
Strukturformel 139 • Verbindung 138

Fortsetzung nächste Seite ▶

Kohlenhydrat

Verbindung aus Kohlenstoff, Wasserstoff und Sauerstoff

Kohlenhydrate enthalten Wasserstoff und Sauerstoff im Verhältnis 2 zu 1, genau wie Wasser. Sie sind ein wichtiger Nahrungsbestandteil, weil sie die Energie zum Leben liefern. Süße lösliche Kohlenhydrate wie Glucose und Saccharose nennt man **Zucker**. Viele Zucker haben Moleküle mit sechs oder zwölf Kohlenstoffatomen. **Stärke** ist ein Kohlenhydrat, das in Getreide und Kartoffeln enthalten ist. **Zellulose** ist ein Kohlenhydrat aus Pflanzen. Stärke und Zellulose sind Polymere ∎ aus vielen verbundenen Zuckermolekülen. Pflanzen bilden bei der Photosynthese mithilfe von Sonnenlicht Kohlenhydrate. Dabei entsteht außerdem Sauerstoff aus Kohlendioxid und Wasser.

Traubensaft enthält den Zucker Glucose, ein Kohlenhydrat.

Vom Traubensaft zum Weinessig
Traubensaft enthält das Kohlenhydrat Glucose ($C_6H_{12}O_6$). Bei der Weinherstellung zersetzt sich die Glucose im Traubensaft in Ethanol und Kohlendioxid ($2C_2H_5OH + 2CO_2$). Wenn sich Ethanol mit Sauerstoff verbindet, entstehen Essig und Wasser oder Weinessig: $C_2H_5OH + O_2 \rightarrow CH_3COOH + H_2O$.

Siehe auch
Alkylgruppe 153 • Base 149 • Gärung 145
Kohlenwasserstoff 153 • Lösungsmittel 28
Polymer 146 • Salz 149 • Säure 149

Ether

Organische Verbindung, die ein Sauerstoffatom enthält

Ein Ether besteht aus zwei mit einem Sauerstoffatom verbundenen Alkylgruppen. Der wichtigste ist der Diethylether, in dem zwei Ethylgruppen mit einem Sauerstoffatom verbunden sind. Er dient als Narkose- und Lösungsmittel ∎.

Alkohol

Organische Verbindung, die ein Paar eines Sauerstoff- und Wasserstoffatoms enthält

Ein Alkohol ist ein Kohlenwasserstoff ∎, in dem ein Wasserstoffatom durch eine Hydroxylgruppe (–OH) ersetzt ist. Wenn dies zum Beispiel mit dem Kohlenwasserstoff Ethan (C_2H_6) passiert, entsteht der Alkohol Ethanol (C_2H_5OH).

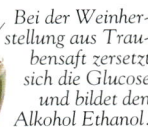

Bei der Weinherstellung aus Traubensaft zersetzt sich die Glucose und bildet den Alkohol Ethanol.

Ester

Verbindung einer organischen Säure mit Alkohol

Eine Carbonsäure reagiert mit einem Alkohol und bildet dabei einen Ester und Wasser. In ähnlicher Weise bilden anorganische Säuren und Basen ∎ Salz ∎ und Wasser. Ethanol und Essigsäure bilden die Flüssigkeit Ethylethanat, die als Lösungsmittel verwendet wird. Pflanzliche sowie tierische Öle und Fette wie Margarine und Butter sind Ester.

Carbonsäure

Organische Säure

Organische Verbindungen, die eine Carboxylgruppe (–COOH) enthalten, nennt man schwache Säuren ∎, weil die Carboxylgruppe ihr Wasserstoffatom leicht abgeben kann. Bei der Verbindung von Carbonsäuren mit Alkohol entstehen Ester. **Fettsäuren** sind Kohlenwasserstoffe, in denen ein Wasserstoffatom durch eine Carboxylgruppe ersetzt ist. Die wichtigste Fettsäure ist die Essigsäure, die dem Speiseessig seinen scharfen Geschmack gibt. **Aminosäuren** sind Carbonsäuren, die zusätzlich eine Aminogruppe (–NH$_2$) enthalten. Aminosäuren sind für das Leben sehr wichtig, weil sie sich zu Eiweißen verbinden. Eiweiß gibt dem Körper Energie und unterstützt das Wachstum.

Bei der Herstellung von Weinessig aus Wein verbindet sich Ethanol mit Sauerstoff zu Essigsäure, einer Carbonsäure.

Organische Gruppen

Vorsilbe	Formel
Amino-	–NH$_2$
Butyl-	C$_4$H$_9$–
Carbonyl-	=CO
Carboxyl-	–COOH
Ethyl-	C$_2$H$_5$–
Methyl-	CH$_3$–
Nitro-	–NO$_2$
Pentyl-	C$_5$H$_{11}$–
Phenyl-	C$_6$H$_5$–
Propyl-	C$_3$H$_7$–
Vinyl-	CH$_2$=CH–

Hintergrund: Eine Vinyl-Schallplatte

… Chemische Verbindungen • 155

WICHTIGE ORGANISCHE VERBINDUNGEN

Name	Formel	Verwendung
Benzol	C_6H_6	Lösungsmittel, Kunststoffe
Bleitetraethyl	$(C_2H_5)_4Pb$	Zusatz in verbleitem Benzin
Butadien	$CH_2{:}CH.CH{:}CH_2$	Synthetischer Gummi
Butan	C_4H_{10}	Brennstoff
CS-Gas	$C_6H_4ClCH{:}C(CN)_2$	Tränengas
Dichlordiethylsulfid, Senfgas	$(CH_2ClCH_2)_2S$	Giftgas
Diethylether, Ether	$C_2H_5OC_2H_5$	Narkosemittel, Lösungsmittel
Essigsäure	CH_3COOH	Speiseessig, Chemikalien
Ethan	C_2H_6	Brennstoff
Ethan-1,2-Diol, Ethylenglykol, Glykol	$(CH_2OH)_2$	Frostschutzmittel, Kunststoffe
Ethanal, Essigaldehyd	CH_3CHO	Industriechemikalien
Ethanol, Ethylalkohol	C_2H_5OH	Alkoholische Getränke, Brennstoff, Lösungsmittel
Ethen, Ethylen	$H_2C{:}CH_2$	Polyethylen, Chemikalien
Ethin, Acetylen	C_2H_2	Acetylen-Sauerstoff-Schweißen
Ethylethanat, Ethylacetat	$CH_3COOC_2H_5$	Lösungsmittel, Aromastoffe, Kosmetik
Fluorescein	$C_{20}H_{12}O_5$	Fluoreszierende Farbe
Fruktose, Fruchtzucker	$C_6H_{12}O_6$	Honig, Fruchtsaft
Glucose, Traubenzucker	$C_6H_{12}O_6$	Honig, Marmelade, Süßigkeiten, Bier
Glycerin	$CH_2OH.CHOH.CH_2OH$	Kunststoffe, Sprengstoff, Medikamente
Harnstoff, Karbamid	$CO(NH_2)_2$	Dünger, Medikamente, Kunststoffe
Laktose, Milchzucker	$C_{12}H_{22}O_{11}$	Inhaltsstoff von Milch
Methan, Grubengas, Sumpfgas	CH_4	Erdgas, Chemikalien
Methanal, Formaldehyd, Formalin	$HCHO$	Desinfektions- und Konservierungsmittel
Methanol, Methylalkohol	CH_3OH	Lösungsmittel
Methansäure, Ameisensäure	$HCOOH$	Textilindustrie
Methylbenzol, Toluol	$C_6H_5CH_3$	Sprengstoff, Chemikalien
Methylnitrobenzol, Trinitrotoluol (TNT)	$C_6H_2CH_3(NO_2)_3$	Sprengstoff
Milchsäure	$CH_3CHOHCOOH$	Nahrungsmittel, Textilindustrie
Naphthalin	$C_{10}H_8$	Kunststoffe, Farbstoffe
Oktan	C_8H_{18}	Benzin
Phenol, Carbolsäure, Hydroxybenzol	C_6H_5OH	Desinfektionsmittel, Farbstoffe, Kunststoffe
Propan	C_3H_8	Brennstoff
Propanon, Aceton	CH_3COCH_3	Lösungsmittel, Chemikalien
Saccharose	$C_{12}H_{22}O_{11}$	Rohrzucker, Rübenzucker
Tetrachlormethan, Kohlenstofftetrachlorid	CCl_4	Trockenreinigung, Feuerlöscher
Trichlormethan, Chloroform	CHC_{13}	Lösungsmittel, früher Narkosemittel
Warfarin	$C_{19}H_{16}O_4$	Rattengift, Antikoagulationsstoff
Weinsäure, Dioxybernsteinsäure	$HOOC(CHOH)_2COOH$	Brausesalze, Farbstoffe
Zitronensäure	$C_3H_5O(COOH)_3$	Aromastoffe, Brausesalze

Hinweis: In den Formeln sind Bindungen zwischen Kohlenstoffatomen mit einem Punkt (.) dargestellt. Eine Einfachbindung ist ein einzelner Punkt (.), eine Doppelbindung ein Doppelpunkt(:).

Hintergrund: Durch eine Explosion erzeugte Wolke aus Rauch und Flammen

Chemische Analyse

Wie lässt sich die Zusammensetzung eines unbekannten Stoffs herausfinden? Der beste Weg ist eine chemische Analyse, mit der zum Beispiel die Reinheit von Lebensmitteln geprüft wird.

Chemische Analyse

Bestimmung der Zusammensetzung von Stoffen und Stoffgemischen

Die **analytische Chemie** beschäftigt sich mit der chemischen Analyse. Es gibt zwei Hauptarten der chemischen Analyse, die qualitative und die quantitative Analyse.

Qualitative Analyse

Bestimmung der Elemente in Stoffen und Gemischen

Die Zugabe verschiedener Reagenzien zu einem Stoff oder Gemisch löst chemische Reaktionen ■ aus, die einen Rückschluss auf die enthaltenen Elemente ■ oder Verbindungen ■ ermöglichen. Weitere Analysemethoden sind die Flammenprobe, die Massenspektroskopie ■, die Chromatographie und die Spektroskopie ■.

Papierchromatographie
Die Pigmente in einem Gemisch farbiger Blütenblätter werden mit einem Lösungsmittel wie Nagellackentferner getrennt.

Chromatographie

Analyse eines Gemischs durch Trennung der enthaltenen Stoffe

Bei der Papierchromatographie wird eine Lösung des Gemischs von Filterpapier aufgesaugt. Das Papier nimmt einige Stoffe schneller auf als andere, sodass die Stoffe sich trennen und anhand ihrer Farbe identifiziert werden können. Bei der **Dünnschicht-Chromatographie** wird das Gemisch auf eine poröse Schicht gebracht. Bei der **Gaschromatographie** wird das Gemisch verdampft und von einem Trägergas durch eine Säule mit absorbierendem Material transportiert.

Löschpapier
Rote Pigmente bewegen sich am schnellsten.
Rote Rose
Gelbe Pigmente bewegen sich am langsamsten.
Gelbe Rose
Zerriebene Rosenblütenblätter, eingeweicht in Nagellackentferner.

Flammenprobe
Von links nach rechts: Strontium (rot), Calcium (orange/rot), Kalium (violett) und Barium (gelb/grün).

Flammenprobe

Nachweis bestimmter Metalle

Eine kleine Menge der zu untersuchenden Verbindung wird auf das Ende eines Platindrahts gebracht und in eine Gasflamme gehalten. Jedes Element gibt der Flamme eine charakteristische Färbung. Natriumverbindungen färben die Flamme orange, Kaliumverbindungen violett. Die **Flammenfotometrie** untersucht das Licht der Flamme, um die Menge eines anwesenden Elements zu messen.

Quantitative Analyse

Bestimmung der Elementmenge in Stoffen und Gemischen

Mit der Spektroskopie lassen sich verschiedene Elemente in einem Stoff oder Gemisch identifizieren und ihre Konzentrationen messen. Zwei andere Methoden der quantitativen Analyse nutzen chemische Reaktionen. Die **volumetrische Analyse** sagt aus, wie viel von einem bestimmten Reagenz notwendig ist, um eine Reaktion mit einem Element in dem Stoff auszulösen. Zur **Gewichtsanalyse** bildet eine chemische Reaktion eine Verbindung des Elements, die dann gewogen wird.

Siehe auch

Chemische Reaktion 144 • Element 132
Massenspektroskopie 35
Spektroskopie 81 • Verbindung 138

Chemische Industrie

In der chemischen Industrie wird das theoretische Wissen über die Chemie in der Praxis angewandt. Wir verwenden zum Beispiel täglich Materialien wie Kunststoffe und Farben oder reine chemische Verbindungen in Medikamenten.

Chemische Fabrik
Diese Fabrik produziert mit dem Kontaktprozess große Mengen Schwefelsäure für die Industrie.

Chemische Verfahrenstechnik
Industrielle Herstellung chemischer Produkte

Chemieingenieure kontrollieren die Maschinen in Fabriken, die durch chemische Prozesse nützliche Materialien und Produkte herstellen. Die am Anfang dieser Prozesse stehenden Stoffe heißen **Ausgangsstoffe.** Die meisten Ausgangsstoffe wie Luft, Öl, Kohle, Erze ■, Kalkstein und Pflanzen kommen in der Natur vor. Stickstoff aus der Luft wird für die Herstellung von Ammoniak benötigt. Ammoniak dient dann zur Düngerherstellung.

Siehe auch
Chemische Reaktion 144 • Elektrolyse 148 • Erz 150 • Katalysator 145 Lösungsmittel 28 • Verhüttung 166

Chemischer Prozess
Reaktionsfolge zur Herstellung eines bestimmten Produkts

In der chemischen Industrie kennt man mehrere Standardprozesse zur Herstellung grundlegender chemischer Verbindungen. Im **Kontaktprozess** entsteht Schwefelsäure aus Schwefel und Sauerstoff im Kontakt mit einem Katalysator ■. Das **Haber-Verfahren** erzeugt Ammoniak durch die Reaktion ■ von Stickstoff mit Wasserstoff. Das **Solvay-Verfahren** erzeugt Natriumcarbonat durch die Reaktion von Ammoniak, Kochsalz (Natriumchlorid) und Kohlendioxid aus Kalkstein.

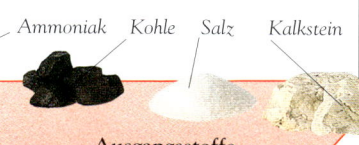

Ammoniak Kohle Salz Kalkstein

Ausgangsstoffe

Natriumcarbonat

Produkt

Materialien aus dem Produkt
Seife   Glasgegenstände

Solvay-Verfahren
Die Ausgangsstoffe Ammoniak, Wasser, Salz und Kalkstein werden durch den weiteren Ausgangsstoff Kohle erhitzt. Das Hauptprodukt der Reaktion ist Natriumcarbonat (Soda) für die Herstellung von Seife und Glas.

Aus alt wird neu
Gepresster Metallabfall wird für das Recycling gesammelt.

Recycling
Wiederverwertung benutzter Rohstoffe

Metalldosen, Glasflaschen, Zeitungen und Plastikartikel können zu neuen Produkten recycelt werden. Dies erleichtert die Einsparung von Rohstoffen und reduziert die Umweltbelastung, weil der Abfall nicht zerstört oder deponiert werden muss.

Extraktion
Gewinnung eines nützlichen Stoffs aus einem Rohstoff

Zur Extraktion werden mehrere Prozesse verwendet. Bei der **Flotation** wird das zermahlene Gestein mit Wasser gemischt, sodass die Erzteilchen schwimmen und die Steinteilchen absinken. **Auswaschen** bedeutet die Behandlung des Materials mit Lösungsmitteln ■ wie Wasser, um einen enthaltenen löslichen Stoff herauszulösen. Zucker wird aus Pflanzen ausgewaschen und Metall aus Erzen. Zur Goldgewinnung wird Erz mit einer Natriumcyanid-Lösung behandelt. Das Metall löst sich aus dem Erz und kann später von der Lösung getrennt werden. Extrahierte Stoffe müssen meist **raffiniert** werden, um verbliebene Fremdstoffe zu entfernen. Verhüttung ■ und Elektrolyse ■ dienen zur Reinigung von Metallen.

Nebenprodukt
Bei der Herstellung eines anderen Stoffs erhaltener Stoff

Bei der Herstellung eines Produkts kann ein weiteres Produkt entstehen. Bei der Reinigung von Kupfer und Silber wird etwas Gold als Nebenprodukt gewonnen.

Natürliche Produkte

Viele Produkte, die heute verwendet werden, wie Papier, Glas und Porzellan, werden aus natürlich vorkommenden Materialien wie Holz, Sand und Quarz hergestellt. Für einige dieser Produkte haben sich die Verfahren seit hunderten von Jahren kaum geändert.

Schmieröl
Öle bewirken, dass Maschinen leicht und ruhig laufen.

Öl
Viskose Flüssigkeit, die aus Pflanzen und Tieren gewonnen wird

Für Brennstoffe und Schmieröle wird Erdöl ■ verwendet. Es ist aus den abgelagerten und komprimierten Überresten urzeitlicher Organismen entstanden. Andere Öle stammen von Pflanzen und Tieren. Zu den Pflanzenölen gehört zum Beispiel das aus Oliven gepresste Olivenöl. **Leinsamenöl** wird aus Flachssamen gewonnen und für Fensterkitt verwendet. Zu den tierischen Ölen gehört das Fischöl als Vitaminquelle. Öl mischt sich nicht direkt mit Wasser, wird aber nach Zugabe von Chemikalien löslich.

Margarine
Aus pflanzlichen Ölen oder tierischen Fetten erzeugtes Speisefett

Margarine wird durch die Behandlung von Ölen wie Palmöl mit Wasserstoff erzeugt. Das Öl verdickt sich zu einer fettigen, festen, aber leicht streichfähigen Masse. Die Margarine wurde in den 60er-Jahren des vorigen Jahrhunderts von dem französischen Chemiker Hippolyte Mège-Mouriés erfunden.

Papier
Dünnes Material aus zusammengepressten natürlichen Fasern

Aus zerkleinertem Holz oder aus Baumwolle erzeugt man eine breiartige Mischung von Zellstofffasern und Wasser. Die Zerkleinerung geschieht entweder durch Zermahlen oder durch das Kochen mit Ätznatron oder anderen Chemikalien. Der Brei wird in einer dünnen Schicht auf einem Sieb ausgebreitet, wo er abtropft. Anschließend wird er zu Papier gepresst.

1 Zuerst muss der Rohstoff in seine Fasern zerlegt werden. Bei Holz bedeutet dies ein gründliches Vermengen von Holzschnitzeln und Sägemehl mit Wasser zu einem Brei.

Papierschichten zwischen saugfähigem Material

Papierherstellung
Feines handgeschöpftes Papier wird noch nach der traditionellen Methode hergestellt. Meist wird es aus einem Brei von weichem Holz gemacht. Vor allem in Europa und in den USA werden aber auch Baumwollstücke und Leinen verwendet. Die Chinesen haben die Papierherstellung vermutlich um das Jahr 105 erfunden. Dieser einfache Prozess hat sich seitdem kaum geändert.

Beton
Beton wird in Formen gegossen, erhärtet und bildet Blöcke beliebiger Größe und Form für den Einsatz im Bauwesen.

Zement
Klebemittel für Steine und Ziegel

Zement entsteht beim Erhitzen von zerkleinertem Kalkstein mit Ton. Für den Einsatz im Bauwesen wird er mit Sand und Wasser gemischt. Die Verbindungen im Zement reagieren mit Wasser und werden hart. **Mörtel** ist ein ähnliches Baumaterial, das durch die Mischung von gelöschtem Kalk (Calciumhydroxid) mit Sand und Wasser entsteht. Der Kalk reagiert mit Kohlendioxid in der Luft zu Calciumcarbonat und wird hart. **Beton** ist eine Mischung aus Zement, Steinen, Sand und Wasser. **Armierter Beton** enthält Stahlstäbe zur Festigung.

Der Brei muss 0,5 % Fasern und 99,5 % Wasser enthalten.

Brett zum Pressen

3 Nach dem Abtropfen liegt eine dünne Schicht Papier aus der Form auf einem Stück saugfähigem Material. Schichten von diesem Material und von Papier werden abwechselnd übereinander gelegt. Der fertige Papierstapel wird zwischen zwei Brettern gepresst.

Chemische Industrie • 159

Glas
Aus Sand hergestelltes transparentes Material

Glas, das zum Beispiel für Flaschen verwendet wird, stellt man durch Verschmelzen von Sand, Soda und Kalk her. Es entsteht ein transparentes, sprödes Material, das in jede Form gebracht werden kann. Durch die Zugabe weiterer Stoffe lassen sich Festigkeit, Hitzebeständigkeit und optische Qualität verbessern. **Glasfasern** werden in der Glasfaseroptik ■ und als Dämmstoff verwendet. Wenn Kunststoff ■ mit Glasfasern gemischt wird, entsteht **glasfaserverstärkter Kunststoff.** Er ist fest und korrosionsbeständig und wird für Bootsrümpfe verwendet. **Email** ist eine dünne Glasschicht auf Metall. Es ergibt eine Schutzbeschichtung und wird auch für Schmuck verwendet.

Roher Ton *Geformter Ton* *Fertiger Topf mit Glasur*

Töpfern
Tontöpfe werden zuerst geformt und dann in einem Ofen gebrannt. Sie können auch mit einer Glasur versehen und erneut gebrannt werden, wodurch die Töpfe eine gläserne Schutzoberfläche erhalten.

Keramik
Harte Materialien aus Ton oder Mineralen

Steingut ist Keramik für Töpfe, Fliesen und Rohre. Feuchter Ton wird geformt und dann in einem **Brennofen** auf sehr hohe Temperaturen erhitzt. Feines Geschirr besteht aus **Porzellan,** Keramik aus Porzellanerde (Kaolin), Quarz und Feldspat. Auch aus Metalloxiden wie Alaunerde wird Keramik hergestellt, die korrosionsbeständig, hitzefest und elektrisch isolierend ist. Keramik wird für Isolatoren, die Zündkerzen von Automotoren und die Hitzeschutzschilde von Raumfähren sowie als **Schamott** zur feuerfesten Innenauskleidung von Öfen verwendet.

Terpentin
Aus Kiefern gewonnene Flüssigkeit

Terpentin dient zur Mischung von Farben, Lacken und Polituren. Es ist eine farblose Flüssigkeit mit starkem kiefernartigem Geruch, die durch Destillation aus Kiefernharz gewonnen wird.

> **Siehe auch**
> Erdöl 164 • Farbstoff 161 • Glasfaseroptik 85 • Kohlenwasserstoff 153
> Kunststoff 162 • Polymer 146

Kosmetika
Produkte für die Körperpflege

Kosmetika sind Cremes, Lotionen und Puder zum Reinigen, Befeuchten, Glätten und Färben von Haut und Haar. Die meisten Ausgangsstoffe für Kosmetikartikel werden aus Pflanzen, Erdöl und Mineralen gewonnen. Zusätzlich werden synthetische Verbindungen wie Farbstoffe ■ verwendet. **Parfum** wird vorwiegend aus pflanzlichen Ölen hergestellt und hat einen angenehmen Geruch. Manche Parfums enthalten auch tierische oder synthetische Produkte.

Make-up
Die meisten Kosmetikprodukte enthalten Öle und Duftstoffe aus Pflanzen und Mineralen.

Gummi
Zähes, elastisches Material aus der Milch tropischer Bäume

Natürlicher Gummi wird aus Latex hergestellt, einer Flüssigkeit in tropischen Bäumen. Latex ist ein natürliches Polymer ■ eines Kohlenwasserstoffs ■. Das Härten von Gummi mit Schwefel heißt **Vulkanisieren.** Natürlicher und synthetischer Gummi, der durch Polymerisation von Kohlenwasserstoffen entsteht, wird für Reifen und viele andere Produkte verwendet.

Form *Schöpfrahmen*

2 *Form und Schöpfrahmen werden in einen Behälter mit Brei gesenkt. Es verbleibt eine Schicht Brei auf der Form. Die Kanten werden vom Schöpfrahmen gehalten. Die Form wird dann entnommen und gekippt, damit das Wasser abläuft.*

Fertige Papierblätter

4 *Nach 2 Stunden werden die Papierblätter vom absorbierenden Material getrennt und einzeln 2–4 Stunden zum Trocknen ausgelegt, bevor sie noch einmal 2–3 Tage gepresst werden.*

Textilien

Kleidung, Vorhänge, Teppiche und Decken sind Textilien. Sie bestehen aus winzigen miteinander verbundenen Fasern, die von Pflanzen und Tieren stammen oder durch chemische Prozesse erzeugt werden.

Weberei in Mexiko
Weber bei der Arbeit am Webstuhl. In modernen Fabriken funktionieren die Webstühle automatisch.

Weben
Herstellung eines Gewebes

Auf einem **Webstuhl** sind viele parallele **Kettfäden** über einen Rahmen gespannt. In Querrichtung werden die **Schussfäden** abwechselnd über und unter den Kettfäden eingezogen, sodass ein gitterartiges, stabiles Gewebe entsteht. Muster erhält man durch Fäden unterschiedlicher Farbe oder durch Bedrucken.

Textilien
Aus Fasern hergestellte Gewebe

Viele Textilien bestehen aus **Naturfasern** von Pflanzen und Tieren. Sie können für Textilien wie **Filz** zusammengepresst werden, meist werden daraus jedoch Fäden gemacht, die zu einem Gewebe verwoben oder gestrickt werden. **Wolle** wird aus Schaffell gewonnen. Die Wollfasern lassen sich zu einem Wollfaden spinnen. Die Haare von anderen Tieren wie Ziegen, Kaninchen und Kamelen werden ebenfalls zu Textilien verarbeitet. **Baumwolle** ist ein dünner Faden aus den Fasern der Baumwollsamenkapsel. **Leinenfaden** besteht aus den Fasern der Stängel von Flachs. **Seide** wird aus den Kokons der Seidenraupe gemacht. Die langen Fasern der Kokons werden abgewickelt und zu Fäden gesponnen. Zur Herstellung von Textilien werden auch synthetische Fasern wie Polyester verwendet.

Nylonherstellung

Nylon wird gebildet, wenn spezielle organische Lösungen miteinander reagieren. Hier wurde eine Lösung auf eine andere gegossen. An der Berührungsfläche der Lösungen entsteht Nylon.

Der Nylonfaden wird herausgezogen.

Adipinsäurelösung

Hexamethylen-1,6-diamin-Lösung

Synthetische Faser
Chemisch erzeugte Faser

Polyester, Nylon, Viskose, Acetat und Acryl sind synthetische Fasern für Textilien. In mancher Hinsicht sind sie den Naturfasern überlegen, sie sind zum Beispiel reiß- und knitterfest. Synthetische Fasern können aus Zellulose oder aus chemischen Verbindungen ■ hergestellt werden, die Polymere ■ bilden. Zellulose und Polymere werden dann geschmolzen oder in Lösungsmittel gelöst. Die entstehende Flüssigkeit wird durch winzige Löcher gepresst und zu langen Fasern gezogen, die sich zu Fäden für Textilien spinnen lassen. Oft werden sie mit Naturfasern gemischt, damit das Gewebe die vorteilhaften Eigenschaften mehrerer Faserarten vereint.

Spinnen
Herstellung von Fäden

Die Naturfasern der Baumwolle oder Schafwolle werden zunächst mit Maschinen getrennt, gereinigt und geglättet. Spinnmaschinen verdrillen dann die Fasern zu einem fortlaufenden Faden oder **Garn,** das auf Rollen gewickelt wird. Ein Faden kann auch vollständig aus miteinander versponnenen synthetischen Fasern hergestellt werden.

Ungefärbte Wolle

Spule mit gesponnener Wolle

Gewebte Decke

Von der Schurwolle zur Decke
Nach der Schur besteht die Wolle aus einzelnen Fasern, die gereinigt und zu einem Faden gesponnen werden. Dieser wird gefärbt und zu einer Decke verwebt.

Siehe auch
Chemischer Prozess 157
Polymer 146 • Verbindung 138

Chemische Industrie • 161

Synthetische Produkte

Viele Produkte, die sich früher nur aus Naturmaterialien herstellen ließen, wurden durch chemische Prozesse erheblich verbessert. Beispielsweise haben synthetische Farben gegenüber Naturfarbstoffen viele Vorteile.

Siehe auch
Alkali 149 • Chemische Reaktion 144
Molekül 138 • Öl 158 • Oxidation 147
Salz 149 • Säure 149

Farbe
Gemisch aus Pigment und Flüssigkeit

Das Farbpigment wird in natürlichem oder synthetischem Öl verteilt, sodass es eine Emulsion mit Wasser bildet oder in einem Lösungsmittel gelöst wird. Eine Farbe trocknet, weil das Öl mit dem Sauerstoff der Luft reagiert und erhärtet oder weil Wasser und Lösungsmittel verdunsten. So entsteht eine feste Farbschicht.

Klebstoff
Stoff zur Verbindung von Flächen

Wenn ein Klebstoff oder **Leim** fest wird, reagiert er mit dem Sauerstoff der Luft oder verliert Wasser bzw. Lösungsmittel durch Verdunstung. Bei der Aushärtung entstehen starke Bindungen zwischen den Molekülen des Klebstoffs und der Oberfläche. Einige starke Klebstoffe bestehen aus zwei Flüssigkeiten, zwischen denen eine chemische Reaktion ■ stattfindet, wenn sie gemischt werden.

Seife
Ein Reinigungsmittel

Seife entsteht durch das Kochen von Fetten und Ölen ■ mit einem Alkali ■ wie Natrium- oder Kaliumhydroxid. Seife enthält Natrium- oder Kaliumsalze ■ organischer Säuren ■ mit langen Molekülen ■. Seife reinigt im Wasser, weil ihre Moleküle die fettigen Schmutzteilchen auf der Oberfläche von Haut oder Kleidung umschließen. Die Moleküle entfernen die Teilchen von der Oberfläche und bringen sie ins Wasser. Waschpulver enthält chemische **Reinigungsmittel,** die aus Erdöl gewonnen werden. Sie haben ähnliche Moleküle wie Seife.

Seifenmolekül
Natriumstearat ($C_{17}H_{35}COONa$) in der Seife gibt beim Lösen sein Natriumatom ab und wird ein Ion mit einer langen Kohlenwasserstoffkette an einem COO-Kopf.

Wasserstoff
Kohlenstoff
Sauerstoff
Natrium

Sprengstoff
Stoff, der explodieren kann

Hitze oder ein starker Stoß zünden einen Sprengstoff. Eine sehr schnelle chemische Reaktion verwandelt den Sprengstoff in Gase. Dabei breitet sich mit großer Kraft eine Druckwelle aus, die zum Beispiel riesige Gesteinsbrocken in einem Steinbruch löst.
Schießpulver ist eine explosive Mischung aus Kaliumnitrat, Kohlenstoff und Schwefel. **Dynamit** und **Gelatinedynamit** enthalten Nitroglyzerin.

Bleichen
Farbe entfernen

Durch Bleichen lassen sich Flecken entfernen und Materialien aufhellen. Bleichmittel sind Chlor, Sauerstoff, Wasserstoffperoxid und Schwefeldioxid. Sie oxidieren ■ farbige Stoffe, sodass diese ihre Farbe verlieren. Haushaltsbleichmittel enthalten oft Natriumhypochlorit als Chlorlieferanten.

Farbstoff
Stoff, der ein Material färbt

Synthetische Farbstoffe bestehen aus stabilen chemischen Verbindungen, sodass sie nicht verblassen. Sie haften fest an den Gewebefasern und an anderen Oberflächen. Ein **Beizmittel** fixiert Farbstoffe auf einem Material.

Seifenmoleküle in Wasser
Die Enden der Seifenmoleküle haften an fettigem Schmutz. Die Anziehung zwischen dem Wasser und den Köpfen der Moleküle löst den Schmutz ab.

Gruppe von Seifenmolekülen
Die Enden der Seifenmoleküle werden vom Fett angezogen.
Wasser zieht die Köpfe der Seifenmoleküle an und entfernt das Fett.
Textilgewebe
Fett
Textilgewebe

Kunststoffe

Kleidung, Flaschen, Computer, Möbel – aus Kunststoffen lässt sich fast alles herstellen. Die Eigenschaften von Kunststoffen lassen sich bei der Herstellung gezielt festlegen. Dies ist bei natürlichen Materialien wie Holz nicht möglich.

Siehe auch
Extrudieren 166 • Klebstoff 161
Molekül 138 • Polymer 146
Verbindung 138

Kunststoff
Leicht formbares, synthetisches Material

Kunststoff wird aus verschiedenen chemischen Verbindungen ■ hergestellt, die aus Pflanzen, Tieren, Kohle und Erdöl gewonnen werden. Er ist bei der Herstellung weich oder flüssig und kann vor dem Aushärten unter Wärme oder Druck geformt werden.

Kunstharz
Material, aus dem Kunststoff hergestellt wird

Chemische Verbindungen reagieren zu Kunstharz, das dann zu Kunststoffteilen geformt wird. Die Verbindungen bilden Polymere ■. Deshalb beginnen die Namen von vielen Kunststoffen mit »Poly…«. Polymere haben sehr lange Moleküle ■, deren Struktur die verschiedenen Eigenschaften des Kunststoffs bestimmt. Ein **Epoxydharz** wird sehr hart und deshalb für feste Teile und Klebstoffe ■ verwendet. **Acrylharze** ergeben starre durchsichtige Kunststoffe für Linsen.

Thermoplast
Kunststoff, der bei Erwärmung weich und bei Abkühlung hart wird

Thermoplaste sind sehr nützlich, weil sie in jede Form gebracht werden können. Manche Thermoplaste wie Polyethylen lassen sich zur Herstellung von Rohren und Schläuchen extrudieren ■. Kunststoffe, die bei Erwärmung hart werden und dann hart bleiben, heißen **Duroplaste.** Sie werden in der Elektrotechnik verwendet, weil der Kunststoff bei einer elektrischen Störung nicht schmelzen darf.

Spritzgussverfahren
Methode zur Herstellung von Kunststoffgegenständen

Küchengeräte, Spielwaren, Autoteile und viele andere Kunststoffgegenstände werden im Spritzgussverfahren hergestellt. Der heiße und fließfähige Kunststoff wird durch die Öffnung einer Form gepresst. Thermoplaste werden dann zum Aushärten abgekühlt. Duroplaste werden hart, während sie noch warm sind. Dann wird die Form geöffnet und der Gegenstand entnommen.

Biologische Abbaubarkeit
Zersetzbarkeit eines Stoffs durch natürliche Vorgänge

Biologisch abbaubare Kunststoffe werden von bestimmten Bakterien zersetzt und verrotten. Verpackungsmaterial aus biologisch abbaubarem Kunststoff verringert die Umweltbelastung.

Wasserstoff
Kohlenstoff

Ethylenmoleküle

Polymerherstellung
Kohlenstoff- und Wasserstoffatome verbinden sich zu kurzen Ethylenmolekülen. Hunderte Ethylenmoleküle können sich in einer Kette zu einem langen Molekül des Polymers Polyethylen zusammenschließen.

Polyethylenmolekül

Vielseitige Materialien
Mittlerweile gibt es nur noch wenige Produkte, die nicht aus Kunststoffen hergestellt werden können. Kunststoffe sind vielseitige Werkstoffe, weil sie in jede gewünschte Form gebracht werden können.

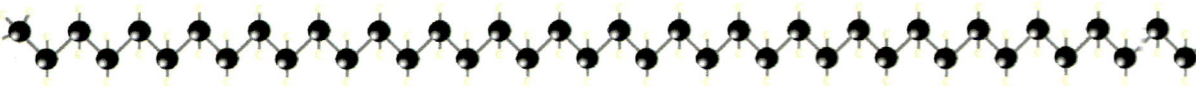

Chemische Industrie

WICHTIGE KUNSTSTOFFE

Name	Grundstoffe	Anwendungsgebiete
Acryl	Derivate der Acrylsäure	Synthetische Fasern, Farben
Bakelit	Phenol, Methan	Elektrische Installationen
Butyl-Kautschuk	Methylpropen, Methylbutadien	Luftschläuche
Kevlar	Phenylendiamin, Terephthalchlorid	Hochfeste Werkstoffe
Neopren	Chlorbutadien	Synthetischer Gummi
Nylon	Adipinsäure	Synthetische Fasern
Polyester	Organische Säuren und Alkohole	Synthetische Fasern
Polyethylen	Ethylen	Filme, Beutel, Rohre, Behälter
Polymethylmethacrylat, Acrylglas	Methylmethacrylat	Ersatzstoff für Glas
Polystyrol	Styrol (Phenylethylen)	Dämm- und Verpackungsmaterial
Polytetrafluorethylen (PTFE), Teflon	Tetrafluorethylen	Antihaftpfannen, Prothesen
Polyurethan (PU)	Isozyanate, organische Alkohole	Montageschaum, Klebstoffe
Polyvinylacetat (PVA)	Vinylacetat	Klebstoffe
Polyvinylchlorid (PVC)	Vinylchlorid (Chlorethylen)	Elektrische Isolation, wasserdichte Kleidung
Reyon	Zellulose	Synthetische Fasern
Zelluloid	Zellulosenitrat, Kampfer	Früher für Filme

Hintergrund: Bakelitradio

Silikon

Kunststoff aus Silicium

Die Moleküle der meisten Kunststoffe sind lange Ketten von Kohlenstoffatomen. Silikon enthält große Moleküle mit Ketten oder Ringen, die aus einer wechselnden Folge von Silicium- und Sauerstoffatomen bestehen. So lassen sich flüssige, feste oder gummiartige Materialien herstellen, die hitzefest, korrosionsbeständig und elektrisch isolierend sind. Silikonprodukte dienen als Schmiermittel, Farben und Beschichtungen.

Weichmacher

Zusatzstoff für Kunststoffe zur Verbesserung der Eigenschaften

Einem Kunstharz kann während der Kunststoffherstellung ein Weichmacher zugefügt werden, sodass der Kunststoff weniger spröde und besser formbar wird.

Kunststofffahrrad
Chris Boardman, der Olympiasieger von 1992 im 4000-Meter-Radsprint, fuhr mit einem revolutionären Rad aus Kohlenstofffaser-Kunststoff zum Sieg. Der Rahmen und die Räder waren jeweils aus einem Stück geformt.

Laminat

Dünne Schichten von Kunststoff und anderen Materialien

Dünne, miteinander verklebte Lagen von Materialien wie Kunststoff und Holz können sehr fest sein. Schichten von Glas und transparentem Kunststoff bilden ein sehr zähes Laminat, das für Windschutzscheiben in Autos verwendet wird. **Verbundwerkstoffe** sind sehr feste leichte Materialien aus verschiedenen Schichten unterschiedlicher Werkstoffe, insbesondere verstärkter Kunststoffe. Sie lassen sich leicht in gebogenen Formen herstellen.

Verstärkter Kunststoff

Mit Fasern gefüllter Kunststoff

Verstärkte Kunststoffe enthalten dünne Fasern aus Glas oder Kohlenstoff, die sehr reißfest sind. So entstehen stabile und korrosionsbeständige Werkstoffe, die teilweise sogar Metalle ersetzen können. **Kohlenstofffasern** erhält man durch die Verbrennung synthetischer Fasern.

Kohle und Öl

Unsere Energieversorgung hängt stark von Kohle und Rohöl ab. Diese Bodenschätze werden zur Herstellung von Treibstoff verwendet und in Kraftwerken verbrannt. Kohle und Öl sind auch Ausgangsstoffe für synthetische Produkte des täglichen Bedarfs.

Fossiler Brennstoff
Brennbares Material, das aus den fossilen Überresten von Tieren und Pflanzen entsteht

Kohle, Erdgas und aus Erdöl gewonnene Treibstoffe sind die fossilen Brennstoffe. Sie sind das Zerfallsprodukt von Pflanzen und Tieren, die vor Millionen Jahren lebten. In wenigen Jahrhunderten sind die Lagerstätten fossiler Brennstoffe vermutlich aufgebraucht, sodass ein sparsamer Umgang damit wichtig ist.

Erdgas
Unterirdisch vorkommendes Gas, das als Brennstoff dient

Erdgas besteht hauptsächlich aus Methan und ist oft in Erdöllagerstätten zu finden. Das Gas wird über Rohre an die Erdoberfläche gefördert und in die Städte geleitet. Dort dient es als Brennstoff zum Kochen und Heizen. Erdgas liefert außerdem Propan und Butan, die zum Einsatz als Brennstoffe in Behälter gefüllt werden. Außerdem enthält es das leichte Gas Helium, das zum Füllen von Ballons und Luftschiffen dient. Weiterhin werden aus Erdgas Chemikalien wie Methanol gewonnen, die für viele synthetische Produkte benötigt werden.

Kohle
Brennbares Gestein

Kohle besteht aus den abgestorbenen Überresten dichter Wälder, die vor Millionen Jahren die Erde bedeckten. Durch Wärme und Druck entstand langsam Kohle. Das Erhitzen von Kohle ohne Luft erzeugt **Koks,** der in Hochöfen zur Eisenherstellung verwendet wird. Das Erhitzen von Steinkohle liefert außerdem **Steinkohlengas,** ein Gemisch aus Wasserstoff und Methan, das früher als Brennstoff diente, sowie **Steinkohlenteer.** Diese schwarze Flüssigkeit enthält Benzol, Phenol und andere Chemikalien. Aus Steinkohlenteer wird **Pech,** ein Stoff für Straßenbeläge, gewonnen.

Kohlebergbau
In diesem Tagebau in Deutschland wird die Kohle von oben ausgegraben. Die meiste Kohle liegt tief im Erdinneren. Es müssen Tunnel gebohrt werden, um an die reichhaltigen Flöze zu gelangen.

Erdöl
In unterirdischen Lagerstätten vorkommende, dunkle Flüssigkeit

Das direkt aus der Erde stammende Öl heißt **Rohöl.** Es ist aus den Ablagerungen von organischen Stoffen am Grund der Urmeere vor Millionen von Jahren entstanden und besteht aus einem Gemisch vieler verschiedener Kohlenwasserstoffe. Fördertürme bringen das Erdöl an die Oberfläche. Dort wird es zu den Ölraffinerien transportiert und weiterverarbeitet. **Petrochemische Erzeugnisse** sind Chemikalien aus Erdöl. Sie werden zur Herstellung synthetischer Produkte wie Kunststoffe und Reinigungsmittel verwendet.

Bohrinseln
Heute stammt ein Großteil des Erdöls und Erdgases aus Ölfeldern unter dem Meeresboden. Unerwünschtes Gas wird abgefackelt.

Generatorgas
Aus Kohle erzeugter Gasbrennstoff

Generatorgas enthält Kohlenmonoxid, das entsteht, wenn Luft über brennenden Koks geblasen wird. Dampf anstelle von Luft ergibt **Wassergas,** das neben Kohlenmonoxid auch Wasserstoff enthält. Beide Gase dienen als Brennstoffe in der Industrie und zur Herstellung von Chemikalien

Chemische Industrie • 165

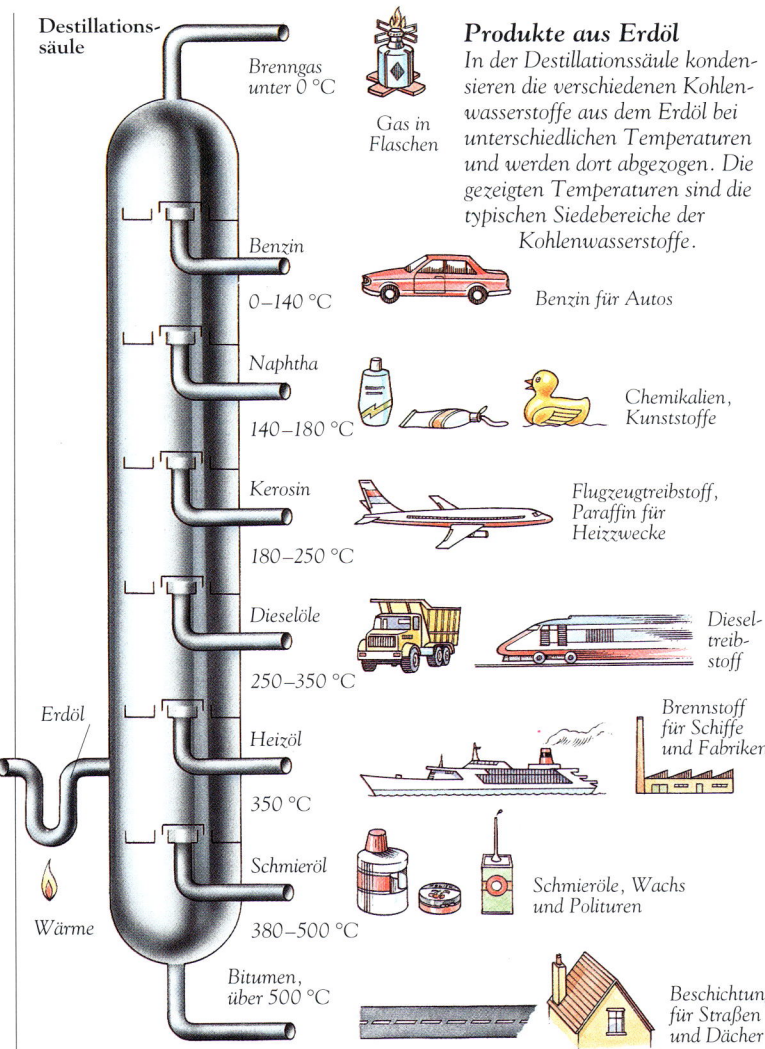

Produkte aus Erdöl
In der Destillationssäule kondensieren die verschiedenen Kohlenwasserstoffe aus dem Erdöl bei unterschiedlichen Temperaturen und werden dort abgezogen. Die gezeigten Temperaturen sind die typischen Siedebereiche der Kohlenwasserstoffe.

Erdölraffinerie
Fabrik, in der Erdöl verarbeitet wird

Erdöl besteht aus vielen verschiedenen Kohlenwasserstoff-Molekülen ■. In einer Raffinerie werden die Kohlenwasserstoffe durch die fraktionierte Destillation ■ in **Benzin** und andere Produkte getrennt. Dazu wird das Öl erhitzt und teilweise in Dampf umgewandelt, der dann in der Destillationssäule nach oben steigt und sich abkühlt. Die verschiedenen Kohlenwasserstoffe im Öldampf kondensieren in unterschiedlichen Höhen und werden dort abgezogen. Zuerst kondensieren diejenigen mit langen Molekülen und hohen Siedepunkten. Weiter oben kondensieren dann Kohlenwasserstoffe mit kürzeren Molekülen und niedrigeren Siedepunkten. Leichte Produkte wie Benzin werden weit oben in der Säule abgezogen, schwerere Produkte wie **Dieselöl** und Heizöl werden weiter unten entnommen. Die schwersten Kohlenwasserstoffe wie **Bitumen** verbleiben am Boden.

Kracken
Prozess zur Herstellung leichter Kohlenwasserstoffe

Durch Kracken gewinnt man in Ölraffinerien mehr Benzin aus dem Erdöl. Beim Kracken werden die Öle sehr hoch erhitzt oder mit einem Katalysator ■ behandelt. Die aus langen Molekülen bestehenden schwersten Kohlenwasserstoffe werden dabei aufgebrochen oder »gekrackt«, um Benzin mit kürzeren Molekülen und geringerer Dichte zu erzeugen.

Holzkohle
Eine Form des Kohlenstoffs

Beim Erhitzen von Holz ohne Luftzufuhr entsteht Holzkohle, die fast reiner Kohlenstoff ist. Sie ist ein guter Brennstoff für Gartengrills.

Teeröl
Flüssigkeit für den Holzschutz

Teeröl wird aus Steinkohlenteer oder aus Gasen hergestellt, die bei der Holzkohlegewinnung anfallen. Es enthält Phenol und Kresol (Methylphenol).

Reinigungsbenzin
Flüssiges Lösungsmittel

Reinigungsbenzin ist ein Gemisch von aus Erdöl gewonnenen Kohlenwasserstoffen. Es wird für Lacke und Farben verwendet sowie zur Reinigung von Pinseln.

Spiritus
Flüssiger Brennstoff

Spiritus oder **denaturierter Alkohol** ist ein Gemisch aus Ethanol und Methanol mit einem zugesetzten Farbstoff. Spiritus dient auch als Lösungsmittel.

Siehe auch
Fraktionierte Destillation 27
Hochofen 168 • Katalysator 145
Kohlenwasserstoff 153
Kunststoffe 162 • Molekül 138
Reinigungsmittel 161

Metalle

Seit der Vorgeschichte spielen Metalle eine bedeutende Rolle für die Entwicklung der Zivilisation. Die Gewinnung und die Bearbeitung von Metallen ist eine Schlüsselindustrie, weil keine anderen Werkstoffe so fest und zugleich leicht formbar sind.

Kupferdraht
Kupferrohr

Münzen
In einer Schmiedepresse erhalten die Münzen ihre Form und Prägung.

Schmieden
Metall in Form schlagen oder pressen

Eine Schmiedepresse zwängt einen rotglühenden Metallblock in eine Form, das Gesenk. Das Metall nimmt dessen Form an. Geschmiedete Objekte sind meist sehr fest.

Metallurgie
Erforschung der Metalle

Metalle ■ sind metallische Elemente ■ wie Eisen und Aluminium, die meist in Erzen ■ vorkommen. Die Metallurgie erforscht die Extraktion von Metallen aus ihren Erzen, die Verbindung von Metallen in Legierungen und deren Eigenschaften. **Metallermüdung** tritt auf, wenn Material ständig von wechselnden Kräften beansprucht wird. Flugzeuge werden deshalb regelmäßig auf Risse untersucht.

Extrudieren
Pressen von Material in Strangform

Bei der Extrusion wird heißes Metall durch eine Öffnung in einer Strangpressform gedrückt. Das austretende Metall hat die Form eines Stabes oder Rohres. Die Form der Öffnung bestimmt die Querschnittsform des Stabes oder Rohres. **Draht** ist ein Metallfaden, der dadurch entsteht, das ein Stab durch immer kleinere Löcher gezwängt wird.

Siehe auch
Element 132 • Erz 150 • Hochofen 168
Metall 132 • Nichtmetall 132
Schmelzpunkt 24

Verhüttung
Erhitzung von Erz zur Metallgewinnung

Erz ist eine Verbindung eines Metalls mit einem oder mehreren Nichtmetallen ■ wie Sauerstoff oder Schwefel. Die Verhüttung entfernt das Nichtmetall aus dem Erz. Bleierz, genannt Bleiglanz, besteht aus der Verbindung Bleisulfid. Bei Erhitzung verbindet sich der Schwefel mit Sauerstoff aus der Luft und es bleibt Blei übrig. Erze werden oft mit Kohlenstoff erhitzt, um den Sauerstoff zu entfernen. Ein Hochofen ■ erzeugt so Eisen. Während der Verhüttung wird oft ein **Flussmittel** zugefügt, das Verunreinigungen entfernt.

Schweißen
Verbindung von Metallen durch Erhitzung

Ein Schweißbrenner erhitzt die Enden zweier Metallobjekte, sodass die Metalle schmelzen und ineinander fließen. An der Verbindungsstelle wird zusätzliches Metall zugefügt, das bei der Abkühlung erhärtet. Beim **Autogenschweißen** verbrennt Acetylen mit Sauerstoff in einer sehr heißen Flamme. Beim **Lichtbogenschweißen** wird die Verbindungsstelle durch einen starken elektrischen Funken, einen Lichtbogen, erhitzt. Zum **Weichlöten** verwendet man Lötzinn als spezielle Legierung mit niedrigem Schmelzpunkt ■.

Legierung
Verbindung von Metall mit anderen Metallen oder Nichtmetallen

Die Mischung eines Metalls mit einem anderen Metall oder mit einem Nichtmetall wie Kohlenstoff nennt man Legierung. Solche Verbindungen sind häufig härter, zäher oder korrosionsbeständiger als die Ausgangsstoffe.

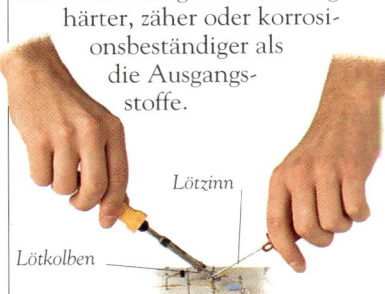
Lötzinn
Lötkolben

Weichlöten
Zur Verbindung elektrischer Bauelemente wird häufig Lötzinn verwendet, eine Legierung aus Zinn und Blei.

Tempern
Behandlung eines Metalls zur Steigerung der Festigkeit

Metall kann bei Beanspruchung verbiegen oder brechen. Wenn das Metall vor der Formgebung getempert wurde, ist es härter und fester. Dazu wird das Metall zuerst erhitzt und dann in Öl oder Wasser schnell abgekühlt. Anschließend wird es erneut erhitzt, aber langsam abgekühlt. Dieses Verfahren wird auch als **Anlassen** bezeichnet.

Gießen

Formgebung für Metalle

Mit Gießverfahren lassen sich einfache Blöcke oder kompliziert geformte Figuren herstellen. Geschmolzenes Metall wird in eine Form gegossen, in der es abkühlt und fest wird. Dann wird das Objekt aus der Form genommen. Im **Stranggussverfahren** fließt geschmolzenes Metall durch eine Kühlkammer und wird zwischen Walzen gepresst. So entsteht ein fortlaufendes Metallband. Auch Glas und Kunststoffe werden mit Gussverfahren geformt.

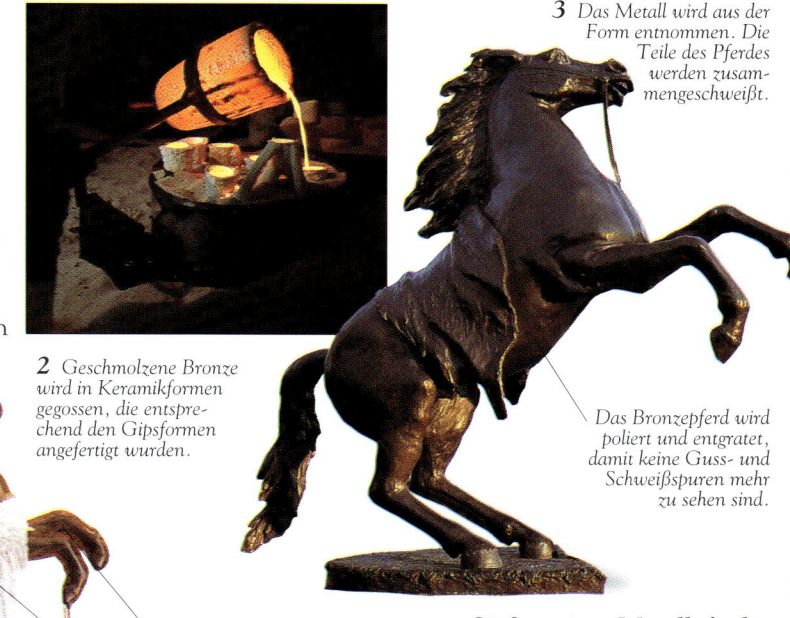

1 Zuerst wird eine Tonskulptur gefertigt. Nach dem Trocknen werden von verschiedenen Teilen des Pferdes Hohlformen gemacht.

2 Geschmolzene Bronze wird in Keramikformen gegossen, die entsprechend den Gipsformen angefertigt wurden.

3 Das Metall wird aus der Form entnommen. Die Teile des Pferdes werden zusammengeschweißt.

Tonskulptur
Gipsform

Das Bronzepferd wird poliert und entgratet, damit keine Guss- und Schweißspuren mehr zu sehen sind.

Gießen eines Metallpferdes
Im einfachsten Fall erfordert der Guss die Anfertigung einer Form, in die dann geschmolzenes Metall gegossen wird. Oft ist die Gestalt jedoch so komplex, dass die Gussformen mehrteilig sein müssen.

WICHTIGE LEGIERUNGEN

Name	Hauptbestandteile	Eigenschaften	Verwendung
Alnico	Aluminium, Eisen, Kobalt, Nickel	Stark magnetisch	Permanentmagnet
Babbitt-Metall	Antimon, Kupfer, Zinn	Hart und fest	Lager
Bronze	Kupfer, Zinn	Korrosions- und verschleißbeständig	Statuen, Lager
Chromstahl (Edelstahl)	Chrom, Eisen, Kohlenstoff	Korrosionsbeständig	(Chirurgisches) Besteck, industrielle Teile
Duraluminium	Aluminium, Kupfer	Fest und leicht	Fahrräder, Flugzeuge
Glockenbronze	Kupfer, Zinn	Klangvoll	Glocken
Invar	Eisen, Nickel	Geringe Wärmedehnung	Uhren, Thermostate
Konstantan	Kupfer, Nickel	Gleich bleibender elektrischer Widerstand	Elektrische Bauelemente
Kupfernickel	Kupfer, Nickel	Langlebig	Münzen
Lötzinn	Blei, Zinn	Niedriger Schmelzpunkt	Verbindung von Metallen
Magnalium	Aluminium, Magnesium	Fest und leicht	Flugzeuge
Malergold	Kupfer, Zink, Zinn	Goldfarben	Möbeldekoration
Messing	Kupfer, Zink	Leicht formbar	Musikinstrumente, Schrauben, Gussstücke
Mischmetall	Cer, Eisen, Lanthan	Entzündlich	Feuerzeuge
Monelmetall	Kupfer, Nickel	Hart und langlebig	Chemische Instrumente
Neusilber	Kupfer, Nickel, Zink	Silberfarben	Schmuck
Nichrom	Chrom, Nickel	Hitzebeständig	Elektrische Drähte
Osmiridium	Iridium, Osmium	Korrosionsbeständig	Schreibfedern
Permalloy	Eisen, Nickel	Stark magnetisch	Elektrische Geräte
Pewter	Blei, Zinn	Relativ weich	Geschirr
Rotguss	Kupfer, Zink, Zinn	Zäh und korrosionsbeständig	Lager, Zahnräder
Sterlingsilber	Kupfer, Silber	Härter als reines Silber	Schmuck
Wood'sches Metall	Bismut, Blei, Cadmium, Zinn	Schmilzt bei 70 °C	Brandmelder

Hintergrund: Autorad aus einer Legierung

Eisen und Stahl

Riesige Schiffe und Wolkenkratzer werden ebenso aus Stahl hergestellt wie winzige Stecknadeln. Für diesen harten und festen Werkstoff gibt es tausende von Einsatzmöglichkeiten.

Stahl
Legierung aus Eisen und Kohlenstoff

Eisen ist ein festes Metall. Durch Zugabe von 0,1 % bis 1,5 % Kohlenstoff erhält man Stahl, der noch härter und fester ist. Mit einer Wärmebehandlung wie dem Tempern ■ können die Eigenschaften weiter verbessert werden. Stahl wird für Maschinenteile, Werkzeuge und Tragelemente von Bauwerken verwendet. Rostfreier **Edelstahl** entsteht durch Beimischung von Chrom.

Das Innere eines Hochofens
Eisenerz, Koks und Kalkstein werden gemischt und zu Sinterklumpen verarbeitet, die dann mit einem Förderband von oben in den Hochofen gefüllt werden.

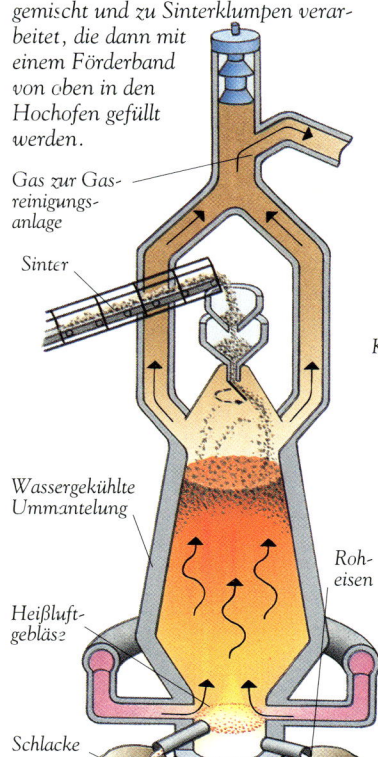

Gas zur Gasreinigungsanlage
Sinter
Wassergekühlte Ummantelung
Heißluftgebläse
Schlacke
Roheisen

Hochofen
Hoher Ofen, in dem Eisen aus Eisenerz gewonnen wird

Eisenerz, Koks und Kalkstein werden von oben in den Hochofen eingefüllt. Heiße Luft bläst durch den Ofen nach oben und erhitzt die absinkenden Stoffe. In der Hitze verbindet sich Kohlenstoff aus dem Koks mit Sauerstoff aus dem Erz zu Kohlendioxid. Das Kohlendioxid entweicht, es bleibt geschmolzenes Eisen zurück. Der Kalkstein verbindet sich mit Verunreinigungen im Erz zu **Schlacke,** die auf dem flüssigen Eisen schwimmt und entfernt wird. Der Hochofen erzeugt **Roheisen** mit einem hohen Anteil an Kohlenstoff. Durch Zugabe von Stahlschrott bildet sich sprödes **Gusseisen.** Nach Entfernung des Kohlenstoffs entsteht **Schmiedeeisen,** das für verzierte Tore, Gitter und Geländer verwendet wird.

Stahlherstellung
Sauerstoffkonverter wandeln bis zu 350 Tonnen heißes Metall in etwa 40 Minuten in Stahl um.

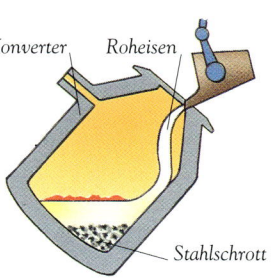

Konverter, Roheisen
Stahlschrott

1 Das Roheisen wird in den Konverter gegossen.

Stahlkonverter
Großer Ofen zur Stahlerzeugung

Das Roheisen kommt aus dem Hochofen in den Stahlkonverter, der das Eisen so weit erhitzt, dass ein Teil des Kohlenstoffs darin verbrennt und der richtige Anteil Kohlenstoff im Stahl übrig bleibt. Im Konverter lässt sich Stahlschrott recyceln. Ein **Sauerstoffkonverter** ist ein riesiger Behälter mit geschmolzenem Eisen, über das Sauerstoff geblasen wird, um den Kohlenstoff zu entfernen. Ein **Bessemerkonverter** bläst Luft durch das Roheisen. Ein **Siemens-Martin-Ofen** bläst Luft über das Roheisen. Ein **Lichtbogenofen** erzeugt Stahl durch die elektrische Erhitzung von Stahlschrott.

Galvanisieren
Beschichtung von Eisen oder Stahl mit Zink

Eine Zinkbeschichtung verhindert Korrosion. Der Luftsauerstoff reagiert eher mit Zink als mit Eisen, sodass eine Schutzschicht aus Zinkverbindungen entsteht. Zum Galvanisieren wird Eisen oder Stahl zuerst in eine Säure und dann in ein Bad aus geschmolzenem Zink getaucht oder durch Elektrolyse ■ behandelt.

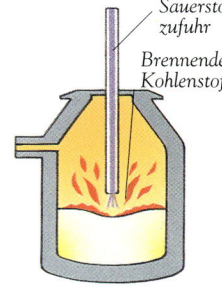

Sauerstoffzufuhr
Brennender Kohlenstoff

2 Sauerstoff wird mit hohem Druck auf das Metall geblasen.

Rückstand
Raffinierstahl
Transportbehälter

3 Der Raffinierstahl wird ausgegossen.

Siehe auch
Elektrolyse 148 • Koks 164
Tempern 166

Mathematik

Die verschiedenen Zweige der Mathematik vermitteln uns das Verständnis für Formen und den Umgang mit Zahlen. Mithilfe der Mathematik bauen wir funktionierende Maschinen und erdbebensichere Gebäude. Auch Computer arbeiten nach den Regeln der Mathematik.

MATHEMATISCHE SYMBOLE

Symbol	Bedeutung	Beispiel
=	gleich	$7 = 4 + 3$
≠	ungleich	$7 \neq 4 + 2$
+	addieren (plus)	$8 + 6 = 14$
−	subtrahieren (minus)	$9 - 6 = 3$
−	minus (negative Zahlen)	$4 - 6 = -2$
·	multiplizieren (mal)	$3 \cdot 5 = 15$
:	dividieren (geteilt durch)	$8 : 2 = 4$
<	kleiner als	$5 < 9$
≤	kleiner gleich	$9 \leq 9$ und $11 \leq 13$
>	größer als	$8 > 3$
≥	größer gleich	$3 \geq 3$ und $9 \geq 5$
x^2	zum Quadrat	$4^2 = 16$
√	Quadratwurzel aus	$\sqrt{16} = 4$
~	proportional zu	$x \sim y$ (wenn $x = 1, 2, 3 ...$ und $y = 3, 6, 9 ...$)
∞	unendlich	

Hintergrund: Ein Abakus

Taschenrechner

Gerät, das mathematische Berechnungen ausführt

Über die Zifferntasten eines Taschenrechners werden Zahlen eingegeben. Auf anderen Tasten befinden sich Symbole für die verschiedenen Berechnungen, beispielsweise für Addition oder Multiplikation. Das Ergebnis erscheint auf der Anzeige. Ein integrierter Schaltkreis im Taschenrechner führt die Berechnungen schneller aus, als es auf Papier möglich wäre. Einige Taschenrechner sind für aufwändigere Berechnungen programmierbar wie ein Computer. Ein **Abakus** ist ein vor etwa 5000 Jahren erfundener einfacher Rechner, der in einigen Ländern heute noch verwendet wird. Mehrere Reihen von verschiebbaren Kugeln oder Ringen stellen Einer, Zehner, Hunderter usw. dar.

Winkelmesser

Gerät zum Messen von Winkeln

Um den Winkel zwischen zwei sich schneidenden Linien zu messen, legt man die Grundlinie des Winkelmessers so auf eine der Linien, dass die Mitte der Grundlinie auf dem Schnittpunkt liegt. Der Winkel ist nun auf einer Skala ablesbar.

Zirkel

Gerät zum Zeichnen eines Kreises

Mit einem Zirkel kann man exakte Kreise verschiedener Größe zeichnen. Zuerst wird mit einem Lineal der gewünschte Abstand zwischen Nadel und Stift eingestellt. Dann drückt man die Nadel in das Papier und dreht den Zirkel. Der Durchmesser des Kreises ist doppelt so groß wie der Abstand zwischen Nadel und Stift.

Zeichendreieck

Gerät zum Zeichnen einfacher Formen

Die Kanten eines Zeichendreiecks haben bestimmte Winkel zueinander. Man zeichnet damit exakte Quadrate, Rechtecke und Dreiecke.

Mathematisches Werkzeug
Mit Zirkeln und Zeichendreiecken lassen sich exakte Figuren wie Kreise, Rechtecke und Dreiecke zeichnen.

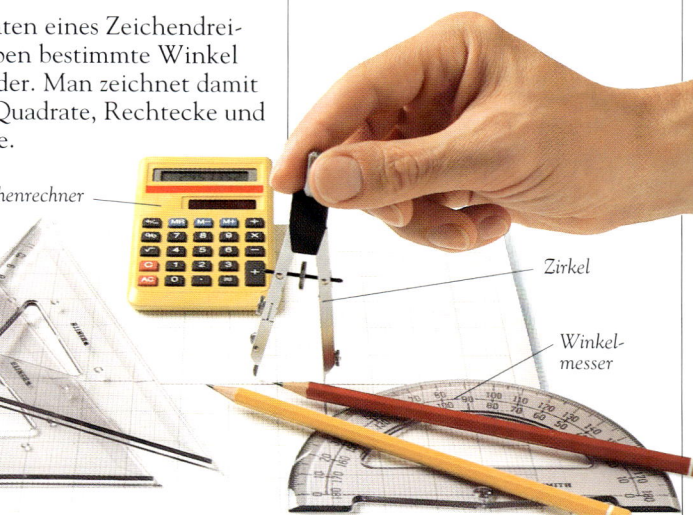

Taschenrechner — Zeichendreieck — Zirkel — Winkelmesser

Zahlen

Praktische Verfahren zum Zählen und Darstellen von Mengen waren für die menschliche Kultur schon immer sehr wichtig. Heute nutzen wir überwiegend das System der Dezimalzahlen.

Zahl
Zeichen zur Darstellung einer Größe

Eine geschriebene Zahl besteht aus **Ziffern,** beispielsweise aus den Symbolen 5, 0, 2 und 7. Eine **positive Zahl** ist eine Zahl größer als Null wie etwa die 6. Eine **negative Zahl** wie –6 ist kleiner als Null. Ganze Zahlen größer als Null sind natürliche Zahlen. Ganze Zahlen größer als eins, die ohne Rest nur durch eins und sich selbst teilbar sind, heißen **Primzahlen** (2, 3, 5, 7, 11, 13 usw.) Die **Zahlenbasis** ist die Zahl, auf der ein Zahlensystem basiert. Das Dezimalsystem hat die Basis 10, das Binärsystem die Basis 2.

Binärzahl
Zahl aus den Ziffern 0 und 1

Jeder Stelle einer Binärzahl ist eine Potenz der Basiszahl 2 zugeordnet. Die Wertigkeit der Stellen verdoppelt sich von rechts nach links.

Das Binärsystem
Die Glühlampen stellen von links nach rechts die Werte acht, vier, zwei und eins dar. Die Binärzahl 1101 hat somit den Dezimalwert 13 (8 + 4 + 0 + 1). Die Binärzahl 1011 hat den Dezimalwert 11 (8 + 0 + 2 + 1).

Dezimalzahl
Zahl aus den zehn Ziffern 0 bis 9

Im Dezimalsystem verzehnfacht sich die Wertigkeit der Stellen von rechts nach links. Das Komma als **Dezimalzeichen** zeigt an, welche Ziffern einen Wert kleiner als eins darstellen. Die Ziffern nach dem Komma heißen **Dezimalstellen.** Eine **periodische Dezimalzahl** enthält eine oder mehrere Ziffern, die sich unendlich oft wiederholen, wie in 0,1666666… (ein Sechstel). Eine **gerundete Zahl** ist eine angenäherte Zahl.

Bruch
Darstellung einer Zahl als Division zweier Zahlen

Zwei Drittel ($\frac{2}{3}$ oder 2/3) ist ein Bruch. Die obere Zahl (2) ist der **Zähler** und die untere Zahl (3) der **Nenner**. In einem echten Bruch ist der Zähler kleiner als der Nenner, in einem **unechten Bruch** ist der Zähler größer als der Nenner, wie etwa bei 22/7. Eine **gemischte Zahl** wie $2\frac{1}{2}$ besteht aus einer ganzen Zahl und einem Bruch.

Rationale Zahl
Eine ganze Zahl oder ein Bruch ganzer Zahlen

125, –6, 24/88 und –33/5 sind rationale Zahlen. Eine **irrationale Zahl** ist eine Zahl, die sich nicht durch die Division zweier ganzer Zahlen darstellen lässt. In der Dezimalschreibweise besitzt sie unendlich viele Stellen. Die Quadratwurzel aus 2 ist zum Beispiel 1,41421356237309…

Quadrieren
Zahl mit sich selbst multiplizieren

Die Zahl 5 ergibt quadriert 25. Die **Quadratwurzel** ($\sqrt{\ }$) einer Zahl ist diejenige Zahl, die quadriert den Ausgangswert ergibt. Die Quadratwurzel von 36 ist 6.

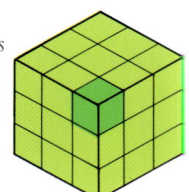

Der Würfel
An jeder Kante dieses Würfels liegen 3 Blöcke, sodass er insgesamt 3 · 3 · 3 = 27 Blöcke enthält.

Kubus
Zweimal mit sich selbst multiplizierte Zahl

Der Kubus von 2 entspricht 2^3, (2 · 2 · 2) oder 8. Die **Kubikwurzel** ($\sqrt[3]{\ }$) einer Zahl ist diejenige Zahl, deren Kubus den Ausgangswert ergibt. Die Kubikwurzel von 27 ist 3.

Potenz
Angabe, wie oft eine Zahl mit sich selbst multipliziert wird

Die dritte Potenz von 10 ist 10 · 10 · 10 = 1000 oder 10^3. Der **Exponent** ist die Zahl der Potenz (in diesem Fall 3). In **wissenschaftlicher Schreibweise** wird eine Zahl als Multiplikation mit einer Potenz von 10 dargestellt. Zum Beispiel wird 434 000 als $4{,}34 \cdot 10^5$ geschrieben. Kleine Zahlen haben negative Potenzen: $4{,}34 \cdot 10^{-5} = 0{,}0000434$.

Kehrwert
Division von 1 durch eine Zahl

Der Kehrwert von 7 ist 1/7. Der Kehrwert eines Bruchs ist der auf den Kopf gestellte Bruch.

Unendlich
Nicht darstellbare Größe

In einer unendlichen Menge gibt es zu jeder Zahl eine größere Zahl.

Arithmetik und Algebra

In der Arithmetik befasst man sich mit bestimmten oder allgemeinen Zahlen. In der Algebra werden die Beziehungen zwischen mathematischen Größen mit Symbolen dargestellt.

Arithmetik

Addition, Subtraktion, Multiplikation und Division von Zahlen

Eine **Summe** mehrerer Zahlen ist das Ergebnis ihrer Addition. 15 ist zum Beispiel die Summe von 7 und 8. Ein **Produkt** ist das Ergebnis der Multiplikation von Zahlen, so ist etwa 15 das Produkt aus 3 und 5. **Vielfache** sind Zahlen, die sich durch Multiplikation einer Zahl mit einer anderen ergeben. Die Zahlen 8, 12 und 16 sind Vielfache von 4. Ein **Quotient** ist das ganzzahlige Ergebnis einer Division, der **Rest** ist der verbleibende Betrag (7 : 3 = 2 Rest 1).

Zahlenfolge

Eine Zahlenmenge, in der eine bestimmte Beziehung besteht

Die Zahlen 2, 4, 6, 8, 10 usw. bilden die Folge der geraden Zahlen, weil alle Elemente Vielfache von 2 sind. In einer **arithmetischen Folge** wird von einem Element zum nächsten jeweils dieselbe Zahl addiert oder subtrahiert, wie etwa in 4, 7, 10, 13, 16 usw. (beginnend bei 4 wird jeweils 3 addiert). In einer **geometrischen Folge** ergibt sich das nächste Element jeweils durch Multiplikation oder Division mit der gleichen Zahl, wie zum Beispiel in 2, 4, 8, 16, 32 usw. (beginnend bei 2 wird jeweils mit 2 multipliziert). Die Elemente einer **Fibonacci-Folge** ergeben sich aus der Addition der zwei Vorgängerelemente, wie zum Beispiel in 1, 1, 2, 3, 5, 8, 13, 21, 34, 55 usw.

Magisches Quadrat

Zahlenanordnung, in der die Addition der Spalten, Zeilen und Diagonalen gleiche Summen ergibt

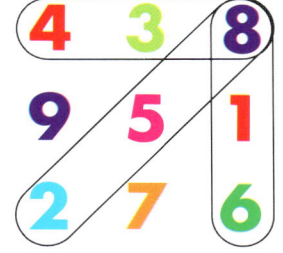

Magisches Quadrat
Die Addition dreier beliebiger Zahlen auf einer Geraden ergibt immer 15.

Klammern

Gruppierende Symbole

In der Arithmetik umschließen Klammern eine Operation, die zuerst ausgeführt werden muss. Somit gilt: $3 + (4 \cdot 2) = 3 + 8 = 11$, aber $(3 + 4) \cdot 2 = 7 \cdot 2 = 14$.

Infinitesimalrechnung

Einsatz der Algebra zur Berechnung sich ändernder Größen

Die Infinitesimalrechnung beschäftigt sich zum Beispiel mit Kurvenlinien. Man berechnet die Steigung der Linie in einem Punkt oder die Fläche unter einem Kurvenabschnitt.

Wahrscheinlichkeit

Chance, dass ein Ereignis eintritt

Die Wahrscheinlichkeit reicht von 0 (tritt nie ein) bis 1 (tritt immer ein). Beim Würfeln gilt die Wahrscheinlichkeit $1/6$, weil es sechs mögliche Ergebnisse gibt.

Prozentsatz

Darstellung eines Bruchs als eine durch 100 dividierte Zahl

$3/4$ ist gleich 75 : 100, deshalb wird $3/4$ oft als 75 Prozent (75 %) geschrieben.

Verhältnis

Vergleich zweier Zahlen oder Größen

Die Massen zweier Körper mit 10 kg und 2 kg stehen im Verhältnis 5 : 1 (5 zu 1). Zwei veränderliche Größen sind **proportional**, wenn sie immer im gleichen Verhältnis stehen.

Algebra

Berechnungen mit Buchstaben als Stellvertreter für Größen

Die Fläche eines Rechtecks ist seine Länge multipliziert mit seiner Breite. Wenn wir die Länge l und die Breite b nennen, ist die Fläche jedes Rechtecks gleich $l \cdot b$ oder lb. Die Buchstaben l und b stehen für Größen – hier für die tatsächlichen Längen der Seiten in Einheiten wie Zentimeter. l und b sind **Variablen** und können jeden Wert annehmen. Eine Berechnung mit Variablen wie lb nennt man **Ausdruck**.

Gleichung

Mathematische Aussage, dass zwei Größen oder Ausdrücke gleich sind

Angenommen, jemand trägt 9 Münzen mit den Werten 10 und 5 in seiner Tasche. Wie viele Münzen sind es von jeder Art, wenn der Gesamtwert 65 beträgt? Die Antwort lässt sich mit einer Gleichung finden. Die Anzahl der Zehnermünzen sei x, dann ist ihr Wert $10x$. Die Anzahl der Fünfermünzen ist $9 - x$ und ihr Wert ist $5(9 - x)$. Mit dem Gesamtwert 65 ergibt sich folgende Gleichung: $65 = 10x + 5(9 - x)$. Die Lösung dieser Gleichung ist $x = 4$. Es sind also vier Zehner und fünf Fünfer.

Trigonometrie

Die Höhe von Türmen oder Bergen lässt sich bestimmen, ohne die Höhe direkt zu messen. Die Trigonometrie löst solche Aufgaben mithilfe von Dreiecken.

Trigonometrie
Zweig der Mathematik, der Dreiecke untersucht

Ein rechtwinkliges Dreieck hat drei Kanten, die paarweise drei Winkel bilden. Wenn die Länge einer Kante und die Größe eines Winkels bekannt sind, können die anderen berechnet werden. Dazu nutzt man trigonometrische Verhältnisse.

Winkel
Bereich zwischen zwei Linien, die sich treffen oder schneiden

Der Winkel zwischen zwei Linien bezeichnet die Größe der Drehung, die notwendig ist, um eine Linie in die Position der anderen zu bringen. Diese Bewegung wird in Grad (°) oder Radiant gemessen. Wenn die Linien die Ecke eines Quadrats bilden, beträgt der Winkel 90° und heißt **rechter Winkel**. Ein **spitzer Winkel** ist kleiner als 90°. Ein Winkel zwischen 90° und 180° heißt **stumpfer Winkel**. Ein **überstumpfer Winkel** liegt zwischen 180° und 360°, während ein Winkel von 360° ein **Vollwinkel** ist. Ein **Raumwinkel** ist der Betrag, um den sich ein Kegel von seiner Spitze ausdehnt.

Grad (°)
Einheit für die Winkelmessung

Ein Grad wird in 60 kleinere Einheiten unterteilt, die **Bogenminuten** ('). Eine Bogenminute wird wiederum in 60 **Bogensekunden** (") unterteilt. Ein **Radiant** (rad) ist eine weitere Winkeleinheit mit der Größe 57,296° oder $^{180°}/_\pi$ (π = 3,14159).

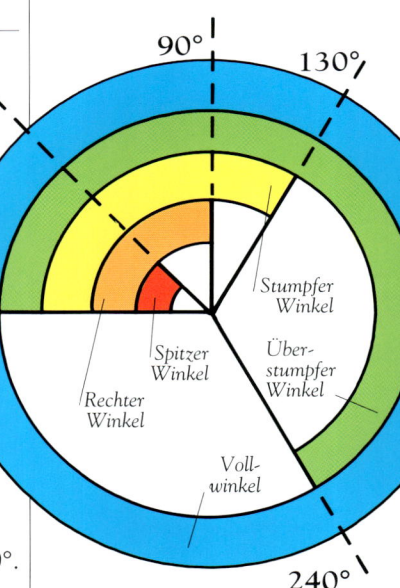

Drehung und Winkel
Zwei übereinander liegende Linien bilden den Winkel 0°. Der Winkel 45° ist ein spitzer Winkel. Nach einer Vierteldrehung ist der rechte Winkel von 90° erreicht. Der Winkel 130° ist ein stumpfer Winkel. Jeder Winkel über 180°, wie etwa 240°, ist ein überstumpfer Winkel. Nach 360° hat die Linie eine vollständige Drehung ausgeführt, sie hat einen Vollwinkel überstrichen.

Pythagoras
Griechischer Philosoph (um 570 – um 500 v. Chr.)

Pythagoras erkannte, dass alle Dinge durch mathematische Beziehungen bestimmt sind. Von ihm stammt der **Satz des Pythagoras.** Dieser sagt aus, dass das Quadrat der Hypotenusenlänge eines rechtwinkligen Dreiecks (Seite c) gleich der Summe der Quadrate der Längen der beiden anderen Seiten ist
($c^2 = a^2 + b^2$).

Trigonometrisches Verhältnis
Längenverhältnis zweier Seiten eines rechtwinkligen Dreiecks

Einer der Winkel in einem rechtwinkligen Dreieck beträgt 90°. Der **Sinus** (sin) eines Winkels ist die Länge der ihm gegenüberliegenden Seite dividiert durch die Länge der Hypotenuse (die dem rechten Winkel gegenüberliegende Seite). Der **Kosinus** (cos) eines Winkels ist die Länge der angrenzenden Seite dividiert durch die Hypotenusenlänge. Der **Tangens** (tan) ist die Länge der gegenüberliegenden Seite dividiert durch die Länge der angrenzenden Seite. **Sekans** (sec), **Kosekans** (cosec) und **Kotangens** (cot) sind die Kehrwerte von Sinus, Kosinus und Tangens.

Anwendung der Trigonometrie
Die Höhe des Turms ist gleich der Entfernung (659 m) multipliziert mit dem Tangens von 40° (0,839) = 553 m.

Siehe auch
Kehrwert 170

Geometrie

Architekten, die Bauwerke planen, und Seeleute, die ihre Fahrtroute zeichnen, wenden die Regeln der Geometrie an. Die Geometrie erklärt Punkte, Linien, Flächen und Körper.

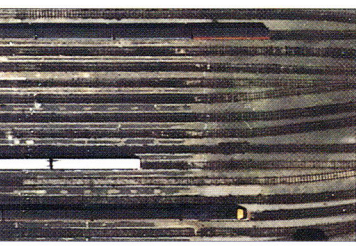

Eisenbahnschienen
Dieses Luftbild zeigt Eisenbahnschienen als parallele Linien.

Geometrie

Zweig der Mathematik, der Punkte, Linien und Formen untersucht

Ein Punkt hat eine Position im Raum ■. Er hat keine Länge, Breite oder Höhe. Eine Linie verbindet zwei oder mehr Punkte. Eine gerade Linie hat nur die Dimension Länge. Die ebene Geometrie untersucht Linien und Figuren, die sich in einer **Ebene** darstellen lassen und die zwei Dimensionen – Länge und Breite – aufweisen. Die Stereometrie untersucht **Räume** und Figuren mit drei Dimensionen.

Konvex

Nach außen gekrümmt

Die Außenseite einer Kuppel ist konvex. Die Innenseite ist **konkav**, also nach innen gekrümmt. Konvexe und konkave Linsen ■ und Spiegel ■ werden in optischen Geräten verwendet.

Konvexe Linse   Konkave Linse

Konkave und konvexe Linse
Eine konvexe Linse bündelt die Lichtstrahlen. Eine konkave Linse zerstreut die Lichtstrahlen. (Mehr über Linsen auf den Seiten 84–89.)

Natürliche Symmetrie
In der Natur kommen sehr schöne symmetrische Formen und Muster vor. Hier ein Schneekristall.

Symmetrisch

Durch Spiegelung erzeugbar

Die Buchstaben H, M, O und X sind symmetrisch. Denkt man sich in der Mitte des Buchstabens eine senkrechte Linie, die **Symmetrieachse,** dann wird jede Hälfte ein Spiegelbild der anderen. Kristalle ■ bilden symmetrische Formen.

Senkrechte

Linie, die eine andere Linie im rechten Winkel schneidet

Die beiden Linien im Buchstaben T stehen senkrecht aufeinander. Eine Senkrechte kann auch im rechten Winkel ■ auf einer ebenen Fläche stehen.

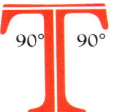

Rechter Winkel
Die Hauptlinien des Buchstabens T liegen in einem Winkel von 90° zueinander.

Parallel

Überall gleich weit voneinander entfernt

Die beiden Schienen eines Eisenbahngleises sind parallele Linien. Die Etagen eines Gebäudes bilden parallele Flächen. Parallele Linien können auch gekrümmt sein. Zum Beispiel sind zwei Kreislinien mit gleichem Mittelpunkt und verschiedenen Radien parallel.

Tangente

Gerade Linie, die eine Kurve berührt, ohne sie zu schneiden

Eine **Normale** ist eine gerade Linie, die am Berührungspunkt von Tangente und Kurve senkrecht zur Tangente steht. Eine Flächennormale steht senkrecht zu einer Fläche.

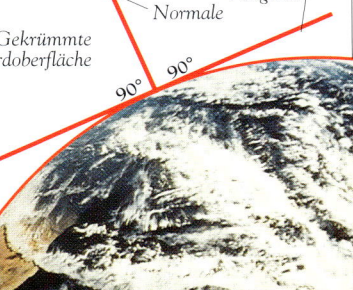

Senkrecht im Weltraum
Eine gerade Linie vom Spaceshuttle zum nächstgelegenen Punkt auf der Erde ist die Normale der Erdoberfläche an diesem Punkt. Die Linie steht außerdem im rechten Winkel auf einer Tangente an diesem Punkt.

Siehe auch
Kristall 142 • Linse 85 • Raum 46
Spiegel 84 • Winkel 172

Topologie

Erforschung der Eigenschaften ebener und räumlicher Figuren, die nicht gedrückt, gedehnt oder verdreht sind

Die Topologie betrachtet die Grundformen der Objekte. Wenn eine Figur zu einer neuen Figur geformt werden kann, ohne dabei Teilungen oder Löcher zu bilden, dann sind beide Figuren topologisch gleich. Eine Kugel ist zum Beispiel topologisch das Gleiche wie ein Würfel, aber nicht wie eine Ringform, weil eine Kugel und ein Ring nicht auseinander formbar sind. Im Gegensatz zur normalen Geometrie berücksichtigt die Topologie keine Winkel und Entfernungen, weil sich diese ändern, wenn eine Figur verformt wird. Eine ungewöhnliche Form ist das **Möbiusband,** das nur eine Kante und eine Oberfläche hat.

Der Streifen erfährt eine halbe Drehung und wird dann an den Enden zusammengeklebt.

Eine Seite ist rot, die andere weiß.

Papierstreifen

Herstellung eines Möbiusbandes
Man nimmt einen Papierstreifen, verdreht ein Ende um 180° und klebt beide Enden zusammen. Wenn das Papier auf beiden Seiten verschiedene Farben hat, ist die Form der erzeugten Figur leichter zu erkennen.

Fläche

Geometrisches Gebilde im Raum

Eine Fläche kann eben oder gekrümmt sein. Die **Oberflächengröße** ist die Größe der Hüllfläche, die eine räumliche Figur wie eine Kugel umschließt. Die Fläche wird in quadrierten Längeneinheiten wie **Quadratzentimeter** (cm^2) gemessen. Die Oberfläche lässt sich mit einer Formel berechnen, die häufig die **Grundfläche** einer Figur und ihre Höhe enthält. Die **Höhe** ist der Abstand von der Grundfläche bis zur Deckfläche der Figur.

Volumen

Rauminhalt einer räumlichen Figur

Das Volumen wird in kubierten Längeneinheiten wie **Kubikzentimeter** (cm^3) gemessen. Eine weitere Volumeneinheit ist der **Liter** (l), der dem Volumen von 1 kg Wasser bei 4 °C entspricht. Er entspricht 1000 cm^3. Ein **Milliliter** (ml) ist ein tausendstel Liter oder 1 cm^3.

Querschnitt einer Orange
Eine Orange ist kugelförmig. Jede Schnittfläche einer gerade durchgeschnittenen Orange ist ein Kreis.

Querschnitt

Ebene Figur, die entsteht, wenn man eine räumliche Figur rechtwinklig zu ihrer Höhe oder Länge schneidet

Die Schnittflächen beider Hälften einer durchgeschnittenen Kugel sind Querschnitte in der Form eines Kreises. Ein **Prisma** hat gleiche Querschnitte, wenn es irgendwo entlang seiner Länge oder Höhe geschnitten wird. Schnitte durch einen Kegel in vier verschiedenen Richtungen ergeben vier Kurven, die **Kegelschnitte.** Die Kurven sind ein **Kreis,** eine **Ellipse,** eine **Parabel** und eine **Hyperbel.**

GEOMETRISCHE FORMELN

Flächenformeln

Quadrat	l^2	l = Länge
Rechteck	bh	b = Breite
Dreieck	bh/2	h = Höhe
Kreis	πr^2	r = Radius
Kugel	$4\pi r^2$	d = Durchmesser
Zylinder (ohne Endfläche)	πdh	π = Pi (3,14159)

Volumenformeln

Würfel	l^3
Quader	lbh
Kugel	$\tfrac{4}{3}\pi r^3$
Zylinder	$\pi r^2 h$

Durchmesser 18 cm
Der Dosenradius ist der halbe Durchmesser.
Höhe 23 cm

Formeln verwenden
Das Dosenvolumen beträgt $\pi r^2 h$ oder $3{,}14159 \cdot 9^2 \cdot 23 = 5853$ cm^3. Die gekrümmte Oberfläche des Dosenmantels ist πdh oder $3{,}14159 \cdot 18 \cdot 23 = 1301$ cm^2. Zur gesamten Oberfläche gehören die Kreisflächen an Boden und Deckel.

◂ *Fortsetzung von vorheriger Seite*

Ortskurve

Geometrischer Ort

Bewegt man einen Punkt nach einer bestimmten Regel, entsteht eine Kurve. Ein Kreis ist die Ortskurve aller Punkte, die von einem zweiten Punkt gleich weit entfernt sind.

Eine Ortskurve zeichnen
Ein Kreis mit einem Radius von 5 Zentimeter ergibt die Ortskurve aller Punkte, die 5 Zentimeter vom Mittelpunkt des Kreises entfernt sind.

Transformation

Veränderung der Form einer ebenen oder räumlichen Figur

Durch die Bewegung, Vergrößerung, Verkleinerung oder Spiegelung einer Figur entsteht eine Transformation dieser Figur. Eine **Spiegelung** ist ein auf der anderen Seite einer Spiegellinie gezeichnetes Spiegelbild der Figur. Eine **Drehung** ist eine Transformation, bei der sich eine Figur um einen Punkt oder eine Linie dreht. Eine **Verschiebung** ist eine geradlinige Bewegung der Figur. Eine **Vergrößerung** ist eine Größenzunahme der Figur, bei der alle Dimensionen im gleichen Verhältnis wachsen. Eine in verschiedenen Richtungen unterschiedlich stark vergrößerte Figur erfährt eine **Dehnung.**

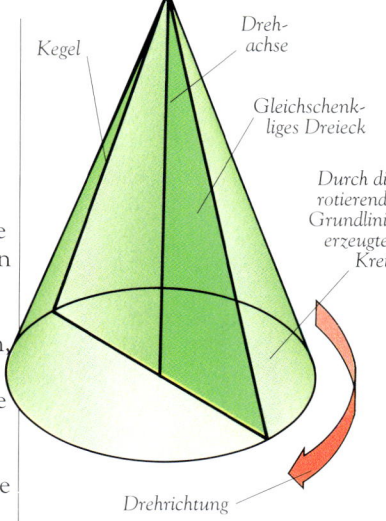

Vom Dreieck zum Kegel
Die Drehung eines gleichschenkligen Dreiecks um eine Linie von der Spitze zur Mitte der Grundlinie erzeugt einen Kegel. Diese Transformation ist eine Drehung.

KREISE UND KURVEN

Ellipse
Ovale Kurve

Radius (Plural: Radien)
Entfernung des Umfangs vom Kreismittelpunkt

Durchmesser
Linie von einer Seite eines Kreises durch den Mittelpunkt zur anderen Seite

Parabel
Eine Art offene Kurve

Hyperbel
Eine Art offene Kurve mit zwei Ästen

Kreis
Kurve, deren Punkte alle den gleichen Abstand von einem Mittelpunkt haben

Halbkreis
Die Hälfte eines Kreises

Sektor
Durch zwei Radien begrenztes Stück eines Kreises

Mittelpunkt
Punkt in der Mitte einer Form oder Figur. Der Mittelpunkt eines Kreises ist von allen Umfangspunkten gleich weit entfernt.

Segment
Teil eines Kreises zwischen einer Sehne und dem Umfang

Konzentrisch
Mit gleichem Mittelpunkt

Quadrant
Viertel eines Kreises

Bogen
Teil einer Kurve

Umfang
Länge der Linie um einen Kreis

Sehne
Gerade Linie durch zwei beliebige Punkte des Kreisumfangs

Pi (π)
Zahl, die gleich dem Quotienten aus Umfang und Durchmesser eines beliebigen Kreises ist. Der Wert von π beträgt etwa 3,14159.

Fortsetzung nächste Seite ▶

Ebene und Räumliche Figuren

Ebene Figuren

Polygon
Ebene Figur mit drei oder mehr geraden Seiten (Vieleck)

Regelmäßiges Polygon
Polygon mit gleich langen Seiten

Diagonale
Linie zwischen zwei nicht benachbarten Ecken eines Polygons

Dreieck
Polygon mit drei Seiten

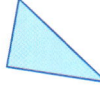

Gleichseitiges Dreieck
Dreieck mit drei gleichen Seiten

Gleichschenkliges Dreieck
Dreieck mit zwei gleichen Seiten

Rechtwinkliges Dreieck
Dreieck mit rechtem Winkel zwischen zwei Seiten

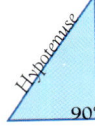

Hypotenuse
Längste Seite eines rechtwinkligen Dreiecks

Viereck
Polygon mit vier Seiten

Diagonale

Quadrat
Polygon mit vier gleichen, rechtwinkligen Seiten

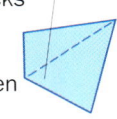

Raute
Polygon mit vier gleichen, nicht rechtwinkligen Seiten

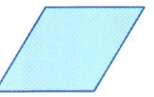

Achteck
Polygon mit acht Seiten

Rechteck
Viereck mit gleich langen gegenüberliegenden Seiten, die rechtwinklig zueinander stehen

Parallelogramm
Viereck mit gleich langen gegenüberliegenden Seiten, die nicht rechtwinklig zueinander stehen

Trapez
Viereck mit zwei parallelen Seiten

Fünfeck
Polygon mit fünf Seiten

Sechseck
Polygon mit sechs Seiten

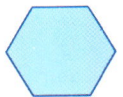

Räumliche Figuren

Polyeder
Räumliche Figur mit Polygonen als Seitenflächen

Regelmäßiges Polyeder
Polyeder, dessen Kanten alle gleich lang sind

Tetraeder
Polyeder mit vier gleichen Dreiecksflächen

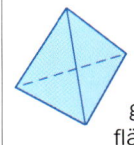

Würfel
Polyeder mit sechs gleichen Quadraten als Flächen, in dem es nur rechte Winkel gibt

Oktaeder
Polyeder mit acht Dreiecksflächen

Pyramide
Polyeder mit einem Polygon als Grundfläche und sich an der Spitze treffenden Dreiecken als Seitenflächen

Prisma
Polyeder mit dreieckigen, gleich großen Endflächen

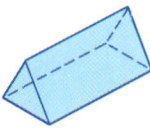

Netz
Ebene Fläche, die man zu einem Polyeder falten kann

Netz eines Würfels

Kugel
Runde Form wie ein Ball

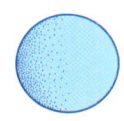

Halbkugel
Hälfte einer Kugel

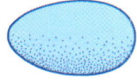

Sphäroid
Körper mit Eiform

Zylinder
Figur wie ein Stab oder Rohr

Kegel
Figur mit einem Kreis als Grundfläche und einer gekrümmten Fläche, die sich zu einer Spitze verjüngt

Torus
Figur wie ein Ring

Spirale
Figur wie eine gewendelte Feder

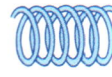

◀ *Fortsetzung von vorheriger Seite*

Abkürzungen

Viele Begriffe und Wendungen in Mathematik und Wissenschaft werden abgekürzt, um den wesentlichen Text so kurz wie möglich zu halten. Diese Tabelle enthält die wichtigsten Abkürzungen.

A	Ampere
AC	Wechselstrom
Ag	Silber
AM	Amplitudenmodulation
ASCII	American Standard Code of Information Interchange
atm	Atmosphäre
Au	Gold
b	Breite
BASIC	beginner's all purpose symbolic instruction code
Bq	Becquerel
c	Lichtgeschwindigkeit
c	Ausbreitungsgeschwindigkeit einer Welle
C	Kohlenstoff
C	Celsius
C	Coulomb
cal	Kalorie
cd	Candela
Cd	Cadmium
CD	Compact Disc
cm	Zentimeter
cm³	Kubikzentimeter
CO	Kohlenmonoxid
CO_2	Kohlendioxid
COBOL	common business oriented language
cos	Kosinus
cosec	Kosekans
cot	Kotangens
CPU	central processing unit (Zentrale Verarbeitungseinheit)
d	Durchmesser
DAT	digital audio tape (Digitaltonband)
dB	Dezibel
DC	Gleichstrom
DCC	Digitale Kompaktkassette
DDT	Dichlordiphenyltrichlorethan
DNS	Desoxyribonukleinsäure
DOS	Disk Operating System (Plattenbetriebssystem)
DRAM	dynamic random access memory (Dynamischer Speicher mit wahlfreiem Zugriff)
DTP	Desktoppublishing
EMK	Elektromotorische Kraft
EPROM	erasable programmable read only memory (Löschbarer programmierbarer Festspeicher)
eV	Elektronenvolt
F	Fahrenheit
F	Farad
F	Fluor
FCKW	Fluorchlorkohlenwasserstoff
Fe	Eisen
FM	Frequenzmodulation
g	Gramm
g	Erdbeschleunigung
GPS	global positioning system (Globales Ortungssystem)
h	Höhe
H	Wasserstoff
Hg	Quecksilber
h	Stunde
Hz	Hertz
IC	Integrierter Schaltkreis
IR	Infrarot
J	Joule
K	Kelvin
KB	Kilobyte
K	Kalium
kcal	Kilokalorie
kg	Kilogramm
kHz	Kilohertz
KI	Künstliche Intelligenz
kJ	Kilojoule
km	Kilometer
kW	Kilowatt
kWh	Kilowattstunde
l	Länge
l	Liter
LCD	Flüssigkristallanzeige
LED	Leuchtdiode
lm	Lumen
lx	Lux
m	Masse
m	Meter
mA	Milliampere
MB	Megabyte
mb	Millibar
mg	Milligramm
MHD	Magnetohydrodynamik
MHz	Megahertz
ml	Milliliter
mm	Millimeter
mm HgS	Millimeter Quecksilbersäule
mol	Mol
mV	Millivolt
MV	Megavolt
MW	Megawatt
N	Newton
N	Stickstoff
Na	Natrium
nm	Nanometer
npn	negativ-positiv-negativ
NTSC	National Television System Committee
O	Sauerstoff
OCR	Optical Character Recognition (Optische Zeichenerkennung)
OOP	Objektorientierte Programmierung
Pa	Pascal
PAL	phase alteration line
Pb	Blei
PC	Personalcomputer
pnp	positiv-negativ-positiv
PROM	programmable read only memory (Programmierbarer Festspeicher)
PS	Pferdestärke
PTFE	Polytetrafluorethen
PVA	Polyvinylacetat
PVC	Polyvinylchlorid
r	Radius
rad	Radiant
Radar	radio detection and ranging (Funkerkennung und -ortung)
RAM	random access memory (Speicher mit wahlfreiem Zugriff)
ROM	read only memory (Festspeicher)
s	Sekunde
S	Schwefel
S	Siemens
sec	Sekans
SI	Système International d'Unités
sin	Sinus
Sn	Zinn
Sonar	sound navigation and ranging (Schallnavigation und -ortung)
Sr	Strontium
SRAM	static random access memory (Statischer Speicher mit wahlfreiem Zugriff)
SSC	superconducting super collider (Supraleitender Kollisionsbeschleuniger)
Sv	Sievert
tan	Tangens
TNT	Trinitrotoluol
U-235	Uran 235
UHF	Ultrahohe Frequenz
UKW	Ultrakurzwellen
USCS	United States Costumary System
UV	Ultraviolett
V	Vanadium
V	Volt
VCR	Videorekorder
VHF	very high frequency (Sehr hohe Frequenz)
W	Wolfram
W	Watt

Pioniere der Naturwissenschaften

Maria Agnesi
Italienische Mathematikerin (1718–1799)
Forschte und schrieb umfassend über Algebra und Geometrie.

Alhazen
Ägyptischer Physiker (um 965–um 1039)
Sein Hauptinteresse galt der Optik. Er erkannte u. a., dass vom Auge Lichtstrahlen empfangen werden.

Al-Khwarizmi
Arabischer Mathematiker (um 800–um 850)
Entwickelte Methoden zur Lösung quadratischer Gleichungen.

André Marie Ampère
Französischer Physiker (1775–1836)
Erforschte den Elektromagnetismus, unterschied zwischen elektrischem Strom und Spannung. Die SI-Einheit Ampere (A) ist nach ihm benannt.

Anders Jonas Ångström
Schwedischer Physiker (1814–1874)
Erkannte, dass heiße Gase Lichtstrahlen bei denselben Wellenlängen emittieren, bei denen kalte Gase Lichtstrahlen absorbieren. Die Einheit der Lichtwellenlänge Ångström (Å) ist nach ihm benannt.

Archimedes (siehe Seite 51)

Aristoteles
Griechischer Philosoph (384–322 v. Chr.)
Begründete die experimentelle Wissenschaft und damit einen grundlegenden wissenschaftlichen Ansatz.

Svante August Arrhenius
Schwedischer Physikochemiker (1859–1927)
Entdeckte die Dissoziation der Moleküle in Ionen und vermutete, dass Kohlendioxid einen Treibhauseffekt verursacht.

Amedeo Avogadro
Italienischer Physiker (1776–1856)
Erkannte den Unterschied zwischen Molekülen und Atomen. Entdeckte, dass gleiche Gasvolumen die gleiche Teilchenzahl enthalten.

Charles Babbage (siehe Seite 119)

Leo Hendrik Baekeland
Belgisch-amerikanischer Chemiker (1863–1944)
Entdeckte das Bakelit, das erste industriell bedeutsame Polymer.

John Bardeen
Amerikanischer Physiker (1908–1991)
Erfand mit den Physikern **Walter Brattain** (1902–1987) und **William Shockley** (siehe Seite 116) den Transistor.

Antoine Henri Becquerel (siehe Seite 45)

Alexander Graham Bell (siehe Seite 128)

Daniel Bernoulli
Schweizer Physiker (1700–1782)
Der Begründer der Hydrodynamik entdeckte, dass der Druck in einem fließenden Medium bei wachsender Geschwindigkeit abnimmt.

Jakob von Berzelius (siehe Seite 135)

Henry Bessemer
Britischer Ingenieur (1813–1898)
Entwickelte ein Verfahren zur preiswerten Stahlerzeugung (das Bessemer-Verfahren). Etwa zur gleichen Zeit erfand der amerikanische Ingenieur **William Kelly** (1811–1888) ein ähnliches Verfahren.

Bhaskara Atscharja
Indischer Mathematiker (um 1114–1178)
Verfasste umfangreiche Schriften zur Arithmetik und Algebra. Konstruierte ein Rad, von dem er sich ewige Bewegung erhoffte.

Joseph Black
Britischer Chemiker (1728–1799)
Entdeckte das Kohlendioxid und erkannte die »latente Wärme« in der Materie.

Niels Bohr (siehe Seite 45)

George Boole
Britischer Mathematiker (1815–1864)
Begründete die mathematische Aussagenlogik.

Robert Boyle (siehe Seite 135)

William Henry und William Lawrence Bragg (siehe Seite 143)

Louis-Victor Prinz von Broglie
Französischer Physiker (1892–1987)
Entwickelte die Theorie des Welle-Teilchen-Dualismus der Elementarteilchen.

Robert Wilhelm Bunsen
Deutscher Chemiker (1811–1899)
Wegbereiter der Spektroskopie zur Analyse des von Elementen emittierten Lichts.

Nicolaus Carnot
Französischer Physiker (1796–1832)
Begründete die Thermodynamik durch die Theorie der Wärmekraftmaschinen.

Wallace Carothers
Amerikanischer Chemiker (1896–1937)
Entwickelte Nylon, eine synthetische Textilfaser.

Henry Cavendish (siehe Seite 135)

Anders Celsius
Schwedischer Astronom (1701–1744)
Entwickelte die 100-teilige Thermometerskala, die nach ihm benannte Celsiusskala. Er bezeichnete jedoch den Siedepunkt als Nullpunkt (0 °C) und legte den Gefrierpunkt bei 100 °C fest.

James Chadwick (siehe Seite 45)

Jacques Alexandre Charles
Französischer Physiker (1746–1823)
Erfand den mit Wasserstoff gefüllten Ballon, mit dem er 1783 in Paris aufstieg.

John Douglas Cockcroft
Britischer Atomphysiker (1897–1967)
Entwickelte mit dem irischen Physiker **Ernest Walton** (1903–1995) den Cockcroft-Walton-Generator, mit dessen Hilfe beiden 1932 die erste künstliche Kernumwandlung gelang.

Christopher Cockerell
Englischer Erfinder (1910–1999)
Erfand das Luftkissenfahrzeug.

Arthur Holly Compton
Amerikanischer Physiker (1892–1962)
Fand den ersten Beweis für die Existenz der Photonen.

Pioniere der Naturwissenschaften • 179

Charles Augustin Coulomb
Französischer Physiker (1736–1806)
Entdeckte die Druckabhängigkeit der Reibung und die Entfernungsabhängigkeit elektrostatischer Kräfte.

Marie und Pierre Curie (siehe Seite 135)

Louis Daguerre
Französischer Erfinder (1787–1851)
Einer der Erfinder der Fotografie. Entdeckte ein Verfahren zur Entwicklung und Fixierung von Bildern.

Gottlieb Daimler (siehe Seite 97)

John Dalton (siehe Seite 45)

Abraham Darby
Englischer Ingenieur (1678–1717)
Konnte erstmals erfolgreich Eisen mit Koks statt mit Holzkohle schmelzen.

Humphry Davy (siehe Seite 135)

Demokrit (siehe Seite 45)

René Descartes
Französischer Philosoph und Mathematiker (1596–1650)
Entwickelte ein Koordinatensystem für Algebra und Geometrie. Arbeitete auf dem Gebiet der Optik und entwickelte eine Theorie über die Struktur des Sonnensystems.

Paul Dirac
Englischer Physiker (1902–1984)
Trug wesentlich zum Aufbau der Quantenmechanik und -elektrodynamik bei. Sagte die Existenz der Antiteilchen für jedes Teilchen voraus.

George Eastman
Amerikanischer Erfinder (1854–1932)
Machte die Fotografie durch die Erfindung des Rollfilms und einer handlichen Kamera populär.

Thomas Alva Edison (siehe Seite 127)

Albert Einstein (siehe Seite 47)

Leo Esaki
Japanischer Physiker (*1925)
Erfand eine kleinere, schnellere Diode mit geringerem Energiebedarf als herkömmliche Dioden. Die »Tunneldiode« war eine wichtige Entwicklung der Halbleiterelektronik.

Euklid
Griechischer Mathematiker (4./3. Jahrhundert v. Chr.)
Entwickelte die Euklidische Geometrie, die bis zum 18. Jahrhundert Einfluss hatte.

Daniel Gabriel Fahrenheit
Deutscher Physiker (1686–1736)
Konstruierte die ersten Quecksilberthermometer und entwickelte die Fahrenheitskala.

Michael Faraday (siehe Seite 107)

Philo T. Farnsworth (siehe Seite 130)

Enrico Fermi (siehe Seite 45)

Reginald Fessenden (siehe Seite 129)

Richard Phillips Feynman
Amerikanischer Physiker (1918–1988)
Entwickelte die Feynman-Graphen zur mathematischen Behandlung der Quantenfeldtheorie.

John Fleming (siehe Seite 116)

Jean Foucault
Französischer Physiker (1819–1868)
Konnte erstmals die Lichtgeschwindigkeit genau messen. Veranschaulichte die Erdrotation mit einem großen Pendel und erfand das Gyroskop.

Benjamin Franklin (siehe Seite 107)

Rosalind Franklin (siehe Seite 143)

Augustin Jean Fresnel
Französischer Physiker (1788–1827)
Begründete die Wellentheorie des Lichts. Erfand die aus einer Reihe von Glasringen bestehende Fresnel-Linse. Sie bündelt das Licht in einen starken Strahl und wird in Autoscheinwerfern, Suchscheinwerfern und Leuchttürmen verwendet.

Dennis Gabor
Ungarisch-britischer Physiker (1900–1979)
Entwickelte die Holographie.

Galileo Galilei (siehe Seite 54)

Luigi Galvani (siehe Seite 107)

Johann Carl Friedrich Gauß
Deutscher Mathematiker (1777–1855)
Begründete die moderne Zahlentheorie.

Joseph Louis Gay-Lussac
Französischer Physiker und Chemiker (1778–1850)
Erforschte den Einfluss von Druck und Temperatur auf Gase.

Hans Geiger
Deutscher Physiker (1882–1945)
Entwickelte mit Ernest Rutherford einen Detektor für ionisierende Strahlung.

Murray Gell-Mann (siehe Seite 45)

Sophie Germain
Französische Mathematikerin (1776–1831)
Erforschte die Zahlentheorie und resonante Schwingungen elastischer Körper.

William Gilbert
Englischer Naturforscher (1544–1603)
Erforschte statische Elektrizität und Magnetismus und entdeckte das Erdmagnetfeld.

Robert Hutchins Goddard
Amerikanischer Physiker (1882–1945)
Konstruierte und startete die erste Flüssigkeitsrakete.

Maria Goeppert-Mayer
Deutsch-amerikanische Kernphysikerin (1906–1972)
Entwickelte mit J. H. D. Jensen das Schalenmodell des Atomkerns.

Fritz Haber
Deutscher Chemiker (1868–1934)
Entwarf das Haber-Verfahren zur Herstellung von Ammoniak aus dem Stickstoff der Luft.

Otto Hahn (siehe Seite 45)

John Harrison
Englischer Uhrmacher (1693–1776)
Erfand das Schiffschronometer.

Stephen Hawking
Englischer Physiker (*1942)
Untersuchte schwarze Löcher und erkannte, dass diese Röntgen- und Gammastrahlen aussenden.

Werner Karl Heisenberg
Deutscher Physiker (1901–1976)
Pionier der Quantenmechanik.

Hermann von Helmholtz
Deutscher Physiker (1821–1894)
Formulierte das Gesetz der Energieerhaltung.

Fortsetzung folgende Seite ▶

Pioniere der Naturwissenschaften

Joseph Henry (siehe Seite 107)

Heron von Alexandria (siehe Seite 97)

Heinrich Hertz (siehe Seite 75)

Dorothy Hodgkin (siehe Seite 143)

Robert Hooke
Englischer Physiker (1635–1703)
Entdeckte Grundgesetze der Mechanik.

Grace Hopper
Amerikanische Mathematikerin (1906–1992)
Entwickelte das Konzept der automatischen Programmierung von Computern.

Christiaan Huygens
Niederländischer Physiker und Mathematiker (1629–1695)
Verbesserte die Linsen für Fernrohre, arbeitete an der Wellentheorie des Lichts und baute die erste Penduluhr.

Hypatia
Griechische Philosophin und Mathematikerin (370–415)
Erfand ein Astrolabium zur lagemäßigen Bestimmung von Gestirnen.

Irène und Frédéric Joliot-Curie
Französische Atomphysiker (Irène 1897–1956, Frédéric 1900–1958)
Entdeckten die künstliche Radioaktivität.

James Prescott Joule (siehe Seite 70)

Lord Kelvin (siehe Seite 93)

Gustav Robert Kirchhoff
Deutscher Physiker (1824–1887)
Erfand die Spektroskopie und entdeckte Cäsium und Rubidium.

Nikolaus Kopernikus
Deutscher Astronom (1473–1543)
Definierte das heliozentrische Weltbild.

Sofja Kowalewskaja
Russische Mathematikerin (1850–1891)
Legte Grundlagen für Differenzialgleichungen.

Stephanie Kwolek
Amerikanische Chemikerin (*1923)
Entwickelte die synthetische Faser Kevlar, die leicht und dennoch fünfmal fester als Stahl ist.

Paul Langevin
Französischer Physiker (1872–1946)
Formulierte die moderne Theorie des Magnetismus, untersuchte den Ultraschall und erfand das Sonar.

Marie Lavoisier
Französische Chemikerin (1758–1836)
Erforschte mit ihrem Mann **Antoine Lavoisier** (siehe Seite 135) die Natur der Elemente.

Antoni van Leeuwenhoek
Niederländischer Naturforscher (1632–1723)
Entdeckte mit selbst gebauten Mikroskopen u. a. die Bakterien, Blutkörperchen und Infusorien.

Gottfried Wilhelm Leibniz
Deutscher Mathematiker (1646–1716)
Erfand die Infinitesimalrechnung und eine Rechenmaschine.

Jean Lenoir
Französischer Mechaniker (1822–1900)
Konstruierte den ersten betriebsfähigen, jedoch unwirtschaftlichen Gasmotor.

Justus von Liebig
Deutscher Chemiker (1803–1873)
Begründer der agrikulturchemischen Mineralstofftheorie.

Kathleen Lonsdale
Britische Kristallographin (1903–1971)
Setzte die Arbeit von William Henry und William Lawrence Bragg fort und arbeitete an organischen Kristallen.

Ada Lovelace (siehe Seite 119)

Auguste und Louis Jean Lumière
Französische Wissenschaftler (Auguste 1862–1954, Louis 1864–1948)
Schufen zahlreiche Neuerungen auf dem Gebiet der Fotografie. Louis Jean erfand unter anderem den ersten brauchbaren Kinematographen.

Theodore Maiman
Amerikanischer Physiker (*1927)
Erzeugte mit einem Rubinzylinder erstmals Laserstrahlen.

Guglielmo Marconi (siehe Seite 129)

Maria die Jüdin
Ägyptische Alchimistin (1. Jahrhundert)
Ihre Theorien waren die Grundlage für die westliche Alchimie und beeinflussten somit die Entwicklung der modernen Chemie.

James Clerk Maxwell
Englischer Physiker (1831–1879)
Entwickelte die Vorstellung von der elektromagnetischen Natur der Lichtwellen und die Theorie des elektromagnetischen Feldes. Förderte die kinetische Gastheorie.

Lise Meitner (siehe Seite 45)

Dmitrij Mendelejew (siehe Seite 135)

Samuel Morse
Amerikanischer Erfinder (1791–1872)
Entwickelte den Schreibtelegraphen mit dem Morsealphabet und errichtete die erste Telegraphenlinie.

John von Neumann (siehe Seite 119)

Thomas Newcomen
Englischer Ingenieur (1663–1729)
Baute die erste praktische Dampfmaschine.

Isaac Newton (siehe Seite 55)

Joseph Nicéphore Niepce
Französischer Erfinder (1765–1833)
Machte das erste Foto der Welt. Die Belichtungszeit betrug acht Stunden.

Alfred Nobel
Schwedischer Chemiker (1833–1896)
Erfand das Dynamit und gründete die Nobelstiftung.

Walter Noddack
Deutscher Physikochemiker (1893–1960)
Bestimmte die Häufigkeit der Elemente und entdeckte mit seiner Frau **Ida Noddack** (1896–1978) das Rhenium.

Amalie Emmy Noether
Deutsche Mathematikerin (1882–1935)
Führende Persönlichkeit bei der Entwicklung der abstrakten Algebra.

Hans Chr. Ørsted (siehe Seite 107)

Georg Simon Ohm
Deutscher Physiker (1789–1854)
Entdeckte die Beziehung zwischen Stromstärke und Spannung (das Ohm'sche Gesetz). Das Ohm (Ω) als SI-Einheit des elektrischen Widerstands ist nach ihm benannt.

Blaise Pascal (siehe Seite 52)

◀ *Fortsetzung von vorheriger Seite*

Linus Carl Pauling
Amerikanischer Chemiker
(1901–1994)
Erforschte die Molekularstruktur der Proteine und unternahm große Anstrengungen, um weitere Kernwaffentests zu verhindern.

Marguerite Perey
Französische Chemikerin (1909–1975)
Entdeckte das radioaktive Element Francium in der Zerfallsreihe des Actiniums.

Leonardo von Pisa (Fibonacci)
Italienischer Mathematiker
(um 1170–um 1250)
Führte die Dezimalzahlen in Europa ein und beschrieb die Fibonacci-Folge.

Max Planck (siehe Seite 45)

Joseph Priestley
Englischer Naturwissenschaftler
(1733–1804)
Entdeckte u. a. Ammoniak, Kohlenoxid und Sauerstoff.

Claudius Ptolemäus
Griechischer Naturforscher
(um 100–nach 160)
Entwickelte die Trigonometrie, schrieb über die Optik und stellte eine Theorie über den Aufbau des Universums auf.

Pythagoras (siehe Seite 172)

Chandrasekhara Venkata Raman
Indischer Physiker (1888–1970)
Erklärte die Lichtstreuung an Molekülen (Raman-Effekt).

William Ramsay
Britischer Chemiker (1852–1916)
Erforschte die Atmosphäre und entdeckte die Edelgase Argon, Helium, Krypton, Neon und Xenon.

Wilhelm Röntgen (siehe Seite 75)

Benjamin Thompson Rumford
Amerikanischer Physiker (1753–1814)
Erkannte, dass Wärme eine Energieform ist.

Ernst Ruska
Deutscher Physiker (1906–1988)
Entwickelte mit M. Knoll das erste Elektronenmikroskop mit magnetischer Linse.

Ernest Rutherford (siehe Seite 45)

Abdus Salam
Pakistanischer Physiker (*1926)
Erklärte die Verbindung der elektromagnetischen Kraft mit der schwachen Kernkraft.

Carl Scheele (siehe Seite 135)

Erwin Schrödinger
Österreichischer Physiker (1887–1961)
Entwickelte die Ideen von de Broglie weiter und begründete die Wellenmechanik.

Glenn Theodore Seaborg
Amerikanischer Chemiker (1912–1999)
Mitentdecker der Elemente Americium, Berkelium, Californium, Curium und Plutonium.

William Shockley (siehe Seite 116)

Frederick Soddy
Britischer Chemiker (1877–1956)
Führte den Begriff der Isotopie ein und wies mit E. Rutherford und W. Ramsay den Zerfall des Radiums in Radon und Helium nach.

Joseph Swan
Englischer Erfinder (1828–1914)
Erfand eine elektrische Glühlampe mit schlingenförmig gewundenem Kohlefaden in evakuiertem Kolben.

William Talbot
Englischer Physiker und Chemiker
(1800–1877)
Erfinder des Negativ-Positiv-Verfahrens in der Fotografie.

Nikola Tesla (siehe Seite 107)

Thales von Milet (siehe Seite 107)

Joseph John Thomson (siehe Seite 45)

Evangelista Torricelli
Italienischer Physiker (1608–1647)
Erfand das Quecksilberbarometer und wies den Luftdruck nach.

Alan Turing (siehe Seite 119)

John Venn
Englischer Mathematiker (1834–1923)
Erfinder der in Mathematik und Logik weit verbreiteten Venn-Diagramme.

Pierre Vernier
Französischer Mathematiker und Ingenieur (1580–1638)
Entwarf eine Feinteilungsskala.

Alessandro Volta (siehe Seite 107)

James Watt (siehe Seite 97)

George Westinghouse
(siehe Seite 107)

Frank Whittle (siehe Seite 97)

Charles Wilson
Schottischer Physiker (1869–1959)
Erfand die Wilson'sche Nebelkammer zum Nachweis subatomarer Teilchen.

Orville und Wilbur Wright
Amerikanische Flugzeugtechniker
(Orville 1871–1948, Wilbur 1867–1912)
Konstruierten, bauten und flogen das erste Motorflugzeug.

Chien-Shiung Wu
Chinesisch-amerikanische Physikerin (*1912)
Erforschte den radioaktiven Zerfall und machte bedeutende Entdeckungen über die Art der Emission von Betastrahlung während des Zerfalls.

Xie Xide
Chinesische Physikerin (*1921)
Erreichte bedeutende Fortschritte bei der Erforschung von Halbleitern, in der Festkörperphysik und bei der Kompression von Gasen.

Rosalyn Sussman Yalow
Amerikanische Physikerin (*1921)
Entwickelte mit S. A. Berson die Radioimmunanalyse.

Chen Ning Yang
Chinesisch-amerikanische Physikerin (*1922)
Erzielte große Fortschritte in der Erforschung der Kernphysik, insbesondere im Zusammenhang mit der schwachen Kernkraft.

Thomas Young
Britischer Physiker (1773–1829)
Entwickelte die Wellentheorie von Huygens weiter und erweiterte die Arbeit von Hooke bezüglich der Elastizität.

Hideki Yukawa
Japanischer Physiker (1907–1981)
Sagte das erst 1947 entdeckte Pion voraus.

Vladimir Zworykin
(siehe Seite 130)

Register

In diesem Register sind alle Haupteinträge und Untereinträge mit den zugehörigen Seitenzahlen zu finden. Hinter den Untereinträgen steht der Haupteintrag in Klammern. Tabelleneinträge sind mit dem kursiven Wort *Tabelle* gekennzeichnet.

A

Abakus (Taschenrechner) 169
Aberration 85
Abgeleitete SI-Einheiten *Tabelle* 14
Abhängige Variable (Variable) 12
Abkürzungen *Tabelle* 177
Ablaufdiagramm (Programm) 118
Absolute Temperatur (Temperatur) 92
Absoluter Nullpunkt 92
Absorption 26
Absorptionsspektrum 81
Abtasten (Fernsehkamera) 130
Abtastnadel (Schallplatte) 126
Aceton *Tabelle* 155
Acetylen (Alken) 153, *Tabelle* 155
Achse (Graph) 16
Achteck *Tabelle* 176
Acre *Tabelle* 15
Acryl *Tabelle* 163
Acrylglas *Tabelle* 163
Acrylharz (Kunstharz) 162
Actinium *Tabelle* 134
Additive Farbmischung 80
Adhäsion 33
Adsorption (Absorption) 26
Aerodynamik (Dynamik) 55
Aerosol *Tabelle* 29
Aggregatzustand 24
Agnesi, Maria 178
Akkumulator (Batterie) 108
Akustik 98
Akzeptor (Dotierung) 114
Alchimie 21
Algebra 171
Alhazen 178
Aliphatische Verbindung 152
Alkali (Base) 149
Alkalimetalle 136
Alkalisch (Base) 149
Alkan 153
Alken 153
Al-Khwarizmi 178
Alkine (Alken) 153
Alkohol 154
Alkylgruppe 153
Allotropie 132
Alnico *Tabelle* 167
Alphanumerische Tastatur (Tastatur) 120
Alphastrahlen (Alphateilchen) 36
Alphateilchen 36

Aluminium *Tabelle* 133, 134, 150, 167
Aluminiumoxid *Tabelle* 151
AM (Modulation) 129
Ameisensäure *Tabelle* 155
Americium *Tabelle* 134
Amino- *Tabelle* 154
Aminosäure (Carbonsäure) 154
Ammoniak *Tabelle* 151
Ammonium *Tabelle* 150
Ammoniumchlorid *Tabelle* 151
Ammoniumnitrat *Tabelle* 151
Ammoniumphosphat *Tabelle* 151
Ammoniumsulfat *Tabelle* 151
Amorph 143
Ampere *Tabelle* 14, 105
Ampère, André Marie 178
Amperemeter 106, *Tabelle* 106
Amphoter (Base) 149
Amplitude 71
Amplitudenmodulation (Modulation) 129
Analog 13
Analoge Tonaufzeichnung 126
Analoges Instrument (Analog) 13
Analyse 13
Analytische Chemie (Chemische Analyse) 156
Aneroidbarometer (Barometer) 53
Ångström, Anders Jonas 178
Anhydrisch 31
Anion (Ion) 144
Anker (Elektromotor) 112
Anlassen (Tempern) 166
Anode (Elektrolyse) 148
Anorganische Chemie (Chemie) 21, 150
Anorganische Ionen *Tabelle* 150
Anorganische Verbindung 150, *Tabelle* 151
Anschluss 105
Antenne (Rundfunk) 129
Antimaterie (Antiteilchen) 42
Antimon *Tabelle* 134, *Tabelle* 167
Antiteilchen 42
Antriebswelle (Getriebe) 67
Apparat (Labor) 12
Aräometer 23

Arbeit 22, 70
Arbeitstakt (Viertaktmotor) 96
Archimedes 51
Archimedisches Prinzip 51
Argon *Tabelle* 133, *Tabelle* 134
Aristoteles 178
Arithmetik 171
Arithmetische Folge (Zahlenfolge) 171
Armierter Beton (Zement) 158
Aromatische Verbindung 152
Arrhenius, Svante August 178
Arsen *Tabelle* 134
Arylgruppe (Alkylgruppe) 153
Assemblersprache (Programmiersprache) 118
Astat *Tabelle* 134
Astrophysik 20
Atmosphäre 53
Atom 34
Atomare Masse 34, *Tabelle* 134
Atombombe (Nuklearwaffen) 39
Atomenergie (Kernenergie) 40, 68
Atomgewicht (Atomare Masse) 34
Atomkern 35
Atommüll 40
Atomuhr 46
Audioband (Digitale Tonaufzeichnung) 126
Aufhängung 67
Aufschlämmung 28
Auftrieb (Archimedisches Prinzip) 51
Auftrieb, Kraft 51
Auftrieb, Fliegen 62
Aufwand (Einfache Maschine) 58
Ausdruck (Algebra) 171
Ausfällung 146
Ausgangsstoff (Chemische Verfahrenstechnik) 157
Auslasstakt (Viertaktmotor) 96
Auslenkung (Amplitude) 71
Auspuff 67
Ausschlussprobe (Variable) 12
Auswaschen (Extraktion) 157
Auswittern 31
Autofokus 87
Autogenschweißen (Schweißen) 166
Automatische Maschinen 61
Automatisierung 61
Autos 66
Avogadro, Amedeo 178
Avogadro-Konstante (Mol) 146

B

Babbage, Charles 119
Babbitt-Metall *Tabelle* 167
Baekeland, Leo Hendrik 178

Bakelit *Tabelle* 163
Balkendiagramm 16
Ballistik 56
Bar (Millibar) 53
Bardeen, John 178
Barium *Tabelle* 134
Barometer 53
Base 149
BASIC (Programmiersprache) 118
Basisch (Base) 149
Batterie *Tabelle* 106, 108
Batterieblock *Tabelle* 106
Baumwolle (Textilien) 160
Becquerel *Tabelle* 14, 36
Becquerel, Antoine Henri 45
Beizmittel (Farbstoff) 161
Beleuchtungsstärke 78
Belichtungsmesser 86
Bell, Alexander Graham 128
Benzin (Erdölraffinerie) 165
Benzinmotor 67
Benzol *Tabelle* 155
Beobachtung 18
Berkelium *Tabelle* 134
Bernoulli, Daniel 178
Bernoulli-Effekt (Tragfläche) 62
Beryllium *Tabelle* 134
Berzelius, Jakob von 135
Beschleuniger (Katalysator) 145
Beschleunigung 54
Bessemer, Henry 178
Bessemerkonverter (Stahlkonverter) 168
Bestrahlung 37
Betastrahlen (Betateilchen) 36
Betateilchen 36
Beton (Zement) 158
Betriebssystem 122
Beugung 79
Beugungsgitter (Beugung) 79
Bewegung 54
Bewegungsgleichungen 22
Bhaskara Atscharja 178
Bicarbonat *Tabelle* 150
Bildplatte (Video) 131
Bimetallstreifen 92
Binärcode 123
Bindung 140
Bindungsfähigkeit 141
Biochemie 21
Biologisch abbaubar (Biologische Abbaubarkeit) 162
Biologische Abbaubarkeit 162
Biophysik 20
Bismut *Tabelle* 134, *Tabelle* 167
Bistabile Kippschaltung (Flipflop) 114
Bit 123
Bittersalz *Tabelle* 151
Bitumen (Erdölraffinerie) 165
Black Box (Flugschreiber) 64
Black, Joseph 178

Blasenbildung 145
Blattgold-Elektroskop (Elektroskop) 102
Blausäure *Tabelle* 151
Blei *Tabelle* 133, *Tabelle* 134, *Tabelle* 167
Blei(II) *Tabelle* 150
Blei(II)-oxid *Tabelle* 151
Blei(IV) *Tabelle* 150
Bleiakkumulator (Sekundärelement) 109
Bleichen 161
Bleiglätte *Tabelle* 151
Bleitetraethyl *Tabelle* 155
Blende (Blendenöffnung) 86
Blendenöffnung 86
Blendenzahl (Blendenöffnung) 86
Blitz, Optische Geräte 86
Blitz, Statische Elektrizität 103
Blitzableiter 103
Bogen *Tabelle* 175
Bogenminute (Grad) 172
Bogensekunde (Grad) 172
Bohr, Niels 45
Boole, George 178
Bor *Tabelle* 134
Borax *Tabelle* 151
Boson (Fundamentalkraft) 43
Bourdon-Manometer 52
Boyle, Robert 135
Boyle-Mariotte'sches Gesetz 22, 94
Bragg, William Henry 143
Bragg, William Lawrence (William Henry Bragg) 143
Branntkalk *Tabelle* 151
Brattain, Walter (John Bardeen) 178
Brechung 77
Bremse 67
Brennbar (Verbrennung) 90
Brennofen (Keramik) 159
Brennpunkt 85
Brennstoff 90
Brennstoffzelle 108
Brennweite 84
Brille 85
Britische Einheiten 14, *Tabelle* 15
Broglie, Louis-Victor Prinz von 178
Brom *Tabelle* 134
Bromid *Tabelle* 150
Bronze *Tabelle* 167
Brown'sche Bewegung 139
Bruch 170
Brüter-Reaktoren 40
Bunsen, Robert Wilhelm 178
Bürste (Elektromotor) 112
Bus 123
Butadien *Tabelle* 155
Butan *Tabelle* 155
Butyl- *Tabelle* 154
Butyl-Kautschuk *Tabelle* 163
Byte 123

C

C (Programmiersprache) 118
Cadmium *Tabelle* 134, *Tabelle* 167
Calcium *Tabelle* 133, *Tabelle* 134, *Tabelle* 150
Calciumcarbonat *Tabelle* 151
Calciumhydroxid *Tabelle* 151
Calciumoxid *Tabelle* 151
Calciumsulfat *Tabelle* 151
Californium *Tabelle* 134
Camcorder (Video) 131
Candela *Tabelle* 14, 78
Carbolsäure *Tabelle* 155
Carbonat *Tabelle* 150
Carbonsäure 154
Carbonyl- *Tabelle* 154
Carboxyl- *Tabelle* 154
Carnot, Nicolaus 178
Carothers, Wallace 178
Cäsium *Tabelle* 134
Cavendish, Henry 135
CCD (Fotodiode) 115
CD-ROM (Speicherplatte) 120
CD-Spieler (Compact Disc) 126
Celsius, Grad *Tabelle* 15, 92
Celsius, Anders 178
Cer *Tabelle* 134, *Tabelle* 167
Chadwick, James 45
Chaos 19
Charles, Jacques Alexandre 178
Chemie 21
Chemische Analyse 156
Chemische Bindung (Bindung) 140
Chemische Eigenschaften 21
Chemische Energie 68
Chemische Formel 139
Chemische Gleichung 144
Chemische Industrie 157
Chemische Reaktion 144
Chemische Veränderung 21
Chemische Verbindung (Verbindung) 138
Chemische Verfahrenstechnik 157
Chemischer Name (Verbindung) 138
Chemischer Prozess 157
Chemisches Element (Element) 132, *Tabelle* 133, *Tabelle* 134
Chemisches Gleichgewicht (Chemische Reaktion) 144
Chemisches Symbol 132
Chilesalpeter *Tabelle* 151
Chlor *Tabelle* 133, *Tabelle* 134
Chlorat *Tabelle* 150
Chlorid *Tabelle* 150
Chloroform *Tabelle* 155
Choke (Vergaser) 66
Chrom *Tabelle* 134, *Tabelle* 150, *Tabelle* 167
Chromatographie 156

Chromstahl *Tabelle* 167
Chronometer (Uhr) 47
COBOL (Programmiersprache) 118
Cockcroft, John Douglas 178
Cockerell, Christopher 178
Compact Disc 126
Compiler (Programmiersprache) 118
Compton, Arthur Holly 178
Computer 117
Computerhardware 120
Computernetzwerk 121
Computersoftware 118
Coulomb *Tabelle* 14, 105
Coulomb, Charles Augustin 179
CPU (Mikroprozessor) 122
CS-Gas *Tabelle* 155
Cubic foot *Tabelle* 15
Cubic inch *Tabelle* 15
Curie, Marie 135
Curie, Pierre (Marie Curie) 135
Curium *Tabelle* 134
Cyanid *Tabelle* 150

D

Daguerre, Louis 179
Daimler, Gottlieb 97
Dalton, John 45
Dampf 26, 30
Dampfdruck (Verdunstung) 26, (Wasserdampf) 30
Dampfmaschine 97
Dampfturbine (Dampfmaschine) 97
Darby, Abraham 179
DAT (Digitale Tonaufzeichnung) 126
Datei 118
Daten 16
Datenbankprogramm 118
Datenerfassung 121
Datensammlung 16
Davy, Humphry 135
DCC (Digitale Tonaufzeichnung) 126
Defektelektron (Dotierung) 114
Dehnung (Hooke'sches Gesetz) 32, (Transformation) 175
Dehnungsmessstreifen 33
Dehydration 31
Dehydriermittel (Entfeuchter) 31
Deka *Tabelle* 15
Deltaflügel 63
Demodulation (Radioempfänger) 129
Demokrit 45
Denaturierter Alkohol (Spiritus) 165
Descartes, René 179
Desktop-Publishing (Textverarbeitung) 118

Destillation 27
Destilliertes Wasser (Wasser) 30
Destruktive Interferenz (Interferenz) 79
Dewargefäß 93
Dezi *Tabelle* 15
Dezibel 99
Dezimale Vielfache *Tabelle* 15
Dezimalstellen (Dezimalzahl) 170
Dezimalzahl 170
Dezimalzeichen (Dezimalzahl) 170
Diagonale *Tabelle* 176
Dialyse 29
Diamant (Kohlenstoff) *Tabelle* 133
Diaprojektor 87
Dichlordiethylsulfid *Tabelle* 155
Dichte 23
Dielektrikum (Kondensator) 106
Dieselmotor (Benzinmotor) 67
Dieselöl (Erdölraffinerie) 165
Diethylether *Tabelle* 155
Differenzial (Getriebe) 67
Diffusion 28
Digitale Kompaktkassette (Digitale Tonaufzeichnung) 126
Digitale Tonaufzeichnung 126
Digitales Instrument (Analog) 13
Digitizer (Datenerfassung) 121
Dimension (Raum) 46
Dinatriumtetraborat *Tabelle* 151
Diode 114, *Tabelle* 116
Dioxybernsteinsäure *Tabelle* 155
Dirac, Paul 179
Diskette (Speicherplatte) 120
Diskettenlaufwerk (Speicherplatte) 120
Dispersion (Kolloid) 29, (Spektrum) 76
Dissoziation (Ion) 144
Distickstoffoxid *Tabelle* 151
Divergierender Spiegel (Spiegel) 84
Donator (Dotierung) 114
Doppelbindung (Kovalente Bindung) 140
Doppelsalz (Salz) 149
Doppelte Umsetzung (Zersetzung) 146
Dopplereffekt 99
Dotierung 114
Draht (Extrudieren) 166
DRAM (Schreib-Lese-Speicher) 123
Drehimpuls 57
Drehmoment (Moment) 51
Drehpunkt (Hebel) 58
Drehung (Transformation) 175

Dreieck *Tabelle* 174, *Tabelle* 176
Druck, Druck und Fotografie 124
Druck, Kraft *Tabelle* 14, 52
Druckeinheiten 53
Drucker 121
Druckerpresse (Druck) 124
Druckfestigkeit (Zugfestigkeit) 32
Druckwelle (Überschallknall) 64
DTP (Textverarbeitung) 118
Duktil (Duktilität) 33
Duktilität 33
Dünnschicht-Chromatographie (Chromatographie) 156
Duraluminium *Tabelle* 167
Durchmesser *Tabelle* 175
Durchschnitt 17
Durchstrahlungs-Elektronenmikroskop (Elektronenmikroskop) 88
Duroplast (Thermoplast) 162
Dynamik 55
Dynamisches RAM (Schreib-Lese-Speicher) 123
Dynamit (Sprengstoff) 161
Dynamo (Elektrischer Generator) 110
Dysprosium *Tabelle* 134

E

Eastman, George 179
Ebene (Geometrie) 173, *Tabelle* 176
Ebene Figuren *Tabelle* 176
Echo 99
Echolot 99
Echtzeitverarbeitung 117
Edelgase 137
Edelstahl *Tabelle* 167, (Stahl) 168
Edison, Thomas Alva 127
Einarmiger Hebel (Hebel) 58
Einfache harmonische Bewegung 56
Einfache Maschine 58
Einheit 13
Einheiten 14
Einlasstakt (Viertaktmotor) 96
Einseitiger Hebel (Hebel) 58
Einstein, Albert 47
Einsteinium *Tabelle* 134
Eis 30
Eisen 168
Eisen *Tabelle* 133, *Tabelle* 134, *Tabelle* 167
Eisen(II) *Tabelle* 150
Eisen(III) *Tabelle* 150
Elastizität 32
Elastizitätsgrenze (Elastizität) 32
Elastizitätsmodul 32
Elektrische Energie 69
Elektrische Erdung 111

Elektrische Geräte 112
Elektrische Klingel 113
Elektrische Ladung *Tabelle* 14, 22, 102
Elektrische Leistung 22
Elektrische Spannung *Tabelle* 14
Elektrischer Generator 110
Elektrischer Isolator 105
Elektrischer Leiter 105
Elektrischer Strom *Tabelle* 14, 22, 104
Elektrischer Stromkreis 104
Elektrischer Widerstand *Tabelle* 14
Elektrisches Element 108
Elektrisches Feld 102
Elektrizität 102
Elektrochemie 148
Elektrochemische Spannungsreihe (Reaktivitätsreihe) 146
Elektrode (Elektrolyse) 148
Elektrolyse 148
Elektrolyt (Elektrisches Element) 108, (Elektrolyse) 148
Elektromagnet 101
Elektromagnetische Induktion 110
Elektromagnetische Kraft (Fundamentalkraft) 43
Elektromagnetische Strahlung 74
Elektromagnetische Welle 73
Elektromotor 112
Elektromotorische Kraft 105
Elektron 34
Elektronegativ (Reaktivitätsreihe) 146
Elektronenakzeptor (Oxidation) 147
Elektronendonator (Reduktion) 146
Elektronenmikroskop 88
Elektronenstrahlquelle (Fernsehgerät) 131
Elektronik 114
Elektronische Schaltzeichen *Tabelle* 116
Elektrophor 103
Elektrophorese 29
Elektropositiv (Reaktivitätsreihe) 146
Elektroschwache Kraft (Fundamentalkraft) 43
Elektroskop 102
Elektrostatische Induktion 103
Elektrostatischer Effekt 102
Elektrostatischer Generator 103
Elektrostatisches Feld (Elektrisches Feld) 102
Elektrovalente Bindung (Ionenbindung) 140
Element (Menge) 17
Element, chemisches 132, *Tabelle* 133, *Tabelle* 134

Elementarteilchen 42
Ellipse (Querschnitt) 174, *Tabelle* 175
Eloxieren (Galvanisierung) 148
Email (Glas) 159
E-Mail 121
Emissionsspektrum 81
Emitter (Transistor) 115
Empirisch 12
Emulsion *Tabelle* 29
Endgeschwindigkeit 57
Endoskop (Glasfaseroptik) 85
Endotherme Reaktion (Thermochemie) 147
Energie *Tabelle* 14, 68
Energieeinsparung 70
Energieerhaltungssatz 68
Energie-Masse-Relation 22
Energieniveau 82
Entfernungsverhältnis (Kräfteverhältnis) 58
Entfeuchter 31
Entladungsröhre 83
Entmagnetisierung 101
Entropie 94
Entwickler (Fotografischer Film) 125
Entzündungstemperatur (Verbrennung) 90
Epoxydharz (Kunstharz) 162
EPROM (Festspeicher) 122
Erbium *Tabelle* 134
Erdalkalimetalle 136
Erdgas 164
Erdmagnetfeld 101
Erdöl 164
Erdölraffinerie 165
Erhaltung 19
Esaki, Leo 179
Essigacetat *Tabelle* 155
Essigsäure *Tabelle* 155
Ester 154
Ethan *Tabelle* 155
Ethan-1,2-Diol *Tabelle* 155
Ethanal *Tabelle* 155
Ethanol *Tabelle* 155
Ethen *Tabelle* 155
Ether 154, *Tabelle* 155
Ethin *Tabelle* 155
Ethyl- *Tabelle* 154
Ethylacetat *Tabelle* 155
Ethylalkohol *Tabelle* 155
Ethylen *Tabelle* 155
Ethylenglykol *Tabelle* 155
Ethylethanat *Tabelle* 155
Euklid 179
Europium *Tabelle* 134
Ewige Bewegung 55
Exotherme Reaktion (Thermochemie) 147
Expansion 91
Experiment 12
Expertensystem 119
Explosion 90
Exponent (Potenz) 170

Extraktion 157
Extrudieren 166

F

Fahrenheit, Daniel Gabriel 179
Fahrenheit, Grad *Tabelle* 15, 92
Faksimile (Faxgerät) 128
Farad 105
Faraday, Michael 107
Faraday-Äquivalent (Faraday'sche Elektrolysegesetze) 148
Faraday'sche Elektrolysegesetze 148
Farbdia (Fotografie) 124
Farbdiafilm (Farbfotografie) 125
Farbdruck (Druck) 124
Farbe 80
Farbe, synthetische Produkte 161
Farbfernsehen 131
Farbfilm (Farbfotografie) 125
Farbfotografie 125
Farbnegativ (Farbfotografie) 125
Farbnegativfilm (Farbfotografie) 125
Farbstoff 161
Farnsworth, Philo T. (Vladimir Zworykin) 130
Fata Morgana 77
Faxgerät 128
FCKW 153
Federwaage 49
Feet *Tabelle* 14, *Tabelle* 15
Fehler (Genauigkeit) 13
Feldlinien (Magnetfeld) 100
Fenster 75
Fermi, Enrico 45
Fermium *Tabelle* 134
Fernglas 89
Fernmeldesatellit 130
Fernrohr 89
Fernschreiber (Faxgerät) 128
Fernsehen 130
Fernsehgerät 131
Fernsehkamera 130
Fernsehsender 130
Fessenden, Reginald (Guglielmo Marconi) 129
Feste Lösung (Lösung) 28
Festes Sol *Tabelle* 29
Festkörper 24
Festkörperphysik 20
Festplatte (Speicherplatte) 120
Festpunkt (Temperatur) 92
Festspeicher 122
Fettsäure (Carbonsäure) 154
Feuer 90
Feuerlöscher 90
Feynman, Richard Phillips 179
Fibonacci 181
Fibonacci-Folge (Zahlenfolge) 171

Filmkamera (Kamera) 86
Filmprojektor 87
Filter, Farbe 81
Filter, Gemische (Filtration) 27
Filtrat (Filtration) 27
Filtration 27
Filz (Textilien) 160
Fixierbad (Fotografischer Film) 125
Fläche *Tabelle* 14, *Tabelle* 15, 174
Flächenformeln *Tabelle* 174
Flamme 90
Flammenfotometrie (Flammenprobe) 156
Flammenprobe 156
Flammpunkt (Flamme) 90
Flaschenzug (Rolle) 60
Fleming'sche Regeln 110
Flipflop 114
Flotation (Extraktion) 157
Flüchtig (Schreib-Lese-Speicher) 123
Flüchtig (Volatilität) 26
Flugbahn (Ballistik) 56
Flughöhe (Höhenmesser) 64
Flugschreiber 64
Fluid (Aggregatzustand) 24
Fluor *Tabelle* 133, *Tabelle* 134
Fluorchlorkohlenwasserstoff 153
Fluorescein *Tabelle* 155
Fluorid *Tabelle* 150
Fluorkohlenwasserstoff (Fluorchlorkohlenwasserstoff) 153
Flüssigkeit 25
Flüssigkristallanzeige 143
Flüssigkristalle 143
Flüssigluft (Luft) 30
Flussmittel (Verhüttung) 166
FM (Modulation) 129
Foot *Tabelle* 14, *Tabelle* 15
Formaldehyd *Tabelle* 155
Formalin *Tabelle* 155
Formbar (Formbarkeit) 33
Formbarkeit 33
Formel 18, 22
Fossiler Brennstoff 164
Fotodiode 115, *Tabelle* 116
Fotoelektrischer Effekt 109
Fotografie 124
Fotografischer Film 125
Fotokopierer 124
Fotovoltaische Zelle (Fotoelektrischer Effekt) 109
Fotozelle (Fotoelektrischer Effekt) 109
Foucault, Jean 179
Fraktal (Chaos) 19
Fraktionierte Destillation (Destillation) 27
Fraktionierung (Destillation) 27
Francium *Tabelle* 134
Franklin, Benjamin 107
Franklin, Rosalind (William Henry Bragg) 143

Freibordmarke (Lademarke) 65
Frequenz *Tabelle* 14, (Zyklus) 19, (Schwingung) 56, 71, (Wechselstrom) 104
Frequenzmodulation (Modulation) 129
Fresnel, Augustin Jean 179
Frostschutzmittel 24
Fruchtzucker *Tabelle* 155
Fruktose *Tabelle* 155
Fundamentalkraft 43
Fünfeck *Tabelle* 176
Funktionstaste (Tastatur) 120
Fuß *Tabelle* 14

G

Gabor, Dennis 179
Gadolinium *Tabelle* 134
Galilei, Galileo 54
Gallium *Tabelle* 134
Gallon *Tabelle* 14, *Tabelle* 15
Galvani, Luigi 107
Galvanisieren 168
Galvanisierung 148
Galvanometer (Amperemeter) 106, *Tabelle* 106
Gammastrahlen 36
Garn (Spinnen) 160
Gärung 145
Gas 25
Gaschromatographie (Chromatographie) 156
Gasgesetze 99
Gaspedal (Vergaser) 66
Gasturbine 97
Gauß, Johann Carl Friedrich 179
Gay-Lussac, Gesetze von 22, 94
Gay-Lussac, Joseph Louis 179
Gefrieren 24
Gefrierpunkt (Gefrieren) 24
Gefriertemperatur (Gefrieren) 24
Geiger, Hans 179
Geigerzähler 37
Gel *Tabelle* 29
Gelatinedynamit (Sprengstoff) 161
Gell-Mann, Murray (James Chadwick) 45
Gelöste Stoffe (Lösung) 28
Gemisch 27
Gemischte Zahl (Bruch) 170
Genauigkeit 13
Generatorgas 164
Genetischer Fingerabdruck (Elektrophorese) 29
Geochemie 21
Geomagnetismus (Erdmagnetfeld) 101
Geometrie 173
Geometrische Folge (Zahlenfolge) 171
Geometrische Formeln *Tabelle* 174
Geophysik 20

Germain, Sophie 179
Germanium *Tabelle* 134
Gerundete Zahl (Dezimalzahl) 170
Gesamtwiderstand 22
Gesättigt (Verdunstung) 26
Gesättigte Lösung (Konzentration) 28
Gesättigte Verbindung 152
Geschwindigkeitsverhältnis (Kräfteverhältnis) 58
1. Gesetz von Gay-Lussac 22, 94
2. Gesetz von Gay-Lussac 22, 94
Getrennte Aufhängung (Aufhängung) 67
Getriebe 59, 67
Getrieberad (Getriebe) 59
Gewicht 49
Gewichtsanalyse (Quantitative Analyse) 156
Gieren 63
Gießen 167
Giga *Tabelle* 15
Gilbert, William 179
Gitterverband (Kristall) 142
Glas 159
Glasfasern (Glas) 159
Glasfaseroptik 85
Glasfaserverstärkter Kunststoff (Glas) 159
Glaubersalz *Tabelle* 151
Gleichförmig 19
Gleichgewicht 50
Gleichrichter (Umrichter) 110, *Tabelle* 116
Gleichschenkliges Dreieck *Tabelle* 176
Gleichseitiges Dreieck *Tabelle* 176
Gleichstrom 104
Gleichung 171
Glockenbronze *Tabelle* 167
Glucose *Tabelle* 155
Glühemission 78
Glühend (Glühemission) 78
Glühfaden (Glühlampe) 83
Glühlampe 83, *Tabelle* 106
Gluon (Fundamentalkraft) 43
Glycerin *Tabelle* 155
Glykol *Tabelle* 155
Goddard, Robert Hutchins 179
Goeppert-Mayer, Maria 179
Gold *Tabelle* 133, *Tabelle* 134
Gold(I) *Tabelle* 150
Gold(III) *Tabelle* 150
Grad 172
Gradeinteilung (Skala) 13
Gramm *Tabelle* 15, (Kilogramm) 23
Graph 16
Graphit (Kohlenstoff) *Tabelle* 133
Gravitation 49

Gravitationsfeld 49
Grenzfläche (Aggregatzustand) 24
Größe 19
Großrechner (Computer) 117
Grubengas *Tabelle* 155
Grundfarben 81
Grundfläche (Fläche) 174
Grundgesetz der Dynamik 22
Grundzustand (Energieniveau) 82
Gruppe (Periodensystem) 136
Gummi 159
Gusseisen (Hochofen) 168

H

Haber, Fritz 179
Haber-Verfahren (Chemischer Prozess) 157
Hadron (Quark) 42
Hafnium *Tabelle* 134
Hahn, Otto (Enrico Fermi) 45
Hahnium *Tabelle* 134
Halbdurchlässige Membran 29
Halbkreis *Tabelle* 175
Halbkugel *Tabelle* 176
Halbleiter 114
Halbmetall 132
Halbschatten (Schatten) 76
Halbwertszeit 37
Halogene 137
Halogenlampe (Glühlampe) 83
Haloid (Halogene) 137
Handshaking (Schnittstelle) 121
Hardware (Computer) 117
Harnstoff *Tabelle* 155
Harrison, John 179
Härte 33
Hartes Wasser (Wasser enthärten) 31
Hartschaum *Tabelle* 29
Häufigkeit 17
Hawking, Stephen 179
Hebel 58
Heber 52
Heisenberg, Werner Karl 179
Heizsysteme 95
Hektar *Tabelle* 15
Hekto *Tabelle* 15
Helium *Tabelle* 133, *Tabelle* 134
Helmholtz, Hermann von 179
Henry, Joseph (Michael Faraday) 107
Heron von Alexandria 97
Hertz *Tabelle* 14, 72
Hertz, Heinrich 75
Hexagonal (Kristallsystem) 142
Hexagonales System *Tabelle* 143
Higgs'sches Boson (Supraleitender Superbeschleuniger) 43

Histogramm (Balken-
  diagramm) 16
Hochdruck 124
Hochenergiephysik
  (Teilchenphysik) 42
Hochofen 168
Hodgkin, Dorothy (William
  Henry Bragg) 143
Höhe (Fläche) 174
Höhenmesser 64
Höhenruder 62
Höhere Programmiersprache
  (Programmiersprache) 118
Hohlspiegel (Spiegel) 84
Holmium Tabelle 134
Hologramm 82
Holographie (Hologramm) 82
Holzkohle 165
Hooke, Robert 180
Hooke'sches Gesetz 32
Hopper, Grace 180
Hörmuschel (Telefon) 128
Hülle 64
Huygens, Christiaan 180
Hydrat 31
Hydraulisch 53
Hydrierung 146
Hydrodynamik (Dynamik) 55
Hydrogencarbonat Tabelle 150
Hydrogencyanid Tabelle 151
Hydrogenoxid Tabelle 151
Hydrolyse 147
Hydrostatik (Statik) 51
Hydroxid Tabelle 150
Hydroxybenzol Tabelle 155
Hygroskopischer Stoff 31
Hypatia 180
Hyperbel (Querschnitt) 174,
  Tabelle 175
Hypotenuse Tabelle 176
Hypothese 18

I

Ideales Gas (Gasgesetze) 94
Impedanz 111
Impuls 55
Inch Tabelle 14, Tabelle 15
Indikator (pH-Wert) 149
Indium Tabelle 134
Induktionsmotor 112
Inertgas (Edelgase) 137
Infinitesimalrechnung 171
Informationstechnologie 117
Infrarotstrahlen 75
Infraschall (Ultraschall) 99
Innere Totalreflexion
  (Reflexion) 77
Interferenz 79
Intermolekulare Kraft 141
Interpreter (Programmier-
  sprache) 118
Invar Tabelle 167
Iod Tabelle 133, Tabelle 134
Iodid Tabelle 150
Ion 144
Ionenaustausch-Harz (Wasser
  enthärten) 31

Ionenbindung 140
Ionengitter 140
Ionisierende Strahlung
  (Nuklearstrahlung) 37
Ionisierung (Ion) 144
Iridium Tabelle 134, Tabelle 167
Iris (Blendenöffnung) 86
Irrationale Zahl (Rationale
  Zahl) 170
Isomere 153
Isotop 35

J

Jahr (Sekunde) 47
Joliot-Curie, Frédéric 180
Joliot-Curie, Irène 180
Joule Tabelle 14, 69
Joule, James Prescott 70

K

Kaleidoskop 89
Kalibrierung (Einheit) 13
Kalilauge Tabelle 151
Kalium Tabelle 133, Tabelle
  134, Tabelle 150
Kaliumcarbonat Tabelle 151
Kaliumhydroxid Tabelle 151
Kaliumnitrat Tabelle 151
Kaliumpermanganat Tabelle
  151
Kalorie 69
Kältemittel (Kühlschrank) 95
Kamera 86
Kanal (Fernsehgerät) 131
Kapazität (Kondensator) 106
Kapillarität 33
Kapillarkräfte (Kapillarität) 33
Kapillarrohr (Kapillarität) 33
Karbamid Tabelle 155
Karborund Tabelle 151
Kartesische Koordinaten
  (Koordinaten) 16
Kassette (Magnetband) 127
Katalysator (Auspuff) 67
Katalysator, chemische
  Reaktionen 145
Katalysatoraktivator
  (Katalysator) 145
Katalyse (Katalysator) 145
Kathode (Elektrolyse) 148
Kation (Ion) 144
Kegel Tabelle 176
Kegelschnitt (Querschnitt)
  174
Kehrwert 170
Keil (Schiefe Ebene) 58
Kelvin Tabelle 14, Tabelle 15,
  92
Kelvin, Lord 93
Keramik 159
Kern 41
Kernbrennstoff 40
Kernenergie 40, 68
Kernfusion 39
Kernkraftwerk (Kraftwerk) 110
Kernladungszahl 34, Tabelle
  134

Kernreaktion (Nuklearphysik)
  38
Kernschatten (Schatten) 76
Kernschmelze 40
Kernspaltung 38
Kettenreaktion 39
Kettfaden (Weben) 160
Kevlar Tabelle 163
Kieselerde Tabelle 151
Kilo Tabelle 15
Kilobyte (Byte) 123
Kilogramm Tabelle 14, Tabelle
  15, 23
Kilohertz (Hertz) 72
Kilojoule (Kalorie) 69
Kilowattstunde 71
Kinetische Energie 22, 68
Kinetische Gastheorie 94
Kinetisches Modell
  (Kinetische Gastheorie) 94
Kirchhoff, Gustav Robert 180
Klammern 171
Klang 98
Klappen 63
Klebstoff 161
Klimaanlage (Kühlschrank)
  95
Kobalt Tabelle 134, Tabelle
  167
Koeffizient (Konstante) 18
Kohärente Strahlung (Laser)
  82
Kohäsion 33
Kohle 164
Kohlendioxid Tabelle 151
Kohlenhydrat 154
Kohlenmonoxid Tabelle 151
Kohlenstoff Tabelle 133,
  Tabelle 134, Tabelle 167
Kohlenstoff-Datierung 37
Kohlenstofffasern(Kohlen-
  stoff) Tabelle 133, (Verstärk-
  ter Kunststoff) 163
Kohlenstofftetrachlorid
  Tabelle 155
Kohlenwasserstoff 153
Koks (Kohlenstoff) Tabelle
  133, (Kohle) 164
Kolben (Benzinmotor) 67
Kollektor (Transistor) 115
Kollisionsbeschleuniger
  (Teilchenbeschleuniger) 43
Kolloid 29, Tabelle 29
Kolloidtypen 29
Kommutator (Elektromotor)
  112
Kompass 100
Komplementärfarben 81
Komponente 50
Kompressor 52
Kondensation 25
Kondensationskühler 27
Kondensator 106, Tabelle 106
Kondensor 89
Konkav (Konvex) 173
Konkave Linse (Linse) 85
Konkaver Spiegel (Spiegel) 84

Konstantan Tabelle 167
Konstante 18
Konstruktive Interferenz
  (Interferenz) 79
Kontaktlinse 85
Kontaktprozess (Chemischer
  Prozess) 157
Kontraktion 91
Kontrollexperiment
  (Experiment) 12
Kontrollvariable (Variable) 12
Konvektion 91
Konvergierender Spiegel
  (Spiegel) 84
Konvex 173
Konvexe Linse (Linse) 85
Konvexer Spiegel (Spiegel) 84
Konzentration 28
Konzentrierte Lösung
  (Konzentration) 28
Konzentrisch Tabelle 175
Koordinaten 16
Koordinative Bindung
  (Kovalente Bindung) 140
Kopernikus, Nikolaus 180
Kopfhörer (Lautsprecher) 127
Korrelation (Beobachtung) 18
Korrodieren (Korrosion) 147
Korrosion 147
Kosekans (Trigonometrisches
  Verhältnis) 172
Kosinus (Trigonometrisches
  Verhältnis) 172
Kosmetika 159
Kosmische Strahlung 42
Kotangens (Trigonometrisches
  Verhältnis) 172
Kovalente Bindung 140
Kovalenzstruktur
  (Ionengitter) 140
Kowalewskaja, Sofja 180
Kracken 165
Kraft Tabelle 14, 48
Kräftepaar 50
Kräfteverhältnis 58
Kraftlinien (Magnetfeld) 100
Kraftmesser (Federwaage) 49
Kraftwerk 110
Kreis (Querschnitt) 174,
  Tabelle 174, Tabelle 175
Kreisdiagramm 17
Kristall 142
Kristallisation (Kristall) 142
Kristallographie 142
Kristallsystem 142, Tabelle 143
Kristallwasser (Hydrat) 31
Kritische Masse (Ketten-
  reaktion) 39
Kritische Temperatur (Dampf)
  26
Krone und Ritzel 59
Kryogenik 93
Krypton Tabelle 134
Kubikmeter Tabelle 14, Tabelle
  15
Kubikwurzel (Kubus) 170
Kubikzentimeter Tabelle 15,

(Volumen) 174
Kubisch (Kristallsystem) 142
Kubisches System *Tabelle* 143
Kubus 170
Kugel *Tabelle* 174, *Tabelle* 176
Kugellager (Lager) 60
Kühler 66
Kühlgemisch 95
Kühlmittel (Nuklearreaktor) 40
Kühlschrank 95
Kühlsysteme 95
Kunstharz 162
Künstliche Intelligenz 117
Kunststoff 162, *Tabelle* 163
Kupfer *Tabelle* 133, *Tabelle* 134, *Tabelle* 167
Kupfer(I) *Tabelle* 150
Kupfer(II) *Tabelle* 150
Kupfer(II)-sulfat *Tabelle* 151
Kupfernickel *Tabelle* 167
Kupplung 67
Kurbel 60
Kurbelwelle 67
Kurve *Tabelle* 175
Kurzwellen (Trägerwelle) 120
Kwolek, Stephanie 180

L

Labor 12
Lachgas *Tabelle* 151
Lackmus (pH-Wert) 149
Lademarke 65
Ladungsgekoppeltes Bauelement (Fotodiode) 115
Lager 60
Laktose *Tabelle* 155
Laminare Strömung 57
Laminat 163
Länge *Tabelle* 14, *Tabelle* 15
Langevin, Paul 180
Langwellen (Trägerwelle) 120
Lanthan *Tabelle* 134, *Tabelle* 167
Laptop (Mikrocomputer) 120
Laser 82
Laserdrucker (Drucker) 121
Lasermedium (Laser) 82
Last (Einfache Maschine) 58
Latente Schmelzwärme (Latente Wärme) 26
Latente Verdampfungswärme (Latente Wärme) 26
Latente Wärme 26
Lautsprecher 127
Lautstärke 98
Lavoisier, Antoine 135
Lavoisier, Marie 180
Lawrencium *Tabelle* 134
LCD 143
Leclanché-Element (Trockenelement) 108
LED 114
Leeuwenhoek, Antoni van 180
Legierung 166, *Tabelle* 167
Leibniz, Gottfried Wilhelm 180

Leim (Klebstoff) 161
Leinenfaden (Textilien) 160
Leinsamenöl (Öl) 158
Leistung *Tabelle* 14, 70
Leitfähigkeit (Elektrischer Leiter) 105
Leitung (Elektrischer Leiter) 105
Lenoir, Jean 180
Leonardo von Pisa 181
Lepton 42
Leuchtdiode 114, *Tabelle* 116
Leuchtstoff (Fernsehgerät) 131
Leuchtstofflampe (Entladungsröhre) 83
Licht 76
Lichtbogenofen (Stahlkonverter) 168
Lichtbogenschweißen (Schweißen) 166
Lichtenergie 69
Lichtgeschwindigkeit 77
Lichtquellen 83
Lichtstärke *Tabelle* 14
Liebig, Justus von 180
Liebig-Kühler (Kondensationskühler) 27
Linearmotor 113
Linse 22, 85
Liter *Tabelle* 15, (Volumen) 174
Lithium *Tabelle* 134
Lithographie 122
Logikgatter 115
Logisches NICHT-Gatter *Tabelle* 116
Logisches ODER-Gatter *Tabelle* 116
Logisches UND-Gatter *Tabelle* 116
Longitudinalwelle 72
Lonsdale, Kathleen 180
Lord Kelvin 93
Löschbarer programmierbarer Festspeicher (Festspeicher) 122
Löschkalk *Tabelle* 151
Loschmidt'sche Zahl (Mol) 146
Löslich 28
Löslichkeit (Konzentration) 28
Lösung 28
Lösungsmittel (Lösung) 28
Lötzinn *Tabelle* 167
Lovelace, Ada (Charles Babbage) 119
Luft 30
Luftkissen 65
Luftwiderstand 62
Lumen 78
Lumière, Auguste 180
Lumièrè, Louis Jean 180
Lumineszenz 78
Lupe (Mikroskop) 88
Lutetium *Tabelle* 134
Lux 78

M

Magisches Quadrat 171
Magnalium *Tabelle* 167, *Tabelle* 133, *Tabelle* 134, *Tabelle* 150, *Tabelle* 167
Magnesiumhydroxid *Tabelle* 151
Magnesiumsulfat *Tabelle* 151
Magnet 100
Magnetband 127
Magnetfeld 100
Magnetische Deklination (Erdmagnetfeld) 101
Magnetische Induktion 101
Magnetische Missweisung (Erdmagnetfeld) 101
Magnetisches Schweben 101
Magnetismus 100
Magnetit (Magnet) 100
Magnetohydrodynamik 109
Magnetometer 101
Magnetpol 100
Magnetschwebebahn (Magnetisches Schweben) 101
Maiman, Theodore 180
Makromolekül (Ionengitter) 140
Malergold *Tabelle* 167
Mangan *Tabelle* 134
Mangan(IV)-oxid *Tabelle* 151
Mangandioxid *Tabelle* 151
Manometer 52
Manteltriebwerk (Strahltriebwerk) 97
Marconi, Guglielmo 129
Margarine 158
Maria die Jüdin 180
Maschinen 58
Maschinencode (Programmiersprache) 118
Maser (Laser) 82
Maße 14
Masse *Tabelle* 14, *Tabelle* 15, 23
Masseerhaltung 145
Massenspektrometer (Massenspektroskopie) 35
Massenspektroskopie 35
Massenspektrum (Massenspektroskopie) 35
Massenzahl (Isotop) 35
Massenzentrum (Schwerpunkt) 48
Materie 23
Mathematik 169
Matrix 17
Maus 121
Maximum-Minimum-Thermometer (Thermometer) 92
Maxwell, James Clerk 180
Mechanik 48
Mechanischer Gewinn (Kräfteverhältnis) 58
Median (Durchschnitt) 17
Medizinische Physik (Biophysik) 20
Mega *Tabelle* 15

Megabyte (Byte) 123
Megahertz (Hertz) 72
Meile *Tabelle* 14
Meitner, Lise (Enrico Fermi) 45
Mendelejew, Dmitrij 135
Mendelevium *Tabelle* 134
Menge 17
Meniskus (Kapillarität) 33
Messing *Tabelle* 167
Metall 132, 166
Metalldetektor 113
Metallermüdung (Metallurgie) 166
Metallurgie 166
Meter (SI-Einheiten) 14
Meter *Tabelle* 14, *Tabelle* 15
Methan *Tabelle* 155
Methanal *Tabelle* 155
Methanol *Tabelle* 155
Methansäure *Tabelle* 155
Methyl- *Tabelle* 154
Methylalkohol *Tabelle* 155
Methylbenzol *Tabelle* 155
Methylnitrobenzol *Tabelle* 155
Mikro *Tabelle* 15
Mikrocomputer 120
Mikrofon 126
Mikroprozessor 122
Mikroskop 88
Mikrowellen 74
Mikrowellenherd (Mikrowellen) 74
Milchsäure *Tabelle* 155
Milchzucker *Tabelle* 155
Mile *Tabelle* 14, *Tabelle* 15
Milli *Tabelle* 15
Millibar 9
Milligramm (Kilogramm) 23
Milliliter (Volumen) 174
Millimeter Quecksilbersäule 53
Mineral 150
Mineralsäure (Säure) 149
Minute (Sekunde) 47
Mischbar 27
Mischmetall *Tabelle* 167
Mittel (Durchschnitt) 17
Mittelpunkt *Tabelle* 175
Mittelwellen (Trägerwelle) 120
Mobiltelefon 128
Möbiusband (Topologie) 174
Modem 121
Moderator 41
Modulation 129
Modus (Durchschnitt) 17
Mohs'sche Skala (Härte) 33
Mol *Tabelle* 14, 146
mol *Tabelle* 14, 146
Molekül 138
Molekulargewicht (Relative Molekülmasse) 139
Molybdän *Tabelle* 134
Moment 51
Monelmetall *Tabelle* 167

Monitor 120
Monoklin (Kristallsystem) 142
Monoklines System *Tabelle* 143
Monomer (Polymer) 146
Morse, Samuel 180
Mörtel (Zement) 158
Motor *Tabelle* 106
Motor mit äußerer Verbrennung (Wärmekraftmotor) 96
Motor mit innerer Verbrennung (Wärmekraftmotor) 96

N

Nadeldrucker (Drucker) 121
Näherungswert (Genauigkeit) 13
Nano *Tabelle* 15
Naphthalin *Tabelle* 155
Natrium *Tabelle* 133, *Tabelle* 134, *Tabelle* 150
Natriumbicarbonat *Tabelle* 151
Natriumcarbonat *Tabelle* 151
Natriumchlorid *Tabelle* 151
Natriumdampflampe 83
Natriumhydrogencarbonat *Tabelle* 151
Natriumhydroxid *Tabelle* 151
Natriumhypochlorit *Tabelle* 151
Natriumnitrat *Tabelle* 151
Natriumsulfat *Tabelle* 151
Natriumthiosulfat *Tabelle* 151
Natronlauge *Tabelle* 151
Naturfaser (Textilien) 160
Natürliche Produkte 158
Natürliche Strahlenexposition (Nuklearstrahlung) 37
Nebenprodukt 157
Negativ (Fotografie) 124
Negativ (Größe) 19
Negative Ladung (Elektrische Ladung) 102
Negative Zahl (Zahl) 170
Nenner (Bruch) 170
Neodym *Tabelle* 134
Neon *Tabelle* 134
Neonlampe (Entladungsröhre) 83
Neopren *Tabelle* 163
Neptunium *Tabelle* 134
Nettokraft (Resultierende) 50
Netz (Telekommunikation) 128
Netz *Tabelle* 176
Netzteil *Tabelle* 106
Neumann, John von 119
Neusilber *Tabelle* 167
Neutral (Elektrische Ladung) 102
Neutral, Säuren und Basen 149
Neutrino (Lepton) 42
Neutron 35
Newcomen, Thomas 180
Newton *Tabelle* 14, 51

Newton, Isaac 55
Newtonmeter (Federwaage) 49
Newtons drittes Bewegungsgesetz 55
Newtons erstes Bewegungsgesetz 55
Newtons Gravitationsgesetz 22, 49
Newtons zweites Bewegungsgesetz 22, 55
n-Halbleiter (Dotierung) 114
Nichrom *Tabelle* 167
Nichtmetall 132
Nickel *Tabelle* 133, *Tabelle* 134, *Tabelle* 167
Nicken 63
Niederschlag (Ausfällung) 146
Niepce, Joseph Nicéphore 180
Niob *Tabelle* 134
Nitrat *Tabelle* 150
Nitro- *Tabelle* 154
Nobel, Alfred 180
Nobelium *Tabelle* 134
Nocke 60
Noddack, Ida (Walter Noddack) 180
Noddack, Walter 180
Noether, Amalie Emmy 180
Nonius 13
Normale (Tangente) 173
Notebook (Mikrocomputer) 120
n-p-n-Transistor *Tabelle* 116
NTSC (Farbfernsehen) 131
Nuklearphysik 38
Nuklearreaktor 40
Nuklearstrahlung 37
Nuklearwaffen 39
Nukleon (Isotop) 35
Nukleus 35
Nylon *Tabelle* 163

O

Oberflächengröße (Fläche) 174
Oberflächenspannung 33
Obermenge (Menge) 17
Oberschwingung 98
Obertöne (Oberschwingung) 98
Objektiv 88
Objektorientierte Programmierung 118
Ørsted, Hans Christian 107
Ohm *Tabelle* 14, 105
Ohm, Georg Simon 180
Ohm'sches Gesetz 106
Oktaeder *Tabelle* 176
Oktan *Tabelle* 155
Okular 88
Öl 158, 164
Olefin (Alken) 153
Opak (Beleuchtungsstärke) 78
Optik 84
Optische Fasern (Glasfaseroptik) 85
Optische Geräte 86

Optische Speicherplatte (Speicherplatte) 120
Optische Zeichenerkennung (Datenerfassung) 121
Optisches Pyrometer (Pyrometer) 93
Orbit (Elektron) 34
Organische Chemie (Chemie) 21, 152
Organische Gruppen *Tabelle* 154
Organische Verbindung 152, *Tabelle* 155
Orthorhombisch (Kristallsystem) 142
Orthorhombisches System *Tabelle* 143
Ortskurve 175
Osmiridium *Tabelle* 167
Osmium *Tabelle* 134, *Tabelle* 167
Osmose 29
Osmotischer Druck (Osmose) 29
Oszillieren (Schwingung) 56
Oszilloskop *Tabelle* 116
Ounce *Tabelle* 14, *Tabelle* 15
Oxid *Tabelle* 150
Oxidation 147
Oxidationsmittel (Oxidation) 147

P

PAL (Farbfernsehen) 131
Palladium *Tabelle* 134
Papier 158
Parabel (Querschnitt) 174, *Tabelle* 175
Parabolantenne (Fernmeldesatellit) 130
Paraffine (Alkan) 153
Parallel 173
Parallelcomputer 117
Parallele Schnittstelle (Schnittstelle) 121
Parallelogramm *Tabelle* 176
Parallelschaltung 105
Parfum (Kosmetika) 159
Pascal (Programmiersprache) 118
Pascal *Tabelle* 14, 53
Pascal, Blaise 52
Pascal'sches Druckgesetz 52
Pauling, Linus Carl 181
PC (Computer) 117, (Mikrocomputer) 120
Pech (Kohle) 164
Pendel 56
Pentyl- *Tabelle* 154
Perey, Marguerite 181
Periode (Pendel) 56
Periode (Zyklus) 19
Periode (Periodensystem) 136
Periodensystem 136, *Tabelle* 136
Periodische Dezimalzahl (Dezimalzahl) 170

Peripheriegerät (Mikrocomputer) 120
Periskop 89
Permalloy *Tabelle* 167
Permanenter Speicher (Festspeicher) 122
Permanentmagnet (Magnet) 100
Permutation 17
Peroxid *Tabelle* 150
Personalcomputer (Computer) 117, (Mikrocomputer) 120
Petrochemische Erzeugnisse (Erdöl) 164
Pewter *Tabelle* 167
Pferdestärke (Leistung) 70
p-Halbleiter (Dotierung) 114
Phase 73
Phase (Aggregatzustand) 24
Phenol *Tabelle* 155
Phenolphtalein (pH-Wert) 149
Phenyl- *Tabelle* 154
Phosphat *Tabelle* 150
Phosphor *Tabelle* 134
Phosphoreszenz (Lumineszenz) 78
Photon 44
pH-Skala (pH-Wert) 149
pH-Wert 149
Physik 20
Physikalische Chemie 21
Physikalische Eigenschaften 20
Physikalische Veränderung 20
Pi *Tabelle* 175
Piezoelektrizität 109
Piko *Tabelle* 15
Piktogramm 17
Pint *Tabelle* 14, *Tabelle* 15
Planck, Max (Niels Bohr) 45
Planspiegel (Spiegel) 84
Plasma 26
Platin *Tabelle* 134
Plutonium *Tabelle* 133, *Tabelle* 134
Pneumatisch 53
p-n-p-Transistor *Tabelle* 116
Polare Bindung (Ionenbindung) 140
Polarisiertes Licht 79
Polonium *Tabelle* 134
Polyeder *Tabelle* 176
Polyester *Tabelle* 163
Polyethylen *Tabelle* 163
Polygon *Tabelle* 176
Polymer 146
Polymerisation (Polymer) 146
Polymethylmethacrylat *Tabelle* 163
Polymorph 143
Polymorphismus (Polymorph) 143
Polystyrol *Tabelle* 163
Polytetrafluorethylen *Tabelle* 163
Polyurethan *Tabelle* 163

Polyvinylacetat *Tabelle* 163
Polyvinylchlorid *Tabelle* 163
Port (Schnittstelle) 121
Porzellan (Keramik) 159
Positiv (Größe) 19
Positive Ladung (Elektrische Ladung) 102
Positive Zahl (Zahl) 170
Positron (Lepton) 42
Potenz 170
Potenzielle Energie 68
Potenzielle Energie der Lage 22
Potenziometer 106, *Tabelle* 106
Pottasche *Tabelle* 151
Pound *Tabelle* 14, *Tabelle* 15
Praseodym *Tabelle* 134
Präzession 57
Präzision (Genauigkeit) 13
Priestley, Joseph 181
Primärelement 108
Primzahl (Zahl) 170
Prinzip der Impulserhaltung 55
Prinzip der Überlagerung (Phase) 73
Prisma, Licht 76
Prisma, Geometrie (Querschnitt) 174, *Tabelle* 176
Produkt (Arithmetik) 171
Programm 118
Programmierbarer Festspeicher (Festspeicher) 122
Programmiersprache 118
Projektil (Ballistik) 56
PROM (Festspeicher) 122
Promethium *Tabelle* 134
Propan *Tabelle* 155
Propanon *Tabelle* 155
Propeller 65
Proportional (Verhältnis) 171
Propyl- *Tabelle* 154
Protactinium *Tabelle* 134
Proton 34
Prozentsatz 171
PTFE *Tabelle* 163
Ptolemäus, Claudius 181
PU *Tabelle* 163
Pufferspeicher 122
PVA *Tabelle* 163
PVC *Tabelle* 163
Pyramide *Tabelle* 176
Pyrometer 93
Pythagoras 172

Q

Quadrant *Tabelle* 175
Quader *Tabelle* 174
Quadrat *Tabelle* 174, *Tabelle* 176
Quadratkilometer *Tabelle* 15
Quadratmeter *Tabelle* 14, *Tabelle* 15
Quadratwurzel (Quadrieren) 170
Quadratzentimeter *Tabelle* 15, (Fläche) 174

Quadrieren 170
Qualitative Analyse 156
Quanten (Quantentheorie) 44
Quantenmechanik 44
Quantentheorie 44
Quantitative Analyse 156
Quantum (Quantentheorie) 44
Quark 42
Quecksilber *Tabelle* 133, *Tabelle* 134
Quecksilberbarometer (Barometer) 53
Quecksilberdampflampe (Entladungsröhre) 83
Querruder 63
Querschnitt 174
Quotient (Arithmetik) 171

R

Rad 59
Radar 74
Radiant (Grad) 172
Radikal 145
Radikale *Tabelle* 150
Radioaktiver Niederschlag 39
Radioaktivität *Tabelle* 14, 36
Radioempfänger 129
Radioisotop 37
Radiowellen 74
Radium *Tabelle* 134
Radius *Tabelle* 175
Radon *Tabelle* 134
Raffination (Extraktion) 157
RAM 123
Raman, Chandrasekhara Venkata 181
Ramsay, William 181
Rastertunnelmikroskop 88
Rationale Zahl 170
Raum 46
Räume (Geometrie) 173
Räumliche Figuren *Tabelle* 176
Raumwinkel (Winkel) 172
Raumzeit (Raum) 46
Raute *Tabelle* 176
Reagenzien (Chemische Reaktion) 144
Reaktionspartner (Chemische Reaktion) 144
Reaktiv (Reaktivitätsreihe) 146
Reaktivitätsreihe 146
Rechteck *Tabelle* 174, *Tabelle* 176
Rechteckwelle (Wellenform) 72
Rechter Winkel (Winkel) 172
Rechtwinkliges Dreieck *Tabelle* 176
Recycling 157
Redoxreaktion (Reduktion) 146
Reduktion 146
Reduktionsmittel (Reduktion) 146
Reelles Bild 85

Reflexion 77
Reflexionshologramme (Hologramm) 82
Refraktor (Fernrohr) 89
Regelmäßiges Polygon *Tabelle* 176
Regenbogen 77
Regler 61
Reibung 54
Reihenschaltung 104
Reinigungsbenzin 165
Reinigungsmittel (Seife) 161
Relais 113
Relative Atommasse (Atomare Masse) 34
Relative Dichte (Dichte) 23
Relative Molekülmasse 139
Relativität 46
Resonanz 56
Rest (Arithmetik) 171
Resultierende 50
Reversible Reaktion 144
Reyon *Tabelle* 163
Rhenium *Tabelle* 134
Rhodium *Tabelle* 134
Rhomboedrisch (Kristallsystem) 142
Rhomboedrisches System *Tabelle* 143
Ritzel (Getriebe) 59
Roboter 61
Roheisen (Hochofen) 168
Rohöl (Erdöl) 164
Rolle 60
Rollen 63
ROM 122
Röntgen, Wilhelm 75
Röntgen-Kristallographie (Kristallographie) 142
Röntgenröhre (Röntgenstrahlen) 75
Röntgenstrahlen 75
Rost (Korrosion) 147
Rotationskolbenmotor 96
Rotguss *Tabelle* 167
Rotor (Elektromotor) 112
Rotor, Fliegen 64
Rubidium *Tabelle* 134
Rückkopplung 61
Rückschlussstück (Magnet) 100
Rückstand (Filtration) 27
Rumford, Benjamin Thompson 181
Rundfunk 129
Ruska, Ernst 181
Ruß (Kohlenstoff) *Tabelle* 133
Ruthenium *Tabelle* 134
Rutherford, Ernest 45
Rutherfordium *Tabelle* 134

S

Saccharose *Tabelle* 155
Salam, Abdus 181
Salmiak *Tabelle* 151
Salpeter *Tabelle* 151
Salpetersäure *Tabelle* 151

Salz 149, *Tabelle* 151
Salzsäure *Tabelle* 151
Samarium *Tabelle* 134
Sammellinse (Linse) 85
Sampler (Synthesizer) 127
Satz (Hypothese) 18
Satz des Pythagoras (Pythagoras) 172
Satz von Avogadro 138
Sauer (Säure) 149
Sauerstoff *Tabelle* 133, *Tabelle* 134
Sauerstoffkonverter (Stahlkonverter) 168
Säure 149
Scandium *Tabelle* 134
Scanner (Datenerfassung) 121
Schale (Elektron) 34
Schall 98
Schalldämpfer (Auspuff) 67
Schallenergie 69
Schallgeschwindigkeit 99
Schallplatte 126
Schallwellen 98
Schalter 104, *Tabelle* 106
Schaltzeichen *Tabelle* 106
Schamott (Keramik) 159
Schärfentiefe (Brennpunkt) 85
Schatten 76
Schaum *Tabelle* 29
Scheele, Carl 135
Scheibenbremse (Bremse) 67
Schiefe Ebene 58
Schießpulver (Sprengstoff) 161
Schlacke (Hochofen) 168
Schluss (Beobachtung) 18
Schmalfilmkamera (Kamera) 86
Schmelzen 24
Schmelzpunkt (Schmelzen) 24
Schmelzsicherung (Sicherung) 111
Schmelztemperatur (Schmelzen) 24
Schmiedeeisen (Hochofen) 168
Schmieden 166
Schmiermittel (Schmierung) 60
Schmierung 60
Schneckenbohrer (Schraube) 58
Schneckengetriebe 59
Schneller Brüter (Brüter-Reaktoren) 40
Schnittstelle 121
Schraube 58
Schraubengewinde (Schraube) 58
Schreib-Lese-Kopf (Speicherplatte) 120
Schreib-Lese-Speicher 123
Schrittmotor 112
Schrödinger, Erwin 181
Schub 62
Schürze (Luftkissen) 65
Schussfaden (Weben) 160

Schwache Kernkraft (Fundamentalkraft) 43
Schweben (Archimedisches Prinzip) 51
Schwebung 99
Schwefel *Tabelle* 133, *Tabelle* 134
Schwefel(IV)-oxid *Tabelle* 151
Schwefeldioxid *Tabelle* 151
Schwefelsäure *Tabelle* 151
Schwefelwasserstoff *Tabelle* 151
Schweißen 166
Schweres Wasser 30
Schwerpunkt 48
Schwingungsbauch (Stehwelle) 72
Schwingungsknoten (Stehwelle) 72
Schwingung 56
Schwungrad (Kurbelwelle) 67
Seaborg, Glenn Theodore 181
Sechseck *Tabelle* 176
Segment *Tabelle* 175
Sehne *Tabelle* 175
Seide (Textilien) 160
Seife 161
Seitenruder 62
Sekans (Trigonometrisches Verhältnis) 172
Sektor *Tabelle* 175
Sekundärelement 109
Sekundärfarben 81
Sekunde *Tabelle* 14, 47
Selen *Tabelle* 134
Senden (Rundfunk) 129
Senfgas *Tabelle* 155
Senkrechte 173
Sensor 61
Sensorspule (Metalldetektor) 113
Serielle Schnittstelle (Schnittstelle) 121
Servomechanismus 61
Shockley, William (John Bardeen) 178
SI-Basiseinheiten *Tabelle* 14
Sicherheitsventil 96
Sicherung *Tabelle* 106, 111
Sieden 25
Siedepunkt (Sieden) 25
Siedetemperatur (Sieden) 25
SI-Einheiten 14, *Tabelle* 14, *Tabelle* 15
Siemens-Martin-Ofen (Stahlkonverter) 168
Sievert 36
SI-fremde Einheiten 14
Silber *Tabelle* 133, *Tabelle* 134, *Tabelle* 167
Silber(I) *Tabelle* 150
Silber(II) *Tabelle* 150
Silberchlorid *Tabelle* 151
Silicat *Tabelle* 150
Silicatgel (Entfeuchter) 31
Silicium *Tabelle* 133, *Tabelle* 134
Silicium(IV)-oxid *Tabelle* 151

Siliciumcarbid *Tabelle* 151
Silikon 163
Sinus (Trigonometrisches Verhältnis) 172
Sinuswelle (Wellenform) 72
SI-Vorsätze *Tabelle* 15
Skala 13
Skalar (Vektor) 19
Soda *Tabelle* 151
Soddy, Frederick 181
Sofortbildfotografie 125
Software (Computer) 117
Sol *Tabelle* 29
Solarheizung 95
Solarkonstante (Wärmestrahlung) 91
Solarzellen (Fotoelektrischer Effekt) 109
Solenoid (Elektromagnet) 101
Solvay-Verfahren (Chemischer Prozess) 157
Sonar (Echolot) 99
Sonnenenergie 68
Spannung (Zugfestigkeit) 32
Speicher 121
Speicherplatte 120
Spiegelteleskop (Fernrohr) 89
Spektrometer (Spektroskopie) 81
Spektroskop (Spektroskopie) 81
Spektroskopie 81
Spektrum 76
Spezifische Wärmekapazität (Wärmekapazität) 93
Spezifisches Gewicht (Dichte) 23
Sphäroid *Tabelle* 176
Spiegel 22, 84
Spiegelreflexkamera (Sucher) 87
Spiegelung (Transformation) 175
Spinnen 160
Spirale *Tabelle* 176
Spiritus 165
Spitzer Winkel (Winkel) 172
Spontane Entzündung 90
Spracherkennung 119
Sprechmuschel (Telefon) 128
Sprengstoff 161
Spritzgussverfahren 162
Square foot *Tabelle* 15
Square inch *Tabelle* 15
Square mile *Tabelle* 15
SRAM (Schreib-Lese-Speicher) 123
SSC 43
Stabilisator 65
Stahl 168
Stahlkonverter 168
Standard (Einheit) 13
Starke Kernkraft (Fundamentalkraft) 43
Stärke (Kohlenhydrat) 154
Statik 51
Statische Elektrizität 22, 102

Statisches RAM (Schreib-Lese-Speicher) 123
Statistik 17
Stehende Welle (Stehwelle) 72
Stehwelle 72
Steinkohlengas (Kohle) 164
Steinkohlenteer (Kohle) 164
Stereochemie 139
Stereophonie 127
Sterlingsilber *Tabelle* 167
Steuerbarer Halbleitergleichrichter 115
Steuerstab 41
Stickstoff *Tabelle* 133, *Tabelle* 134
Stickstoffdioxid *Tabelle* 151
Stickstoffmonoxid *Tabelle* 151
Stirngetriebe 59
Stoff 138
Stoffmenge *Tabelle* 14
Störklappe (Klappen) 63
Stoßdämpfer (Aufhängung) 67
Strahl 76
Strahltriebwerk 97
Strahlungsenergie 68
Strahlungswärme (Wärmestrahlung) 91
Stranggussverfahren (Gießen) 167
Streuung 78
Stroboskop 83
Stromerzeugung 108
Stromlinienform (Laminare Strömung) 57
Strömungsabriss 63
Strontium *Tabelle* 134
Strukturformel (Chemische Formel) 139
Stumpfer Winkel (Winkel) 172
Stunde (Sekunde) 47
Subatomare Teilchen (Teilchenphysik) 42
Sublimation 25
Substitution 147
Subtraktive Farbmischung 81
Sucher 87
Sulfat *Tabelle* 150
Sulfid *Tabelle* 150
Sulfit *Tabelle* 150
Summe (Arithmetik) 171
Summenformel (Chemische Formel) 139
Sumpfgas *Tabelle* 155
Supercomputer (Computer) 117
Supraleitender Superbeschleuniger 43
Supraleiter (Supraleitung) 113
Supraleitung 113
Suprateilchen 43
Suspension 28
Swan, Joseph 181
Symbol (Maus) 121
Symbol 19

Symmetrieachse (Symmetrisch) 173
Symmetrisch 173
Synthese 147
Synthesizer 127
Synthetische Faser 160
Synthetische Produkte 161

T

Tabellenkalkulation 119
Tag (Sekunde) 47
Taktgeber 122
Talbot, William 181
Tangens (Trigonometrisches Verhältnis) 172
Tangente 173
Tantal *Tabelle* 134
Taschenrechner 169
Tastatur 120
Technetium *Tabelle* 134
Teeröl 165
Teilchen (Materie) 23
Teilchenbeschleuniger 43
Teilchenphysik 42
Teile *Tabelle* 15
Teilmenge (Menge) 17
Telefon 128
Telekommunikation 128
Teleobjektiv 87
Tellur *Tabelle* 134
Temperatur *Tabelle* 14, 92
Temperaturskala (Temperatur) 92
Tempern 166
Temporärer Magnet (Magnet) 100
Tera *Tabelle* 15
Terbium *Tabelle* 134
Terminal (Computernetzwerk) 121
Terpentin 159
Tesla, Nikola 107
Tetrachlormethan *Tabelle* 155
Tetraeder *Tabelle* 176
Tetragonal (Kristallsystem) 142
Tetragonales System *Tabelle* 143
Textilien 160
Textverarbeitung 118
Thales von Milet 107
Thallium *Tabelle* 134
Theorie (Hypothese) 18
Thermistor 114, *Tabelle* 116
Thermochemie 147
Thermodynamik 94
Thermoelektrizität 109
Thermoelement (Thermoelektrizität) 109
Thermoflasche 93
Thermographie (Infrarotstrahlen) 75
Thermometer 92
Thermonukleare Waffen (Nuklearwaffen) 39
Thermonuklearreaktor 40

Thermoplast 162
Thermosäule (Pyrometer) 93
Thermostat 92
Thixotrop 33
Thomson, Joseph John 45
Thorium *Tabelle* 134
Thulium *Tabelle* 134
Tiefdruck 124
Tiefenruder 65
Tintenstrahldrucker (Drucker) 121
Titan *Tabelle* 133, *Tabelle* 134
Titan(IV)-oxid *Tabelle* 151
Titandioxid *Tabelle* 151
TNT *Tabelle* 155
Tokamak-Reaktor 40
Toluol *Tabelle* 155
Ton *Tabelle* 14, *Tabelle* 15
Tonaufzeichnung 126
Tonbandgerät (Magnetband) 127
Tonerde *Tabelle* 151
Tonhöhe 98
Tonne *Tabelle* 15, (Kilogramm) 23
Topologie 174
Torricelli, Evangelista 181
Torsion 51
Torsionsstab (Torsion) 51
Torus *Tabelle* 176
Trägerwelle 129
Tragfläche 62
Trägheit 54
Traktion (Reibung) 54
Transformation 175
Transformator 110
Transistor 115
Transluzent (Beleuchtungsstärke) 78
Transmissionshologramm (Hologramm) 82
Transparent (Beleuchtungsstärke) 78
Transversalwelle 72
Trapez *Tabelle* 176
Traubenzucker *Tabelle* 155
Treibstoffeinspritzung 66
Trichlormethan *Tabelle* 155
Trigonometrie 171
Trigonometrisches Verhältnis 172
Triklin (Kristallsystem) 142
Triklines System *Tabelle* 143
Trinitrotoluol *Tabelle* 155
Trockeneis (Sublimation) 25
Trockenelement 108
Trocknungsmittel (Entfeuchter) 31
Trommelbremse (Bremse) 67
Tuner (Radioempfänger) 129
Turbine 59
Turbolader 67
Turbulent (Turbulente Strömung) 57
Turbulente Strömung 57
Turing, Alan 119

Turing-Test (Alan Turing) 119
Typenraddrucker (Drucker) 121

U

U-235 (Kernspaltung) 38
Übergangselemente 137
Überschall 64
Überschallknall 64
Überstumpfer Winkel (Winkel) 172
Übertragen (Telekommunikation) 128
Uhr 47
Ultrakurzwellen (Trägerwelle) 120
Ultraschall 99
Ultraviolette Strahlen 75
Umfang *Tabelle* 175
Umrichter 110
Umwandlung 38
Unabhängige Variable (Variable) 12
Unbestimmtheitsprinzip (Unbestimmtheitsrelation) 44
Unbestimmtheitsrelation 44
Unechter Bruch (Bruch) 170
Unendlich 170
Ungesättigte Verbindung (Gesättigte Verbindung) 152
United States Customary System (Britische und USCS-Einheiten) 14
Universalindikator (pH-Wert) 149
Unlöslich 28
Unmischbar (Mischbar) 27
Uran *Tabelle* 133, *Tabelle* 134
Uran-235 (Kernspaltung) 38
Ursprung (Graph) 16
US-Einheiten *Tabelle* 15
USCS-Einheiten 14, *Tabelle* 15

V

Valenz (Bindungsfähigkeit) 141
Vanadium *Tabelle* 134
Van-der-Waals-Kräfte (Intermolekulare Kraft) 141
Variable (Algebra) 171
Variable, veränderlicher Faktor im Experiment 12
Vektor 19
Venn, John 181
Venn-Diagramm (Menge) 17
Ventil 53
Verbindung 138
Verbrennung 90
Verbrennungskammer (Gasturbine) 97
Verbundmikroskop (Mikroskop) 88
Verbundwerkstoff (Laminat) 163

Verdichtungstakt (Viertaktmotor) 96
Verdünnte Lösung (Konzentration) 28
Verdunstung 26
Verflüssigung (Dampf) 26
Vergaser 66
Vergrößerung, Geometrie (Transformation) 175
Vergrößerung, Optische Geräte 88
Verhältnis 171
Verhüttung 166
Vermittlungsstelle 128
Vernier, Pierre 181
Verschiebung (Transformation) 175
Verschluss 86
Versorgungsnetz 111
Verstärker 127
Verstärkter Kunststoff 163
Verteilung (Häufigkeit) 17
Verzögerung (Beschleunigung) 54
Vibration (Schwingung) 56
Video 131
Videoband (Video) 131
Videokamera (Video) 131
Videorekorder (Video) 131
Vielfache (Arithmetik) 171
Viereck *Tabelle* 176
Viertaktmotor 96
Vinyl- *Tabelle* 154
Virtuelles Bild 84
Virus 119
Viskosität 33
Volatilität 26
Vollwinkel (Winkel) 172
Volt *Tabelle* 14, 105
Volta, Alessandro (Luigi Galvani) 107
Voltmeter 106, *Tabelle* 106
Volumen *Tabelle* 14, *Tabelle* 15, 174
Volumenformeln *Tabelle* 174
Volumetrische Analyse (Quantitative Analyse) 156
Vulkanisieren (Gummi) 159

W

Wahrscheinlichkeit 171
Walton, Ernest (John Douglas Cockcroft) 178
Wandler 70
Wankelmotor (Rotationskolbenmotor) 96
Warfarin *Tabelle* 155
Wärme 91
Wärmeenergie 68
Wärmeisolator 91
Wärmekapazität 93
Wärmekraftmotor 96
Wärmekraftwerk (Kraftwerk) 110
Wärmeleiter (Wärmeleitung) 91
Wärmeleitfähigkeit (Wärmeleitung) 91

Wärmeleitung 91
Wärmepumpe (Kühlschrank) 95
Wärmestrahlung 91
Wärmetauscher 95
Wasser 30, *Tabelle* 151
Wasser enthärten 31
Wasserdampf 30
Wassergas (Generatorgas) 164
Wasserkraftwerk (Kraftwerk) 110
Wasserstoff *Tabelle* 133, *Tabelle* 134, *Tabelle* 150
Wasserstoffbombe (Nuklearwaffen) 39
Wasserstoffbrückenbindungen 141
Wasserstoffperoxid *Tabelle* 151
Wassertragfläche 65
Watt *Tabelle* 14, 70
Watt, James 97
Weben 160
Webstuhl (Weben) 160
Wechselstrom 104
Wechselstromgenerator (Elektrischer Generator) 110
Wechselwirkung (Fundamentalkraft) 43
Weiches Wasser (Wasser enthärten) 31
Weichlöten (Schweißen) 166
Weichmacher 163
Weinsäure *Tabelle* 155
Weiß'sche Bezirke 100
Weitwinkelobjektiv 87
Welle, Maschinen 59
Welle, Art der Energieübertragung 71
Wellenberge (Welle) 71
Wellenbewegung (Welle) 71
Wellenform 72
Wellenlänge 72
Wellentäler (Welle) 71
Welle-Teilchen-Dualismus 44
Wertigkeit (Bindungsfähigkeit) 141
Westinghouse, George (Nikola Tesla) 107
Whittle, Frank 97
Widerstand, elektrisches Bauelement 106, *Tabelle* 106
Widerstand, physikalische Größe 105
Wilson, Charles 181
Wimshurst-Maschine (Elektrostatischer Generator) 103
Winde 60
Winkel 171
Winkelmesser 169
Wirbelstrom (Metalldetektor) 113
Wissenschaftliche Methoden 18
Wissenschaftliche Schreibweise (Potenz) 170
Wissenschaftliches Gesetz 18

Wissenschaftliches Prinzip (Wissenschaftliches Gesetz) 18
Wolfram *Tabelle* 134
Wolframcarbid *Tabelle* 151
Wolle (Textilien) 160
Wood'sches Metall *Tabelle* 167
Wort (Byte) 123
Wright, Orville 181
Wright, Wilbur 181
Wu Chien-Shiung 181
Würfel *Tabelle* 174, *Tabelle* 176

X
Xenon *Tabelle* 134
Xide, Xie 181

Y
Yalow, Rosalyn Sussman 181
Yang, Chen Ning 181
Yard *Tabelle* 14, *Tabelle* 15
Young, Thomas 181
Ytterbium *Tabelle* 134
Yttrium *Tabelle* 134
Yukawa, Hideki 181

Z
Zahl 170
Zahlenbasis (Zahl) 170
Zahlenfolge 171
Zähler (Bruch) 170
Zahnrad (Getriebe) 59
Zahnstange und Ritzel 59
Zeichendreieck 169
Zeit *Tabelle* 14, 46
Zelle (Mobiltelefon) 128
Zelluloid *Tabelle* 163
Zellulose (Kohlenhydrat) 154
Zement 158
Zenti *Tabelle* 15
Zentimeter *Tabelle* 15
Zentraleinheit (Mikroprozessor) 122
Zentralheizung 95
Zentrifugalkraft (Zentrifuge) 48
Zentrifuge 48
Zentripetalkraft 48
Zerfall (Radioaktivität) 36
Zerfallsreihe (Radioaktivität) 36
Zerfließen 31
Zerfließender Stoff (Zerfließen) 31
Zerlegen (Komponente) 50
Zersetzung 146
Zerstreuungslinse (Linse) 85
Ziffer (Zahl) 170
Zink *Tabelle* 133, *Tabelle* 134, *Tabelle* 150, *Tabelle* 167
Zinkoxid *Tabelle* 151
Zinn *Tabelle* 133, *Tabelle* 134, *Tabelle* 167
Zinn(II) *Tabelle* 150
Zinn(IV) *Tabelle* 150
Zirconium *Tabelle* 134
Zirkel 169
Zitronensäure *Tabelle* 155
Zoll *Tabelle* 14
Zoomobjektiv 87
Zucker (Kohlenhydrat) 154
Zugfestigkeit 32
Zugspannung (Hooke'sches Gesetz) 32
Zündkerze (Zündung) 66
Zündung 66
Zündspule (Zündung) 66
Zündverteiler (Zündung) 66
Zweiseitiger Hebel (Hebel) 58
Zweitaktmotor 96
Zworykin, Vladimir 130
Zyklus 19
Zylinder, Auto (Benzinmotor) 67
Zylinder, Geometrie *Tabelle* 174, *Tabelle* 176

Danksagungen

Dorling Kindersley und Neil Ardley danken:
Colin Walton, Chris Legee, Jane Tetzlaff und Robin Hunter für ihre Hilfe bei der Gestaltung; Simon Adams, John Farndon, Graham Tomkinson und Jenny Vaughan für ihre Unterstützung bei der Herausgabe des Buches. Den Fotografen: Andy Crawford und Steve Gorton (DK Studio) sowie Justin Scobie. Den Modellen: Silpa Haria, Danny O'Sullivan und Vicky Watling. Dank gilt auch: Alpine Sports; British Aerospace; British Coal; British Nuclear Fuels; British Petroleum; British Steel; L. Cornellissen & Sons Ltd.; Cotswold Woollen Weavers; Covent Garden Cycles; Door 'o' matic Ltd.; The Electricity Association; EM Models; Keith Rookledge von G. Farley & Sons Ltd.; Griffin & George Ltd.; Hunt & O'Byrne; Chris Saussman und Eric Matthews (Chemie) sowie Geoff Green (Physik) vom Imperial College, London; Keith Johnson & Pelling Ltd.; Le Blanc Fine Art; National Power (Didcot), 'Quicks' Archery Specialists; Southern Boat Centre; Peter Leighton (Chemie) vom University College, London; Peter Vivian; Sid Wells.

FOTONACHWEIS
o = oben   u = unten   M = Mitte   l = links   r = rechts

Aerofilms: S. 173 or
Ardea: S. 26 ul (Ron und Valerie Taylor)
Associated Press Ltd.: S. 130 ol
Paul Brierley: S. 134, 173 ul
Bruce Coleman: S. 30 ur (Keith Gunnar), 38 ul (NASA), 78 u (Michael P. Price), 83 or (Kim Taylor)
Colorific!: S. 89 or
E T Archive: S. 163 o
ETSU/Dept of Trade und Industry: S. 71 o
Mary Evans Picture Library: S. 21 or, 75 or, 107 ul, 135 ol
Yaël Freudmann: S. 125 ur
Robert Harding: S. 150 u
Stuart Hildred: S. 148 or
Christopher Howson: S. 87 ol, oM, or
Hulton Deutsch Collection: S. 45 uM, 70 o, 143 ol
Image Bank: S. 10 l, 11 or, (Harald Sund), 12 l (Bill Varie), 29 o (Andy Caulfield), 83 uM (Eric Meola), 157 or (Flip Chalfont), 158 or (Colin Molyneux), 164 rc (Co Rentmeester)
NASA: S. 173 ur
National Maritime Museum: S. 51 u
NHPA: S. 16–17 (Peter Johnson)
Ontario Science Centre: S. 103 ul
Osram Limited: S. 83 ur
Oxford Scientific Films: S. 160 ol (Miriam Austerman)
Pictor Uniphoto: S. 33 ul, 57 or
Planet Earth: S. 25 ur (Georgette Douwma)
Rex Features: S. 39 or, 57 ol (Rick Falco)
Science Photo Library: S. 19 ul (Gregory Sams), 20 l (Lawrence Livermore, National Laboratory University of California), 34 l (Philippe Plailly), 35 or (Geof Tompkinson), 40 ul (Ressmayer/Starlight), 42 ul (Philippe Plailly), 43 u (David Parker), 45 ur (Los Alamos National Laboratory), 46 o (Prof Harold Edgerton), 47 o (US Library of Congress), 55 o (Dr Jeremy Burgess), 61 o (Simon Fraser, Newcastle University Robotics Group), 63 ur (NASA), 77 or (Sinclair Stammers), 88 ur, 91 u (Williams und Metcalf), 97 ou, 99 o (CNRI), 113 ul (Alex Bartel), 117 ol (David Parker), 117 or (Dale Boyer/NASA), 117 u (James King-Holmes), 126 ur (Dr Jeremy Burgess), 129 or, 135 rM (National Library of Medicine), 151 (Martin Dohrn), 157 ol (Martin Bond), 164 u (Tony Craddock), 164 rM (Co Rentmeester), 173 oM (Claude Nuridsany und Marie Perennou)
Frank Spooner Pictures: S. 109 or (Mitsuhiro Wada)
Sporting Pictures (UK) Ltd: S. 163 ur
Stockphotos: S. 64 ol (Jon Davison)
H R Wallingford Group: S. 72 u., 73 u
Zefa: S. 85 or, 136 or, 155

ILLUSTRATIONEN
Karen Cochrane: S. 27 or, 33 or, 53 ol, 106 ul
Yaël Freudmann: S. 73 ul
Andrew Green: S. 15 o, 16, 17, 18 r, 22, 32 or, 37 oM, 46–47, 49 uM, 59 L, 60, 61, 79 l, 79 ur, 84 ul, 85 ul, 86 M, 98 u, 101 o, 103 or, 129 M, 161 u
Andrew Green/Janos Marffy: S. 41 o, 74–75, 87 u, 88 o, 99 M
Christopher Howson: S. 171 M, 173 uM, 175 or
Judith Maguire: S. 170 o, 172 M, ur
Janos Marffy: S. 29 r, 66
Janos Marffy/John Woodcock: S. 165 o, 92–93
Colin Salmon: S. 24 l, 62 or, lc, 63 ul, 64 or, 65 u, 81 or, 82 r, 95 M, 96 ol, u, 97 u, 110–111, 114 uM, 115 or, 116 u, 120 u, 125 o, 130–131 o, 143 r, 168 ul, 175 ul, uM, 176
Colin Salmon/Judith Maguire: S. 157 u, 175 or
Patrizio Semproni: S. 35, 36, 38, 39, 42, 44 or, 136 l, 138, 139, 140–141, 144, 152 l, 161 M, 162 lM, 162–163 u
Salvatore Tomaselli: S. 24, 25, 26
Salvatore Tomaselli/Patrizio Semproni: S. 34–35
Richard Ward: S. 104 rM
John Woodcock: S. 68–69, 92–93